高等学校生物工程专业教材

生化工程（第二版）

主　编　伦世仪
副主编　堵国成

中国轻工业出版社

图书在版编目（CIP）数据

生化工程/伦世仪主编．—2 版．—北京：中国轻工业出版社，2024.8

高等学校专业教材

ISBN 978-7-5019-6446-8

Ⅰ．生…　Ⅱ．伦…　Ⅲ．工业发酵-微生物学-高等学校-教材　Ⅳ．TQ920.1

中国版本图书馆 CIP 数据核字（2008）第 070260 号

责任编辑：江　娟　　责任终审：唐是雯　　封面设计：锋尚设计
版式设计：王超男　　责任校对：李　靖　　责任监印：张　可

出版发行：中国轻工业出版社（北京鲁谷东街 5 号，邮编：100040）
印　　刷：三河市万龙印装有限公司
经　　销：各地新华书店
版　　次：2024 年 8 月第 2 版第 15 次印刷
开　　本：787×1092　1/16　印张：17.25
字　　数：392 千字
书　　号：ISBN 978-7-5019-6446-8　定价：35.00 元
邮购电话：010-85119873
发行电话：010-85119832　010-85119912
网　　址：http://www.chlip.com.cn
Email：club@chlip.com.cn

241386J1C215ZBQ

第一版代序

科学技术就是先进的生产力，科技人才则是科学技术的“宿主”，是最活跃、最积极的根本因素。毫不例外，发酵学科高级技术人才的培养，对我国发酵工业的现代化、提高其科学水平、缩短其与国际水平的差距，必将发挥决定性作用。

发酵工程学，作为我国发酵工程学科专业的高年级主修课，内容如何选材极为重要，也相当困难。发酵工程学是现代生物工程科学的组成部分，它由早期的酿造工艺衍化至今，已进入高科技领域，其间经历了观念更新和不断变革，来之不易。今日面对浩瀚的科技资料，欲简约概括，选其精义，以奉献于青年学子，加强其基础，引导其方法，使之进窥发酵科学研究与技术开发之门径，而不使误入歧途，则尤为不易。

自20世纪60年代初，发酵工程设备通用教材之编写至今已历两届，而限于历史条件，无论内容或体系均远不能令人满意。所幸今日之事，已彻底破除因循守旧之思想，决意使工程理论与设备实体分别设课，自成体系，并引入生物工程科学的新成就，加深了发酵工程科学理论。内容涉及细胞组成及其生化反应机理，无不与生化反应动力学、反应工程学以及质量、能量衡算的运用互相关联、贯穿始终，从而使发酵动力学由现象分析进入综合探索、由定性到定量、由表及里，将大有助于微观透视。把一个细胞的代谢作为一座发酵工厂来探讨的研究方法开始引入发酵工程专业教材，必将促进发酵工程科学的发展。由于此书始终贯穿着强化理论体系，以新概念为准绳，并以此体系带动和指导生产实践，若名之“新概念发酵工程学”亦无不可。

以新观点编写新书，要依靠编者，本书主编伦世仪教授从事发酵工程学研究，积累多年教学经验，包括指导博士研究生的心得，其他参加编写诸君亦皆发酵教育界有识之士，可谓“深庆得人”。

吾人常设想发酵通用教材必须推陈出新，而久未实现，有如负欠之累，今承编者出示书稿，顿觉耳目一新，欣幸之余，谨赀数言，兼志贺忱。

王鸿祺

第一版导言

本书为发酵工程专业本科生而写。除基础之外，其主要前修课程为微生物学、生物化学、物理化学和化工原理。

早期的发酵工业只提供很少种类的产品，其中厌氧发酵产品居多，如酒类、乙醇、乳酸、丙酮、丁醇等。厌氧发酵由于不需供应空气，沾染杂菌导致生产失败的机会较少，因而深层液体厌氧发酵早就具有相当大的规模。当时只有少数好氧发酵产品采用了深层液体发酵生产法，如面包酵母、醋酸等。前者因为酵母的比生长速率较高，后者因为醋酸的生成导致发酵液中 pH 降低，使随空气进入的杂菌不能增殖。

20 世纪 40 年代前期，为了适应第二次世界大战救治伤员的迫切需要，亟待将早在 1928 年就发明的青霉素投入工业化生产，为此发酵工业界遇到了空前的难题。青霉素生产菌株比生长速率很低，在前期生长及后期合成青霉素的长达 100h 以上的发酵过程中需要溶解氧的不断供应以及严格的无杂菌状态。由于菌丝体的繁殖，发酵液的流变特性显著改变，空气中氧气溶入液体的速率本已十分缓慢，此时更极度下降，为此增大通气流率，使无杂菌状态更难维持。

在这种形势下，有许多化学工程学者介入了这一难题的攻关，其中最为重要的首次突破大概就是 Elmer L. Gaden，Jr. 在美国哥伦比亚大学化学工程系系主任 Arthur W Hixon 教授的指导下于 1946—1948 年完成的通风搅拌传质问题的博士论文。人们认为这篇论文是关于通气搅拌发酵罐设计的第一次理性尝试，也标志着生化工程学的诞生。生化工程学首次国际会议于 1949 年举行。

抗生素的投产和生化工程学的诞生开创了发酵工业的新纪元，好氧发酵产品得以迅速开发和工业化。后若干年又有愈来愈多学科的学者参与了这一领域的相互渗透与交融，大大拓宽了它的研究领域，因而现在要给生化工程学一个简洁明确的定义比过去更加困难。

培养基灭菌、空气除菌、通气搅拌、比拟放大等前四章的内容是生化工程学所研究的焦点之一，它涉及发酵产品开发过程从小试放大到工业生产、保持发酵体系必需的溶解氧浓度和无杂菌状态的系统的理论和技术，理所当然的是发酵工程从业人员应该具备的最基本的生化工程知识。

微生物的连续培养是 20 世纪 50 年代以来发展起来的新的培养技术。由于连续运转过程中的无杂菌状态难以长时间保持，以及高度诱变过的生产菌株在长期运转过程中难免出现回复突变株，而后者的高比生长速率往往使生产归于失败，所以在近代发酵工业中应用连续发酵的例子不多。然而在某些特殊的情况下，如使用高比生长速率的野生菌株为生产菌株，或在发酵环境的物理化学条件不易造成杂菌污染的条件下，连续培养技术则充分显示出其对于分批培养的明显优势而获得大规模的应用。如单细胞蛋白的连续培养，以甲醇为唯一碳源的单只反应器的容积超过 $1500m^3$；特别是废水的好氧及厌氧生物处理，最完整地实践了连续培养的恒化器理论及部分细胞浓缩反馈理论。20 世纪 70 年代末期以来先后开发的所谓“第二代”和“第三代”厌氧生物处理反应器，其中上流式厌氧颗粒污泥床反应器的最大单只容积超过5500m^3。废水的生物处理，实质上就是利用好氧或厌氧微生物群体的连续培养降解其中的有机污染物，在扩大的意义上也可以说是一种连续发酵。

连续培养反应器中必然会发生不同程度的返混。这就不能用平均水力停留时间代入分批反应动力学计算达到一定转化率所需要的反应器体积，因为它还决定于返混的程度。由于培养基的连续灭菌首先遇到了返混问题，故将返混的形成、影响及工程上处理这一问题的方法纳入第二章是比较合理的。

20世纪70年代初，第一次国际酶工程学术会议召开。酶工程的宗旨在于有效地利用酶。在此前后，用固定化的酰化氨基酸水解酶光学拆分化学合成法生产的混旋的D-氨基酸、L-氨基酸（1969），用固定化葡萄糖异构酶将葡萄糖异构化为果糖（1973），以及用固定化微生物死细胞中的延胡索酸酶将延胡索酸转化成L-苹果酸（1974）等相继投入工业化生产。然而许多发酵工业产品是借活细胞中的许多种酶，将基质通过一定顺序的许多步酶催化反应而生成的，往往需要ATP及多种辅酶的参与和再生，这需要将活的微生物细胞固定化。从20世纪70年代末期以来，利用固定化活细胞生产乙醇、有机酸、氨基酸、抗生素以及分解某些毒性化合物的研究获得很大的发展，可以根据催化反应的特点使固定化细胞分别处于生长、静止或死亡状态。由于发酵过程的本质是酶催化反应，因而作为更有效地利用酶的理论和技术必将为传统的发酵技术提供改革和创新的机会，这也必然会导致发酵过程和设备的革新。

发酵过程的优化控制、生产强度的提高均离不开动力学的研究。这涉及提高生产过程经济效益的一个重要方面。本书除在各章中加强动力学的概念之外，在最后两章又分别讨论了微生物生化反应的动力学问题。微生物生化反应伴随着物质间的转化以及物质与能量间的转化。第八章微生物生化反应过程的质量和能量衡算，着重用质量及能量衡算建立起这种质、能间转化的动力学，并用实验法求出有关的质-质转化系数及质-能转化系数。微生物的生长代谢过程尽管非常复杂，但仍存在一定的规律性，这些系数对一定的发酵系统分别接近为定值，因而这些系数对于综合评价不同菌株、不同基质发酵生产同一产物的技术经济性能是非常重要的。

第九章微生物生长及发酵过程的数学模型及计算机的应用，着眼于反应过程中的质-质转化，对微生物在常见条件下的生长动力学及产物生成动力学加以分类描述。建模的方法多以实验结果为依据，并模拟具有相似本质的机制模型。Monod模型是在实验的基础上建立的微生物生长动力学模型，它与根据反应机制推导出的Michaelis-Menten酶催化反应动力学模型形式上相似，存在抑制条件下的生长动力学则多是Monod动力学的修饰式。本章所列谷氨酸发酵过程中菌体生长及产物生成的动力学则是在假定的反应机制的基础上建立模型的例子。

发酵过程中应用计算机在线收集和分析数据进行反馈控制是生化工程的重要课题之一。迄今为止，由于微生物过程的一些重要参数的传感器难以符合实用在线测量的要求，使采用计算机对发酵过程实现在线控制遇到了重大障碍。第九章列举了一些避开在线难以直接测量的参数，采用在线碳、氧衡算及能量衡算等方法，间接计算、追踪关键参数的反馈控制的实用例子。

总之，本书在需要与可能的条件下所精选的以上八章（第二至第九章）的内容，只是生化工程学的基础知识，但它必将大大有助于发酵工程技术人员提高其涉猎当代专业文献的能力，有益于他们进一步深化对不断发展中的生化工程技术理论的学习以及在为提高生产过程经济效益的努力中获得成绩。

编　者

1992 年 5 月

再版前言

本书初版于1992年，迄今已15年之久。当时的书稿是手写的，字体欠规范，铅字排版差错多，匆促出版发行后虽经过一次校正，但仍有几处失误遗留。这次再版，不仅更新了大多数章节，还使原主编有机会就上述的失误向原书的读者致以歉意。

原版的作者之一高孔荣教授多年前不幸离世。另一作者夏友坤博士出国改业IT。应邀参与本次再版的新作者是三位各具博士学位的中青年教授，他们是：李建科（南昌大学）、堵国成（江南大学）、华兆哲（江南大学）。

再版全书由伦世仪教授任主编，堵国成教授任副主编。

书中第一、三、四章由伦世仪主笔，第二、十章由李建科主笔，第五、九章由华兆哲主笔，第六、七章由堵国成主笔，第八章由吴佩琮教授主笔。

根据目前生物工程学科发展，在本书第一章“培养基灭菌”中增加了实现培养基“高温短时间灭菌”的技术；在本书第二章“空气除菌”中，增加并突出了目前工厂生产中广泛应用的膜过滤的内容；在第三章“通气与搅拌”中，增加了对一些新型搅拌器的描述，对其他内容也进行了相应的调整；在第四章“发酵罐的比拟放大”中，增加了对发酵罐放大新方法的展望；在第五章“固定化酶、固定化细胞”中，增加了固定化酶和固定化细胞技术在国内成功应用的新实例；将第一版书中第六章“连续培养的基本原理”和第九章“微生物生长及发酵反应的数学模型和计算机的应用”合并改为第六章“典型发酵过程动力学及模型”，并对其中内容进行了相应的调整；将原来第九章中涉及计算机应用的内容扩展为本书第九章“发酵过程的计算机在线控制”；第八章的内容保持原貌。第九章“发酵过程在线测量仪表”及第十章“发酵工程下游技术”是新增加的两章，前章响应发酵过程自动化的需要，后章是许多发酵产品分离、纯化过程节能减排的新手段。

如有不妥之处，敬请读者批评指正。

伦世仪

2008年3月

目　录

第一章　培养基灭菌

绝大多数发酵过程需要在无杂菌条件下进行，因此培养基的灭菌必须合理地设计，使之既能达到所需要的无菌程度，又能保证培养基中有效成分的破坏在允许的范围之内。

培养基的灭菌系指杀灭培养基中有生活能力的细菌营养体及其孢子，或除去培养基中的细菌营养体及其孢子。工业规模上的液体培养基灭菌，杀灭杂菌比除去杂菌更为常用，其中热灭菌法最为简便、有效和经济。

培养基灭菌程度的要求因所服务的发酵系统而异。实际上，绝对的无菌不但难以做到，也是不必要的。

对于液体培养基的热灭菌，工程上所要解决的课题是：将培养基中的杂菌总数（N_0）杀灭到可以接受的总数（N），需要多高的温度、多长的时间最为合理？这取决于杂菌孢子的热死灭动力学、反应器的形式和操作方法，还取决于培养基中有效成分受热破坏的可接受范围。

第一节　分批灭菌

一、微生物的热死灭动力学

1．热死灭动力学方程

实验证明，微生物营养细胞的均相热死灭动力学符合化学反应的一级反应动力学规律，即

$$-\frac{dN}{dt} = KN \qquad (1-1)$$

式中　N——任一时刻的活细菌浓度，个/L

t——时间，min

K——比热死速率常数，min^{-1}

对式（1－1）积分，取边界条件 $t_0=0$，$N=N_0$，得

$$\ln\frac{N}{N_0} = -Kt \qquad (1-2)$$

或

$$N = N_0 e^{-Kt} \qquad (1-3)$$

维持灭菌温度 T 不变，经历不同的灭菌时间 t，检测相应的 N。采用半对数坐标作图：在对数刻度的纵轴上标出 $\frac{N}{N_0}$ 值，在普通坐标的横轴上标出对应的灭菌时间 t，如图1－1所示。直

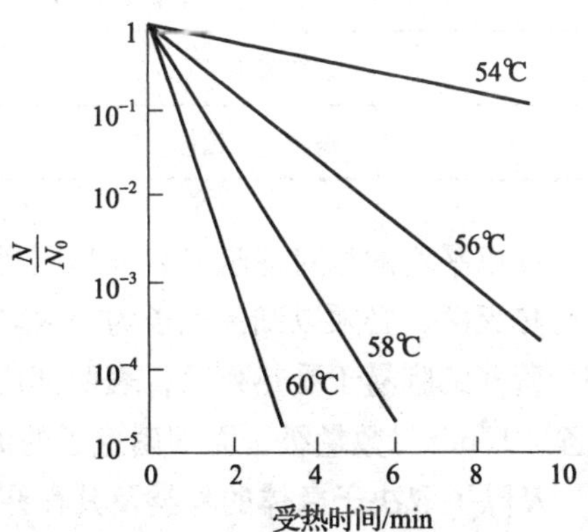

图1－1　大肠杆菌营养细胞在缓冲液中的存活率与受热时间的关系[1]

线的斜率为 K。

K 除了取决于菌体的抗热性能，还明显地受灭菌温度 T 的影响。

实验还证明，细菌孢子的热死灭动力学与营养体细胞的有显著不同，如图 1－2 所示。对此现象，不同学者提出了不同的解释，但无论如何，当温度超过 120℃时，热阻极强的嗜热脂肪芽孢杆菌孢子及营养体的热死灭动力学基本上都符合一级反应动力学规律。

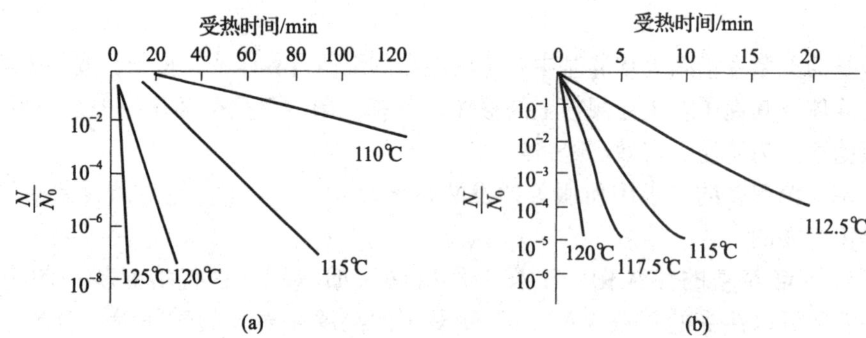

图 1－2　嗜热脂肪芽孢杆菌营养体及孢子的存活率与受热时间的关系[2]

（a）孢子　（b）细胞

早年，U. Kan 提出了关于微生物对湿热灭菌的相对热阻的概念，典型发酵环境中几种微生物对湿热灭菌的相对热阻见表 1－1。从表 1－1 可以看出，细菌孢子具有较大的相对热阻，而细菌的营养体、酵母及病毒和噬菌体的相对热阻均小很多，且在同一数量级。

表 1－1　典型发酵环境中几种微生物对湿热灭菌的相对热阻[3]

微生物类型	相对热阻
营养细胞和酵母	1.0
细菌孢子（芽孢杆菌属和梭菌属）	3×10^6
霉菌孢子	2～10
病毒与噬菌体	1～5

如以平均的相对热阻来表征不同类型微生物对热死灭的抵抗力，可以看出，对培养基进行热灭菌，必须以细菌孢子为杀灭对象。

营养细胞易于受热死灭，表明其比热死速率常数 K 值很高，在 120℃灭菌，其 K 值可大至 10^{10}min^{-1} 数量级，而细菌孢子的 K 值在 120℃时只有 10^{0}min^{-1} 数量级。

K 除了取决于菌体的种类及其存在形式之外，还是热力学温度 T 的函数。因此 T 对 K 的影响是热灭菌工程设计中的核心问题之一。

2. T 对 K 的影响

微生物的比热死速率常数 K 与灭菌热力学温度 T 的关系，实验表明可用 Arrhenius 方

程来表征，即

$$K = Ae^{-\frac{\Delta E}{RT}} \tag{1-4}$$

式中　A——频率因子，7.94×10^{38}，min^{-1}

ΔE——活化能，J/mol

R——通用气体常数，8.28J/（mol·K）

从式（1-4）可以看出：

（1）活化能 ΔE 的大小对 K 值有重大影响。其他条件相同时，ΔE 愈高，K 值愈低，热死速率愈慢。

（2）不同菌的孢子的热死灭反应 ΔE 可能各不相同，在相同 T 条件下灭菌，尚不能肯定 ΔE 值低的孢子的热死灭速率一定比 ΔE 值高的快，因为 K 值并不唯一地取决于 ΔE，还与 T 有关。

（3）对式（1-4）两边取自然对数，得

$$\ln K = -\frac{\Delta E}{RT} + \ln A \tag{1-5}$$

按图1-1，在不同的 T 条件下做灭菌实验，求得相应的 K 值，再按单对数坐标法作图，从直线的斜率可以求出 ΔE。嗜热脂肪芽孢杆菌孢子的比热死速率常数 K 与热力学温度 T 的关系图见图1-3。

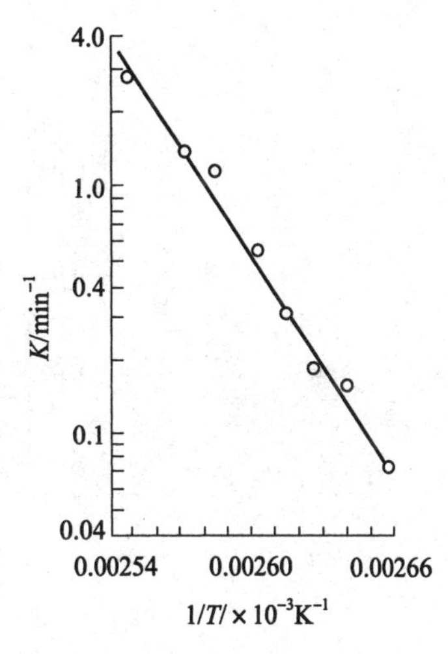

图1-3　嗜热脂肪芽孢杆菌孢子的 K 与热力学温度 T 的关系

（4）K 是 ΔE 和 T 的函数。K 对 T 的变化率与 ΔE 有关。对式（1-5）两边取 T 的导数，得

$$\frac{d\ln K}{dT} = \frac{\Delta E}{RT^2} \tag{1-6}$$

由式（1-6）得出的重要结论是：反应的 ΔE 愈高，ln$K$ 对 T 的变化率愈大，亦即 T 的变化对 K 的影响愈大。

培养基灭菌既要杀死杂菌的孢子，又要保存其中的有效成分。试验表明，细菌孢子热死灭反应的 ΔE 很高，而待灭菌培养基中某些有效成分热破坏反应的 ΔE 较低，如表1-2所示，因而将 T 迅速提高

表1-2　细菌孢子和B族维生素热破坏反应的 ΔE[4]

受热物质	ΔE/(J/mol)
维生素 B_{12}	96232
维生素 B_1 盐酸盐	92048
嗜热脂肪芽孢杆菌孢子	283257
肉毒梭菌孢子	343088
枯草芽孢杆菌孢子	317984

到较高的灭菌温度，可以加快细菌孢子的死灭速度，缩短在高温下的灭菌时间。一些有效成分如B族维生素热破坏反应的ΔE很低，在较高的灭菌温度下虽能增大其热破坏速率，但由于灭菌时间的显著缩短，一般只有数分钟，其结果是有效成分的破坏量反而大为减少。

高温短时间灭菌既能快速地灭菌，又能有效地保存培养基中的一些有效成分，这是灭菌动力学所得出的最重要的结论。

例如，根据对嗜热脂肪芽孢杆菌孢子和维生素B_1的热处理资料，就不同的T求得前者的比热死速率常数K_{BS}和后者的比破坏速率常数K_{VB}，嗜热脂肪芽孢杆菌孢子和维生素B_1的比热死速率常数与热力学温度关系图见图1-4。

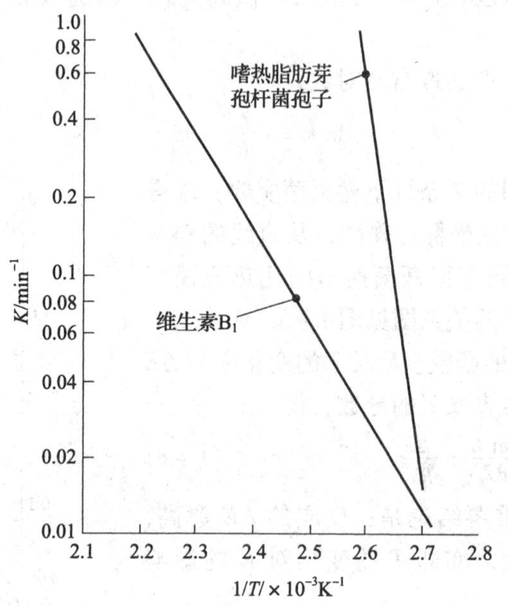

图1-4 嗜热脂肪芽孢杆菌孢子和维生素B_1的比热死速率常数与热力学温度的关系

由图算出：

$$\Delta E_{BS} = 67000 \times 4.184 = 2.8 \times 10^5 (J/mol)$$
$$\Delta E_{VB} = 22000 \times 4.184 = 9.2 \times 10^4 (J/mol)$$

根据图1-4，若把灭菌温度从105℃ $\left(\frac{1}{T}=2.64\times10^{-3}K^{-1}\right)$ 提高到127℃ $\left(\frac{1}{T}=2.50\times10^{-3}K^{-1}\right)$，则$K_{VB}$从$0.02min^{-1}$增大到$0.06min^{-1}$；$K_{BS}$从$0.12min^{-1}$增大到$40.0min^{-1}$。换言之，灭菌温度提高22℃，嗜热脂肪芽孢杆菌孢子的比热死速率增大了330倍，而维生素B_1的比热破坏速率仅仅增大了3倍[4]。

表1-3是将含有维生素B_1的培养基中的嗜热脂肪芽孢杆菌孢子杀灭至$\frac{N}{N_0}=10^{-16}$时，不同灭菌温度下灭菌所需要的灭菌时间和维生素B_1受热破坏的资料。

表1-3　嗜热脂肪芽孢杆菌孢子死灭程度为$\frac{N}{N_0}=10^{-16}$时，灭菌温度对维生素B_1破坏的影响[4]

灭菌温度/℃	灭菌时间①/min	维生素B_1损失②/%
100	843	99.99
110	75	89
120	7.6	27
130	0.851	10
140	0.107	3
150	0.105	1

注：① 达到灭菌程度为$\frac{N}{N_0}=10^{-16}$时所需要的灭菌时间。

② B族维生素的多个成员是葡萄糖代谢过程中几个重要酶的辅酶。

二、分批灭菌的设计

要求绝对的无菌是很难做到的，也是不必要的。工程实践中只要求使培养基中的杂菌减低到合理的程度，在此条件下发酵失败的可能性极小，经济上是合算的。对于周期长、成本高的发酵，常取灭菌后一罐培养基中残存的活菌孢子数$N=10^{-3}$个，也就是说，灭菌10^3次，存活一个活菌孢子的机会为1次。

$\frac{N}{N_0}$是灭菌程度的指标。不同的发酵体系可有不同的$\frac{N}{N_0}$。在分批灭菌设计中，为计算方便，取$\ln\frac{N_0}{N}$为设计的依据。例如培养基$100m^3$，含菌10^5个/mL，要求灭菌后活菌数N为10^{-3}个。

则

$$\frac{N}{N_0}=\frac{10^{-3}}{100\times10^6\times10^5}=10^{-16}$$

$$\ln\frac{N_0}{N}=36.8$$

在发酵罐中进行实罐灭菌，是典型的分批灭菌，全过程包括升温、保温、降温三个阶段。三个阶段分别对孢子的死灭和培养基中有效成分的破坏做出大小不等的贡献。分批灭菌过程典型的升温、保温和降温图（常见的$T-t$过程）见图1-5。

孢子受热死亡规律符合$-\frac{dN}{dt}=KN$，故

$$\ln\frac{N_0}{N}=Kt$$

$$\ln\frac{N_0}{N}=\ln\left(\frac{N_0}{N_1}\times\frac{N_1}{N_2}\times\frac{N_2}{N}\right)$$

$$=\ln\frac{N_0}{N_1}+\ln\frac{N_1}{N_2}+\ln\frac{N_2}{N}$$

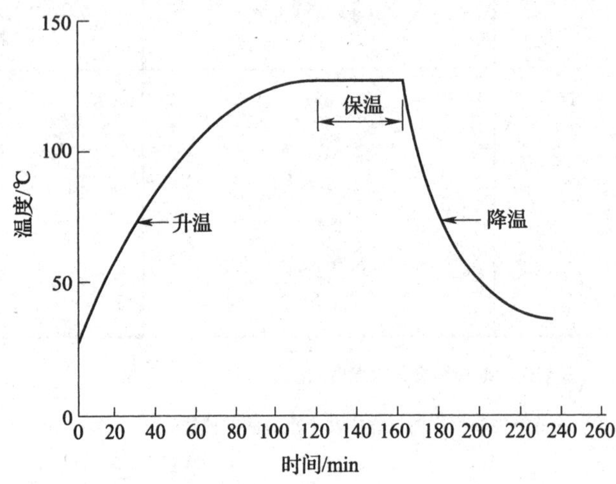

图 1-5 分批灭菌过程典型的升温、保温和降温图

$\ln\frac{N_0}{N}$是由三块积分面积 $\ln\frac{N_0}{N_1}$、$\ln\frac{N_1}{N_2}$、$\ln\frac{N_2}{N}$合成的。可以合理设计这三块面积的大小，使其和等于 $\ln\frac{N_0}{N}$的预定值。然而分批灭菌的 ***T*-*t*** 过程曲线不是任意给定的，它取决于加热的方式、换热面积的大小、传热系数的高低、换热介质的温度及培养基的重量等多种因素。要尽可能加快换热速率，以尽可能缩短升温和冷却的时间。

因升温、冷却阶段 T 是时间 t 的函数，K 不是常数，故

$$\ln\frac{N_0}{N_1}=A\int_0^{t_1}e^{-\frac{\Delta E}{RT}}dt \tag{1-7}$$

$$\ln\frac{N_1}{N_2}=K_h(t_2-t_1) \tag{1-8}$$

$$\ln\frac{N_2}{N}=A\int_{t_2}^{t_3}e^{-\frac{\Delta E}{RT}}dt \tag{1-9}$$

式中　K_h——保温阶段的孢子比热死灭速率常数

Deindorfer 和 Humphrey 提出了各种换热方式的 $T-t$ 关系式，见表 1-4。可将所采用换热方式的 $T-t$ 关系代入式（1-7）、式（1-9）积分，求出相应的 $\ln\frac{N_0}{N_1}$ 及 $\ln\frac{N_1}{N_2}$；也可以从设计的 $T-t$ 资料换算成 $K-t$ 资料而予以图解积分，求得 $\ln\frac{N_0}{N}$，示例于【例 1-1】。

培养基的传统灭菌采用批式实罐灭菌法，升温、保温、降温三个阶段的时间较长。其实升温和冷却阶段对杀灭细菌孢子的贡献很小，相反，对其他不耐热有效营养物的破坏却很大。

表 1-4　　几种换热方式的 $T-t$ 关系式[5]

换热方式	$T-t$ 关系式	常数含义
直接蒸汽喷入	$T=T_0\left(1+\frac{\alpha t}{1+\delta t}\right)$	$\alpha=\frac{hq_m}{mc_pT_0}$，$\delta=\frac{q_m}{m}$
蒸汽间壁加热	$T=T_H\left(1+\beta e^{-\alpha t}\right)$	$\alpha=\frac{UA}{mc_p}$，$\beta=\frac{T_0-T_H}{T_H}$
电热	$T=T_0\left(1+\alpha t\right)$	$\alpha=\frac{q}{mc_pT_0}$
蛇管冷却	$T=T_{co}\left(1+\beta^{-\alpha t}\right)$	$\alpha=\frac{q_{mW}c'_p}{mc_p}\left(1-e^{-\frac{UA}{q_{mW}c_p}}\right)$，$\beta=\frac{T-T_{co}}{T_{co}}$

注：T——介质温度，K；

T_0——介质初始温度，K；

t——时间，min；

h——蒸汽相对于介质的热焓，kJ/kg；

A——换热面积，m^2；

q_m——蒸汽的质量流量，kg/min

m——介质质量，kg

c_p——介质比热容，kJ/（kg·K）

U——总传热系数，kJ/（m^2·min·K）

T_H——热源热力学温度，K

q——传热速率，kJ/min

c'_p——冷却剂比热容，kJ/（kg·K）

q_{mW}——冷却剂质量流量，kg/min

T_{co}——冷却剂热力学温度，K

【例 1-1】[1]　发酵培养基 $60m^3$，杂菌活孢子浓度 10^5/mL，要求灭菌后残存活孢子数 N 为 10^{-3}个。设计的 $T-t$ 过程如下，是否达到灭菌要求？如不能，应如何改进？

T/℃	30	50	90	100	110	120	120	110	100	90	60	44	30
t/min	0	10	30	36	43	50	55	58	63	70	102	120	140

【解】　K 值可根据已知数据计算。已知

$$A=7.94\times10^{38}\text{min}^{-1}$$
$$\Delta E=287441\text{J/mol}$$
$$R=8.28\text{J/(mol·K)}$$

算得：120℃时，$K=3.56\text{min}^{-1}$

绘出三阶段的 $T-t$ 图和 $K-t$ 图，如图 1-6 所示。

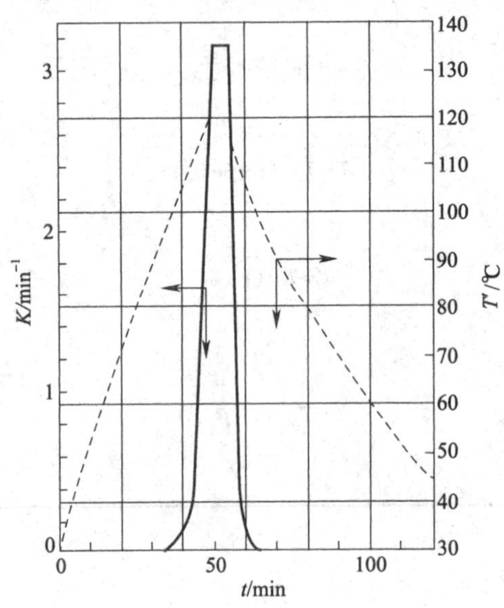

图1-6　分批灭菌过程的 $T-t$ 和 $K-t$ 图

由图1-6可见，在100℃以下灭菌，对细菌孢子的杀灭几乎是无效的，因为从灭菌开始的前34min和64min以后，K 值几乎可以忽略不计。在120min的灭菌过程中只有约30min是有效的，其余的时间则有害无益。

此灭菌过程的判据为 $\ln\dfrac{N_0}{N}=36.3$，而自有效灭菌时间第34min到第64min的图解积分值为33.8，此保温阶段虽仅占全过程时间的21%，但对杀灭目标孢子的贡献率却高达93%。只要将保温120℃的时间延长1min就可达到预期要求，但长达31min的灭菌对某些必需营养物的严重破坏将是不可避免的。

第二节　连续灭菌

高温短时间灭菌（HTST）理念虽然早已是业者的共识，但早年由于流程设计失当，以及相关设备及发酵罐的制造技术未能及时提升，曾延迟了它的推广应用。早期的流程设计实现了高温短时间灭菌的理念，但灭菌后的培养基在发酵罐外冷却然后进罐的流程，造成杂菌二次污染的机会。早期的连续灭菌流程见图1-7。

培养基连续灭菌目前已成为国际大型发酵工厂的常规技术。以美国某大制药公司200m³发酵罐的培养基灭菌为例，其规程如下：培养基用蒸汽引射式加热器瞬时升温到137~138℃，经过管式连续灭菌器连续灭菌7~8min，灭菌后的培养基直接进入发酵罐，密布于罐体表面用隔热层覆盖的半圆式或矩形截面蛇管用机制冷却剂将进入发酵罐的灭菌培养基瞬时冷却到发酵温度。发酵罐在进料前先用内部自动清洗器（CIP）洗涤，然后空罐用高压蒸汽灭菌3h，确保排除设备源染菌的可能性。

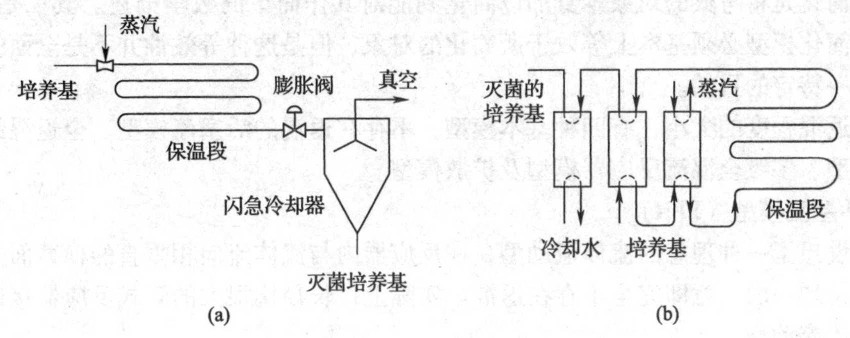

图1－7 早期的连续灭菌流程图[1]

（a）连续引射式 （b）连续板式热交换器式

培养基中如有易与其中共存的某种物质发生化学反应的成分，这类物质的水溶液可采用小型灭菌器如板式换热器连续灭菌。有些发酵培养基中可能含高热敏性的物质，该物质的水溶液可用适当的膜过滤器除菌，但如须将其中感染的病毒/噬菌体滤除，由于后者的尺寸只有0.02～0.1μm，应当采用绝对过滤器[5]。

一、连续灭菌器的流体流动模型

定义流体在连续灭菌器中的平均停留时间为

$$t = V/Q$$

式中 V——反应器中液体所占的体积，L或m^3

Q——通过反应器横截面的液体流量，L/min或m^3/h

如果液体中任一物料微团在反应器内所经历的时间等于平均停留时间，那么，图1－7流程可以实现的升温、保温和降温过程将会接近图1－8所示的图线，意即液中任一物料微团在选定的温度下被灭菌了t时间。然而上述情况难以实现，因为流体流经反应器的过程中会产生不均匀的速度分布，势必造成流体的轴向返混和径向返混。这种返混不是一般意义的混合，而是经历了不同反应时间的物料间的混合。用数学解析法难以解决返混对反应器设计造成的难题，化学工程师们为此建立了数学模型法。

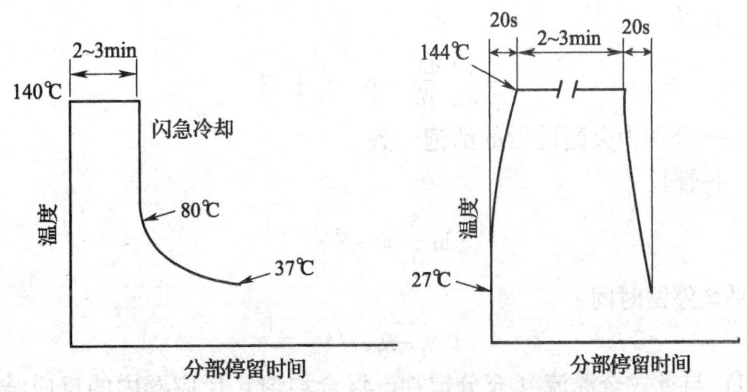

图1－8 两种连续灭菌器的各温度平均停留时间图[1]

数学模型法的第一要义是简化，把一个复杂的实际过程简化为物理图像简单的物理模型。这种简化是将考察的对象本身加以简化到能对其作简单的数学描述。其二是等效性：所得到的简化模型必须基本上等效于所简化的对象，但是这种等效性并不是全面的，而是服务于某一特定的目的。

根据返混程度的大小，有四种基本模型：不存在返混的活塞流模型、全返混的连续式全混流模型、多级全混流反应器模型及扩散模型。

1. 活塞流模型（PFR）

人们设想了一种理想的流体流动型，在反应器内与流体流向相垂直的横截面上的径向流速分布是均一的，意即完全不存在返混。实际上，长径比很大的管式反应器接近于这种理想的流体流动型。

如果在这种流体流动型的反应器内恒温热灭菌，同一截面上的活孢子浓度相等，热死灭速率也相等；沿着流动方向，活孢子浓度及热死灭速率相应下降，下降的规律取决于反应动力学。因此，培养液以一定的流速通过全灭菌器所达到的灭菌程度必须沿流动方向的长度积分（见图1-9）。

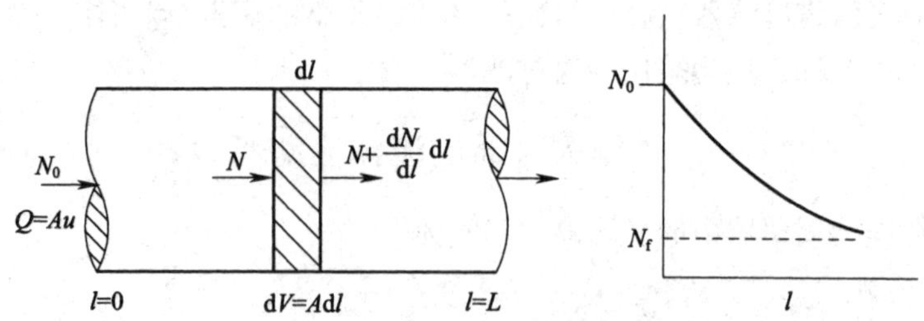

图1-9　理想活塞流反应器模型及器内反应物浓度分布图

A—横截面积　u—流体线速度

取微元长度 dl，dV = Adl 足够小，故可认为在此微元体积中活孢子浓度处处相等，热死灭速率处处相等。

对进出任一微元体积的活孢子数进行衡算：

进入的活孢子数 =（流出的 + 热死掉的）孢子数

$$QN = Q\left(N + \frac{\mathrm{d}N}{\mathrm{d}l}\mathrm{d}l\right) + KNA\mathrm{d}l$$

分离变量，积分

$$-\int_{N_0}^{N_f} \frac{\mathrm{d}N}{N} = K \cdot \frac{A}{Q}\int_0^L \mathrm{d}l$$

式中　N_0、N_f——分别为灭菌前后的活孢子数

L——管长

得

$$\ln \frac{N_f}{N_0} = -K\tau \tag{1-10}$$

式中　τ——平均停留时间

或

$$N_f = N_0 e^{-K\tau} \tag{1-11}$$

式（1-10）与批式全混流（充分搅拌、混合均匀）反应器内的反应结果完全相同，见式（1-2）。这说明用活塞流（PF）模型的管式连续反应器取代分批式全混流反应器，

并不能实现生产的强化。但由于批式反应器的非生产辅助操作时间很长，因而实际上前者的体积仍有明显的节省。作为连续灭菌器，常把活塞流反应器用于升至灭菌温度后的恒温热灭菌。

2．连续式全混流反应器（CFSTR）模型

这是另一种理想化的流型。设定反应器内的混合足够强烈，因而反应器内物料的浓度处处相等，温度均一，反应速率也处处相等，不随时间而变。具有良好的轴向和径向混合特性的连续反应器，可以接近于 CFSTR 特性。

CFSTR 及其浓度分布特性见图 1－10。

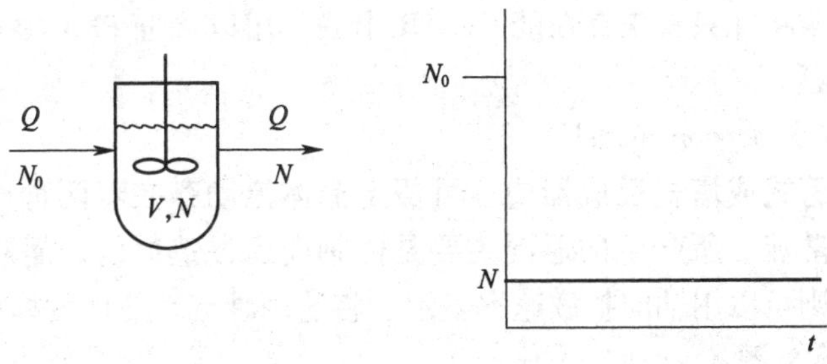

图 1－10　理想全混流釜式反应器模型及器内反应物浓度分布图

根据其浓度分布特征，对进出整个反应器的活菌数进行衡算：

$$QN_0 = QN + KNV \tag{1-12}$$

$$\frac{N_f}{N_0} = \frac{1}{1 + K\tau} \tag{1-13}$$

可见，由于全返混的发生，在 CFSTR 中进行的反应结果不再仅仅取决于它的均相分批反应动力学。对比式（1－13）与式（1－11），可见在同一温度下灭菌，要达到同样的 N_f/N_0，CFSTR 的灭菌时间要比 PFR（活塞流型反应器）的长得多。

3．多级全混流反应器（CFSTR-in-series）模型

高径比不大、搅拌不充分的反应器，可以想象其内部既存在全混流成分，又存在活塞流成分，并将之等效为 n 只等容积 CFSTR 的串联，如图 1－11 所示。n 表征返混程度的大小，n 愈大，愈偏离全混流而向活塞流接近。n 是多级全混流模型的“模型参数”，可以用平均停留时间分布实验所获得的资料求值。

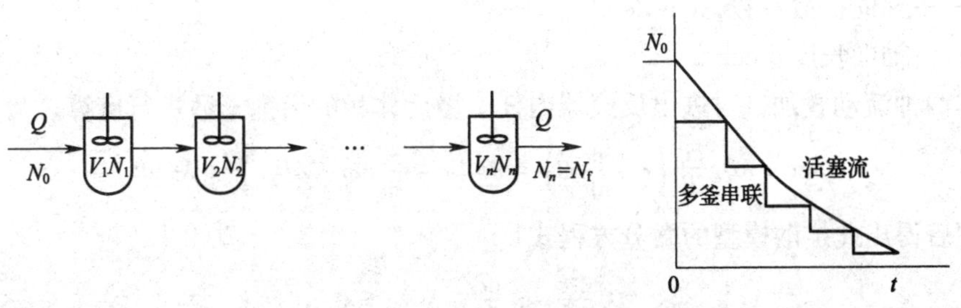

图 1－11　多级全混流反应器模型及其浓度分布图

$$\frac{N_1}{N_0}=\frac{1}{1+K\tau_1},\frac{N_2}{N_1}=\frac{1}{1+K\tau_2}\cdots\cdots \tag{1-14}$$

所以

$$\frac{N_f}{N_0}=\frac{1}{(1+K\tau_n)^n}$$

式中　τ——每个串联 CFSTR 的平均停留时间

因

$$V_1=V_2=\cdots\cdots=V_n=\frac{V_T}{n}$$

式中　V_T——n 只等容积反应器的总容积

所以

$$\tau_1=\tau_2=\cdots\cdots=\tau_n=\frac{\tau}{n}$$

在工程实践中常将几只真正存在的 CFSTR 串联，用以接近 PFR 的效果，这时不存在求模型参数 n 的问题。

4. 扩散模型（dispersion model）

在返混不大的管式或塔式反应器内，可假定流体流动存在着两种形式，其一是活塞流，其二是轴向扩散流。所产生的返混主要是由轴向返混造成的，而忽略径向返混的存在。轴向返混速率则可以用轴向扩散速率表示。将这两种流动叠加就构成了扩散模型。图 1－12 是扩散模型示意图。

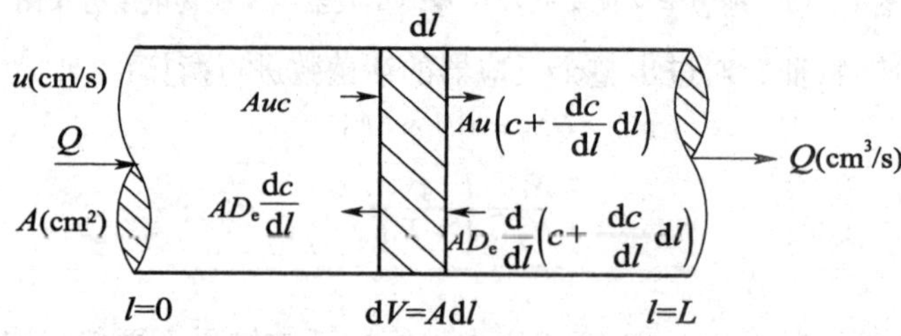

图 1－12　扩散模型示意图

L—反应器总长度（cm）

因为是活塞流，需假定与流动方向垂直的横截面上具有均匀的轴向速度和均匀的径向浓度。

$$\text{轴向扩散速度}=D_e\frac{dc}{dl}$$

式中　c——活孢子浓度，个/cm^3

D_e——轴向扩散系数，cm^2/s

l——轴向长度，cm

将这两种流动叠加，对进出反应器内任一微元体积的活孢子数进行衡算。

$$Auc+AD_e\frac{d}{dl}\left(c+\frac{dc}{dl}dl\right)=Au\left(c+\frac{dc}{dl}dl\right)+AD_e\frac{dc}{dl}+KcAdl \tag{1-15}$$

整理后得出此扩散模型的微分方程式：

$$D_e\frac{d^2c}{dl^2}-u\frac{dc}{dl}-K\cdot c=0 \tag{1-16}$$

将其变为无因次式：

令 $\frac{c}{c_0}=\overline{N}$ 无因次活孢子浓度

$\frac{l}{L}=X$ 无因次轴向长度

$\frac{uL}{D_e}=N_{pe}$ Peclet 准数

$\frac{KL}{u}=K\tau=N_R$ 反应准数

将之代入式（1-16），得

$$\frac{d^2\overline{N}}{dX^2}-N_{pe}\frac{d\overline{N}}{dX}-N_{pe}N_R\overline{N}=0 \tag{1-17}$$

边界条件：

当 $X=0$，$\frac{d\overline{N}}{dX}+N_{pe}(1-\overline{N})=0$

当 $X=1$，$\frac{d\overline{N}}{dX}=0$

$$\overline{N}_{X=1}=\left(\frac{c}{c_0}\right)_{l=L}=\left(\frac{N}{N_0}\right)_{l=L}$$

解得：

$$\overline{N}_{X=1}=\left(\frac{N}{N_0}\right)_{l=L}$$

$$=\frac{4\delta e^{\frac{N_{pe}}{2}}}{(1+\delta)^2e^{\frac{\delta N_{pe}}{2}}-(1-\delta)^2e^{\frac{-\delta N_{pe}}{2}}} \tag{1-18}$$

式中，$\delta=\sqrt{1+\frac{4N_R}{N_{pe}}}$

可见，$\frac{N}{N_0}$ 不但是 K 与 τ 的函数，而且在很大程度上取决于 N_{pe}，后者是返混程度的一个量度。

扩散模型的模型参数 D_e 可以根据平均停留时间分布实验的资料求值；在下述条件下可按 Levenspiel 的实验结果[7]计算。

在非端部的直管内，当流体的 Re 为 10^4 时，$\frac{D_e}{ud}=0.30$

Re 为 10^6 时，$\frac{D_e}{ud}=0.25$

居中者，因呈线性关系，可用内插法计算。

为了简化计算，可用 Deindoerfer 制成的计算图[6]，如图 1-13 所示。

当 $N_{pe}>1000$，按 N_{pe} 趋于 ∞ 处理，即反应器内的流型接近活塞流；N_{pe} 愈小，愈接近全混流。

管式连续灭菌器或塔式连续灭菌器是常见的形式。如果在设计中没有计及返混的严重影响，会导致重大失误。返混程度对连续灭菌结果的影响见表 1-5。倘若 V、Q、K、τ 不变，只变化反应器的高径比以改变其中的返混程度，即改变其 N_{pe}，则其灭菌结果相差甚远。

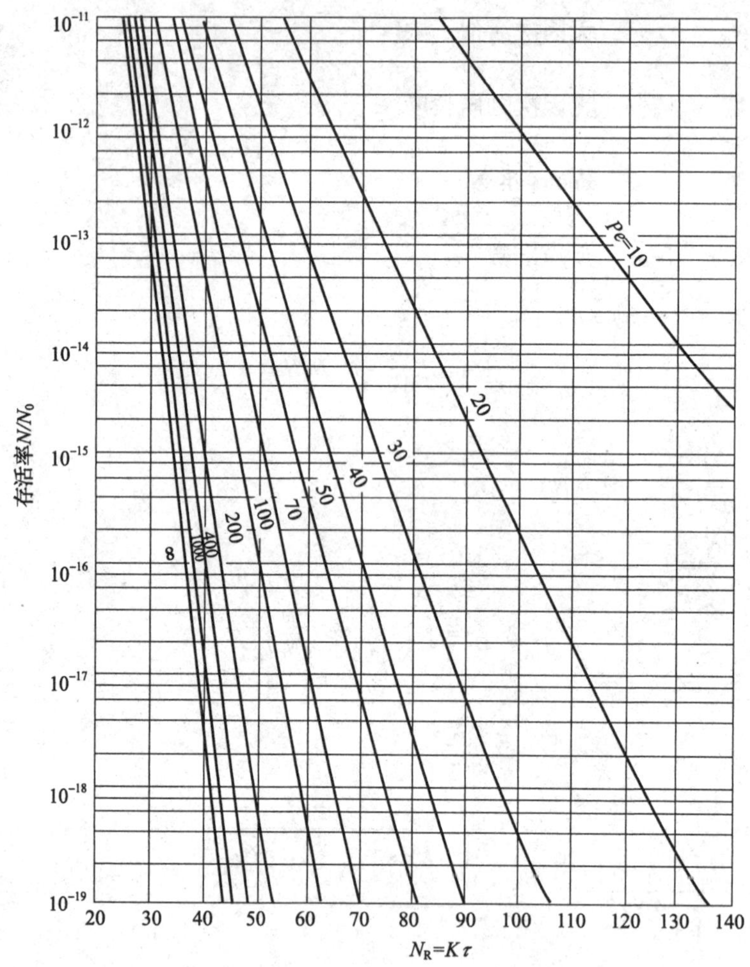

图 1－13 连续灭菌器中轴向扩散对灭菌的影响[6]（Pe 即 N_{pe}）

表 1－5 **返混程度对连续灭菌结果的影响[4]**

K/s^{-1}	τ/s $\left(\tau=\frac{V}{Q}\right)$	N_{pe}	$\frac{N}{N_0}$	
			不计返混①	计及返混
10	5	200	1.8×10^{-22}	10^{-18}
10	5	100	1.8×10^{-22}	1.5×10^{-16}
10	5	70	1.8×10^{-22}	3×10^{-15}
10	5	50	1.8×10^{-22}	2×10^{-13}

注：① 按活塞流计算$\frac{N}{N_0}=e^{-K\tau}$。

二、连续灭菌设计

设计方法结合实例讲述如下。

【例 1－2】 一台连续灭菌器，$d=0.155$m，$L=50$m。要求在 40min 内对 $30m^3$ 的

初温40℃的液体培养基进行蒸汽灭菌。设外加热器能立即将培养基加热到灭菌所需的温度，外冷却器能立即将培养基降温到30℃。培养基内活孢子浓度 $c_0=10^5$ 个/cm³，灭菌后要求达到30m³ 培养基中只有 10^{-3} 个活孢子，即 $N=10^{-3}$。设培养基液体的 $c_p=4.18$kJ/（kg·K），$\rho=10^3$kg/m³，液体黏度 $\mu=3.6$kg/（m·h），ΔE、A、R 值同例1-1。为达到灭菌要求，计算灭菌温度。

【解】 $\dfrac{N}{N_0}=f(N_{pe}, N_R)$。$\dfrac{N}{N_0}$给定，灭菌温度 T 决定于 K。$N_R=K\tau$，τ 已给定。事实上只要知道 N_{pe}就可从计算图上查出 N_R，算出 K 及相应的 T。

$$N_{pe}=\frac{uL}{D_e}$$

可按 Levenspiel（1958）文计算 D_e。

算出直管内 Re 为10^5，用内插法算得

$$\frac{D_e}{ud}=0.25$$

$$N_{pe}=\frac{uL}{D_e}=\frac{ud}{D_e}\times\frac{L}{d}=\frac{1}{0.25}\times\frac{50}{0.155}=1290$$

$$\frac{N}{N_0}=\frac{10^{-3}}{30\times10^6\times10^5}=3.33\times10^{-16}$$

从计算图1-13上查出 $N_R=36$，则

$$K=36\frac{u}{L}=28.7(\text{min}^{-1})$$

$$\tau=1.25\text{min}$$

$$T=129.5℃$$

因 $N_{pe}>1000$，本灭菌器接近活塞流型。

【例1-3】 若采用 $d=1.00$m 的塔式灭菌器，在【例1-2】同样的灭菌温度、相同的流量下连续灭菌，要达到相同的灭菌程度平均停留时间为多少？反应器高度 L 为多少？

【解】 $\dfrac{N}{N_0}=3.33\times10^{-16}$为已知，$K$ 也已知，只要算出 N_{pe}就可从图1-13上查出 $K\tau$，从而算出 L。

已知 $$N_{pe}=\frac{uL}{D_e}$$

算出 Re 值，根据 Levenspiel（1958）实验资料获得 D_e/ud 值，算出 D_e，用尝试误差法求 N_{pe}。

假设 L 的值，求出 N_{pe}，查出 $K\tau$，算出 τ，此 τ 值应符合 $\tau=\dfrac{L}{u}$关系。否则再试。

算出：

$$u=57.4\text{m/h}$$

$$Re=1.59\times10^4, \frac{D_e}{ud}=0.30$$

假设 $L=4.00$m

$$N_{pe}=\frac{ud}{D_e}\cdot\frac{L}{d}=\frac{1}{0.30}\times\frac{4.00}{1.00}=13.33$$

由于 N_{pe} 只有 13，属全混流模型。

从图 1－13 查得 $N_R \approx 120$

$$N_R = K\tau = \frac{KL}{u}$$

$$L = \frac{120 \times 57.4}{28.7 \times 60} = 3.99 \approx 4.0(\text{m})$$

与假设 $L = 4.00\text{m}$ 相符合。

$$\tau = 4.18\text{min}$$

对比【例 1－2】与【例 1－3】可以清楚地看出，不同形式、不同尺寸比的连续灭菌器，由于返混程度的不同，前者的灭菌时间只需 1.25min，后者则需 4.18 min。

符号说明

A	频率因子，min^{-1}；或截面积，cm^2
c	活菌或孢子浓度，个/mL
c_p	比热容，kJ/（kg·K）
D_e	轴向扩散系数，cm^2/s
ΔE	活化能，J/mol
K	比热死速率常数，min^{-1}
L 或 l	长度，m 或 cm
N	活菌或孢子数或浓度
Q	液体流量，m^3/h、L/min 或 mL/s
R	通用气体常数，J/（mol·K）
T	热力学温度，K
t	时间，s、min 或 h
u	流速，cm/s
U	传热系数，kJ/（m^2·min·K）
V	液体体积，L 或 m^3
N_{pe} 或 Pe	Peclet 准数
N_R	反应准数
Re	雷诺准数
τ	平均停留时间，min 或 h
ρ	液体密度，kg/m^3
μ	液体黏度，kg/（m·h）
0	初始
f	终了

参考文献

[1] Aiba S，Humphrey A E，Millis N F. Biochemical Engineering，2nd，ed. New York：Academic Press，1973

[2] Burton H，Jayne-Williams D. Recent Advances in Food Science，Vol. 2，107. London：Butterworths&Co Publishers Ltd.，1962

[3] Rahn Otto. Physical methods of sterilization of microorgansims. Bacteriol Rev., 1945, 9 (1): 1 ~ 47
[4] Wang D I C et al. Fermentation and Enzyme Technology. New York: John Wiley & Son, 1979
[5] Charles L Cooney. Media Sterilization. MIT Summer Course on Fermentation, 2004
[6] Deindoerfer F H, Humphrey A E. Analytical method for calculating heat sterilization times. Appl. Microbiol, 1959, 7: 256
[7] Levenspiel O. Longitudinal mixing of fluids flowing in circular pipes. Ind Eng Chem., 1958, 50 (3): 343 ~ 346

第二章 空 气 除 菌

微生物发酵分为好氧发酵和厌氧发酵两大类，绝大多数工业微生物发酵都是好氧发酵。无菌空气是好氧微生物的氧源，获得大量的无菌空气供给好氧发酵微生物是生化工程中极为重要的课题。所以空气除菌是发酵工业的一个重要环节。根据生产数据统计，空气过滤失败占发酵染菌各种因素的20%左右，是单一因素中比例最高的因素。空气过滤器的作用是防止空气把杂菌带入发酵过程，保证发酵从接种到放罐的整个过程为纯种培养，不受外源微生物的污染，所以发酵过程中使用的空气必须是无菌干净的。在普通的城市郊区，在干燥、晴朗的天气条件下，空气中微生物数目的数量级可认为是 $10^2 \sim 10^4$ 个/m^3，一般好氧发酵的平均通气量为0.8vvm（每分钟每体积发酵液需要空气体积，volume air/volume fermentation broth/minute）。许多次级代谢产品的发酵需要200h以上。对一个 $100m^3$ 发酵罐，在发酵过程中所需通入空气中的微生物含量达到1亿~100亿个。这样即使有一个外源微生物由空气系统带入发酵罐，也可能引起染菌而造成发酵失败或减产。而如果在潮湿温热的天气，则空气中的微生物含量还会成倍或成十倍地增加，由此可见，空气灭菌任务的重要与艰难[1]。

此外，在无菌产品特别是无菌药物的生产过程中，经常需要用空气（或氮气等惰性气体）传送无菌物料，这些气体同样必须是通过无菌过滤制备的无菌气体。另外，在无菌产品生产系统中，也需要安装大量的无菌空气过滤器作为系统与外界的通气口和无菌界面。所有这些应用除了量小外，无菌要求与发酵罐无菌空气的要求一样。

第一节 空气中的微生物

空气中悬浮着大量的微生物，它们附着在空气中的灰尘及颗粒或水珠上。这些微生物既包括霉菌、细菌、放线菌，也包括酵母、噬菌体等，其中以霉菌和细菌居多，酵母相对较少。灰尘的平均尺寸约为0.6μm。粗过滤器可以将颗粒比较大的微粒除去，0.5~2.0μm的微粒及微生物由空气过滤器除去。微生物的大小从零点几微米到几微米甚至几十微米不等，其中，细菌的宽为0.3~1μm，长为1~10μm；支原体大小为0.1~0.2μm；病毒的大小约为0.04μm；酵母大小为2~5μm[2]。表2-1列出了空气中常见的细菌及孢子。

表2-1　空气中细菌及细菌孢子的代表种类[3]

种　类	宽/μm	长/μm
产气气杆菌	1.0~1.5	1.0~2.5
蜡状芽孢杆菌	1.3~2.0	8.1~25.8
地衣芽孢杆菌	0.5~0.7	1.8~3.3

续表

种　类	宽/μm	长/μm
巨大芽孢杆菌	0.9～2.1	2.0～10.0
枯草芽孢杆菌	0.5～1.1	1.6～4.8
金黄小球菌	0.5～1.0	0.5～1.0
普通变性杆菌（孢子）	0.5～1.0	1.0～3.0

空气中微生物的数量在很大程度上因地区、季节和气候的不同而异。一般城市空气中微生物的密度较高，农村和山区则较低，夏季比冬季多，特别是气候温和及潮湿的地区，空气中的微生物往往比较多；工厂附近又以主风向上游密度为较低。因为颗粒沉降，在同一个地方随着高度的升高，空气中的颗粒和微生物含量急剧下降，一般来说，高度每升高2.5m，空气中的尘埃粒子含量下降一个数量级。所以对于空气压缩机，高空取气就显得很重要。

第二节　空气除菌方法

无菌空气是指自然界的空气通过除菌处理使其含菌量降低到一个极限百分数的净化空气。获得无菌空气的方法大致分为两类：一类是利用加热、化学药剂或射线等，使空气中微生物细胞的蛋白质变性，以杀灭各种微生物；另一类是利用过滤介质及静电除尘捕集空气中的灰尘和各种颗粒，以除去空气中的各种微生物。生产上往往将二者结合在一起应用。下面具体介绍各种除菌方法。

1. 加热灭菌

普通微生物在高温下很容易被杀死。虽然细菌孢子对温度有较高的耐受能力，但在较高的温度时也能致死。Aiba[3]等发现悬浮于空气中的普通细菌孢子在218℃时24s即可被杀死。早期Stark设计的空气除菌方法原理是利用空气被压缩时所产生的热来杀菌。为了保持压缩后的空气具有较高的温度，在压缩空气出口管处包裹有保温层，单级绝缘压缩机在0.3MPa的压力下运转时，进入空气的温度为20℃或70℃时，则压缩后出口空气的温度可分别达到150℃或220℃，这种灭菌方法曾经被用于某些对外源微生物不是非常敏感的发酵，如丙酮、丁醇的发酵生产。然而，一方面空气的传热效率很低，温度分布很不均匀，另一方面，有些耐热菌的孢子需要非常长的时间才可以杀灭。所以，用加热的方法不能够大量制造无菌空气。

2. 辐射灭菌

Aiba[3]等发现波长范围在226.5～328.7nm的紫外线对空气中微生物的杀菌效力最强。从理论上来说声波、高能阴极射线及γ射线都可用于空气灭菌，只要有足够长的时间，可以达到完全灭菌的目的，但在发酵工业中大规模应用则不经济。目前紫外线灭菌被广泛应用于无菌室、接种间、培养室和仓库等处的空气灭菌。但是，需要指出的是这仅仅是减少空气中的微生物，并不能完全除菌。无菌室中空气的无菌概念与提供给发酵罐的无菌空气是不一样的。此外，^{60}Co照射目前被广泛用于热敏性产品和物品的灭菌，例如各种无菌过滤器、无菌包装材料、无菌固体产品等，同时也包括这些物品中的空气。

3. 化学灭菌

常用的空气灭菌用化学药剂有苯酚、环氧乙烷、过氧化氢、重金属盐、新洁尔灭、甲醛溶液（福尔马林）和硫磺等。把杀菌剂溶于水中配成合适浓度，使空气在杀菌剂溶液中通过或喷洒于空气中以杀死空气中的微生物。但必须除去夹带杀菌剂的水汽和雾后才能应用于工业生产。目前化学灭菌被应用于无菌室、接种间和培养间的灭菌。但是同样必须指出的是，无菌室并非完全无菌，只是微生物含量被大大减少，它与用于发酵通气的无菌空气是两个概念。

4. 静电除尘

静电除尘的优点是能量消耗少（处理 $1000m^3$ 空气只耗电 0.4 ~ 0.8kW），空气压头损失小（为 400 ~ 2000Pa），对于 1μm 的尘粒捕集效率可达 99% 以上。缺点是设备较庞大。

静电除尘的原理是先使空气中的灰尘成为载电体，然后将其捕集在电极上。首先将交流电压升高到 20 ~ 50kV 高压，并经整流器变成高压直流电，将正极与一钢管外壳连接并接地，负极与穿过钢管中心导线相连接且此导线必须与钢管绝缘。当正极电场强度 > $1000V/cm^2$ 时，管内气体发生电离作用，产生正电荷离子，并分别向两极移动，由于正极的钢管的表面积比导线大，所以大部分微粒为正极捕集。通过静电除尘器的空气流速为 0.8 ~ 0.9m/s，经过时间约为 5.5s。为了提高除尘效率，空气应当为无油的，相对湿度较低为好。

5. 介质过滤

发酵工业真正用于发酵罐制备无菌空气的方法是采用介质过滤。使用的过滤介质多种多样，初期多采用棉花过滤器，后来棉花逐渐为玻璃纤维、不锈钢纤维、聚丙烯纤维等所代替。而目前在发酵工业上普遍采用的是膜过滤器。一个正确设计和制造的膜过滤器在正确使用的前提下，可以完全过滤掉空气中的微生物。

第三节　空气过滤设计

从填充材质上分，发酵和生物制药工厂常用的空气过滤器有棉花纤维过滤器、超细玻璃纤维过滤器、石棉板过滤器、烧结金属板过滤器、尼龙纤维过滤器、陶瓷过滤器、聚丙烯过滤器[2]等。

一、捕集效率

采用概率论分析捕集效率[3]，基本假设有以下三点：

① 纤维填充的空气过滤器由多层介质组成，设每单位长度过滤介质具有 ξ 层网格。

② 微生物经过每一层玻璃纤维时，与玻璃纤维相碰的概率为 p。p 与流动状况、纤维直径之比有关。

③ 当微生物与纤维碰撞次数小于 m 时，仍能通过过滤器中流出而返回空气中。

根据以上三点假设，被过滤器捕集的微生物数为：

$$\nu = \nu_0\left[1 - \sum_{m=0}^{m=m}(c_{\xi L}^{m})p^{m}(1-p)^{\xi L-m}\right] \tag{2-1}$$

式中　ν_0——进入过滤器的微生物总数

ν——被过滤器截留的微生物数

L——滤层厚度

ξL——沿滤层厚度的介质层数

从式（2-1）可知，当 $m=0$ 时：

$$\nu = \nu_0[1-(1-p)^{\xi L}]$$

$$\ln\left(1-\frac{\nu}{\nu_0}\right) = \xi L\ln(1-p) = \xi L\left(-p-\frac{p^2}{2}-\frac{p^3}{3}\cdots\right) \tag{2-2}$$

当 p 很小时，式（2-2）右侧仅取首项得：

$$\nu = \nu_0(1-e^{-\xi Lp})$$

$$\frac{d\nu}{dL} = \nu_0\xi pe^{-\xi Lp} \tag{2-3}$$

上式即为对数穿透定律（log-penetration law）。

在式（2-1）中，当 $m=1$ 时

$$\xi L-1 = \xi L,\ p\text{ 远小于 }1$$

$$\frac{d\nu}{dL} = \nu_0\xi^2p^2e^{-\xi Lp}\left(\frac{L}{1!}\right) \tag{2-4}$$

同样，当 $m=2$，$m=3$... 时，并假定 ξ^2L^2p 远大于 1，ξ^3L^3p 远大于 1，...

得到下列方程式

$$\frac{d\nu}{dL} = \nu_0\xi^3p^3e^{-\xi Lp}\left(\frac{L^2}{2!}\right) \tag{2-5}$$

$$\frac{d\nu}{dL} = \nu_0\xi^4p^4e^{-\xi Lp}\left(\frac{L^3}{3!}\right) \tag{2-6}$$

通常当 $m=m$ 时

$$\begin{aligned}\frac{d\nu}{dL} &= \nu_0\xi pe^{-\xi Lp}\frac{(\xi Lp)^m}{m!}\\ &= \nu_0'ke^{-kL}\frac{(kL)^m}{m!}\end{aligned} \tag{2-7}$$

其中　$k=\xi p$

$$\nu_0'\int_0^{\infty}ke^{-kL}\frac{(kL)^m}{m!}dL = \nu_0$$

设每单位时间内平均流入过滤器的粒子数为 $\overline{\nu}_0'$，而操作时间设为 t，则由式（2-7）有：

$$\begin{aligned}\nu_0 &= \nu_0'\int_0^{\infty}ke^{-kL}\frac{(kL)^m}{m!}dL\\ &= \nu_0'K\int_0^{\infty}ke^{-kL}\frac{(kL)^m}{m!}dL\\ &= \overline{\nu}_0't\int_0^{\infty}p(L)dL = \overline{\nu}_0't\end{aligned} \tag{2-8}$$

式中　K——概率化因子

全部被捕集积分后为：

$$\int_0^{\infty}p(L)dL = \int_0^{\infty}\frac{k}{K}e^{-KL}\frac{(kL)^m}{m!}dL = 1$$

在时间 t 内，滤层厚度为 L 的过滤器所捕集的粒子数为：

$$\nu = \overline{\nu}'_0 t\int_0^L p(L)\,\mathrm{d}L \tag{2-9}$$

两个颗粒相继从过滤器中流出的时间间隔为：

$$\Delta t = \frac{1}{\overline{\nu}'_0\left[1 - \int_0^L p(L)\,\mathrm{d}L\right]} \tag{2-10}$$

空气过滤器中被捕集粒子的纵向分布 $\int_0^\infty p(L)\,\mathrm{d}L$ 与时间无关。

从方程（2-10）可以看出，过滤总效率可用式（2-11）表示：

$$\eta = \frac{\overline{\nu}'_0\Delta\overline{t} - 1}{\overline{\nu}'_0\Delta\overline{t}} = \int_0^L p(L)\,\mathrm{d}L \tag{2-11}$$

式中　$\Delta\overline{t}$——两个颗粒相继自过滤器中流出的平均时间间隔

当 L 大时 $\Delta\overline{t}$ 也大，捕集效率 η 也大；纤维直径 d_f 越小，捕集效率 η 越大。

二、空气过滤器除菌机制

过滤介质的除菌效率取决于下述机制：

① 直接截留（direct interception by the fibers）；

② 惯性冲击（inertial impaction）；

③ 布朗运动或扩散拦截（brownian motion or diffusional interception）；

④ 重力沉降（gravitational precipitation）；

⑤ 静电吸引（electrostatic attraction）。

对于纤维过滤器，因为微粒直径约为 1μm，故机制④可以排除不予考虑。Humphrey 曾测定枯草芽孢杆菌中约有 20% 带正电，15% 带负电，其余则呈中性。带有电荷的微生物由于静电吸引的作用比不带电荷的微生物更容易被阻截。但至目前尚未有定量数据。下面只介绍前三种机制。

1. 直接截留

细菌的质量小，紧随空气流的流线而前进，当空气流线中所夹带的微粒由于和纤维相接触而被捕集时称为直接截留。直接截留的过滤机理是指过滤介质起筛网的作用机械截留颗粒，当颗粒的直径大于介质的孔径时，颗粒就被截留。直接截留与表面速度（face velocity）无关。截留效率完全决定于颗粒直径。颗粒流线与单纤维介质的距离为：

$$s = \frac{d_p}{2}$$

式中　d_p——颗粒直径

当距离 $s > \frac{d_p}{2}$ 时，颗粒与纤维不碰撞，被气流带走，除菌效率很差。当 $s < \frac{d_p}{2}$ 时，颗粒与纤维碰撞而被截留。

Langmuir 提出，阻截捕集效率的数值可由下式计算：

$$\eta''_0 = \frac{1}{2(2.00 - \ln N_{Re})}\left[2(1 + N_R)\ln(1 + N_R) - (1 + N_R) + \frac{1}{1 + N_R}\right] \tag{2-12}$$

式中 $N_R = \dfrac{d_p}{d_f}$

$N_{Re} = \dfrac{d_f v\rho}{\mu}$（$N_{Re}$为气流雷诺数，$d_f$ 为纤维直径，v 为气流速率，ρ 为空气密度，μ 为空气黏度）

2. 惯性冲击

由于气流中的颗粒有质量，具有惯性，当微粒以一定速度向纤维垂直运动时空气受阻改变流向，绕过纤维前进，微粒因惯性作用不能及时改变方向，便冲向纤维表面并滞留下来。在较低流速范围内，冲击过滤效率随气流速度增加而降低，增至临界流速时，效率又随气流速度增加而提高，如果再上升超过某个值，效率又会显著下降。

单个纤维的碰撞捕集效率的理论值 η_0'可由下式表示：

$$\eta_0' = \frac{d}{d_f}$$

式中 d——气流宽度，m

d_f——纤维直径，m

根据 Langmuir 的计算，当惯性参数 φ 为$\frac{1}{16}$时，η_0'为 0

$$\eta_0' = f(\varphi)$$

$$\varphi = \frac{C\gamma_p d_p^2 v}{18\mu d_f} \tag{2-13}$$

式中 γ_p——颗粒密度，kg/m^3

μ——空气黏度，kg/（s·m）

v——微粒（或空气）的流速，m/s

C——修正系数

相应于 φ 为$\frac{1}{16}$条件的空气临界流速为 v_c

$$v_c = 1.125 \times \frac{\mu d_f}{C\gamma_p d_p^2} \tag{2-14}$$

当流速 v 增大，捕集效率也增大。

3. 布朗运动或扩散拦截

微小的颗粒受空气分子碰撞发生布朗运动。颗粒与介质相碰而被捕集称为扩散。当纤维直径 d_f 越小，气流运动速度 v 越小，扩散捕集效率越高；反之越小。设颗粒位置移动为 $2x_0$，则在式 2－12 中以 $2x_0$ 代替 d_p，可得到扩散捕集效率 η'''_0：

$$\eta'''_0 = \frac{1}{2(2.00-\ln N_{Re})}\left[2\left(1+\frac{2x_0}{d_f}\right)\ln\left(1+\frac{2x_0}{d_f}\right)-\left(1+\frac{2x_0}{d_f}\right)+\frac{1}{1+\frac{2x_0}{d_f}}\right] \tag{2-15}$$

式中 $$\frac{2x_0}{d_f} = \left[1.12 \times \frac{2(2.00-\ln N_{Re})D_{BM}}{v \cdot d_f}\right]^{\frac{1}{3}} \tag{2-16}$$

式中 D_{BM}——微粒扩散系数，$D_{BM} = \dfrac{CkT}{3\pi\mu d_p}$

k——Boltzmann 常数，取其为 1.41×10^{-24}（kg·m）/K

T——热力学温度，K

设 η_0'、η_0''、η_0''' 效率相互间不发生影响，单个纤维的捕集效率 η_0 可用式（2－17）表示：

$$\eta_0 = \eta_0' + \eta_0'' + \eta_0''' \tag{2-17}$$

当 N_{Re} 为 $10^{-4}\sim10^{-1}$ 时，下式基本上符合实际：

$$\frac{1}{2.00-\ln N_{Re}} \propto N_{Re}^{\frac{1}{6}} \tag{2-18}$$

简化式（2－14）及式（2－15），将式（2－12）及式（2－15）中的 N_R 和 $\frac{2x_0}{d_f}$ 这两项都展开，并假定这两项都小于1，其二阶及高阶都可忽略不计，则式（2－14）及式（2－15）可简化为：

$$\eta_0'' \propto N_R^2 \cdot N_{Re}^{\frac{1}{6}} \tag{2-19}$$

$$\eta_0''' \propto N_{sc}^{-\frac{2}{3}} N_{Re}^{-\frac{11}{18}} \tag{2-20}$$

$$[N_{sc} = \mu/(\rho \cdot D_{BM})]$$

从式中可以看出 $N_R=\frac{d_p}{d_f}$ 和 D_{BM} 对提高阻截效率 η_0'' 及扩散效率 η_0''' 均很重要。采用玻璃纤维时，对微粒的惯性碰撞阻截效率 η_0' 往往可以忽略不计。

合叶修一先生提出的总阻截效率 $\bar{\eta}$ 如式（2－21）：

$$\bar{\eta} = \frac{\nu}{\nu_0} \tag{2-21}$$

式中　ν_0——气体中原微生物数

ν——被阻截的微生物数

在纤维滤器中容积比率为 α 的单纤维阻截效率 η_α 如下式所示：

$$\eta_\alpha = \frac{\pi d_f(1-\alpha)}{4L\alpha}\ln\frac{\nu_0}{\nu_0-\nu} \tag{2-22}$$

$$= \frac{\pi d_f(1-\alpha)}{4L\alpha}\ln\frac{1}{1-\bar{\eta}} \tag{2-23}$$

式中　L——滤层厚度（cm）

α——介质实体积/介质视体积

在 L 之内的任一断面中所阻截的微粒为常数，即对数穿透定律。式（2－23）是由4cm 滤垫实验计算得出的。

合叶修一先生运用 Chen 提出的经验式由 $\bar{\eta}$ 的数据计算出 η_α 值换算成 η_0：

$$\eta_0 = \frac{\eta_\alpha}{1+0.45\alpha} \tag{2-24}$$

$$(0<\alpha<0.10)$$

三、对数穿透定律

相对于上文总概率论的分析方程，对数穿透定律被称为确定论分析方法。

设 N_1 为过滤前空气中的总颗粒数，N_2 为过滤后空气中的颗粒数，则穿透率为：

$$p = \frac{N_2}{N_1} \tag{2-25}$$

则除菌效率为：

$$\eta = \frac{N_1 - N_2}{N_1} = 1 - \frac{N_2}{N_1} = 1 - p \tag{2-26}$$

设空气中原有颗粒数为 5000 个/m^3，则

$$N_1 = 5000 \times V_1 \times 60\theta$$

式中 V_1——通风量，m^3/min

θ——分批发酵时间，h

分批发酵每千罐只允许有一个杂菌通过过滤器，即 $N_2 = 10^{-3}$，则穿透率为：

$$p = \frac{N_2}{N_1} = \frac{10^{-3}}{5000 \times 60V_1\theta} = \frac{3.33 \times 10^{-9}}{V_1\theta}$$

对数穿透定律假定空气过滤时其中的颗粒数随通过滤层厚度的增加而均匀递减。取滤层厚度中某一微长度 dL，在此长度中颗粒的减少数 dN 可以表示为：

$$-\mathrm{d}N = K'N\mathrm{d}L \tag{2-27}$$

式中 N——空气中的颗粒数，个

L——滤层厚度，cm

K'——除菌常数，m^{-1}

将式（2－27）积分，可得

$$-\int_{N_1}^{N_2} \frac{\mathrm{d}N}{N} = K'\int_0^L \mathrm{d}L$$

得出对数穿透率为：

$$\ln\frac{N_2}{N_1} = -K'L \text{ 或 } \lg\frac{N_2}{N_1} = -KL \tag{2-28}$$

K 值的大小与空气流速、纤维的填充密度和直径、空气中的颗粒大小等因素有关，可以通过计算求得，但一般是通过实验得到。对于直径为 16μm 的棉花纤维，当填充系数 α 为 8% 时测得的 K 值见表 2－2。

表 2－2　　棉花纤维的 *K* 值

空气流速/（m/s）	0.05	0.10	0.50	1.0	2.0	3.0
K/cm^{-1}	0.193	0.135	0.1	0.195	1.32	2.55

为了实验方便可用 η 为 90% 时的过滤厚度作为基准，即

$$\eta = 1 - \left(\frac{N_2}{N_1}\right)_{90} = 0.9$$

即

$$\left(\frac{N_2}{N_1}\right)_{90} = 1 - 0.9 = 0.1$$

代入式（2－28）得

$$\lg\left(\frac{N_2}{N_1}\right)_{90} = \lg\frac{1}{10} = -1 = -KL_{90}$$

将上式与式（2－28）相比得

$$\frac{\lg \frac{N_2}{N_1}}{\lg \left(\frac{N_2}{N_1}\right)_{90}} = \frac{-KL}{-KL_{90}} = \frac{L}{L_{90}}$$

即

$$\lg \frac{N_2}{N_1} = -\frac{L}{L_{90}} \text{或} \quad \lg \frac{N_1}{N_2} = \frac{L}{L_{90}} \tag{2-29}$$

与式（2－28）相比较，可知$\frac{1}{L_{90}} = K$，即常数 K 为过滤效率为 90% 时得到的 L_{90} 的数据。

表 2－3 是直径为 16μm 的玻璃纤维用枯草芽孢杆菌的芽孢做实验时得到的 L_{90} 的数据。

表 2－3　　直径 16μm 玻璃纤维的 L_{90} 值

空气流速/（m/s）	0.03	0.15	0.3	1.52	3.05
L_{90}/cm	4.05	8.50	11.70	1.53	0.38

对于直径为 19μm 的玻璃纤维，填充系数 α 为 3.3%、空气流速 v_s 为 5cm/s 时，所需滤层厚度按照式（2－30）计算：

$$L = -10.9 \lg \frac{N_2}{N_1} \tag{2-30}$$

对于薄层纤维过滤（厚度 <40mm），对数穿透定律是正确的；但对于厚层纤维，过滤时颗粒呈纵向分布，所以对数穿透定律不完全适用，但目前对厚层过滤也采用此方法计算。

K 值的计算方法：

当 $0 < \alpha < 0.1$ 时，将式（2－24）与式（2－22）联立，代入式（2－28），得

$$\eta_0(1 + 4.5\alpha) = \frac{\pi d_f(1-\alpha)}{4L\alpha} KL \tag{2-31}$$

$$K = \frac{4\alpha(1 + 4.5\alpha)}{\pi d_f(1-\alpha)} \eta_0 \tag{2-32}$$

得到 K 值，就可根据式（2－28）计算出满足一定除菌要求所需要的滤层厚度 L。

第四节　膜 过 滤 器[4]

正是由于 Arthur Humphrey 等人的单纤维过滤理论，发酵工业初期时广泛采用纤维过滤器制备无菌空气。初期多采用棉花作为过滤介质，后来棉花逐渐被玻璃纤维、不锈钢纤维和聚丙烯纤维代替。但是无论哪种纤维，因为过滤效率较低，所需空气过滤器都很大，且维修费用高。目前，传统的棉花过滤器、纤维过滤器等都已经被膜过滤器（membrane filter）取代。纤维过滤器仅仅被用于预过滤。膜过滤器安装简单，可以多次进行蒸汽灭菌，基本上能够达到 100% 过滤细菌等微生物的目的。所以目前无论国内还是国外的发酵工厂真正使用的空气过滤器基本上都是膜过滤器。

市场上供应的膜过滤器主要有预过滤器（颗粒污染级）和可蒸汽灭菌的无菌过滤器（细菌污染级）。用于空气除菌过程中的预过滤器主要是除去空气中的颗粒和尘埃以及液珠（水珠、油珠）。预过滤器安装在最后的可灭菌过滤器的上游以保护可灭菌过滤器免受

过早的堵塞，从而延长可灭菌过滤器的寿命。下面将简单介绍常用的膜过滤器。

一、预 过 滤 器

在多数空气除菌的应用环境中，有必要使用预过滤器以除去空气中的颗粒物质和液滴（水滴、油滴），同时，使用预过滤器也有利于保护可灭菌过滤器，从而大大增加空气无菌过滤的经济性。

1. 除去颗粒的预过滤器

除去颗粒的预过滤器所用的材料有聚丙烯、多孔金属和纤维等。其额定值在 1 ~ 100μm之间。用于发酵企业空气过滤的预过滤器主要有以下三种。

（1）多孔不锈钢膜组件　多孔不锈钢介质是通过烧结不锈钢或其他合金粉末形成一种多孔的金属过滤介质。多孔不锈钢预过滤组件既可以做成平板式的，也可以做成无缝圆柱式的。多孔不锈钢介质的合金型号是 316LB，该合金比 316L 含有更多的硅，赋予该产品更强的韧性和更好的空气流动性。其膜孔大小可以控制在 0.5μm 到十几微米。多孔不锈钢过滤介质具有对温度和腐蚀良好的抵抗性，组件可以用化学或机械的方法来清理，从而增加了再使用的经济性。另外值得一提的是多孔不锈钢介质不但可作为过滤介质，也可以作为发酵罐气体分布器。

（2）折叠纤维素过滤器组件　应用于发酵罐或生物反应器入口空气的预过滤器的折叠纤维素过滤组件一般使用纯纤维素生产而成，其过滤孔径大小约为 8μm。纤维素组件由一个多孔的内支撑核、外支撑壳体和末端金属帽等硬件内加多皱褶的纤维素过滤介质组成。组件的径向的缝隙处用聚丙烯密封。内核和外壳材料用聚乙烯制成。

（3）折叠聚丙烯过滤器组件　折叠聚丙烯预过滤器常常作为发酵罐排气的预过滤器。其结构、过滤器孔径大小与折叠纤维素过滤器组件很类似，只是所用材料不同。

2. 除去液体雾滴的预过滤器

膜过滤器能够正常工作是建立在所过滤的空气是干燥空气的前提下。然而，在空气中常常含有水或油的液体雾滴，由于目前用于无菌过滤的膜都为疏水膜，如果有液体附着在膜上会影响膜的通量，如果液体量大，甚至可以影响无菌膜的无菌性。所以，在空气过滤系统上都要有除湿装置。利用凝结过滤器除去这些液体雾滴是现行方法之一。高效的凝结过滤器可以有效地分离液态气悬体中的液体和气体，其过程涉及的三个基本步骤是：① 截留液态雾滴；② 排出液体；③ 分离液体和气体。细小的液体雾滴（0.1 到 300μm）通过凝结过滤器后可以形成为大的 1 ~ 2mm 液滴后被除去。液体凝聚过滤器工作原理见图 2 - 1。简单气液凝聚器结构见图 2 - 2。

二、可灭菌的无菌膜过滤器

目前用于发酵罐和生物反应器进口无菌空气制备的膜过滤器的膜片通常由多孔的疏水有机材料制成，最常用的是聚偏氟乙烯（polyvinylidienefluoride，PVDF）和聚四氟乙烯（polytetrafluoroethylene，PTFE）。无菌膜过滤器主要指膜孔为 0.22μm 以下的膜过滤器。之所以使用疏水材料制造无菌空气过滤膜是因为当有少量液体存在时疏水膜不会立刻被水浸湿从而影响过滤器的效率（膜过滤器能够 100% 地过滤细菌等微生物是建立在膜过滤器于干燥的状态下，如果被水浸湿，膜过滤器不再保证能够 100% 地过滤细菌等微生物）。

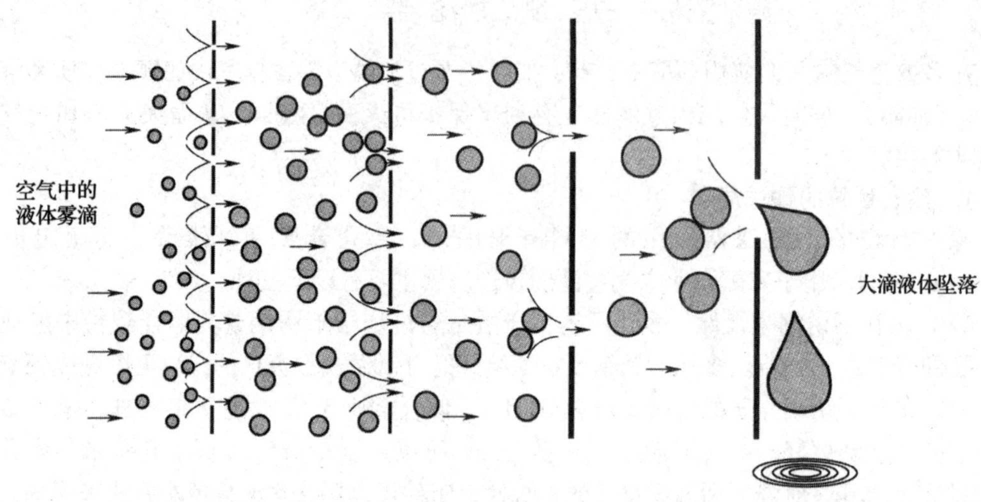

图 2-1　液体凝聚过滤器工作原理（小颗粒液体雾滴凝聚成大颗粒液滴）

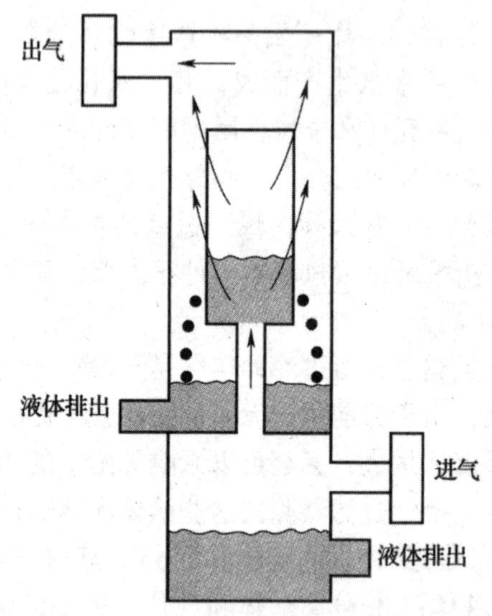

图 2-2　简单气液凝聚器结构

这样即使是空气具有一定的湿度的情况下，疏水膜组件也可以将气流中的细菌等微生物 100% 地除去。

无菌膜过滤器都已经被做成标准的组件，如图 2-3 所示，它由一个坚固的可抗高压的内核外绕有支撑层的多层膜片外加坚固的保护外壳组成。为了保证没有任何可能的泄漏，膜组件所有的连接都要熔融密封。使用时，膜组件安装在特定的膜组件机架外壳中（图 2-4）。这些膜组件可以多次进行蒸汽在线灭菌，也可以在高压灭菌柜中灭菌。这些膜组件不但用于无菌空气的制备，也常用于发酵罐排气口空气过滤以保证不将微生物泄漏到环境中。在无菌料液的储罐和生产制备罐上也常用这种膜组件作为无菌空气进气与排气。

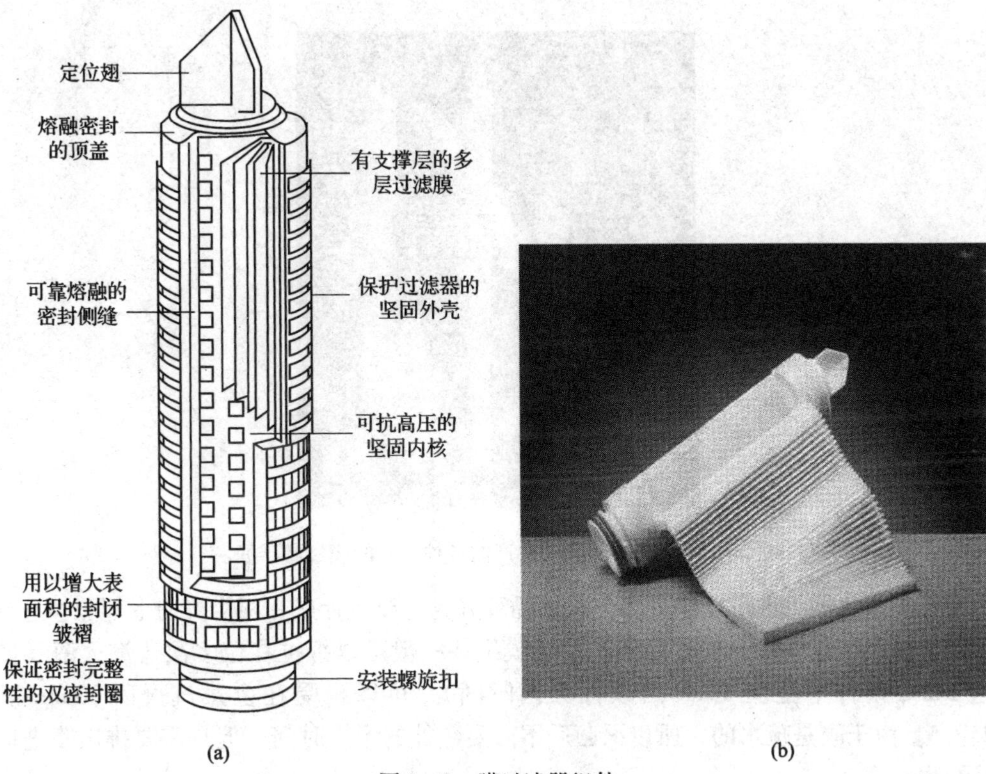

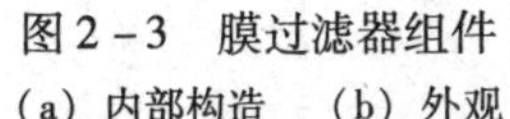

图 2-3　膜过滤器组件

（a）内部构造　（b）外观

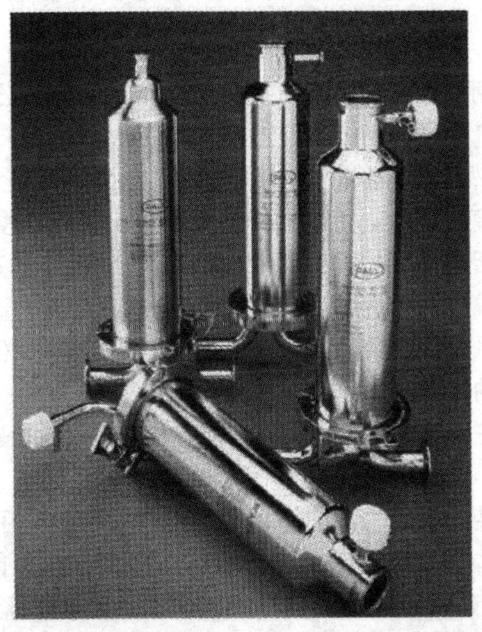

图 2-4　美国 Pall 公司生产的无菌过滤膜组件机架外壳

市场上现有的膜过滤器有不同的形状和尺寸，应用于制药工业空气除菌的最普通的为 0.254m（10in）膜元件，这些膜元件可以用火焰焊接成首尾相连的多重膜元件［一般可以达到约 1m（40in）］，见图 2-5。

图 2 - 5　美国 Pall 公司生产的各种尺寸的膜过滤器滤芯

疏水膜过滤器组件可以经受多个灭菌循环并且需要设计成在两个方向上都能够进行蒸汽灭菌或在灭菌锅内进行重复灭菌。上述膜组件一般可以抵抗在位多次蒸汽灭菌（如在高达 142℃ 条件下至少 165h 的累计灭菌时间），可以耐受在位蒸汽灭菌 30min 以上（125℃）。由于膜是疏水的，所以灭菌后不需要额外的干燥时间，但是需要排出膜进口侧的凝结物。

三、用于空气过滤中的膜过滤器的质量检验

如果膜组件有破损，或者在安装过程中未能够完全安装到位，则无菌空气膜系统将不能够完成预定目标，使用过程中势必造成染菌，因此，有必要在安装完成后对膜过滤系统进行检验。如果无菌空气膜过滤系统是用于无菌药品的生产过程，而非发酵过程，因为无菌药品生产过程并没有一个发酵或微生物培养过程，这样，即使无菌过滤器破损造成了染菌，只要没有造成大规模的染菌，正常的产品无菌检验就无法检验出产品是否被轻度污染。这样，即使有一个活菌没有被过滤掉而污染了无菌产品，当这一被污染的产品被注射到病人体内时，将会造成致命的后果。所以，对于无菌药品生产，特别是注射药品生产装置上使用的无菌膜过滤系统使用前后的质量检验［完整性检验（integrity tests）］，就是保证产品质量所必需采取的步骤了。

无菌过滤膜系统的完整性检验分成毁灭性检验和非毁灭性检验两大类。

1．毁灭性检验

毁灭性检验是应用某一合适的污染物（微生物）并检验使用的膜组件是否能够在特定的条件下满足某一具体的截留效率。检验步骤必须足够敏感以能够检测到通过膜的目的微生物。对 0.2μm 的可灭菌级膜而言，标准检测微生物是缺陷短波单胞菌［*Brevundimonas diminute*，旧称缺陷假单胞菌（*Pseudomonas diminuta*）］（ATCC 19146），这一微生物的大小为 0.3μm ×（0.6 ~ 0.8）μm。如果一支 0.2μm 的可灭菌级膜设计或生产有问题，该微生物就有可能透过膜。在做挑战实验时，通过雾化器将该微生物喷入到膜过滤器的上游，在膜过滤器的下游用另一个无菌膜接受透过的空气，之后，将该接收膜放入培养

基中培养，以检测是否有微生物透过了被检测膜。对于挑战微生物的浓度，美国食品与药品管理局（FDA）的指导标准规定：作为应用于无菌药物生产的膜组件，该微生物最低挑战水平（minimum challenge level）为10^7cfu/cm^2（以过滤面积计）。

由于经过毁灭性检验后膜组件已经不能够再继续使用，所以，膜组件毁灭性检验主要目的是检测膜结构本身和该膜组件在用户的实际使用条件下的截留效率。这一检测通常会在膜生产厂完成，除非使用者的使用条件超出了膜生产厂所规定的使用范围，所以毁灭性检验不需要经常使用。但是，如果某一膜组件有纰漏或在安装、灭菌过程中发生问题，它也同样会对终产品造成危害，所以这样的膜组件在使用前后都需要进行完整性检测。这样非毁灭性检验就应运发展起来。

2. 非毁灭性检验

目前应用于可灭菌级空气过滤膜的非毁灭性检验主要有：① 泡点检验（bubble point test）；② 前流动检验（forward flow test）；③ 持压检验（pressure hold test）。上述几种检验方法的基本原理都是用水（适用于亲水膜）或水与异丙醇混合溶液（适用于疏水膜）将被检验膜组件完全浸湿，之后在被检测膜组件的上游通空气或氮气。因为膜组件被浸湿，在普通压力下空气将无法透过膜组件。当提高空气压力，越来越多的空气会溶解到膜表面的浸湿液中。因为膜的另一端没有空气压力，当空气压力足够大，溶解的空气足够多，在某一压力下，溶解的空气就会透过膜组件。通过测量空气透过膜组件的压力，就可以检测该膜组件是否完整。因为如果膜组件有纰漏或安装不完全，则空气会在较低的压力下透过膜组件。

第五节　空气除菌典型流程

比较理想的空气除菌流程应具有以下特点：

① 高空采风：吸气进口风管应设置在工厂的上风向，高度在20～30m处，以减少吸入空气的微生物含量。

② 装设前过滤器：在压缩机前安装中效前置过滤器，以保护空气压缩机和减轻总过滤器的负担。

③ 尽量选用无油润滑压缩机，以减少压缩后空气中的油雾污染。

④ 压缩机后采用冷却型的空气贮罐，可降低压缩后空气的温度，同时除去部分润滑油。

⑤ 采用冷却－旋风分离器，使油水分离较完全。

⑥ 采用除雾器，以除去空气中的雾滴。

⑦ 用蒸汽加热器将空气加热至约50℃，使空气的相对湿度低于60%，再进入总过滤器，以保证总过滤器维持干燥状态。

⑧ 空气经总过滤器除去大部分尘埃、颗粒与微生物后，进入每一个发酵罐上的分过滤器。分过滤器是由预过滤器和无菌膜过滤器组成。通过分过滤器后再进入发酵罐。这样空气的除菌程度可以达到99.99999%以上。

⑨ 空气除菌设备从总过滤器起均能采用蒸汽彻底灭菌，并且能够分段保压和灭菌，这样不需要经常用蒸汽对过滤器或整个空气过滤系统进行灭菌。

⑩ 空气过滤系统能够定期排油、排水，能检测各阶段的空气温度以及其净化程度，并且能够防止冷凝水倒流入总过滤器。

⑪ 设备应尽量简单。

典型的空气除菌流程如图 2-6 所示。

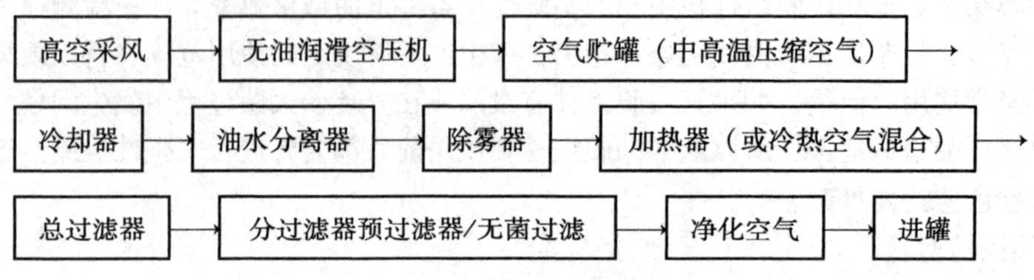

图 2-6　典型的空气除菌流程

符号说明

C　比例常数或修正系数

d　气流宽度，m

d_f　纤维直径，m

d_p　微粒子直径，m

D_{BM} 微粒扩散系数

k　波尔兹曼常数或比例常数

K　概率化因子或比例常数、阻拦因数

L　滤层厚度，cm

m　碰撞次数

N　粒子数

N_{Re} 气体雷诺准数

p　概率、穿透率

P　压力，Pa

S　距离，m

s　阻拦标准

t　时间，h

T　热力学温度，K

V　体积、通风量，m^3/h

v　微生物数，微粒或空气的流速，m/s

x_0　相对位移，m

α　容积比率

γ　微位密度，kg/m^3

ε　余隙系数

η　过滤效率

θ　发酵时间，h

λ_0　容积系数

μ　空气黏度，kg/（s·m）

ν　微生物数

ξ　介质层数

ξL　沿滤层厚度的介质层数

ρ　空气密度，kg/m^3

φ　惯性系数

参考文献

[1] 伦世仪主编. 生化工程. 北京：中国轻工业出版社，1992，26～45

[2] Bernard Atkinson, Ferda Mavituna. Biochemical Engineering and Biotechnology Handbook. USA: Macmillan Publishers Ltd., 1991

[3] Shuichi Aiba, Arthur E. Humphrey, Nancy F. Millis. Biochemical Engineering. New York: Academic Press, 1973

[4] Holly Haughney. "Filtration, Air", in M. C. Flickinger and S. W. Drew (eds.), *Encyclopedia of Bioprocess Technology: Fermentation, Biocatalysis, and Bioseperation*, pp. 1198～1210, New York: John Wiley & Sons, Inc., 1999

第三章　通气与搅拌

在悬浮态生长的厌氧微生物反应器内，为保持微生物与反应基质的均匀混合，需要搅拌。对于好氧发酵系统，除了这种均匀混合的需要之外，更重要的是必须有溶解氧参与微生物的代谢活动。缺乏溶解氧，就不能满足微生物生长的需要，其重要性犹如必需的基质之一。一般的基质是易溶于水的，向微生物提供这类基质没有什么困难。然而氧气在水中的溶解度很低，在25℃常压下，纯水中的饱和溶解氧不超过8mg/L，实际发酵液中的饱和溶解氧浓度则更低。这在生长旺盛、摄氧速度较快的发酵液中，在供氧受限的几秒钟内就有可能降低到临界溶解氧浓度以下。为了提高溶解氧速率，势必需要为发酵液提供液－固－气三相的均匀混合，为此必须向发酵液输入搅拌和混合所必需的功率，包括机械的、气体的及液体的，或者兼而有之。这部分能量消耗常常构成产品成本的重大部分。

另外，不同类型的机械搅拌器在可比条件下产生的剪切速率和混合时间有显著的差异，过大的剪切速率对丝状菌有致死的危险，当混合不均匀，局部区域的混合时间过长会导致发酵罐内生化过程反应速度分布不均。

本章着重讨论有关溶解氧与搅拌供求的相关问题，以求做到既满足溶解氧速率要求，又降低能量消耗。

第一节　搅拌器的形式和轴功率计算

一、搅拌器（桨）的形式

发酵液是一种液－固－气三相系统，它们需要均匀地混合，为此离不开搅拌器。由于气－液接口的传氧阻力往往是发酵反应过程的限制性因子，合适的搅拌器必须能产生足够的剪切速度，足以将自罐底通入的气流击碎成小的气泡，增大气－液两相间的接触面积，提升空气中氧溶入水的传质速率，但过大的剪切速率可能会击碎发酵液中的丝状菌；此外，搅拌器还应提供足够的液体循环量，使罐内整体发酵液的混合时间尽可能短，避免发酵速率区域化所能造成的一些不良后果。

发酵罐中的常用机械搅拌桨有径向流和轴向流两类形式。20世纪90年代以前国内发酵罐广泛采用的是20世纪40年代开发的径向流搅拌桨。20世纪80年代以来，国外学者基于近代流体力学和相关的科学技术理论开始了轴流式翼形搅拌桨的研发，其中美、德、日、法等国的专业公司，先后推出了适用于多种浆料搅拌混合用途的翼形轴流式搅拌桨，其中美国Rochester混合设备公司设计生产的翼形轴向流叶轮Lightnin A315先后在国外和国内的大型发酵工厂中获得广泛应用。

（一）径向流搅拌器

1. 圆盘平直叶涡轮搅拌器

圆盘平直叶涡轮（图3－1）的圆盘可以使上升的气泡受阻，避免大的气泡从轴部叶片空隙中上升，其很高的剪切速率保证了气泡更好地分散，有利于气液间的传质。圆盘平直叶涡轮搅拌器还具有很大的循环输送量和功率输出；旋转叶轮尖端附近的剪切速率，在可比条件下较其他形式径向流搅拌器的为高。该叶轮适用于液-固-气三相流体的搅拌混合，包括黏性流体及非牛顿流体。

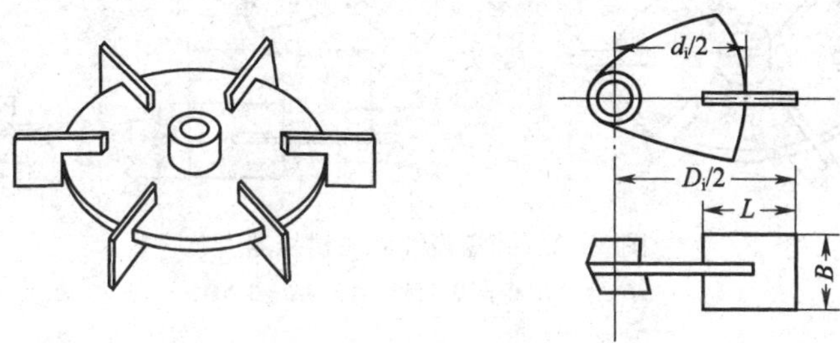

图 3-1　圆盘平直叶涡轮搅拌器[1]

$D_i:d_i:L:B=20:15:5:4$

2. 圆盘弯叶涡轮搅拌器

圆盘弯叶涡轮搅拌器的搅拌流型与平直叶涡轮的相似。平直叶涡轮较弯叶涡轮造成的液体径向流动较为强烈，在相同的搅拌转速时平直叶涡轮的混合效果较好，但弯叶涡轮输出的功率和剪切速率均较低。此种搅拌器的比例尺寸示于图 3-2 上。

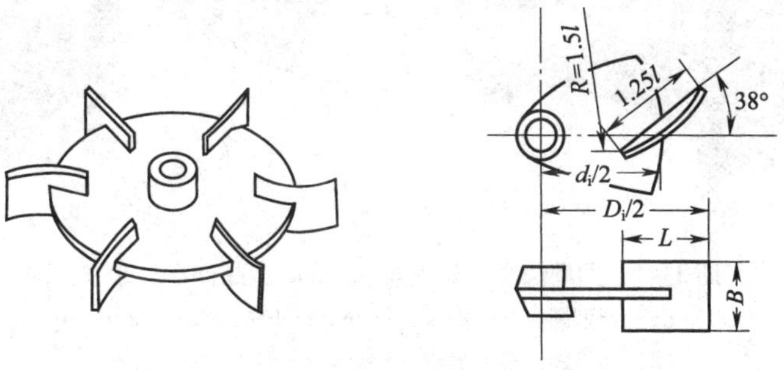

图 3-2　圆盘弯叶涡轮[1]

$D_i:d_i:L:B=20:15:5:4$

3. 圆盘箭叶涡轮搅拌器

圆盘箭叶涡轮搅拌器的上下、半叶各有一个与水平面成 45°夹角，旋转中会造成一定程度的轴向流动，在同比条件下输出的功率和剪切速率较上述两种涡轮为低，但其混合效果更好。

4. 新型凹叶圆盘涡轮桨

凹叶圆盘涡轮桨是新一代的径向流搅拌叶轮，它们分别是上述圆盘弯叶涡轮和圆盘箭叶涡轮的改进型，如图 3-4 所示。它们具有在液-气体系中很高的气体分散能力，而相应的搅拌耗能比其原型有较大的降低。将之置于罐底与其相邻上方的一只翼型轴流式搅拌叶轮形成组合桨，使之兼具两者的优点，增进气液传质、缩短整体的混合时间。这种形式的组合搅拌桨已在发酵领域得到了采用[2]。

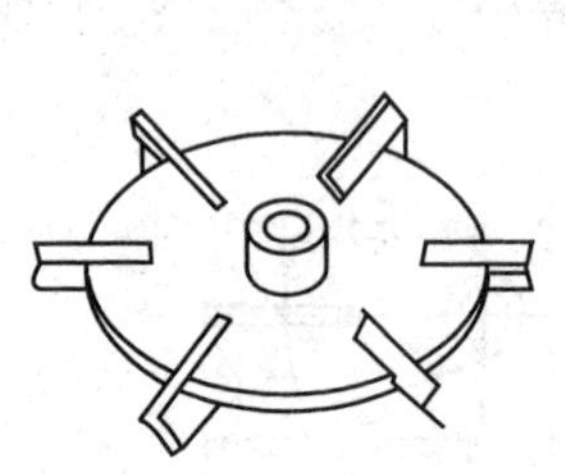

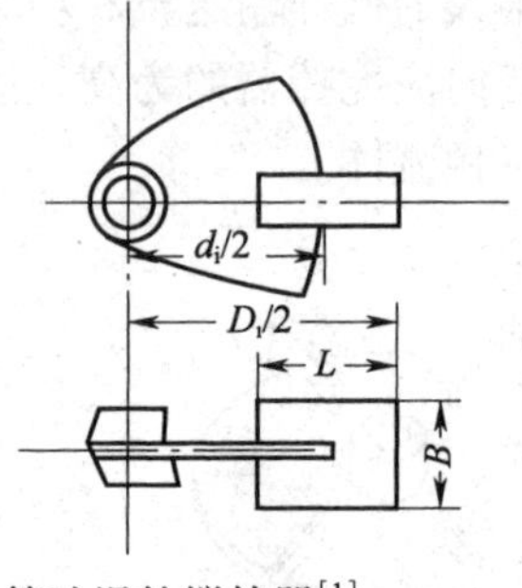

图 3－3　圆盘箭叶涡轮搅拌器[1]

$D_i : d_i : L : B : C = 20 : 15 : 5 : 4 : 2 \quad R = 0.5B$

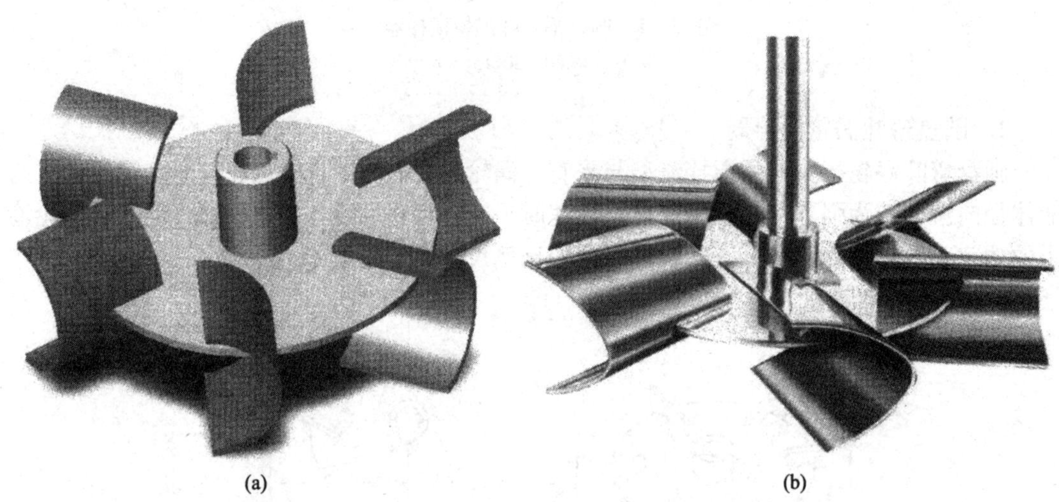

图 3－4　凹叶圆盘涡轮（Postmixing 产品样本，2007）

（a）新型圆盘弯叶涡轮（Postmixing RS6，$N_P = 3.2$）

（b）新型圆盘箭叶涡轮（Postmixing BT6，$N_P = 2.3$）

（二）轴向流搅拌器

早年常见的三叶式螺旋桨搅拌器是轴流式搅拌器的早期构型，它能提供大的轴向流体循环量，广泛应用于船只的推进器，但它提供的剪切速率低，泛点低，液内持气率低，远不能满足发酵罐内液－固－气三相流体搅拌混合等多方面的技术要求，但在固－液混合罐中被广泛采用。

20 世纪 80 年代，美国的 Rochester 公司在著名学者 J. Y. Oldshuede 的参与下相继研发出标牌为 Lightnin 系列的轴流式搅拌桨。其中 Lightnin A315 型叶轮在众多大型抗生素发酵厂中被广泛采用，它以很大的液体输送量和较低的剪切速率形成轴向流循环，并使全罐的混合时间大为减少。与上述圆盘平直叶径向流桨相比，据该公司公布的资料，可降低剪切速率 75%，节省能耗 45%，增进传质速率 30%。

当今的翼形轴流桨叶是用复合材料制成的，可以按照优化设计的要求制造出几乎是任意形状的翼片桨。Lightnin A315（图 3－5）的翼片宽度和倾角是沿其径向位置而变化的，

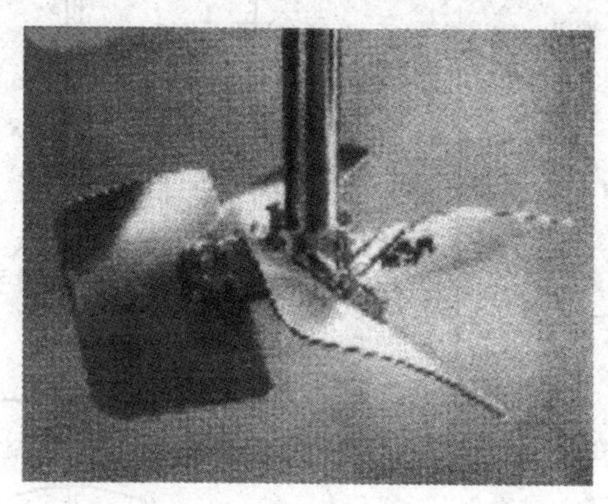

图3-5　Lightnin A315（Lightnin 产品样本，2007）$N_P=0.75$

翼片的倾角不是很大，但翼片的面积很大，4 只翼片的投影面积之和与以翼片直径的圆面积之比值（solidity ratio）约为0.9[3]。上述比值非常重要，很高的比值可以在翼轮高速旋转时阻止气流直接穿过叶轮而不被击碎。但在同比条件下，由于翼形轴流桨输出的剪切速率较圆盘直叶涡轮的低许多，不利于在空气被通入桨底的瞬间就被击碎成较细小的气泡；此外，不排除轮毂周围也有气泡沟流而上的可能。为此，国内外不少学者主张采用组合桨（罐底用一只圆盘直叶涡轮桨，以上均为轴流式桨）。有的研究证明，采用组合桨是最佳选择；组合桨两者间的距离是影响组合桨性能的关键，必须保证组合桨的基本流型为2 个循环区，而不是4 个[4]。还有一些研究，采用自行设计的翼形轴流桨和组合桨在工业规模发酵罐中进行了试验，取得了降低电耗20%～35%的效果[5-7]。

（三）搅拌器的流型

搅拌器在罐内造成的液流形式，对气、固及液相的混合，氧气的溶解以及热量的传递等有重大的影响。这种液流形式不仅决定于搅拌器本身，还受罐内附件如挡板及其数目和安装位置的影响。

1．罐内垂直搅拌器在无挡板时的搅拌流型

罐中心垂直安装的搅拌桨，无论是轴流桨或径流桨，在无挡板的情况下都会以轴为中心形成凹陷的旋涡。如在罐内壁安装垂直挡板多块，液体的螺旋状液流受挡板折流，被迫向轴心方向流动，使旋涡消失。如图3-6所示。

消除旋涡所必需的最少挡板数为“全挡板条件”。

2．径向流涡轮搅拌器的搅拌流型

前述三种径向流圆盘涡轮搅拌器的搅拌流型基本相似。由于涡轮中部圆盘的存在，使被搅拌的流体各在涡轮平面的上下两侧形成向上和向下的两个翻腾，在这两个翻腾之间是一个混合迟缓区，其混合速度仅及混合主流区的1/10[8]，当多只径流桨存在时会显著，延长了全罐的混合时间。图3-7所示为全挡板条件时径向流涡轮搅拌器的搅拌流型。

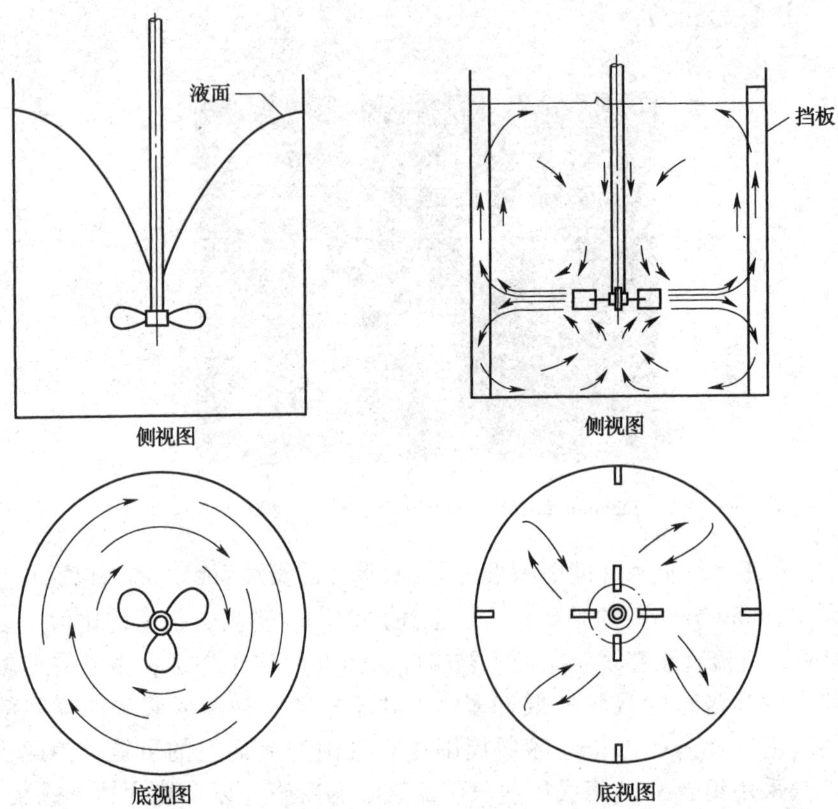

图 3-6　无挡板时径向流、轴向流搅拌桨的旋涡流型

图 3-7　全挡板条件时径向流涡轮搅拌器的搅拌流型

3. 轴向流搅拌器的搅拌流型

图 3-8 是全挡板条件时单只螺旋式轴向流搅拌桨的搅拌流型。现代翼形轴流桨的搅拌流型亦如此。

罐内有 2 只（或以上）翼形轴流桨的情况下，底部桨输出的液流就成了其相邻上部桨的输入，形成了一个近似串联 2 级泵的系统，有效地减少了混合区域化的现象。因此，具有多只轴向流搅拌器的大型发酵罐内，发酵液的流型基本上是自液面到罐底的环流，可以显著缩短罐内液体的混合时间[8]。

二、搅拌器轴功率的计算

发酵罐液体中的溶解氧速率以及气、液、固相的混合强度与单位体积液体中输入的搅拌功率有很大的关系。搅拌功率不但决定于搅拌器的形式、转速、罐内附件及其间的尺寸比，还决定于被搅拌液体的物理特性。多见的一类发酵液的黏度是液体温度的函数，另一类的黏度则取决于搅拌桨转动时在被搅拌液体中所产生的剪切速率；前一类称为牛顿型流体，后一类称为非牛顿型流体。此外，在相同的转速下，搅拌器输入单位体积不通气液体的功率要大于输入单位体积通气液体的功率。分别讨论如下。

1. 单只涡轮不通气条件下输入搅拌液体功率 P_0 的计算

所谓搅拌器输入搅拌液体的功率，是指搅拌器以既定的转速旋转时用以克服介质的阻力所需用的功率，简称轴功率。它不包括机械传动和摩擦所消耗的功率，因此它不是电动机的轴功率或耗用功率。

搅拌器输入搅拌液体的功率取决于叶轮与罐的相对尺寸、转速、流体的物性、附件的尺寸及数目等。J. H. Rushton 等人用因次分析法进行了大量的研究工作，对于几何相似的罐，全挡板条件下，实验证明存在以下关系[9,10]：

$$\frac{P_0}{\rho N^3 D^5} = K\left(\frac{D^5 N\rho}{\mu}\right)^m \tag{3-1}$$

式中　P_0——不通气时搅拌器输入液体的功率，W

ρ——液体密度，kg/m^3

μ——液体黏度，N·s/m^2

D——涡轮直径，m

N——涡轮转速，r/s

P_0与 15 个参数有关，基本因次为长度、时间、质量与温度，应组成 12 个无因次数。在几何相似的条件下，去掉了叶轮与罐相对尺寸有关的无因次数 10 个，将之归并到常数项。

$\frac{P_0}{\rho N^3 D^5}$是一个无因次数，定义为功率准数 N_P。N_P 表示机械搅拌器施于单位体积被搅拌液体的外力与单位体积被搅拌液体的惯性力之比。

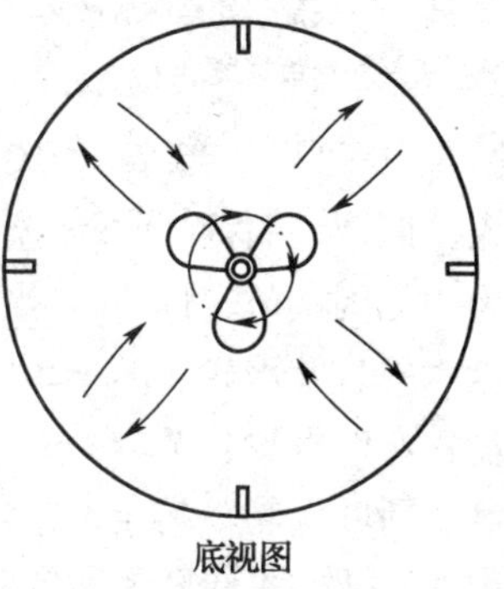

图 3－8　全挡板条件时单只螺旋式轴向流搅拌桨的搅拌流型

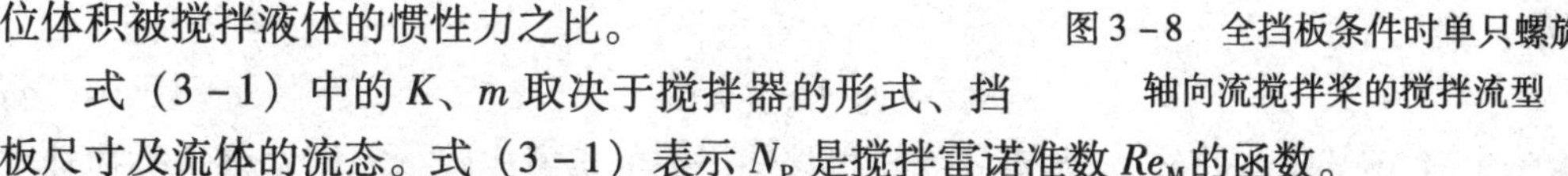

式（3－1）中的 K、m 取决于搅拌器的形式、挡板尺寸及流体的流态。式（3－1）表示 N_P 是搅拌雷诺准数 Re_M 的函数。

Rushton 等人使用直径 0.2～2.4m（8.5～96in）的五种尺寸的试验罐和多种不同形式的搅拌器；试验用液体有水、煤油－四氯化碳混合物、润滑油、亚麻油和各种浓度的玉米糖浆，均为牛顿型流体，它们的黏度范围涵盖 1×10^{-3}～40Pa·s。他们对每种受试的搅拌桨用上述各种液体分别做搅拌试验：逐渐变化 Re_M，算出相应的 N_P，在双对数坐标纸上标绘，得到该受试形式搅拌桨对试液的 N_P-Re_M 曲线；待完成全部试液的搅拌试验后，最终得出如图 3－9 所示的多种受试搅拌桨用于搅拌牛顿型流体的 N_P-Re_M 曲线。试验搅拌

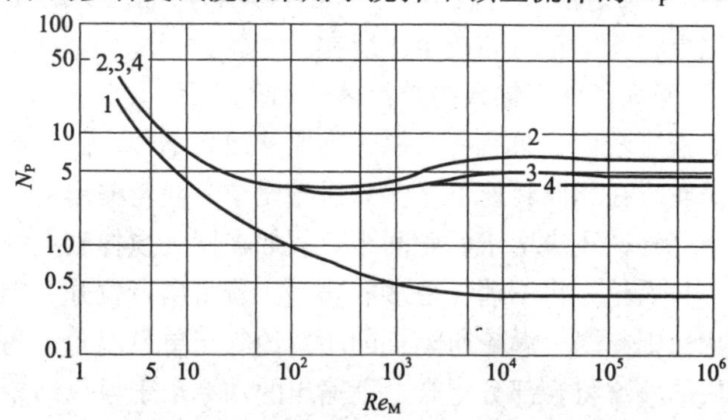

图 3－9　几种搅拌桨的 N_P-Re_M 曲线[10]

本图是 Rushton 原图的简化。原图中共有 14 条图线。

罐的比例尺寸及搅拌器形式数据见表3-1，由此可见此 N_P-Re_M图线具有广泛的适用性。

表3-1　　图3-9的附表

曲线号	搅拌桨型号	比例尺寸			挡板	
		$\frac{D_T}{D}$	$\frac{H_L}{D}$	$\frac{d_C}{D}$	$\frac{W}{D_T}$	数量/只
1	螺旋桨	2.5~6	2~4	1	0.1	4
2	圆盘平直叶涡轮	2~7	2~4	0.7~1.6	0.1	4
3	圆盘弯叶涡轮	2~7	2~4	0.7~1.6	0.1	4
4	圆盘箭叶涡轮	2~7	2~4	0.7~1.6	0.1	4

注：D_T、D——分别为罐与涡轮桨叶直径（m）

H_L——罐内液面高度（m）

d_C——底部涡轮至罐底距离（m）

W——挡板宽度（m）

从图3-9可见，当 $Re_M \geqslant 10^4$，达到充分湍流之后，如 Re_M继续上升，搅拌功率 P_0虽随之增大，但 N_P 将保持不变。N_P 为施加于单位体积被搅拌液体的外力与其惯性力之比，此比值为一无因次数，即 N_P。当 $Re_M \geqslant 10^4$时，N_P 为常数。

圆盘六平直叶涡轮：$N_P=6$

圆盘六弯叶涡轮：$N_P=4.7$

圆盘六箭叶涡轮：$N_P=3.7$

使用 N_P-Re_M图计算无通气时的搅拌轴功率极为方便。算出 Re_M，从 N_P-Re_M线上查得 N_P 值，则：

$$P_0 = N_P N^3 D^5 \rho (\mathrm{W}) \tag{3-2}$$

由于J. H. Rushton对径向流圆盘式涡轮搅拌桨研究的卓越成就，人们常将这类搅拌桨称为Rushton桨，并将图3-9的图线称为Rushton算图（其原图有10种以上搅拌桨的 N_P-Re_M图线）。

Rochester公司20世纪80年代早期的轴流搅拌桨Lightnin A-2是倾角为45°的4只平折页桨。该公司曾公示了该Lightnin A-2与2只圆盘涡轮桨和1只锚式搅拌桨的 N_P-Re_M图，突显出它们各自 N_P 值的差别[11]。其后，由于新产品的不断推出，该公司对每个产品只公示其功率准数 N_P 和泵送流量系数 N_Q[12]，不再发布产品的 N_P-Re_M图，并对叶片的关键设计参数都予以保密，这正是高技术之所在。

2. 多只涡轮在不通气条件下输入搅拌液体的功率计算

在大的罐中，因液层较深，只有一只涡轮则搅拌效果不佳，故一般在同一搅拌轴上装置相同尺寸的多只涡轮。在相同转速下，多只涡轮比单只涡轮输出更多的功率，其增加的程度除了叶轮的只数之外，还决定于涡轮间距。假如在同一搅拌轴上的两只涡轮的间距为零，则实际上合为一只涡轮，将不消耗更多的功率。若将两者拉开一定距离，使两只涡轮形成的液流互不干扰，则此两只涡轮所消耗的功率约等于单只涡轮的两倍。若两者的间距较小，两涡轮所造成的液流将会部分重合，则输出的功率小于单只涡轮的两倍。

使用多只涡轮时，每两个涡轮的间距 s，对非牛顿型流体可取 $2D$，对牛顿型流体可取 $2.5\sim3.0D$，静液面至上涡轮的距离可取 $0.5\sim2D$，下涡轮至罐底的距离 d_c 可取

0.5～1.0D。

符合上述条件的发酵罐，实测结果表明多只涡轮输出的功率接近等于单只涡轮的功率乘以涡轮的只数。经验计算式如下：

两只涡轮：$P_2 = P_1 \times 2^{0.86}\left[\left(1+\frac{s}{D}\right)\left(1-\frac{s}{H_L-0.9D}\right)\right]^{0.3}$

三只涡轮：$P_3 = P_1 \times 3^{0.86}\left[\left(1+\frac{s}{D}\right)\left(1-\frac{s}{H_L-0.9D}\times\frac{\lg 4.5}{\lg 3.0}\right)\right]^{0.3}$

式中　P_1——单只涡轮的搅拌功率

P_2、P_3——2只、3只涡轮的搅拌功率

s——涡轮的间距

H_L——装液深度

3. 通气液体机械搅拌功率P_g的计算

同一搅拌器在相同的转速下输入通气液体的功率比输入不通气液体的为低。常见的解释是通气使液体的重度降低，导致搅拌功率的降低。但此功率的降低不仅与液体的平均重度的降低有关，还决定于涡轮周围气－液接触的状况。

同一搅拌器不通气时输入液体的功率P_0与通气时在同一转速下输入液体的功率P_g之比，与通气条件有何关系？Oyama[13]曾在$\frac{P_0}{P_g}$与$\frac{Q}{ND^3}$这两个无因次数之间建立起某种非直线关系。Michel等[14]用六平叶涡轮将空气分散于液体中，测量其输出功率，在双对数坐标纸上把P_g标绘为涡轮直径D、转速N、空气流量Q和P_0的函数，如图3－10所示。实验罐的直径为30.5cm，涡轮直径为10.2cm，液体密度为0.8～1.65 g/cm^3，黏度为9×10^{-4}～1×10^{-1}N·s/m^2。

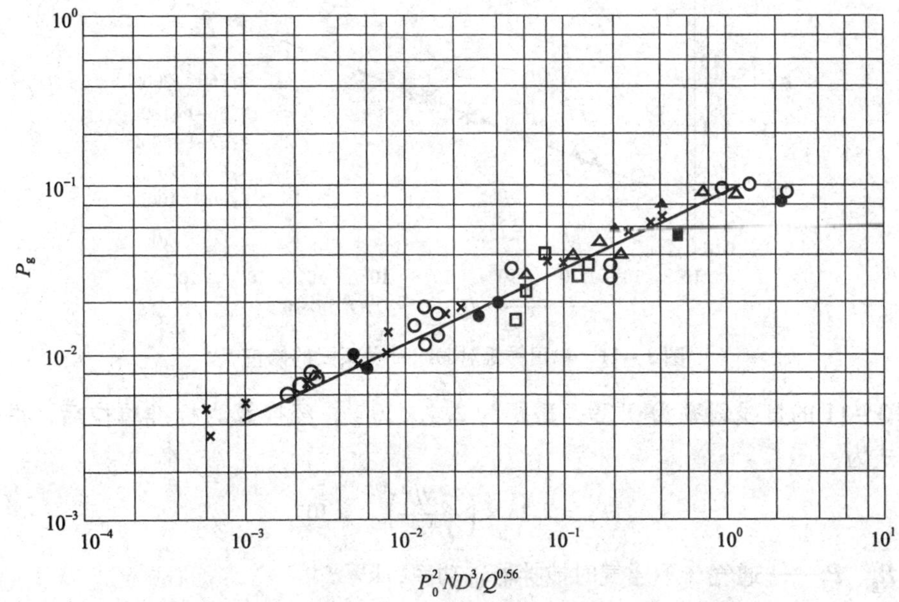

图3－10　$P_g-\frac{P_0^2ND^3}{Q^{0.56}}$关系[14]

Michel 等又把其他多人的实验资料在同一坐标纸上标绘，发现设备尺寸不同，直线的斜率大致相同，平均斜率为 0.45，但截距不同。因此 Michel 据此整理出的经验式为：

$$P_g = C\left(\frac{P_0^2 N D^3}{Q^{0.56}}\right)^{0.45} \tag{3-3}$$

式中 P_g、P_0——通气与不通气时搅拌器的轴功率，kW

N——搅拌器转速，r/min

D——搅拌器直径，m

Q——通气流量，m^3/min

C——0.156

图 3－10 所标绘的资料都是在小型试验罐中取得的，其 C 平均值为 0.156。但在试验罐尺寸相差不大的情况下对 C 值产生的差别已依稀可见，用式（3－3）放大大型罐是不可靠的。

福田秀雄等在 100～40000L 的五只设备里对 Michel 的经验式（3－3）进行了校正[15]。获得：

$$P_g = A\left(\frac{P_0^2 N D^3}{Q^{0.08}}\right)^{m} \tag{3-4}$$

五只设备的重要尺寸比例为：$\frac{H}{D_T} = 1.87 \sim 2.08$，$\frac{H_L}{D_T} = 0.84 \sim 1.38$，$\frac{W}{D_T} = 0.056 \sim 0.127$，$\frac{D}{D_T} = 0.30 \sim 0.55$。搅拌涡轮数为 1～3 只。他们将 60 组实验资料在双对数坐标纸上标绘，得图 3－11。这是一条很好的直线。

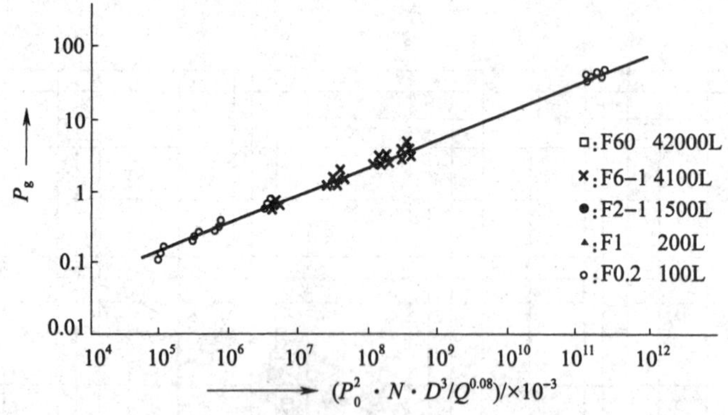

图 3－11 福田秀雄对 Michel 关系式的修正[15]

图 3－11 的直线斜率为 0.39，截距为 2.4×10^{-3}，经换算为标准单位后，得修正的 Michel 式为：

$$P_g = 2.25\times\left(\frac{P_0^2 N D^3}{Q^{0.08}}\right)^{0.39}\times10^{-3} \tag{3-5}$$

式中 P_g、P_0——通气、不通气时搅拌器轴功率，kW

N——搅拌器转速，r/min

D——搅拌器直径，cm

Q——通气流量，mL/min

式（3－5）可用于较大的罐（如40m^3），以及外推到略大于40m^3的罐。

【例3－1】 某种细菌醪发酵罐的参数如下：罐直径D_T为1.8m；圆盘六弯叶涡轮直径D为0.60m，一只涡轮；罐内装4块挡板；搅拌器转速为168r/min；通气流量Q为1.42 m^3/min（已换算为罐内状态的流量）；罐压p为1.5×10^5Pa；醪液黏度μ为1.96×10^{-3}N·s/m^2；醪液密度ρ为1020kg/m^3。要求计算P_g。

【解】 已知此细菌醪为牛顿型流体，先算出Re_M，由$N_P \sim Re_M$图线查出N_P，自N_P算出P_0，再从修正的Michel式算出P_g。

$$Re_M = 5.25 \times 10^4$$

$$N_P = 4.7$$

$$P_0 = 8.07\text{kW}$$

$$P_g = 2.25 \times 10^{-3} \times \left(\frac{8.07^2 \times 168 \times 60^3}{1420000^{0.08}}\right)^{0.39} = 6.55(\text{kW})$$

三、非牛顿型流体特性对搅拌功率计算的影响

前述的诸多关系式多是在水及牛顿型流体中试验得出的，但常见的某些发酵醪具有明显的非牛顿型流体特性，这一特性对发酵过程的影响极大，对搅拌功率的计算也带来麻烦。一般说来，用水解糖液或废糖蜜等原料作培养液的细菌醪及酵母醪均属于牛顿型流体，直接用淀粉、豆饼粉配料的低浓度细菌醪及酵母醪接近于牛顿型流体。至于霉菌及放线菌醪均属非牛顿型流体。

1. 非牛顿型发酵醪的流变学特征

一般认为牛顿型流体的主要特征就是其黏度μ只是温度的函数，与流动状态无关。非牛顿型流体的黏度μ不仅是温度的函数，而且随流动状态而异。

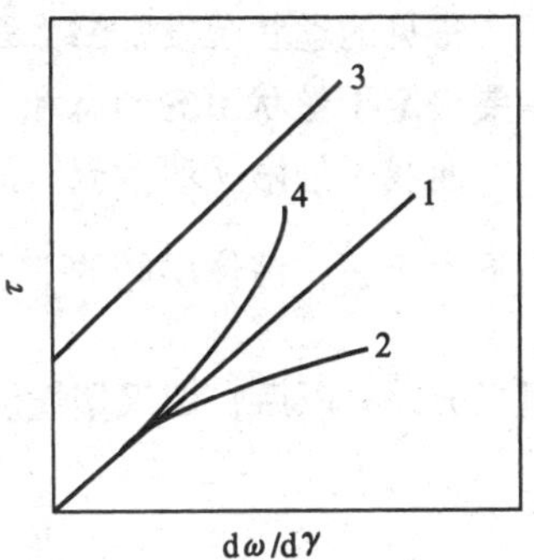

图3－12 几类不同流变学特性流体的剪应力－剪切速率图线
1—牛顿型流体 2—拟塑性流体
3—彬汉型流体 4—膨胀性流体

从图3－12可见，牛顿型流体的流变特征线为直线。增加剪切速率$\frac{d\omega}{d\gamma}$，其剪应力τ同倍数增加，因为$\tau = \frac{\mu d\omega}{d\gamma}$，牛顿型流体的黏度$\mu$与流动状态无关。这意味着搅拌罐内搅拌转速的快慢（相应于$\frac{d\omega}{d\gamma}$的增减）对此流体的黏度没有影响，而和静止时的黏度一样。另外，在培养液中虽然剪切速率的分布随离开搅拌器的远近而异，但黏度不变，全培养液中的黏度相同。

图中曲线2为拟塑性流体的流变特征线。这种流体的主要流变特征是其黏度随着$\frac{d\omega}{d\gamma}$的升高而降低，因此，对同一流体不同搅拌转速下所显示出的黏度不一样。更大的问题是：在同一搅拌转速下，搅拌叶轮尖端附近的剪切速率很高，液体显示黏度低；而离开叶轮尖端处，培养液中的剪切速率则随着离开涡轮尖端径向距离的增大而急剧降低[16]，其显示黏度相应升高（图3－13）。安装挡板使这种情况得到一定程度的改善，但对某些高

黏度的拟塑性发酵液，如$\frac{D}{D_T}$过小，搅拌涡轮尖端的外周可能会形成自下而上的混合滞缓区，恶化了罐内整体的混合。

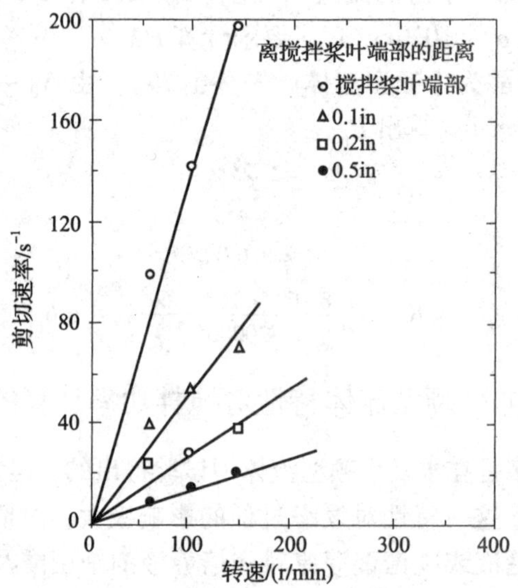

图 3－13　离开涡轮桨叶尖端不同距离处的剪切速率－转速图线[16]

注：1in＝2.54cm

常见的丝状菌发酵醪大都是非牛顿型流体，大都具有拟塑性流变特征。拟塑性的强弱主要决定于丝状菌的形态和浓度。结球的丝状菌发酵液接近于牛顿型流体。

曲线 3 是彬汉塑性流体的流变特征线，它主要的特征是相邻两层流体间的剪应力 τ 如果不大于 τ_y，液体层间的$\frac{d\omega}{d\gamma}=0$，换言之就不会产生相对流动。故 τ_y称为“屈服剪应力”。但当$\tau > \tau_y$以后，彬汉塑性流体就和牛顿型流体具有相同的流变特性，其黏度就与$\frac{d\omega}{d\gamma}$无关了。

曲线 4 是膨胀性流体的流变特征线，其主要特征是它的黏度随$\frac{d\omega}{d\gamma}$的增大而升高。

拟塑性流体的显示黏度 μ_a 是这样定义的：在实际测得的流变特性曲线图的横轴上找出与搅拌速度相应的$\frac{d\omega}{d\gamma}$值，过此点做垂直线交流变特征线于点 1，连接点 1 与原点 O，此直线与横轴的夹角的正切即为此流体在剪切速率$\left(\frac{d\omega}{d\gamma}\right)$时的显示黏度，如图3－14所示。

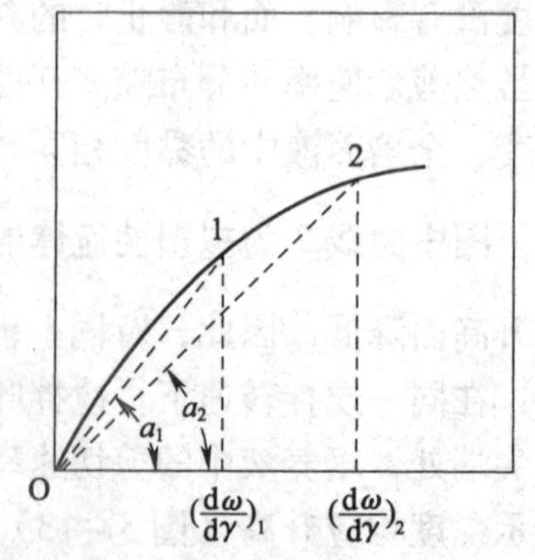

图 3－14　拟塑性流体的显示黏度

从图 3－12 可见，四种流体的流变特征线可分别表示为：

牛顿型流体：其流变特性符合关于流体流动的牛顿黏性定律，即

$$\tau = \mu \cdot \frac{d\omega}{d\gamma} \tag{3-6}$$

式中，$\frac{d\omega}{d\gamma}$为速度梯度，是与流体流动方向相垂直方向的流体速度变化率。在流体搅拌领域，习称为剪切速率（shear rate）。

彬汉塑性流体：

$$\tau - \tau_y = \mu_p \frac{d\omega}{d\gamma} \tag{3-7}$$

拟塑性或膨胀性流体：

$$\tau = K\left(\frac{d\omega}{dr}\right)^n \tag{3-8}$$

式中 μ_p——刚性系数或塑性黏度，与$\frac{d\omega}{dr}$无关

K——均匀性系数

n——流动特性指数

实际上可以用式（3-8）表示所有四条线：

对牛顿型流体：$n=1$，$K=\mu$ 为常数

彬汉塑性流体：$n=1$，$K=\mu_p$为常数

拟塑性流体：$n<1$，n 愈小，拟塑性愈强

膨胀性流体：$n>1$，n 愈大，膨胀性愈强

对 $n>1$ 或 $n<1$ 的情况，$\mu_a \neq K$，因为：

$$\mu_a = \frac{\tau}{\frac{d\omega}{d\gamma}} = K\left(\frac{d\omega}{d\gamma}\right)^{n-1} \tag{3-9}$$

上面提到，在搅拌罐中用同一搅拌速度搅拌液体时，剪切速率的分布不是相同的，因此，所谓某一搅拌速率时的剪切速率通常指的是剪切速率的平均值。

2. 丝状菌发酵过程中拟塑性特征的变化

丝状菌发酵醪具有拟塑性特征，其拟塑性的强度会随发酵的进程而变化。这主要是因为丝状菌的形态和浓度在变化，导致醪液流动特性指数 n 和均匀性系数 K 的同步变化。

H. Taguchi 等[17]用一种旋转式同轴圆筒黏度计（rotating coaxial-cylinder viscometer）随程取样、脱气后测量了一株内孢霉生产淀粉酶发酵醪的流变学特性如图 3-15 所示。

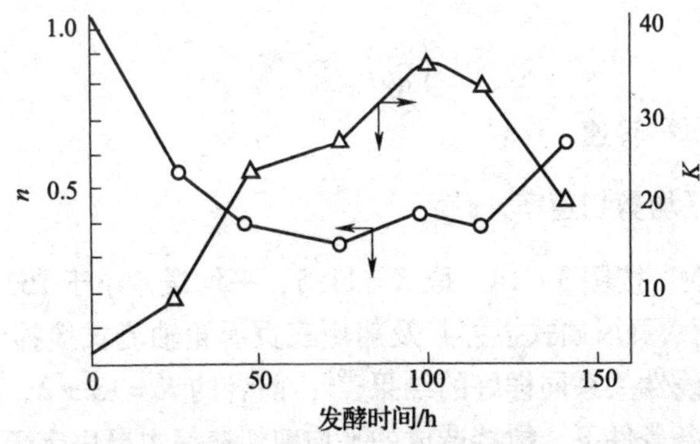

图 3-15 内孢霉属（*Endomyces* sp.）发酵过程醪液 n、K 值的变化[17]

C. M. Tuffile 等随程测量了一株典型的链霉菌发酵醪的 n 和 K 值，两者的变化走向与图 3 - 15 的基本一致[18]。

3. 非牛顿型流体的搅拌功率

非牛顿型流体搅拌轴功率的计算可以采用牛顿型流体搅拌轴功率的计算方法。但非牛顿型流体的黏度是随搅拌器转速而变化的，因而必须先知道黏度与搅拌器转速的关系，进而计算不同搅拌转速时的 Re_M，然后才能根据实验资料绘制其 N_P - Re_M图线。

Metzner 等[19]对牛顿型流体特别是非牛顿型流体进行了大量的搅拌试验，找出了搅拌罐中搅拌器转速与液体平均剪切速率之间的关系，为应用 N_P - Re_M图计算非牛顿型流体搅拌轴功率做出了贡献。他们用流动性指数 $0.14 < n < 0.72$ 的高度拟塑性液体在 250L 的金属筒中做实验，采用尽可能宽的$\frac{D_T}{D}$比、两只平叶涡轮间距$\frac{D_T}{2}$、液深与实验用容器直径之比$\frac{H_L}{D_T}=1$、下涡轮距器底 $0.16 \sim 0.20D_T$、挡板宽 $0.1D_T$。依据不同$\frac{D_T}{D}$比值下的实验资料在双对数坐标纸上标绘，得图 3 - 16。

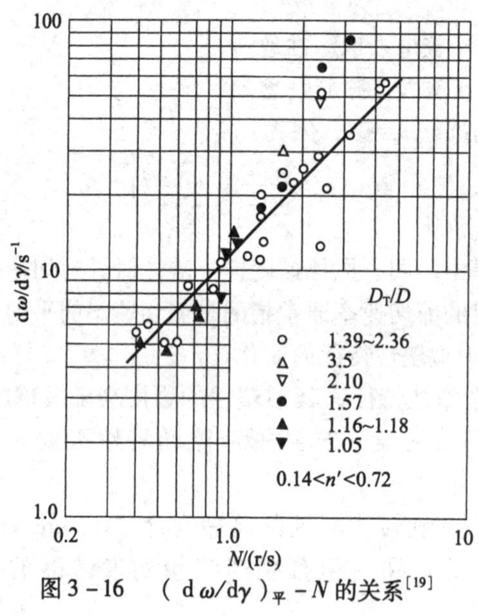

图 3 - 16　($d\omega/d\gamma$)$_平$ - N 的关系[19]

由图 3 - 16 得：

$$\left(\frac{d\omega}{d\gamma}\right)_{平} = KN \tag{3-10}$$

式中　N——搅拌器每秒转速，r/s

$\left(\frac{d\omega}{d\gamma}\right)_{平}$——液体的平均剪切速率，$s^{-1}$

K——比例系数。按图 3 - 16，取 $K = 11.5$，平均误差小于 16%

Metzner 等还使用六页风扇式搅拌桨及船用三页涡轮轴流式搅拌桨做了与图 3 - 16 同样的实验，均得出了线性关系同样好的结果[19]：前者的 $K = 13 \pm 2$，后者的 $K = 10 \pm 0.9$，进一步证明在上述设备条件下，搅拌造成的平均剪切速率主要决定于叶轮转速，与其他变量基本无关。他们认为，对于不必很准确计算的用途，可扩大至相近类型的其他搅拌桨，

并建议取 $K=11.0$。

将拟塑性流体搅拌轴功率计算的程序归纳如下：

（1）合理地确定发酵罐的尺寸、搅拌桨的形式、搅拌桨的转速 N 和直径 D；

（2）将 N 代入式（3-10）计算 $(\mathrm{d}\omega/\mathrm{d}\gamma)_{平}$；

（3）用合适的黏度计测定给定温度下菌体生长最旺盛时的液体流变特性曲线 $\tau-\frac{\mathrm{d}\omega}{\mathrm{d}\gamma}$，根据算出的 $\left(\frac{\mathrm{d}\omega}{\mathrm{d}\gamma}\right)_{平}$ 查得既定转速 N 时的显示黏度 μ_a；

（4）在试验罐中（参考 Metzner 试验罐各项尺寸的比例范围），绘制出 N_P-Re_M 曲线。

关于 P_0 的测量：在不要求高准确度的情况下，对大的发酵罐可从电动机的耗用电功率间接估算其搅拌轴功率，电动机的额定功率是正确选择的，可取不通气时的实罐搅拌功率与空罐搅拌功率的差值为 P_0[28]。对于小的试验设备，由于其搅拌轴功率较小，传动系统的摩擦所消耗的功率相对较大，可用应变式动力计测量计算。

对于长期以来通用的六平直叶圆盘涡轮桨的搅拌功率计算，如果不要求较高的准确度，那么上述程序（4）中的 N_P-Re_M 曲线也许可以不需要实际绘制。图 3-17 是 Metzner 用多种拟塑性流体在有挡板的试验罐内，用六平直叶圆盘涡轮搅拌器搅拌所标绘的 N_P-Re_M 曲线。图中不同符号的点代表不同的拟塑性流体，其中的黑实线是牛顿流体的 N_P-Re_M 曲线。实测数据证明，牛顿型流体与非牛顿型流体的 N_P-Re_M 曲线的差别仅存在于 Re_M 为10～300区间之内[19]。从图 3-17 可以看出拟塑性流体的层流区一直延伸到 Re_M 为 40，而牛顿型流体的层流区止于 Re_M 为 10。还可看出拟塑性流体的过渡区很窄，当其 Re_M 接近 300 以后，拟塑性流体的 N_P-Re_M 曲线与牛顿型流体的基本重合，且大体成一直线。因此，为了近似计算六平直叶圆盘涡轮桨搅拌拟塑性流体功率消耗，当 $Re_M \geqslant 300$，可以用牛顿型流体的 N_P-Re_M 曲线代替该拟塑性流体的 N_P-Re_M 曲线。

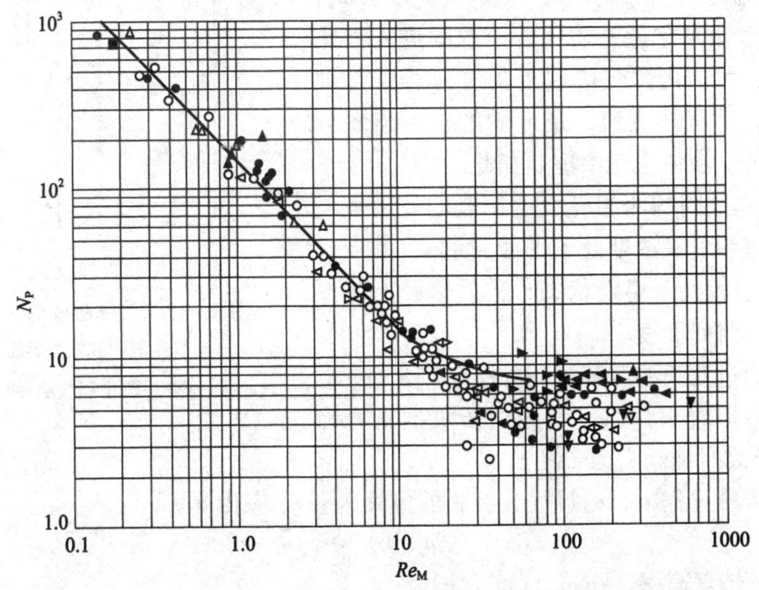

图 3-17　拟塑性流体 N_P-Re_M 关系图线（六平直叶涡轮搅拌器）[19]

第二节　通气发酵罐中溶解氧速率与通气及搅拌的关系

20 世纪 40 年代初期，由于抗生素生产从摇瓶走向工业化生产的需要，不少微生物学家及化学工程师参与了关于深层液体通气发酵设备的研究。研究的中心问题之一是弄清楚在通气设备中氧的溶解速率与设备的主要参数、操作变量及流体物性之间的关系，并试图建立起它们之间的关系式，以作为合理操作和设计发酵罐的理论基础。结果导致产生了此后普遍采用的通用型搅拌发酵罐，以及在这种罐为模型试验设备的基础上建立起的关系式。

此外，过去绝大多数的此类研究成果是用稀亚硫酸盐水溶液代替真实的发酵液而取得的。同样的试验条件下，在上述这两种液体中氧的溶解过程和速率是不同的，然而它撇开了许多变量的干扰，在揭示过程的本质及主要矛盾方面取得了规律性认识，这是很重要的。

一、双 膜 理 论

只有溶解于液相中的氧才可能为其中的微生物所利用。

工业生产中把除菌后的空气通入培养液中，使之分散成细小的气泡，尽可能增大气－液两相的接触界面积和接触时间，以促进氧的溶解及提高空气中氧的利用率。氧的溶解过程本质上是气体吸收过程，因此这一过程可用气体吸收的基本理论，即双膜理论加以阐明。

双膜理论的基本前提如下。

① 在气泡与包围着气泡的液体之间存在着接触界面，在界面的气泡一侧存在一层气膜，在界面的液体一侧存在着一层液膜。气膜内的气体分子与液膜中的液体分子都处于层流状态，分子间无对流运动；氧的分子只能以扩散方式，即藉浓度差推动而穿过上述气、液双膜进入液相主流。另外，气泡内除气膜以外的气体分子都处于对流状态，称气体主流，主流中的任一点氧分子的浓度相等。液体主流中也是如此。

② 在双膜之间的两相界面上，氧的分压强与溶于界面液膜中的氧浓度处于平衡关系。

③ 传质过程处于稳定状态，传质途径上各点的氧浓度不随时间而变。

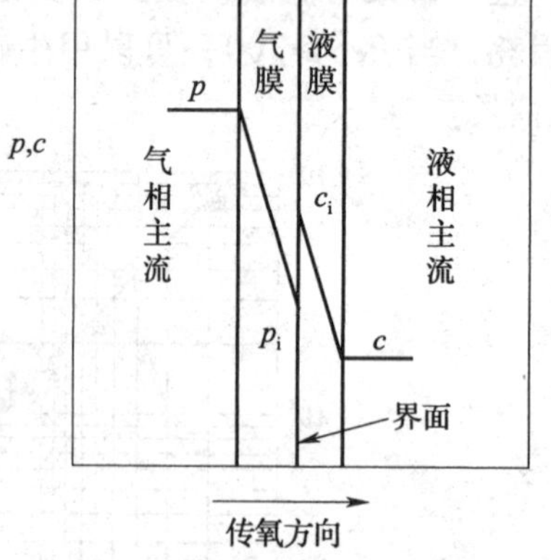

图 3－18　气体吸收双膜理论图解

p、p_i—空气主流中和气液界面上氧的分压强

c、c_i—液体主流中和气液界面上氧的浓度

氧分子通过双膜的溶解过程如图 3－18 所示。

从图中可以看出，通过气膜的传氧推动力为 $p-p_i$，通过液膜时推动力为 c_i-c。

在稳定传质过程中，通过气、液膜的传氧速率 v_N 应相等。

$$v_N = k_g(p-p_i) = k_L(c_i-c) \tag{3-11}$$

式中　v_N——传氧速率，kmol/（m^2·h）

k_g——气膜传质系数，kmol/（m^2·h·atm）（1atm＝1.013×10^5Pa，下同）

k_L——液膜传质系数，$\frac{kmol}{m^2 \cdot h} \times \frac{m^3}{kmol}$或$\frac{m}{h}$

式（3－11）中p_i及c_i均难以测量，应将其改换成与之有函数关系并且可以测量的参数。

令p^*为与液相主流中溶解氧浓度c相平衡的气相中氧的分压强（atm）；c^*为与气相主流中氧的分压强p相平衡的液相溶解氧浓度（$kmol/m^3$）

根据亨利定律：

$$c^* = \frac{p}{H} \text{或} p^* = Hc \tag{3-12}$$

H为亨利定律常数，随气体及溶剂及温度而异，它表示气体溶于溶剂的难易。氧难溶于水，H值很大。

再仿照传热学的方法，用总传质系数代替分传质系数，用总的传质推动力取代分推动力，将式（3－11）改写为

$$v_N = K_g(p - p^*) = K_L(c^* - c) \tag{3-13}$$

式中　K_g——以氧的分压差为总推动力的总传质系数，$kmol/(m^2 \cdot h \cdot atm)$

K_L——以氧的浓度差为总推动力的总传质系数，m/h

溶解氧浓度c较易于测量，c^*可以算出，故以（c^*-c）为推动力比较方便。

总传质系数K_L与k_g及k_L的关系如下：

$$\frac{1}{K_L} = \frac{c^* - c}{v_N} = \frac{c^* - c_i}{v_N} + \frac{c_i - c}{v_N} = \frac{p - p_i}{Hv_N} + \frac{c_i - c}{v_N} = \frac{1}{Hk_g} + \frac{1}{k_L} \tag{3-14}$$

对于氧气溶于水来说，H很大，因此$k_L \approx K_L$

所以$v_N = k_L(c^* - c)$　　(3－15)

这说明氧气溶于水的速率是液膜阻力控制的。

式（3－15）中v_N是每单位接触界面上每小时的传氧量。由于界面积难以测量，因此v_N也是如此，另外k_L也难以测量。

在式（3－15）的两边各乘以a，a为单位体积液体中气－液两相的总接触界面积，m^2/m^3，则得：

$$v_{VN} = k_L a(c^* - c) \tag{3-16}$$

式中　v_{VN}——体积溶解氧速率，$kmol/(m^3 \cdot h)$

k_La——以（c^*-c）为推动力的体积溶解氧系数，h^{-1}

v_{VN}及c^*、c均易于测量，据此可算出k_La。k_La表示发酵罐的传氧速率。

双膜理论用于通气搅拌罐内的传质，并不完全符合两相接触界面的实际情况，这和管壁内外流动的流体的情况不尽相同，在管壁的两侧确实存在着以层流流动的两层流体膜，这种膜可以使之减薄而不能使之完全消失。在剧烈骚动的气－液界面上，情况就不会如此简单。但双膜理论较为成熟，目前仍然被认为是工程上解决气－液传质问题的基本理论。

二、测量体积溶解氧系数 k_La 的方法

测量k_La的方法有亚硫酸钠氧化法、极谱法、氧的物料衡算法、溶解氧电极法等。由于各种方法所依据的原理不同，用不同方法测得的k_La不具可比性。

（一）亚硫酸钠氧化法[20]

亚硫酸钠氧化法测量、计算出的是发酵罐中亚硫酸盐水溶液中的 k_La，不是真实发酵液中的 k_La，但它具有的参比意义，令其使用价值不可低估，尤其是现有的几个 k_La 与发酵过程多个重要参数的关联式中的 k_La 值是用亚硫酸钠氧化法测量值计算的，而在发酵罐比拟放大时最多依据的正是 k_La 相等的准则。此外，作为研究室用商品台式发酵罐主要性能指标的 k_La 值也多是用亚硫酸钠氧化法计算的。

1. 亚硫酸钠氧化法的原理和实验程序

用 Cu^{2+} 为催化剂，溶解在水中的 O_2 能立即将水中的 SO_3^{2-} 氧化成为 SO_4^{2-}，其氧化反应的速度在很大范围内与 SO_3^{2-} 的浓度几乎无关。实验表明，SO_3^{2-} 浓度 $\left[c\left(\frac{1}{2}SO_3^{2-}\right)\right]$ 从 0.93mol/L 下降至 0.035mol/L 时氧化反应速度几乎不变，v_{VN} 只下降 3%。实际上是氧分子一经溶入液相，立即就被还原掉。这种反应特性排除了氧化反应速率成为溶解氧阻力的可能性，因此，溶解氧速率是控制氧化反应的因素。

其反应式如下：

$$2Na_2SO_3 + O_2 \xrightarrow{Cu^{2+}} 2Na_2SO_4$$

剩余的 Na_2SO_3 与过量的碘作用：

$$Na_2SO_3 + I_2 + H_2O \longrightarrow Na_2SO_4 + 2HI$$

剩余的 I_2 用标定的 $Na_2S_2O_3$ 溶液滴定。标准 $Na_2S_2O_3$ 溶液的用量取决于溶解氧的量。

$$2Na_2\overset{+2}{S_2}O_3 + I_2 \rightarrow Na_2\overset{+2.5}{S_4}O_6 + 2NaI$$

1mol 溶解氧可氧化 2mol Na_2SO_3，剩余 2mol I_2，后者能消耗掉 4mol $Na_2S_2O_3$。因此，每滴定消耗 1mol $Na_2S_2O_3$，必有 1/4mol 溶解氧。

若操作时罐内绝对压强 $p = 1atm$（$1atm = 1.013 \times 10^5 Pa$）

则
$$v_{VN} = \frac{\Delta V \cdot c}{1000V_m \cdot t \cdot 4} \text{[mol/（mL·min）]}$$

或
$$v_{VN} = \frac{\Delta V \cdot c \cdot 60}{V_m \cdot t \cdot 4} \text{（mol/（L·h））} \quad (3-17)$$

式中 ΔV——实际搅拌通气样与空白样各加等量、适量的标准 I_2 液 $\left[c\left(\frac{1}{2}I_2\right) = 0.1mol/L\right]$ 后，分别滴定，各用去标准 $Na_2S_2O_3$ $\left[c\left(\frac{1}{2}Na_2S_2O_3\right)0.1mol/L\right]$ 体积之差，mL

c——$\frac{1}{2}Na_2S_2O_3$ 的标定物质的量浓度

V_m——样液的体积，mL

t——两次取样的间隔，即氧化时间，min

实验程序：将一定温度的自来水加入试验设备内，开始搅拌，加入化学纯的 Na_2SO_3 晶体使 SO_3^{2-} 浓度在 1.0mol/L$\left[c\left(\frac{1}{2}SO_3^{2-}\right)\right]$ 左右，再加化学纯的 $CuSO_4$，使 Cu^{2+} 浓度约为 10^{-3}mol/L；等完全溶解后开阀通气，气阀开启时就应接近预定流量，并在几秒内调到所需的空气流量。当气泡冒出的同时就立即计时，作为氧化时间的开始。氧化时间可以持续

4～20min，到时停止通气搅拌，准确记录氧化时间。

试验前后各用吸管取5～100mL样液（根据试验设备大小而定，但前后取样体积相等），立即分别移入新吸取的过量标准I_2液之中，然后用标定的$Na_2S_2O_3$，以淀粉为指示剂，滴定至终点。

2．用亚硫酸盐氧化法测定k_La

将用亚硫酸盐氧化法测得的v_{VN}值代入式（3－16）即可算出k_La。

在亚硫酸盐氧化法中，由于水中的SO_3^{2-}在Cu^{2+}的催化下瞬即把溶解氧还原掉，所以在搅拌充分的条件下整个实验过程溶液中的溶解氧浓度$c=0$。另外，在小型试验设备中，可忽略进出口空气的压力变化，如0.1MPa（1atm）下，25℃时空气中氧的分压为0.021MPa，氧气溶于纯水的亨利定律常数为4.58×10^4，据此可以算出与之平衡的纯水中的溶解氧浓度$c^*=0.24$mmol/L，但由于亚硫酸盐的存在，c^*的实际值低于0.24mmol/L，因此一般规定$c^*=0.21$mmol/L，所以

$$k_La = v_{VN}/0.21 \tag{3-18}$$

3．用亚硫酸盐氧化法测定体积溶解氧系数

以下介绍k_d及k_d、k_La的换算。

文献中常见另一种体积溶解氧系数k_d。k_d是以氧的分压差为传氧推动力的体积溶解氧系数，即

$$v_{VN} = k_d(p-p^*)$$

对于亚硫酸盐氧化法，因$c=0$，与之平衡的气相氧分压$p^*=0$。

所以有
$$v_{VN}=k_dp$$

根据亨利定律：

$$v_{VN} = k_La\cdot c^*$$

或
$$v_{VN}=k_La\cdot p\cdot\frac{1}{H}$$

所以
$$k_d=k_La\cdot\frac{1}{H} \tag{3-19}$$

k_La的单位为h^{-1}，k_d的单位为mol/（mL·min·atm）（$1atm=1.013\times10^5Pa$）

$c^*=0.21$mmol/L，$p=0.21$atm

则
$$k_La = 6\times10^7k_d \tag{3-20}$$

普通的机械搅拌发酵罐其k_La约为10^2数量级，k_d为10^{-6}数量级。亚硫酸盐氧化法测k_La不需要专用的仪器，适用于摇瓶及小型试验设备中k_La的测定。在大型发酵罐中使用此法，将耗用大量的亚硫酸钠，放出的废水中很高的SO_3^{2-}将大量消耗受水体中的溶解氧。如今可以用仪表或仪器直接测量罐内通气液体中溶解氧。

（二）溶解氧电极法[21,22,33]

1．测量溶解氧浓度的原理

图3－19是溶解氧电极的构造示意图。它不需要外加电源，本质上是原电池，但按其正负极的规定，可以看做是一种电解电池。将一对具有不同电极电位的电极装入电解质溶液中，一只是银丝做成的阴极，另一只是铅皮卷成的阳极。这对电极装置在两端开口的细长套管中，在靠近阴极的底端用一种耐热的、只允许溶解氧透过而不透过水及离子的塑料薄膜覆盖，形成一个有一定容积的电池，在电池内加入数毫升电解质溶液（5mol/L

HAc + 0.5 mol/L NaAc + 0.1 mol/L $PbAc_2$）。这就在两极之间产生了一个电位差，使阳极的 Pb 氧化成 Pb^{2+}，进入电解质溶液，同时释放出的电子沿导线流向阴极，把透过半透膜进入电池的溶解氧立即还原成 OH^-。

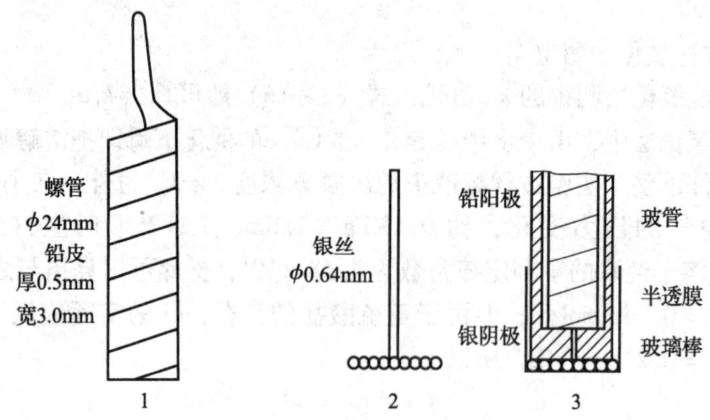

图 3－19　溶解氧电极构造示意图

1—铅阳极　2—银阴极　3—电极下端部组装示意图

阳极上：
$$Pb \longrightarrow Pb^{2+} + 2e$$

阴极上：
$$2e + \frac{1}{2}O_2 + H_2O \longrightarrow 2OH^-$$

如果将此电极插入待测的搅拌液体中，在两极间接一电流表，此电流的大小正比于测量液体中的溶解氧速率。因电极内液中的溶解氧浓度为零，所以电极产生的电流强度与测量液体中的溶解氧浓度成正比。实验也证明这两者具有线性关系。

将电极放入 Na_2SO_3 水溶液中，搅拌，此时电流计的指示值定为溶解氧值 0%。然后用水冲洗电极，插入水中，通气搅拌，直至电流响应值达到饱和，定为溶解氧值 100%。

电极使用后，浸在 Na_2SO_3 水溶液中，将正负极短路，电池内液中的溶解氧浓度为零。

由于膜的透氧速率受温度的影响，可以做成自动温度补偿式的；膜还易因蒸汽灭菌时电池内部压力升高导致膨胀变形，有的电极是压力自动补偿式的。另外，溶解氧电极的金属套管会造成响应时间滞后。但溶解氧电极自 20 世纪 60 年代末期开始，已逐步完善起来，详见本书第七章。

2. 动态法用溶解氧电极测量 k_La[23]

当发酵液中的溶解氧供需不平衡时，溶解氧浓度的变化速率为：

$$\frac{dc}{dt} = k_La(c^* - c) - r\rho_X \tag{3-21}$$

式中　r——微生物的比溶解氧摄取速率，mmol/（g·h）

ρ_X——微生物浓度，g/L

c——发酵液中溶解氧浓度，mmol/L

将式（3－21）重排列，可得

$$c = -\frac{1}{k_La}\left(\frac{dc}{dt} + r\rho_X\right) + c^* \tag{3-22}$$

由式（3－22）可见，将非稳态时溶解氧浓度 c 对 $\left(\frac{dc}{dt} + r\rho_X\right)$ 作图，可得一直线，此

直线的斜率值即为 $-\frac{1}{k_La}$。

在发酵过程中，此种非稳态可以人为造成而又不影响正常的发酵。先提高发酵液中的溶解氧浓度，使之在远高于临界溶解氧浓度 c_C 的 c_0 处达到平衡，然后停止通气而继续搅拌，此时溶解氧浓度开始直线下降；待溶解氧浓度尚未降低到 c_C 之前，恢复供气，发酵液中溶解氧浓度随即上升。在这种条件下作业，r 不受影响，为常量，由于时间较短，微生物的增量不计，ρ_X 不变，所以 $r\rho_X$ 为常量。

用从关气到恢复通气时的 c 对时间 t 作图，可得图 3－20。

在停止供气阶段，c 的降低与 t 呈线性关系，直线的斜率就给出了此微生物的摄氧速率 $r\rho_X$ 的值。恢复通气后，c 逐渐回升，直至建立供需平衡。在恢复平衡之前的过渡阶段内，按式（3－22），用 c 对 $\left(\frac{dc}{dt}+r\rho_X\right)$ 标绘如图 3－21 所示直线，图中直线的斜率等于 k_La 的倒数。

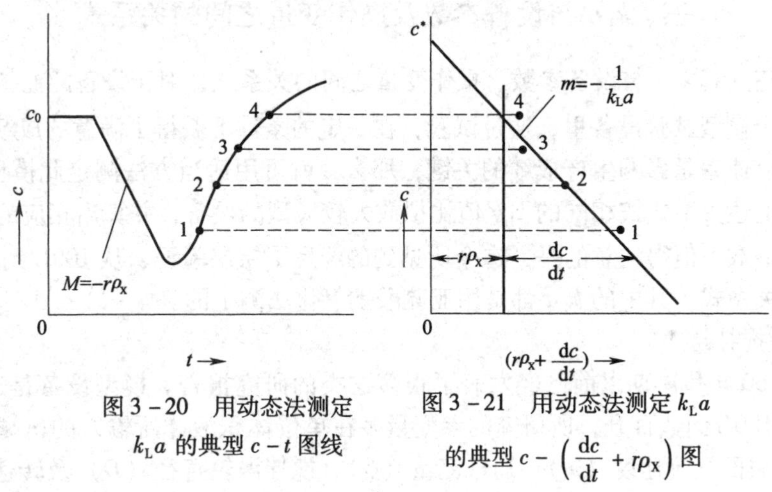

图 3－20 用动态法测定 k_La 的典型 $c-t$ 图线

图 3－21 用动态法测定 k_La 的典型 $c-\left(\frac{dc}{dt}+r\rho_X\right)$ 图

本方法的主要优点是只需要单一的溶解氧电极就可以测得实际发酵系统中的 k_La 值，前提条件是溶解氧电极的响应时间应尽可能短。此法于 1967 年由 Bandyopadhyayhe 和 Humphrey 提出后，获得了广泛的采用。但对于高黏度的发酵液和高密度菌体培养液，停止供气后，发酵液中气泡的释放速度会延缓，或由于高搅拌速度所产生的表面曝气作用，都会影响图 3－20 及图 3－21 图线的准确性，得出的 k_La 值可能出现较大的误差。Amanullah 等[24] 对用此法测量黄原胶发酵液 k_La 出现的误差进行了详细的研究分析，结论是：最可能的原因是高黏度的发酵液中滞留着非常小的气泡，只有直径大于 0.5mm 的小气泡能够快速地聚合成大的气泡而释出，不至于影响 OUR 的测量。

3．氧的衡算法

通过氧的衡算，直接测定溶解氧速率。在溶解氧供需平衡的条件下，溶解氧速率等于微生物的摄氧速率，即进入发酵罐的氧等于离开发酵罐的氧和微生物摄用氧之和。

则有
$$v_{VN}=\frac{7.32\times10^5}{V_L}\left(\frac{p_iX_iQ_i}{T_i}-\frac{p_oX_oQ_o}{T_o}\right)[\text{mmol/(L}\cdot\text{h)}] \quad (3-23)$$

式中 Q_i、Q_o——分别为进、出空气的流量，L/min

p_i、p_o——分别为进、出空气的总压力，atm

X_i、X_o——分别为进出空气中氧的摩尔分率

V_L——发酵液体积，L

$$k_La = v_{VN}/(c^* - c)$$

$(c^* - c)$ 的值，小罐为 $(c_o^* - c)$，大罐取其对数平均值：

$$(c^* - c)_{平} = \frac{(c_i^* - c) - (c_o^* - c)}{\ln \dfrac{(c_i^* - c)}{(c_o^* - c)}} \tag{3-24}$$

式中　c_i^*、c_o^*——分别为与进气及排气中氧的分压强相平衡的液相溶解氧浓度，mmol/L

此法需要一支气体流量计和一台氧气自动分析记录仪，可以测量真实发酵体系的k_La，准确度最好。

三、k_La 与设备参数及操作变量之间的关系式

准确地建立起 k_La 与设备参数、操作变量之间的关系式，对于设备的比拟放大是很重要的。在一个模型试验设备里，通过试验，在一定的条件下获得了满意的成绩，如果实践还证明溶解氧速率是影响生产成绩的关键，那么，就可用适当方法测定此模型设备的 k_La 值，再根据上述关系式按相同的 k_La 值比拟放大较大型的设备，并算出相应的设备尺寸及合适的操作参数。值得注意的是，迄今所见到的经历了层层验证、从 100L 到 42m^{3}搅拌通风罐的上述关系式，其中的 k_La 都是用亚硫酸钠氧化法测定的。

1. 机械搅拌罐

20 世纪 60 年代中期以前已经发表了很多这类的研究报告。模型设备是通风搅拌罐，容量范围从 100L 到数百升，所研究的参变量多在单位体积液体所输入的机械搅拌轴功率 (P_g/V)、空截面气流速度 (v_s)、通气流量 (Q)、搅拌涡轮直径 (D) 及转速 (N) 之间选取，而其中有的参数又是互相关联的。因此，对同一实验，如果选用不同的参变量，就能得出不同的关系式，但它们却多能符合这同一组实验的结果，从这个意义上说它们都是对的。然而一旦把变量的范围延伸，或把设备的尺寸加大，它们之间的差别就拉开了。这至少说明它们作为比拟放大的依据还不够可靠。因此这里不再一一介绍这些关系式了。

一个只有在小的尺寸范围内和狭窄的参数范围内最符合实验结果的关系式并不是最有用的关系式。一个最有用的关系式应当包含所有最主要的参变量，而且在参变量（包括一些重要的比值，如 D/D_T、D/N 等）有较大范围的变化时，仍旧与该关系式基本相符合就行了。

Rushton 关于单位传质面积上的传质速率的因次分析式[25]为：

$$\left(\frac{k_LD}{d}\right)\left(\frac{\mu}{\rho d}\right)^{\beta} = K\left(\frac{D^2N\rho}{\mu}\right)^{\alpha} \tag{3-25}$$

Calderbank 关于通气搅拌罐内单位液体体积所具有的气－液两相界面积的实验式[26]为：

$$Q = C\left[\frac{\left(\dfrac{P_g}{V}\right)^{0.4}\rho^{0.2}}{\sigma^{0.6}}\right]\left(\frac{v_s}{v_t}\right)^{0.5} \tag{3-26}$$

Richards 将两式结合起来。在亚硫酸钠水溶液中，液相的黏度 μ、密度 ρ、表面张力

σ、气体溶质在液相中的扩散度 d、气泡最终上升速度 v_t 可视为常量。又根据实验求得 $\alpha=0.5$，得 Richards 关系式[27]：

$$k_La = K'\left(\frac{P_g}{V}\right)^{0.4} v_s^{0.5} N^{0.5} \tag{3-27}$$

Richards 还把其他人的上百个实验资料连同他自己的资料按 $k_La-\left(\frac{P_g}{V}\right)^{0.4} v_s^{0.5} N^{0.5}$ 在坐标纸上标绘，得到图 3－22。

所用通气搅拌罐从 2.5L 到 8500L，搅拌器包括单级圆盘平直叶涡轮及螺旋桨，k_La 用典型亚硫酸钠法测定。

从图 3－22 可以看出，有不少数据偏离直线。Richards 本人也认为，如果按照不同大小的罐的标绘点进行过细的分析，将可能出现不同斜率或不同截距的线。

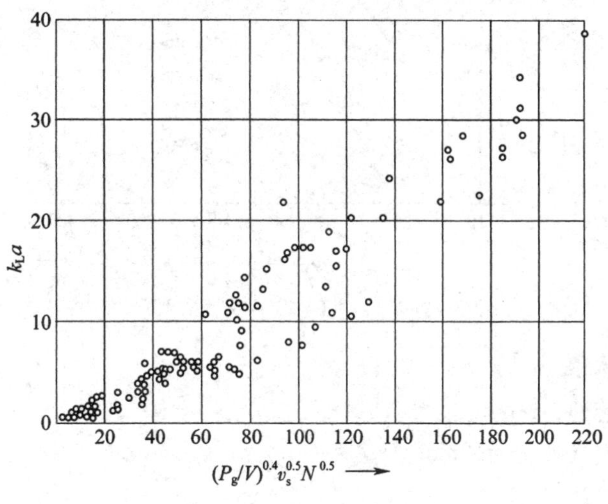

图 3－22　$k_La-\left(\frac{P_g}{V}\right)^{0.4} v_s^{0.5} N^{0.5}$ 图

对此，福田秀雄（Hideo Fukuda）等人[28]利用工厂具有的、容量为 100L～42m^3 的各种比例尺寸的发酵罐，用 1～3 只开式弯叶涡轮及圆盘式弯叶涡轮，以典型的亚硫酸钠氧化法测定 k_d，共进行了 60 组实验，对 Richards 关系式进行修正。他们将 60 组实验资料按 $k_d-\left(\frac{P_g}{V}\right)^{0.4} v_s^{0.5} N^{0.5}$ 在双对数坐标纸上标绘，得图 3－23。

从图 3－23 可见，当罐的容积拉开时，Richards 关系式并不呈现为单一直线，而呈互相平行的直线，其斜率 $m=1.4$，但其截距 K 各不相同。福田等发现，搅拌涡轮的只数 N_i 除了对 P_g 有重大影响之外，还影响到上述截距 K 值的大小。根据资料整理，得截距 $K=(2.0+2.8N_i)\times10^{-3}$。如果将 P_g 的原用单位马力换算为千瓦，获得福田秀雄修正式为：

$$k_d = (2.36+3.30N_i)(P_g/V)^{0.56}\cdot v_s^{0.7}\cdot N^{0.7}\times10^{-9} \tag{3-28}$$

式中　k_d——以氧分压差 p_{O_2} 为推动力的体积溶解氧系数，mol/［mL·min·atm（p_{O_2}）］

P_g——通气时搅拌器轴功率，kW

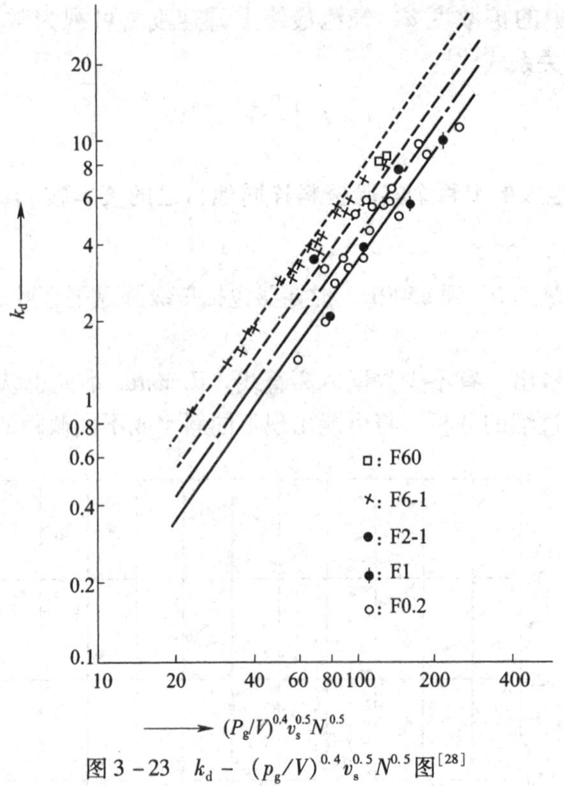

图 3-23 k_d - $(p_g/V)^{0.4}v_s^{0.5}N^{0.5}$ 图[28]

V——装液体积，m^3

N——搅拌转速，r/min

v_s——空截面气速，cm/min

N_i——涡轮只数

按照修正式将五种不同大小罐的实验资料重新在双对数坐标上绘图，得图 3-24。可见，福田修正式获得了明显的成功。

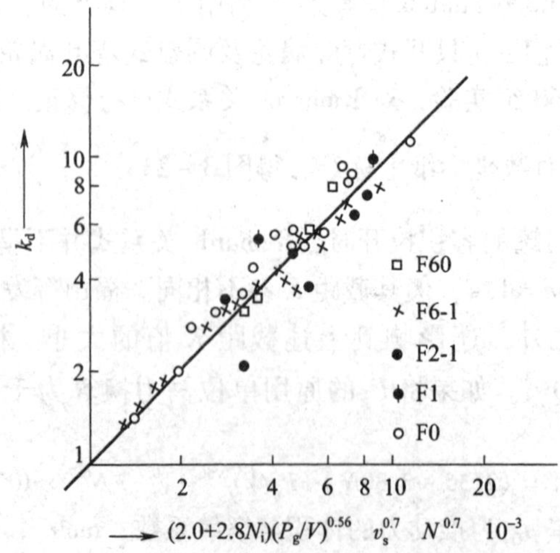

图 3-24 福田秀雄对 Richards 关系的修正式[28]

式中 P_g 的单位为马力（1 马力 = 735.499W）

式（3－28）的获得是将液相的物性参数作为常量为前提的，而有微生物代谢活动的实际发酵液则非如此；但这类关系式对于实际发酵体系具有参比价值，其重要性绝不可以低估。事实上，如果尝试把 k_La 与微生物的代谢活动及其进程也关联在一起，那么，k_La 将成为发酵时间的复杂函数，此函数的导出即便不是不可能的，也是不实用的。

2. 气升环流式罐[29]

气升环流式生化反应器是20世纪世纪60年代后半期出现的一种高传氧速率、低比能耗的反应器。它不需要机械搅拌装置，靠通气入升液管底部，造成升液管与降液管内流体的压差而形成剧烈的环流和混合。反应器内传质最强烈的区域是在升液管内。大型的装置，为节省空间，几乎全都做成内环流的，称气升内环流式反应器。

为建立 k_La 与设备及操作参变量之间的关系式，因次分析仍然是最常用的方法之一。

首先找出影响 k_La 的主要参变量：

$$(k_La)_r = f[(u_g)_r,(u_L)_r,D_r,D_W,H_L,\rho,\mu,\sigma,d,g] \tag{3-29}$$

式中 $(u_g)_r$——升液管空截面气流速度，m/s

$(u_L)_r$——升液管空截面液流速度，m/s

D_r——升液管直径，m

D_W——反应器外直径，m

H_L——反应器内液面高，m

ρ——液体密度，kg/m^3

μ——液体黏度，$N \cdot s/m^2$

σ——接口表面张力，N/m

d——O_2在液相中的扩散系数，m^2/s

g——重力加速度，m/s^2

根据 π 定理，可组成8个无因次数。

用亚硫酸盐法测定升液管 $(k_La)_r$，反应器内是稀的亚硫酸水溶液，因而可认为 ρ、μ、σ、d 均为常量，那么可得到以下的无因次关系式：

$$St_r = C_1\left(\frac{u_g}{u_L}\right)_r^{C_2}\left(1+\frac{A_d}{A_r}\right)^{C_3}\left(\frac{H_L}{D_W}\right)^{C_4} \tag{3-30}$$

式中，A_r、A_d 分别为升液管、降液管横截面面积。

$$St_r = \frac{(k_La)_r H_L}{(u_L)_r} \tag{3-31}$$

将试验用模型反应器做成 A_d/A_r 及 H_L/D_W 是可变换的。实验中每次固定式（3－30）右侧的两个无因次数，改变另外一个无因次数，考察其对 St_r 的影响。采用逐次作图法，分别求得常数 C_1、C_2、C_3 及 C_4 的值。

Bello 及 Moo-Young 等[29]在 A_d/A_r 分别为0.13、0.35、0.56和液深1.80m的试验设备中，用自来水及0.15 mol/L NaCl水溶液分别做试验，结果为：

自来水：　$C_1=1.99$，$C_2=0.87$，$C_3=-1$

0.15 mol/L NaCl 水溶液：$C_1=2.57$，$C_2=0.92$，$C_3=-1$

$$(k_La)_T(V)_T = (k_La)_r(V)_r + (K_La)_d(V)_d \tag{3-32}$$

式中 $(k_La)_T$、$(k_La)_r$、$(k_La)_d$——分别为全反应器以及升液管内和降液管内的

k_La 值。

V_T、V_r、V_d——分别为反应器总的传质体积以及升液管及降液管的传质体积

四、发酵液中的 k_La 与其调节

再次强调，前述有关溶解氧系数的关系式都是在没有微生物参与的亚硫酸钠稀溶液中做实验而获得的。从式（3-28）看来，在一定的操作条件下，k_La 是设备的特性，是个常量。然而对于真实的发酵液，无论是牛顿型或非牛顿型流体，随着发酵过程的进行，k_La值会随着发酵液物性变化的综合影响而变化。这一点可以从这类关系式的来源中得到解释，因为所有的物性参数都作为常量把它们归并入总的常数项内，不再作为参变量项存在于关系式中。但实际上，即使对于牛顿型发酵液，随着基质的消耗、菌体的增殖以及代谢产物的积累，有关的物性参数都随之变化。特别是丝状菌发酵液，情况的改变更加复杂化。有人证明，在亚硫酸盐水溶液中添加 1.35% 的死菌丝体，可导致 k_La 下降 50%。Brierley等[30] 证明当黑曲霉菌丝浓度达到 2%（干重）时，k_La 下降 80% 以上，如图 3-25 所示。

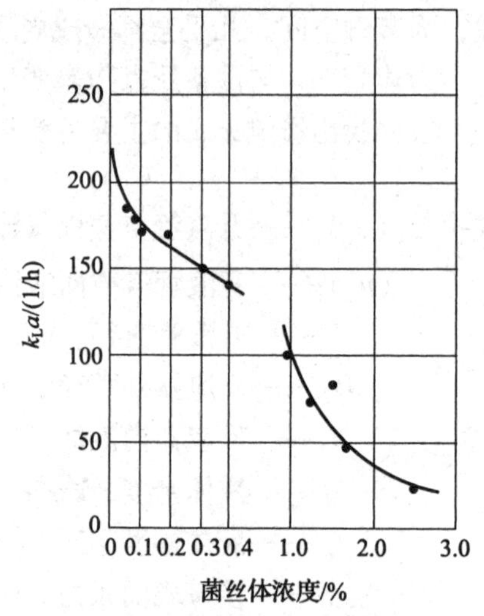

图 3-25 k_La 与菌丝体的浓度的关系曲线

这清楚地表明，不能用上述关系式去计算发酵液中真实的 k_La。有人曾对内孢霉菌的拟塑性发酵液（通用型发酵罐，实装液体 20～30m³）进行试验，当发酵进行到第 50 小时，醪液呈高度伪塑性时，用其他方法测定其 k_La，并仅与 P_g/V 和 v_s 两个操作变量关联起来，得

$$k_La = k\,(P_g/V)^{0.33}v_s^{0.56} \tag{3-33}$$

对比牛顿型流体在同类型、同规模设备中的 k_d 关系式（3-28），式（3-33）中的 (P_g/V) 和 v_s 两项的指数都显著降低，说明非牛顿型流体中氧的溶解更为困难。

另外，某些代谢过程中可能产生表面活性物质，如蛋白质之类，或者水中添加表面活性剂等，这些物质被相间界面所吸附，导致液体表面张力降低，气泡的直径变小，使单位体积中的相间界面积 a 增大；但表面活性物质在相间界面上聚集超过一定浓度时，能使液膜传质系数 K_L剧烈下降。据报道[31]，鼓泡通气条件下，水中添加硫酸月桂基钠（SLS）10mg/L，k_La 下降 45% 左右，在涡轮搅拌罐中添加 SLS 4mg/L，k_La 净增 15%。

当对数生长期到来时，菌体的耗氧速率大增，将导致原有供氧、耗氧平衡的破坏，有可能使液内溶解氧降低到临界浓度以下；加消泡剂或补料也可能导致 k_La 下降。如使溶解氧浓度在临界值以下停留了较长的时间，会导致生产的失败，此时溶解氧浓度便会迅速自动回升，直至饱和，这标志着菌体的呼吸基本停止。

提高 k_La 的途径：

（1）增加搅拌转速 N，以提高 P_g，可有效地提高 k_La。

（2）增大通气量 Q，以提高 v_s。在原通气量较低时，提高 Q 可以显著提高 k_La。但当

Q原本已很高时，进一步提高 Q，P_g将随之降低，其综合的效果将不会使 k_La 有明显提高，甚至可能降低，并有可能发生液泛。现代发酵罐的搅拌桨驱动电机是无级调速的，计算机根据在线测量资料计算的结果，能及时、合理地将提高 N 和提高 Q 适当地匹配起来，可以达到更好的效果。

（3）为了提高 v_{VN}，除了提高 k_La 之外，提高 c^* 也是可行的方法之一。通入纯氧或在可能的条件下适当提高罐内液面上部的背压以提高 c^*。

（4）丝状菌的繁殖导致发酵液黏度的上升和 k_La 的急剧下降。过分地提高转速及通气速率可能导致菌丝体的机械破坏及液泛。在此情况下可重复地放出一部分发酵液，补充新鲜灭菌的等体积培养基，这样可以使 k_La 有较大的回升。在抗生素发酵中有这样的实例。

（5）向发酵液中添加少量的水不溶性的、被称为氧载体的另一液体，氧在该相中具有比在水中高得多的溶解度。如常用的正十二烷，氧在其中的溶解度，在35℃、10^5Pa 压力时为54.9mg/L，故这类液体称氧载体。氧载体作为非连续相在搅拌的气-液体系中被分散成比气泡小得多的微滴，一方面发挥类似表面活性剂的作用，降低了水的表面张力，使得在气持率（gas hold up）不变的条件下增大了单位体积液体中气-液界面面积 a；另一方面，附着在气泡表面的氧载体微滴在气泡-水界面之间形成一层薄膜，使得氧气通过水膜溶入水相主流的推动力（氧浓度差）增大，相应提高了传氧速率。可以认为，这种情况下氧溶入水相主流的途径有二：气泡→水，气泡→氧载体→水主流。只要氧载体选择适当，优化运作条件以增大第二条途径的贡献，就能明显地提高反应器的表观 k_La。

此技术源于早年用正烷烃生产 SCP 的研究，这方面的研究及应用正受到愈来愈多的注意。实验室规模的资料，在用产气气杆菌（*Aerobacter aerogenes*）发酵2，3-丁二醇的体系添加正十二烷的乳化体系中，k_La 比未加氧载体的提高3.5倍[32]。

五、传氧效率

k_La 的大小是评价发酵罐的重要指标，但不是唯一重要的指标。不同形式或不同大小的发酵罐欲获得相等的 k_La 所消耗的能量可能有很大的差别。因此把每溶解1kg溶解氧所消耗的电能定义为传氧效率指标。

一般说来，k_La 与操作变量之间的关系式可以表示为

$$k_La = K\left(\frac{P_g}{V}\right)^{\alpha} v_s^{\beta} \tag{3-34}$$

Cooper 在3～65L通气搅拌罐内用亚硫酸钠水溶液做试验，得

$$k_La \propto K\left(\frac{P_g}{V}\right)^{0.95} v_s^{0.67} \tag{3-35}$$

福田秀雄等在100L～42m³的通气搅拌罐内用亚硫酸钠水溶液做实验得到的 k_d 关系式如式（3-28）所示。随着罐容的增大，其 a 值明显降低。

在其他条件相同时，非牛顿型流体与牛顿型流体相比，非牛顿型流体的 k_La 关系式中的 k_L与 a 都相对较低。

综上所述，对同一流体、同一罐型，为达到相同的 k_La，小罐的$\frac{P_g}{V}$要小。换言之，使

用小型试验设备所得到的 $k_L a$ 关系式作为比拟放大生产设备的依据，当一次放大倍数过大时，可能导致严重的误差。因此，从原型罐比拟放大到大型生产型罐时，必须逐步放大，避免导致严重的误差。

符 号 说 明

符号	说明
a	单位体积液体中气液两相的总界面积，m^2/m^3
A_r、A_d	升液管、降液管横截面积，m^2
c	溶解氧浓度，mmol/L
c^*	与气相主流氧的分压 p 平衡的液相溶解氧浓度，mmol/L 或 $kmol/m^3$
C	比例系数，底部涡轮至罐底的距离
d	氧在液相中的扩散系数，m^2/s
D	搅拌涡轮直径，cm 或 m
D_r、D_d	升液管、降液管直径，m
D_T	罐直径，m
H	亨利定律常数
H_L	装液深度，cm 或 m
K	均匀性系数或比例系数
k_g	气膜传质系数，kmol/（m^2·h·atm）
k_L	液膜传质系数，m/h
K_g	以氧的分压差为总推动力的总传质系数，kmol/（m^2·h·atm）
K_L	以氧的浓度差为总推动力的总传质系数，m/h
$k_L a$	以（c^*-c）为推动力的体积传质系数，h^{-1}
k_d	以氧的分压差为推动力的体积传质系数，mol/（mL·min·atm）
n	流动特性指数
N	搅拌涡轮转速，r/s 或 r/min
p_{o_2}	氧的分压力，Pa
p^*	与液相主流中溶解氧浓度 c 相平衡的气相分压力，Pa
P_0、P_g	分别为不通气、通气时的搅拌器轴功率，kW
Q	通气流量，m^3/min 或 mL/min
r	微生物的比摄氧速率，mmol/g·h（以干重计）
s	涡轮间距，cm 或 m
$(U_L)_r$、$(U_g)_r$	升液管内的空截面液流及气流速度，m/s
v_N	传氧速率，kmol/（m^2·h）
v_{VN}	体积溶解氧速率，kmol/（m^3·h）
V 或 V_L	装液体积，m^3
v_s	罐内空截面气速，cm/min
W	挡板宽，m
α、β	指数
σ	表面张力，N/m

ρ　　液体密度，kg/m^3

ρ_X　　菌体浓度（以干重计），g/L

μ　　液体黏度，N·s/m^2

μ_a　　非牛顿型流体视黏度

μ_P　　刚性指数

τ、τ_y　　液体的剪应强度、屈服剪应强度，N/m^2

参考文献

[1] 陈乙崇主编. 搅拌设备计算. 上海：上海科学技术出版社，1985

[2] 王凯，虞军等. 化工设备设计全书——搅拌设备. 北京：化学工业出版社，2003

[3] McFarlane C M, Nienow A W. Studies of high solidity ratio hydrofoil impellers for aerated bioreactors (part 3). Fluids of enhanced viscosity and exhibiting coalescence repression Biotechnol Prog, 1995, 11: 601

[4] 叶雯，方夏虹，戴干策，轴流式翼形－透平组合桨在搅拌釜内的流动. 化工学报，1995，46（3）：371

[5] 傅为民，陈坚，阮文权，轴向流搅拌桨发酵罐生产红霉素的研究. 中国医药工业杂志，1999，30（10）：465

[6] 肖作兵，陈剑佩，戴干策. 翼形轴流桨在红霉素发酵中的应用研究. 工业微生物，2002，32（3）：48

[7] 王展，尹应武，新型搅拌桨在大型发酵罐中的应用. 食品与发酵工业，2004，30（2）：300

[8] Oldshue J Y. Fluid Mixing in 1989. Chem. Eng. Progress, 1989, 85 (5), 33～42

[9] Rushton, J H, et al. Power characteristics of mixing impellers: part Ⅰ. Chem. Eng Prog, 1950, 46: 395

[10] Rushton, J H, et al. Power characteristics of mixing impellers Ⅱ. Chem Eng Prog, 1950, 46: 467

[11] J. Y. 欧舒（Oldshue）. 流体混合技术. 王英琛等译，北京：化学工业出版社，1991

[12] 胡长鹰. 轴流式生化搅拌器的研制进展. 食品与机械，2001，5：33

[13] Oyama Y, Endoh K. Power characteristics of gas-liquid contacting mixers. Chem. Eng. (Jap), 1959, 7 (1): 57

[14] Michel B J, et al. Power requirements of gas-liquid agitated systems. AICHE J, 1962, 8 (2): 262

[15] Fukuda. H, Sumino Y, et al. Scale-up of fermentors, Ⅱ. Modified equations for power Requirement. J. Ferment. Tech. (Jap), 1968, 46 (10): 838

[16] Charles M. Technical aspects of the rheological properties of microbial cultures. ADV Biochem Eng, 1978, 8: 1

[17] Taguchi H, et al. Power requirement in non-Newtonian fermentation broth. Biotechnol Bioengng, 1966, 8: 43

[18] Tuffile C M, et al. Determination of oxygen transfer coefficients in viscous streptomycete fermentations. Biotech Bioengng, 1970, 12: 849

[19] Metzner A B, et al. Agitation of viscous Newtonian and non-Newtonian fluids. AIChEJ, 1961, 7 (1): 3

[20] Cooper C M, et al. Performance of agitated gas-liquid contacters. Ind Eng Chem, 1944, 36: 504

[21] Flynn D S, et al. Modification to the mackereth oxygen electrode. Biotechnol Bioengng, 1967, 9: 623

[22] Borkobski J, et al. Long-lived stream-sterilizable membrane probes for dissolved oxygen measurement.

Biotechnol Bioengng, 1967, 9: 635

[23] Bandyopadhyay B, Hamphrey A E, et al. Dynamic measurement of the volumetric oxygen tranfer coefficient in fermentation systems. Biotechnol BioEngng, 1967, 9: 533

[24] Amanullah A, et al. The influence of impeller type in pilot scale xanthan fermentation. Biotechnol Bioengng, 1998, 57: 95

[25] Rushton J H, et al. The use of pilot plant mixing data. Chem Eng Prog, 1951, 47: 485

[26] Calderbank P H. Physical rate process in industrial fermentation. Part I the interfacial area in gas-liquid contacting with mechanical agitation. Trans Inst Chem Engrs, 1958, 36: 443

[27] Richards J W. Studies in aeration and agitation. Prog in Ind Microbiol, 1961, 3: 141

[28] Fukuda H, Sumino Y, et al. Scale-up of fermentors, Ⅰ. Modified equations for volumetric oxygen transfer coefficient. J. Ferment. Tech. (Jap), 1968, 46 (10): 829

[29] Bello R A, et al. Gas holdup and overall volumetric oxygen transfer coefficient in airlift contactors. Biotechnol Bioengng, 1985, 27: 369

[30] Brierley M R, Steel R. Agitation - areation in submerged fermentation, Ⅱ. Effect of solid dispersed phase on oxygen absorption in a fermentor. Appl. Microbiol, 1959, 7 (1): 57

[31] Bailey M R, et al. Biochemical Engineering Fundamentals. New York: Mc Graw-Hill, Kogakusha, Ltd., 1977

[32] Rols J L, et al. Mechanism of : Enhanced Oxygen Transfer in Fermentation. Biotech Bioengng, 1990, 35: 427

[33] 陈坚，堵国成等. 发酵工程实验技术. 北京：化学工业出版社，2003

第四章　发酵罐的比拟放大

在实验室里用小型设备进行科学试验，获得了高的产量和效率，如何在大型的生产规模设备中予以重现，这是比拟放大（scale - up）所要解决的问题。

第一节　发酵罐比拟放大法的进展

一、经验法（rules of thumb）

发酵罐的比拟放大，自 20 世纪中期以来，采用的是一种在解决主要矛盾的基础上，协调解决放大后原有的次要矛盾可能被激化问题的方法，即经验法。在新的方法尚未完善之前，它如今依然是通用的方法[1]。放大所依据的关联式中的参量都是平均值，放大必须逐级进行，模型罐的容积愈大，放大的倍数愈小；每次放大计算的结果多须经过校核，必要时应适度调整$\frac{D}{D_T}$、N 等（本章符号意义除有解释的外，同第三章），以满足发酵过程得以正常进行的条件。这种放大方法难以达到上佳的结果。但该方法已为发酵罐从中试规模放大到当今数百立方米的工业规模做出了宝贵的贡献。

所谓经验比拟放大法，并非全靠经验，也有其基本的理论依据。发酵罐的冷却系统足以保持罐内液体温度基本均匀；输入液体动量的差异所导致的液体剪切速率、流态和混合时间的变化所引起的传质速率以及菌体或其催化活性的变化，均能对宏观的反应动力学产生重大影响。那么，最可能对发酵过程反应动力学产生影响的一般是传质速率，其中限制性的传质速率通常是气态氧向液相中传递（溶解）的速率，在这样的情况下，以 k_La 相等为准则进行比拟放大就成了最常采用的方法。对于某些对剪切速率特别敏感的体系，则用剪切速率相等或搅拌叶轮尖端线速度相等为准则进行比拟放大，有的体系可选用剪切速率更低的搅拌器。放大罐混合时间延长和分布不均的问题，也有几种有效的措施予以补救。

比拟放大所依据的 k_La 关系式是依据多只大小不等，其中$\frac{H}{D_T}$、$\frac{H_L}{D_T}$、$\frac{W}{D_T}$、$\frac{D}{D_T}$各在较宽范围内变化的模型罐的实验数据得出的。如福田秀雄在修正 Michel 的 P_g 算式［式 (3 -4)］和修正 Richards 的 k_La 的算式（3 - 30）时使用了 7 只 100 ~ 42000L 的发酵罐，其中一个关键的比值$\frac{D}{D_T}=0.30 \sim 0.55$，变动的幅度较宽。因此，在比拟放大过程中几何相似这个原则虽然并不是无关紧要的，但它并不要求遵循严格意义上的几何相似。为了解决主要的矛盾，在做剪切速率和混合时间的校正时常需在许可范围内合理调整搅拌桨转速 N 的数值和$\frac{D}{D_T}$的比值，以达到预期的效果。将现行的比拟放大法等同于“比例放大法”是一种误解。

二、基础法（fundamental method）

随着对发酵过程代谢机制、反应动力学以及传递现象的深入了解，有学者尝试用所谓的基础模型法或简化的基础模型法解决发酵罐的比拟放大问题，但由于发酵罐内是一个复杂的生化反应体系，被搅拌发酵液尤其是非牛顿型醪液的流型的复杂性，使难以得出一个作为比拟放大依据的、实用的数学模型。用简化的数学模型法尝试的结果表明，求出的最佳操作参数也多互相矛盾，例如，为达到既定 k_La 所需要的$\frac{P_0}{V}$（P_0 为不通气时的搅拌功率，V 为发酵液体积），可能使菌体细胞在搅拌叶轮高转速所产生的高剪切速率下被破坏，这就要求做出相应的调整，最终又还要借助于经验法。因此，上述基于罐内传质、传热、动量传递及反应动力学的基础数学模型法用于发酵反应器的比拟放大尚存在困难[2]。

三、计算流体力学法（computational fluid dynamics）

由于计算机技术、数理方法及流体力学的发展，诞生了一个新的分支学科——计算流体力学（CFD）。一些学者们开始用计算流体力学的方法另辟解决发酵罐比拟放大的新途径。赵学明[3]简介 20 世纪 90 年代初期几个对面包酵母发酵和啤酒酵母等牛顿型流体发酵物系的模拟计算实例，显示出 CFD 对搅拌式发酵罐放大的优越性和发展潜力。如今，国外开发出的商业大型通用 CFD 软件包日趋成熟，进一步显示出 CFD 技术的强大优势和生命力。CFD 的最大特点是一步就能完成大罐的设计和优化，但为达成这一目标还有许多问题亟待解决：如计算和测定发酵罐内三相流体的三维流动的复杂流场分布是难题之一；而真正应用多相流理论对多相流进行计算模拟的研究至今未见正式报道[4,5]；此外，与此相关的一些数学模型是模拟计算的基础，而许多发酵液的非牛顿型流体特性为构建准确的数学模型增加了不小的困难。

当今实用的比拟放大法依然是经验法。简介如下。

第二节　以 k_La（或 k_d）为基准的比拟放大法

有的菌种在深层发酵时耗氧速率很快，因此溶解氧速率能否与之平衡就可能成为生产的限制性因素。耗氧速率可以用实验法测定[5]：在小型试验罐中进行发酵过程，用适当的仪器记录发酵液中的溶解氧浓度。先正常通气搅拌，使供氧速率与耗氧速率相平衡，此时发酵液中溶解氧浓度的变化速率为零，如图 4 - 1 所示的 AB 线段所示，然后关气而继续搅拌，发酵液中溶解氧浓度直线下降，到 C 点以后，溶解氧浓度下降的速度缓慢下来，呈双曲线状，进而呈水平线，表示菌体的代谢活动基本停止。C 点所表示的溶解氧浓度称临界溶解氧浓度 c_c。从 BC 为直线这一事实，可以认为当发酵液内 $c > c_c$ 时，菌体的耗氧速率与 c 无关，过高的溶解氧浓度是不必要的。另外 BC 直线的斜率代表菌体的比耗氧速率［mol/（g · min）或 mol/（mL · min）］。

如果上述实验是在耗氧速率最高的发酵阶段进行的，那么在此阶段内使溶解氧的供求在 c（$c > c_c$）达到平衡的 k_La 值为：

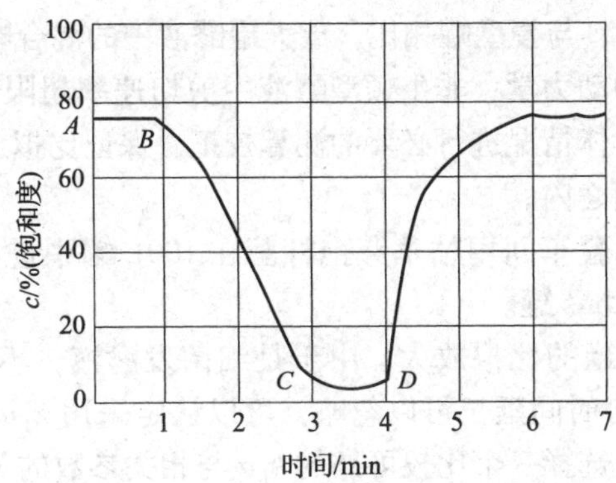

图 4-1　短时切断供气时青霉素发酵液中溶解氧浓度的变化曲线[6]

$$k_La = \frac{v_{VN}}{(c^* - c)}$$

实验表明，有的菌株在若干秒内就能把接近饱和的溶解氧消耗降低到 c_c。对这类体系用 k_La 相等比拟放大原型设备是合理的。

表 4-1 列出不同菌种的 c_c 值

表 4-1　　　　不同菌种的 c_c 值

微　生　物	临界溶解氧浓度	
	mg/L	饱和度%
大肠杆菌（*Escherichia coli*）	0.24	3.4
黏质沙雷菌（*Serratia marcescens*）	0.44	6.3
酿酒酵母（*Saccharomyces cerevisiae*）	0.13	1.9
产黄青霉菌（*Penicillium chrysogenum*）	0.64	9.1
黑曲霉（*Aspergillus niger*）	0.58	8.3

以酿酒酵母（*Saccharomyces cerevisiae*）在葡萄糖为碳源的培养基中生长为例。

假定：培养液中的酵母浓度（ρ_X）为 15g/L，比生长速率 $\mu = 0.2h^{-1}$，$Y_{O/X} = 1.0g/g$（以细胞干重计），则此酵母的摄氧速率（OTR）为

$$OTR = \mu\rho_X Y_{O/X} = 0.2 \times 15 \times 1.0 = 3.0[g/(L \cdot h)] = 0.83[mg/(L \cdot s)]$$

又如果培养液中饱和溶解氧浓度为 7mg/L，在不通气时，发酵液中溶解氧浓度降低到 c_c 的时间为 $\frac{7-0.13}{0.83} = 8.2$（s）。

然而已有的 k_La 关系式都只适用于亚硫酸钠水溶液，如何将实际的发酵系统按等 k_La 而放大呢？

如果在一个原型发酵试验设备中，在某种操作条件下获得了满意的成绩，计算出这种条件下此原型设备中的亚硫酸盐氧化法 k_La 值，既然在具有该亚硫酸盐氧化法 k_La 计算值的原型罐中实际发酵得出了满意的成果，那么，在具有同样数值的亚硫酸盐氧化法 k_La 值的大罐中进行同样的发酵，预期可能获得近似的发酵结果。这里撇开了微生物的参与所引起的计算 k_La 的难题。这样的做法实践证明会有较满意的成功率。但是，即便放大罐与模

型罐真实的 k_La 接近相等，与模型罐相比，放大罐醪液中的混合时间会有较大的延长，影响菌体生长和产物生成的动力学；非牛顿型醪液中剪切速率超限可能导致丝状菌的死亡。因此对放大罐必须依据具体情况进行必要的测算校正，保证比拟放大罐内所能提供的环境条件的改变在许可的范围之内。

【例 4－1】 某厂试验车间用枯草芽孢杆菌在 100L 罐中进行 α－淀粉酶生产试验，获得良好成绩，放大至 $20m^3$ 罐。

【解】 该试验模型罐的比拟放大，由于是细菌发酵液，不存在剪切速率限制的问题，$20m^3$ 的容积内的混合时间延长可以忽略，可以认定采用 k_La 相等为比拟放大的准则是合理的。关键的问题是选择一个比较可靠的 k_La 与相关参数的关联式。已发表的此类关联式不少，但多是在很小的模型罐中（10L 左右）得出的。作为比拟放大适用的关系式，不是在模型罐中很准确而放大后就不能估计其后果的关系式。例如 Richards 关联式（3－30），一旦放大，就出现了明显的偏差。福田秀雄对该式做出的修正式（3－31），在 100～42000L范围、具有多种比例尺寸和 1～3 只多式涡轮的试验罐中获得很好的适用性，因此，可以认为福田秀雄修正式是本放大例可靠的关联式。

此细菌醪属牛顿型流体，其中悬浮固体与悬浮液总容积之比 φ 为 0.10，35℃时滤液黏度：$\mu_0 = 1.55 \times 10^{-3} N \cdot s/m^2$

醪液黏度：$\mu = \mu_0 (1 + 4.5\varphi) = 2.25 \times 10^{-3} N \cdot s/m^2$

醪液密度：$\rho = 1010 kg/m^3$

试验罐：$D_T = 375mm$，$D = 125mm$

$$\frac{D_T}{D} = 3, \frac{H}{D_T} = 2.4, \frac{H_L}{D_T} = 1.5$$

四块垂直挡板：$\frac{W_b}{D_T} = 0.1$（W_b 为挡板宽度）

装液 60L，通气速率 1.0vvm（罐内状态下的体积流量）

搅拌涡轮为两只圆盘六弯叶涡轮，$N = 350 r/min$

通过试验，认为此菌株是高耗氧速率菌，体系对剪切速率不敏感。按等 k_d 值进行比拟放大。

试验罐的亚硫酸盐氧化法 k_d 值

$$Re_M = \frac{ND^2\rho}{\mu} = \frac{\frac{350}{60} \times 0.125^2 \times 1010}{2.25 \times 10^{-3}} = 4.14 \times 10^4$$

属充分湍流状态：$N_p = 4.7$

双涡轮搅拌器功率：

$$P_0 = N^3 D^5 \rho N_p \times 2 = \left(\frac{350}{60}\right)^3 \times 0.125^5 \times 1010 \times 4.7 \times 2 = 58.6(W) = 0.0586(kW)$$

$$P_g = 2.25 \times 10^{-3} \left(\frac{P_0^2 N D^3}{Q^{0.08}}\right)^{0.39} = 2.25 \times 10^{-3} \left(\frac{0.058^2 \times 350 \times 12.5^3}{60000^{0.08}}\right)^{0.39} = 0.033kW$$

$$k_d = (2.36 + 3.3N_i)(P_g/V)^{0.56} v_s^{0.7} N^{0.7} \times 10^{-9}$$

$$= (2.36 + 3.3 \times 2) \left(\frac{0.033}{0.060}\right)^{0.56} \times 54.6^{0.7} \times 350^{0.7} \times 10^{-9}$$

$$= 8.96 \times 0.719 \times 16.5 \times 60 \times 10^{-9}$$

$$=6.38\times10^{-6}\{\text{mol}/[\text{mL}\cdot\text{min}\cdot\text{atm}(p_{O_2})]\}$$

按几何相似原则确定 $20m^3$ 罐主尺寸：

取
$$\frac{H}{D_T}=2.4,\ \frac{H_L}{D_T}=1.5,\ \frac{D_T}{D}=3$$

有效容积 60%，若忽略封底的容积，计算：

$$\frac{\pi}{4}D_T^2\times1.5D_T=12$$

则 $D_T=2.16\text{m}$，$D=0.72\text{m}$

确定通气流量 Q：按几何相似原则放大设备，放大倍数愈高，单位容积液体具有的罐的横截面积愈小，如果以 vvm 表示的通气流量相等，则放大罐的 v_s 比原型罐的 v_s 要显著增大。过大的 v_s 将造成太多的泡沫和带出液体。因此，在确定放大罐的通气流量 Q 时，必须考虑这个因素。

根据小罐试验的情况，为避免逃液，取放大罐的 v_s 为 150cm/min。

$$Q=\frac{\pi}{4}\times216\times150=5.47\times10^6\text{mL/min}$$

约合 0.46vvm。

按 k_d 相等准则决定大罐的搅拌器转速及搅拌轴功率：按 k_d 相等，则放大罐的

$$k_d=6.38\times10^{-6}=(2.36+3.3\times2)\left(\frac{P_g}{12}\right)^{0.56}\times(150)^{0.7}\times N^{0.7}\times10^{-9}$$

$$P_g^{0.56}\times N^{0.7}=\frac{6.38\times10^{-6}\times12^{0.56}}{8.96\times150^{0.7}\times10^{-9}}$$

大罐的
$$P_g=\frac{2837}{N^{1.25}}$$

P_g 是大罐两只涡轮通气时的搅拌功率。一个方程式中有两个未知数，无法求解。故再从式（3－5）列出 P_g 的另一算式，两式的 P_g 应相等。

$$\begin{aligned}P_g&=2.25\left(\frac{P_0^2ND^3}{Q^{0.08}}\right)^{0.39}\times10^{-3}\\&=2.25\left(\frac{P_0^2N\times72^3}{5470000^{0.08}}\right)^{0.39}\times10^{-3}\\&=2.25\times P_0^{0.78}N^{0.39}\times\frac{150}{1.625}\times10^{-3}\\&=0.208\times P_0^{0.78}N^{0.39}\end{aligned}$$

则
$$\frac{2837}{N^{1.25}}=0.208\times P_0^{0.78}N^{0.39}$$

$$P_0=\frac{209\times10^3}{N^{2.1}}(\text{kW})$$

P_0 是两只涡轮不通气时的搅拌轴功率。

又知
$$P_0=\left(\frac{N}{60}\right)^3\times0.72^5\times1020\times4.7\times2\times10^{-3}=\frac{N^3}{116\times10^3}\ (\text{kW})$$

联立求解：

$$\frac{209\times10^3}{N^{2.1}}=\frac{N^3}{116\times10^3}$$

所以
$$N=109\ \text{r/min}$$

$$P_0 = 11\text{kW}$$

$$P_g = \frac{2851}{N^{1.25}} = 8.1\text{kW}$$

比拟放大结果对比见表4－2。

表4－2　　【例4－1】比拟放大结果对比

对照项	发酵罐名称	
	原型罐	放大罐
V（有效）/m^3	0.06	12.0
放大倍数/倍	1	200
$\frac{H_L}{D_T}$	1.5	1.5
$\frac{D_T}{D}$	3	3
Q/vvm	1.0	0.46
$\frac{p_0}{V}$/（kW/m^3）	0.98	0.92
p_g/（kW/m^3）	1.55	0.71
N/（r/min）	350	109
k_d/mol/［mL·min·atm（p_{O_2}）］	6.38×10^{-6}	6.38×10^{-6}

两罐的 k_d 虽然相等，但放大罐内的液柱高，因而其传氧推动力大，传氧速率比原型罐的要快。

放大后的检验和校正：一般而言，放大罐所依据的基准参量和校准参量必须予以实测，如有明显偏差，应抓住主要矛盾协调解决。

第三节　以$\frac{P_0}{V}$相等为基准的比拟放大法

$\frac{P_0}{V}$这个量与 k_La 值密切相关，而且容易测量。对于溶解氧速率控制的非牛顿型发酵醪系统，把$\frac{P_0}{V}$相等作为比拟放大的准则就非常方便，它撇开了微生物的参与所带来的计算 k_La 的困难。这种方法也可应用于牛顿型发酵醪系统。

【例4－2】　按【例4－1】中的数据，用$\frac{P_0}{V}$相等为准则比拟放大。

【解】

模型罐：
$$\left(\frac{P_0}{V}\right)_1 \propto \frac{D_1^5 N_1^3 \rho N_P \times 2}{D_1^3}$$

放大罐：
$$\left(\frac{P_0}{V}\right)_2 \propto \frac{D_2^5 N_2^3 \rho N_P \times 2}{D_2^3}$$

令
$$\left(\frac{P_0}{V}\right)_1=\left(\frac{P_0}{V}\right)_2$$

则
$$\frac{N_2}{N_1}=\left(\frac{D_1}{D_2}\right)^{\frac{2}{3}}$$

已知：$N_1=350\text{r/min}$，$D_1=125\text{mm}$，按几何相似原则放大，$D_2=720\text{mm}$，代入上式，得

$$N_2=350\times\left(\frac{125}{720}\right)^{\frac{2}{3}}=127\text{r/min}$$

然后合理决定 v_s，计算出 P_0 及 P_g。

$\frac{P_0}{V}$与传质系数之间的确存在着重要的关系，但$\frac{P_0}{V}$相等并不意味着 k_La 相等。业已证明，只有当对这一传质过程起控制作用的 Re 准数的指数 $\alpha=0.75$ 时，$\left(\frac{P_0}{V}\right)_1=\left(\frac{P_0}{V}\right)_2$ 意味着两个液膜传质系数相等，即 $(k_L)_1=(k_L)_2$。

因此，用 P_0/V 相等准则的放大，必须对放大罐的 k_La 和混合时间进行校核。

第四节　比拟放大的其他校核基准

一、恒周线速度

丝状菌发酵受剪切速率特别是搅拌叶轮尖端线速度（$\pi\cdot D\cdot N$）的影响较为明显。如果仅仅保持 k_La 相等或$\frac{P_0}{V}$相等，可能导致严重的失误。在$\frac{P_0}{V}$相等的条件下，$\frac{D}{D_T}$比愈小，N 就愈大，造成的剪切速率也愈大，这有利于菌丝团的破碎和气泡的分散及传氧速率的加快，也有利于代谢产物的向外扩散，这对于产物抑制的发酵可能有重要意义。用放线菌发酵新生霉素时，在$\frac{P_0}{V}$相等的条件下，小搅拌涡轮系统所得到的新生霉素的产率高[4]，如图 4－2 所示。所以，对于这类发酵体系，搅拌涡轮周线速度也被认为是比拟放大的基准之一。值得注意的是过小的$\frac{D}{D_T}$比值使混合时间延长，在较大型的发酵罐内其负面影响不可低估。

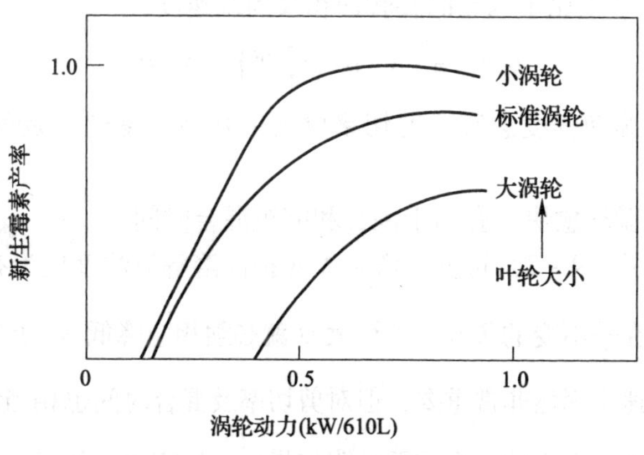

图 4－2　涡轮尺寸对新生霉素发酵的影响[4]

令：

$$D_3 = 1.07 \times 1.5 = 1.065\text{m}$$
$$N_3 = 134.5 \times 0.5 = 67.3\text{r/min}$$
$$(\pi DN)_3 = 339\text{m/min}$$
$$\left(\frac{Q_V}{H}\right)_3 = K_3 \times \frac{\frac{67.3 \times 1.605^3}{30}}{(67.3 \times 1.605)^2} = K_3 \times 7.97 \times 10^{-4}\text{min/m}^2$$

可认为 $K_3 \approx K_2$，于是第三方案比第二方案$\frac{Q_V}{H}$提高约3倍，改善了混合状况；剪切率（以 πDN 计）约提高1.26倍，低于允许的提高限度1.5倍。将计算结果列于表4－3中。

表4－3　　发酵罐比拟放大结果对照表

参　　数	原　型　罐	放　大　罐	
		按$\frac{P_0}{V}$相等放大	对剪切率及混合效果兼顾地放大
V/m^3	0.091	30	30
D_T/m	0.57	2.67	2.67
H_L/m	1.14	5.34	5.34
D/m	0.228	1.07	1.605
$\frac{H_L}{D_T}$	2	2	2
$\frac{D}{D_T}$	0.4	0.4	0.6
N/（r/min）	337	134.5	67.3
涡轮数量/只	2	2	2
πDN/（m/min）	270	452	339
$\frac{Q_V}{H}$/（min/m²）	$K \times 2.07 \times 10^{-3}$	$K \times 2.65 \times 10^{-4}$	$K \times 7.79 \times 10^{-4}$
$\frac{P_0}{V}$（相对值）	1.0	1.0	0.95

经过上述校核，其结果是否是一个可接受的方案，还必须对模型罐和放大罐的 k_La 和混合时间用仪器法测量校核后方可定论。如果放大罐的混合时间不符合要求，增大 D 的余地已经很小，因为进一步提高 D 值将过大地增大电耗和搅拌轴的扭矩；或适当提高转速 N；或选用翼形轴流桨。

由此可以看出，比拟放大既要以理性知识为基础，但也离不开丰富的实际运转经验，对于非牛顿型流体发酵系统的比拟放大尤其如此。

作为发酵罐比拟放大起始的模型罐，其最小的容积不宜小于75L；放大到上百立方米的大型罐，必须经过多步放大，放大的倍数必须逐步递减；放大到上百立方米大型罐，必须以现有的、性能优良的生产罐为比拟放大的模型罐，放大倍数在数倍之内[7]。

四、CO_2 毒性校核

有的放大罐可能需要对罐内液体中溶解 CO_2 的浓度进行校核，这是根据近年来的经验提出的。例如某公司用假单胞菌（*Pseudomonas*）的一个菌株在 $100m^3$ 发酵罐中生产碱性脂肪酶，与其在 10L 小罐的成绩相比，产率降低约 60%，原因是菌株 CO_2 中毒[1]。

降低液体中溶解 CO_2 的策略：适当降低液面以上的背压，降低液面高度，在液泛点以下加大通气流量。上述措施可调的幅度有限。较好的策略是在比拟放大到百立方米之前，就测定所用菌株耐受 CO_2 的临界值，据此定出罐内液面的临界高度。

第五节 发酵罐的比拟缩小

在不少情况下，大型的生产规模发酵罐是已有的，而用实验室的摇瓶去筛选生产用菌株。不幸的是，摇瓶中为菌株代谢活动所提供的环境条件（如供氧、混合、剪切率等）与已有的大型发酵罐中所能实现的很可能大不相同。正如一位学者所说的“犹如在篮球比赛场中挑选优秀的足球运动员”。这将导致许多好的或很有潜力的菌株在业已存在的大型发酵罐中没有好的表现而被淘汰，或者在已有放大型罐中可能有上佳表现的菌株在摇瓶阶段漏选。

这里所说的比拟缩小，仅限于将现有的生产规模发酵罐比拟缩小至实验室和小型罐规模。这种比拟缩小的反应器中所能提供的微生物代谢活动的环境条件，是现有大型反应器中所能实现的。

按此原则比拟缩小的实验室规模装置，不但可以为现有的大型发酵罐提供有效的生产菌株筛选场所，也可以为其工艺条件的优化提供服务。

为上述目的所进行的比拟缩小，其方法与比拟放大的基本相似。但生产用大罐内具有很高的液体深度，其传氧推动力要比试验用罐的大若干倍，因此，如果要求两者具有相同的溶解氧浓度，可考虑用等传氧速率 v_{VN} 放大。

现代化的发酵企业多数是产品多样化、发酵罐大型化、为节约能耗和成本，采取一罐多用。

本章中讲的是为满足不同菌株的需要，应当使用不同性能的发酵罐。但为此必须调整或改变的往往是搅拌桨的尺寸、转速、只数或者类型，而不是罐的桶体。当今搅拌轴的转速是在合理范围内无级调速的，各式搅拌桨叶的尺寸也已系列化，一罐多用并非难事，对于模型罐的比拟放大也方便了许多。

符号说明

c_c 菌体的临界溶解氧浓度，mg/L

t_M 混合时间，s

H 搅拌液流速度压头，m^2/min^2

Q 搅拌液流循环量，m^3/min

Q_V 单位体积液体的搅拌循环量，min^{-1}

$\frac{Q_V}{H}$ 比值，min/m^2

$Y_{O/X}$ 单位菌体（干重）所耗用的溶解氧质量，g/g

DCW 菌体干重，g

OTR 传氧速率，g 溶氧/（L·h）

vvm　平均通气量，即每分钟每体积发酵液需要空气体积（罐内状态）

μ　菌体比生长速率，1/h

ρ_X　菌体浓度，g 干重/L

其他符号说明同第三章。

参 考 文 献

[1] Rosenberg M Z. Scale-up of Bioreactor: Microbial Systems, MIT Summer-Course on Fermentation, 2004

[2] Kossen N W E, et al. Scaling-up of bioreactors. In Brauer H. Biotechnology, Vol. 2, 581, 1985

[3] 赵学明. 搅拌生物反应器的结构模型、放大及搅拌器模型. 化学反应工程与工艺, 1996, 32 (3): 28

[4] 周国忠, 施力田, 王英琛. 搅拌反应器内计算流体力学模拟技术进展. 化学工程, 2004, 32 (3): 28

[5] 李冰峰, 王大煜, 张赣道. 计算流体力学在模拟生化反应器中的应用研究. 江苏化工, 2002, 30 (1): 24

[6] Richards J W. Studies in aeration and agitation. Prog in Ind Microbiol, 1961, 13: 141

[7] Oldshue J Y 著. 流体混合技术. 王英琛 等译. 北京: 化学工业出版社, 1991

第五章　固定化酶、固定化细胞

第一节　概　　述

固定化酶、固定化细胞是一种在空间运动上受到完全约束或局部约束的酶、细胞，其近代工业化利用始于1969年，千畑一郎成功地将固定化氨基酰化酶用于DL－氨基酸的光学拆分，实现了酶连续反应的工业化。稍后，1973年又成功地将固定化微生物用于工业化连续生产L－天冬氨酸。应用固定化技术，可使工程连续化、装置小型化，并具有酶和细胞可重复利用、产物提纯容易、操作稳定性好等显著特征，故在20世纪70年代后得到迅速的发展。目前，对于固定化酶和固定化微生物的研究已经涉及生物学、生物化学、酶化学、发酵工程、生化工程、有机化学、高分子化学、化学工程、医学、药学等各个学科领域，并且，其新的功能和新的应用正在迅速不断地扩展，是一项研究领域宽广、应用前景极为引人瞩目的新研究和新技术。

利用固定化酶、细胞进行基础理论研究、工业应用研究以及选择反应器和操作条件等，必须首先了解固定化酶、细胞反应动力学，而其解析基础则是酶、细胞反应动力学，可见，研究的理论基础和焦点应是酶、细胞反应动力学以及固定化酶、细胞反应动力学的影响。本章首先扼要地介绍固定化方法，其后通过几个略为具体的应用例子来论述固定化酶、细胞的应用方式及特征，以及灵活运用该项技术的思想方法。然后，利用有限的篇幅为上述有关动力学的研究提供最为基本的研究方法和理论基础。

第二节　酶、细胞的固定化方法及固定化后的性质

固定化酶、细胞并非新概念。早在18世纪初就已有用木屑吸附微生物制醋的生产方法，1916年Nelson和Griffin就已发现酵母的转化酶被骨炭粉末吸附后制成的固定化酶具有与液态酶同样的活性。然而，真正有效的研究、利用则始于20世纪50年代Grubhofer等人的研究，进入60年代，以色列前总统Katzir－Katchalski教授所领导的卓有成效的研究，开发了许多新的固定化方法，使研究日益增多。而日本的千畑一郎在20世纪60年代末70年代初则使固定化酶转入工业化利用。稍后，美国的Anfinsen教授和Cuatrecasas教授继瑞典的Porath教授的研究，开创了亲和层析这一生物化学研究的新领域。这些研究导致固定化酶的研究领域不断拓宽，应用日益广泛。在固定化酶之后兴起的固定化细胞技术，其发展更为迅速，尤其是在工业化利用上面，因其具有使用简单、可进行多酶系统的催化反应等特征，大有后来者居上，成为应用舞台上主角的趋势。

利用固定化酶、细胞进行研究，首先要将酶、细胞固定化。虽然固定化方法日新月异，但是，固定化方法的框架已经形成，而细胞的固定化方法则多为固定化方法的衍生，所不同的是细胞固定化前后多需进行技术处理。

一、固定化方法

根据千烟一郎对固定化方法的分类[1]，可以同样将酶、细胞的固定化方法分为：① 载体结合法；② 交联法；③ 包埋法；④ 其他方法，如图 5－1（a）所示。

所谓载体结合法，即将酶、细胞固定在非水溶性载体上。交联法，即使酶、细胞与带两个以上多官能团的试剂进行交联反应。包埋法，即将酶、细胞包埋于凝胶的微小格子内或半透膜聚合物的超滤膜内。固定化方法模式如图 5－1（b）所示。

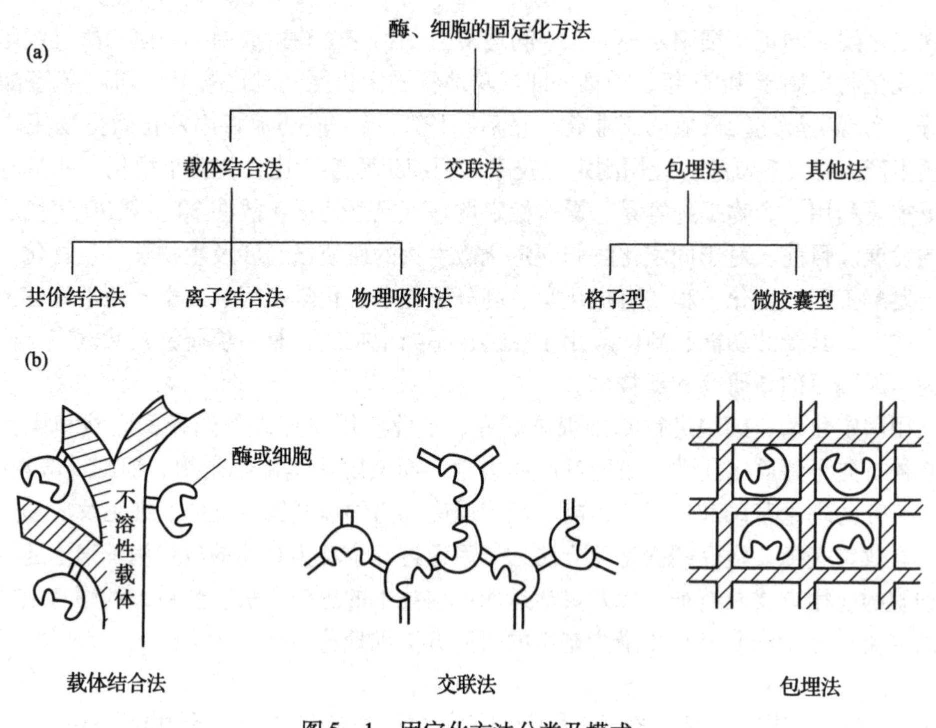

图 5－1　固定化方法分类及模式

（a）方法分类　（b）模式

1．载体结合法

经常使用的载体有纤维素、葡聚糖、琼脂糖等多糖类衍生物、聚丙烯酰胺凝胶、离子交换树脂、活性炭、膨润土、多孔玻璃等。一般载体的亲水性基团越多，比表面积越大，单位载体结合的酶、细胞量也越大，因而所制备得到的高活力固定化酶、细胞也越多。

载体结合法中，根据结合的形式，可分为共价结合法、离子结合法及物理吸附法等三种。所谓共价结合法，就是将非水溶性载体和酶、细胞以共价键的形式固定在一起。离子结合法是通过离子结合效应，将酶、细胞固定到具有离子交换基团的非水溶性载体上。物理吸附法是将酶、细胞吸附到不溶于水的载体上而使酶、细胞固定的方法。

2．交联法

交联法与上述共价键法一样，都是靠化学结合的方式使酶、细胞固定化，其区别仅在于是否使用载体。交联法是利用带有两个或两个以上官能团的试剂与酶、细胞之间发生分子间的交联而把酶、细胞固定化。

交联剂中最常用的是戊二醛，还有形成肽键的异氰酸酯、发生重氮偶合反应的双重氮联苯胺或 N，N'－聚亚甲基双碘乙酰胺、N，N'－乙烯双马来亚胺等。

3. 包埋法

包埋法分为格子型和微胶囊型两种。将酶、细胞包埋在凝胶的微小格子中称为格子型，用半透性聚合物膜将酶、细胞包裹起来称为微胶囊型。格子型是将酶、细胞包埋在聚合物的凝胶格子中，使之处在不脱离状态下，达到固定酶、细胞的目的。此法所用的聚合物有合成高分子物质聚丙烯酰胺凝胶、聚乙烯醇凝胶和天然高分子物质琼脂、乙酸纤维、海藻酸盐、角叉菜聚糖等。微胶囊型是一种以半透型的高聚物薄膜包裹固定酶、细胞的技术。制得的微胶囊酶、细胞通常是直径由几个到几百个微米的球状体。

4. 其他方法

在其他固定化方法中，令人极感兴趣的是通过对微生物细胞的热处理、物理射线照射或化学试剂处理使所使用的酶固定在细胞体内同时固定化菌体的“内固定方法”和通过培养条件的选择使所培养的微生物菌体絮凝的“自固定方法”以及添加絮凝剂菌体的“絮凝法”。

以上这些固定化方法所制成的制品绝大多数为颗粒状，其原因是粒状易于制成、表面积大、反应效率高。

各种固定化方法的特征如表 5－1 所示。

表 5－1　　固定化酶、细胞的制法对其特性的影响[1]

特　性	载体结合法			交联法	包埋法
	共价结合法	离子结合法	物理吸附法		
制法	难	易	易	难	难
酶、细胞活力	高	高	低	中	高
底物特异性	变	不变	不变	变	变
结合力	强	中	弱	强	强
再生	不可	可能	可能	不可	不可
制法的普遍性	中	高	低	低	高
固定化成本	高	低	低	中	低

特别地，对于固定化细胞，按微生物在固定化后的生长状态可分为固定化死细胞、固定化活细胞、固定化增殖细胞等三类。固定化死细胞是在固定化前或固定化后对微生物细胞进行加热、冷冻、干燥、表面活性剂、化学试剂等处理，使细胞处于死亡甚至破碎状态的固定化细胞；固定化活细胞是在固定化后细胞仍存活但并不增殖，生长处于静止状态的固定化细胞；固定化增殖细胞是在固定化后细胞不仅存活，而且在使用过程中还能增殖，生长处于增殖状态的固定化细胞。在这三类固定化细胞中最令人感兴趣的是固定化增殖细胞，因为几乎所有的微生物代谢产物均与生长（正常生长或抑制状态下生长）相耦联，这就为用更简单、廉价的原料生产发酵产品带来了更为有利的条件，甚至可能导致整个发酵工业和化学工业发生根本的变革。

二、固定化酶、细胞的性质

酶、细胞用各种方法进行固定化后，依所用固定化方法的不同以及细胞的生长状态不同，酶、细胞的活力和其他性质（例如 pH 等）均与游离酶、细胞所有不同。

1. 固定化后的活性

酶经固定化后，活性大都下降，这是因为酶活性中心的重要氨基酸与水不溶性载体相结合，活性中心的结构起了变化，虽不会导致酶的失活，但酶与底物的相互作用受到空间位阻的干扰。为了提高固定化酶的活性，可在固定的同时加入酶活性中心保护剂，如底物、产物或其结构类似物等。

细胞经固定化后，一般所利用的目的酶活性不下降，特别是对于那些即使在游离态活性也不很稳定的酶，用固定化细胞的方法可最大限度地保护酶活性。

2. 稳定性

酶或细胞被固定化后，因酶分子结构或细胞被约束，有可能降低其对外部恶劣环境的敏感性，使其稳定性（如对贮藏、对热、对各种化学试剂、对不易被蛋白酶类分解）增加，甚至可大幅度地增加。即使在文献上一般不报道固定化后稳定性降低的研究，但因稳定性增加的报告比比皆是，能够充分地肯定，固定化后确定可使酶、细胞的稳定性增加。

3. 催化特征

酶或细胞被固定化后，反应的最适 pH、温度、动力学常数等可能与游离酶、细胞有所不同，甚至其固有的底物专一性可能受损。

（1）底物专一性　当一种酶、细胞用水不溶性载体固定化后，由于空间位阻，酶、细胞对高相对分子质量的活性显然减少，甚至不能催化作用。

（2）反应的最适 pH　最适 pH 和 pH 曲线的变动，依固定化载体与酶分子、细胞上所分布电荷的相互作用不同而异。有时最适 pH 变化而 pH 曲线形状不变化，在特殊的情况下，可见到最适 pH 变动 $\Delta pH = 2$ 的例子。

（3）反应的最适温度　固定化酶、固定化细胞反应的最适温度可较游离的高，如用 CM－纤维素叠氮衍生物固定化的胰蛋白酶和糜蛋白酶的最适温度比游离酶高 5～15℃。

（4）米氏常数　米氏常数 K_m 反映了酶与底物的亲和力。固定化酶的表观米氏常数 $K_{m(app)}$ 与游离酶的 K_m 相比，有些不变，有些变得很大。如使用载体结合法制成的固定化酶的 K_m 变动的原因，可能主要是由于载体与底物间静电相互作用以及扩散效应的缘故。若固定化酶区域的底物浓度比外部主体溶液高，在较高底物浓度下酶反应可以更快地进行，$K_{m(app)}$ 就下降。相反，如用包埋法的固定化酶的 $K_{m(app)}$ 值，可较游离酶多两个数量级。这是由于在凝胶中扩散效应使底物浓度减少，导致内部底物浓度低于外部区域的浓度，$K_{m(app)}$ 就上升。对于固定化细胞，其影响也类似。

（5）最大反应速度　固定化酶、细胞的反应速度（v_m）视固定化方法不同而有差异，大多与游离状态的相同。

在研究中可根据这些特征和性质灵活地运用，以达到最佳效果。

第三节　固定化酶、固定化细胞的应用

20 世纪 70 年代后迅速发展起来的固定化酶、固定化细胞技术的应用研究已扩展到各个领域。在食品、发酵、化学工业中，用于各种化学物质如有机酸、氨基酸、激素、杆菌肽、核酸类等物质；在医学上，用于治疗酶缺乏、代谢异常等病症；在化学分析、临床诊断方面，用来快速、灵敏地测定如葡萄糖、尿素、过氧化物等物质；在亲和层析中，利用生物大分子对某些小分子物质的特异亲和性来分离、制备各种生物大分子或其相应的小分子物质，其应用研究领域日益拓宽。

一、固定化酶、细胞在各个领域中的应用及其特征

固定化酶、细胞的应用研究从固定化单一酶进行简单的一步催化反应开始，到同时固定化两个或两个以上的酶、固定化酶－辅酶，通过酶的耦联来拆分一步反应时的高活化能峰，或利用辅酶耦入能量使热力学上难以进行或不可能发生的反应得以顺利进行。后发展起来的固定化细胞技术则不仅在对固定化复杂、体外不稳定、容易失活的酶的利用上创造了方便有利的条件和方法，而且还能利用活细胞的部分或完整代谢系来完成所需物质的生产。

特别是在固定化酶、细胞的研究中发展起来的应用生物大分子特异性的亲和层析技术，已经远远地超越了利用酶或微生物进行催化反应的范畴，如抗体、抗原的提纯是利用了特异性的免疫吸附反应，酶的提纯是利用了如酶抑制剂可与酶特异结合的性质等。固定化酶、固定化细胞在各个领域中的应用实例如表 5－2 所示。

表 5－2　　固定化酶、固定化细胞在各个领域中的应用举例[1,2]

用途或目的产物	固定化酶、细胞	固定化方法	反应类型
化学品制造			
L－氨基酸	氨基酰化酶	DEAE 葡聚糖离子结合	单酶
高果糖浆	链霉菌	加热、交联	单酶
L－天冬氨酸	大肠杆菌	卡拉胶包埋	单酶
6－氨基青霉烷酸	青霉素酰胺酶	吸附－交联	单酶
L－苹果酸	黄色短杆菌	卡拉胶包埋	单酶
氢化泼尼松	简单节杆菌	海藻酸钙包埋	静止细胞（多酶）
辅酶 A	产氨短杆菌	聚丙烯酰胺包埋	死细胞（多酶）
ATP	酵母	聚丙烯酰胺包埋	死细胞（多酶）
杀假丝菌素	灰色链霉菌	胶原膜包埋	静止细胞（多酶）
谷胱甘肽	酵母	聚丙烯酰胺包埋	静止细胞（多酶）
乙醇	酵母	卡拉胶包埋	生长细胞（多酶）
杆菌肽	芽孢杆菌	海藻酸钙包埋	生长细胞（多酶）
医疗			
过氧化氢酶缺乏症	过氧化氢酶	火棉胶微胶囊	单酶
癌症	天冬酰胺酶	尿素聚合物微胶囊	单酶
人工肾	尿素酶	离子交换树脂微胶囊	单酶
分析、诊断			
酶试剂	过氧化物酶	共价结合于纸片上	单酶
	葡萄糖氧化酶和过氧化物酶	共价结合于纸片上	双酶

续表

用途或目的产物	固定化酶、细胞	固定化方法	反应类型
葡萄糖酶电极	葡萄糖氧化酶	聚丙烯酰胺凝胶膜包埋	单酶
尿素酶电极	尿素酶	聚丙烯酰胺凝胶膜包埋	单酶
赖氨酸酶电极	赖氨酸脱羧酶	聚丙烯酰胺凝胶膜包埋	单酶
谷氨酸酶电极	谷氨酸脱氢酶和乳酸脱氢酶	聚丙烯酰胺凝胶膜包埋	双酶
乙醇酶电极	酶氧化酶	聚丙烯酰胺凝胶膜包埋	单酶
亲和层析（固定化物）			
单抗胰岛素抗体	胰岛素	琼脂糖凝胶	免疫吸附
肿瘤的抗体	纤维肉瘤细胞	琼脂糖凝胶	免疫吸附
乙型肝炎抗原	乙型肝炎抗血清	琼脂糖凝胶	免疫吸附
羊的生乳激素	抗生乳激素	琼脂糖凝胶	免疫吸附
乙酰胆碱酯酶	ε－氨己酰－对氨基苯三甲基胺	琼脂糖凝胶	特异亲和
羧肽酶 A	L－酪氨酸－D－色氨酸	琼脂糖凝胶 2B	特异亲和
天冬酰胺酶	D－天冬酰胺	琼脂糖凝胶 4B	特异亲和
Kunitz 抑制剂	糜蛋白酶	琼脂糖凝胶 6B	特异亲和
固定化细胞器			
$2ADP \longrightarrow ATP + AMP$	酵母线粒体	感光性交联树脂包埋	多酶
H_2	蓝绿藻叶绿体	戊二醛交联	多酶
$2H_2O \longrightarrow O_2 + 2H_2$	大豆叶绿体	戊二醛交联	多酶

由上述例子可以看出，固定化酶、固定化细胞的研究、应用领域极为广阔。

二、固定化酶、固定化细胞的工业化应用实例

在工程上，要求用于工业化生产的固定化酶、固定化细胞具备制造简便、活性高、稳定性好、活力降低后可再生等特征。如上节所述，根据目的灵活地选择被固定化物是酶还是细胞以及运用固定化方法能够获得上述特征的固定化酶或细胞。酶、细胞经固定化后投入实际应用，其整个技术具有以下特点：

（1）可连续、稳定地生产；

（2）反应产物的纯度高，质量好；

（3）生产的副产物少（当利用固定化细胞可通过适当处理技术使其他酶系失活）；

（4）反应的动力学常数、反应的最佳 pH 和反应温度有可能按意愿经固定化予以调整；

（5）固定化酶、细胞在使用时可以再生或回收（过滤、密度分选、离心分离、磁力分选），可反复使用；

（6）容易实行连续自动控制，节约劳动力；

（7）能大大提高酶、细胞的比生产能力。

1．DL－氨基酸的光学拆分

L－氨基酸在食品、医药等方面的应用非常广泛，并且需要量不断增加。然而，作为

生产氨基酸的方法之一，化学合成法所生产出的氨基酸是 DL 型，为了获得 L－氨基酸就必须进行光学拆分。用氨基酰化酶来进行 DL－氨基酸的光学拆分可制得光学纯度好、收率高的 L－氨基酸。

DL－氨基酸的酸法光学拆分是先将合成法制得的 DL－氨基酸的 *N*－酰化衍生物，用氨基酰化酶进行不对称水解，然后再利用生成的 L－酰化－D－氨基酸的溶解度之差分离出来。其反应方程如下：

$$\underset{\text{酰化-DL-氨基酸}}{\text{DL-R—}\underset{|\atop \text{NHCOR}'}{\text{CHCOOH}}} + H_2O \xrightarrow{\text{氨基酰化酶}} \underset{\text{L-氨基酸}}{\text{L-R—}\underset{|\atop NH_2}{\text{CHCOOH}}} + \underset{\text{酰化-D-氨基酸}}{\text{D-R—}\underset{|\atop \text{NHCOR}'}{\text{CHCOOH}}} \quad (5-1)$$

1969 年日本田边制药便采用固定化氨基酰化酶来连续拆分乙酰－DL－氨基酸[3]，工业生产蛋氨酸、苯丙氨酸、缬氨酸、色氨酸、丙氨酸等各种光学活性氨基酸，也是世界上固定化酶用于工业生产的最早的例子。其生产流程如图 5－2 所示。

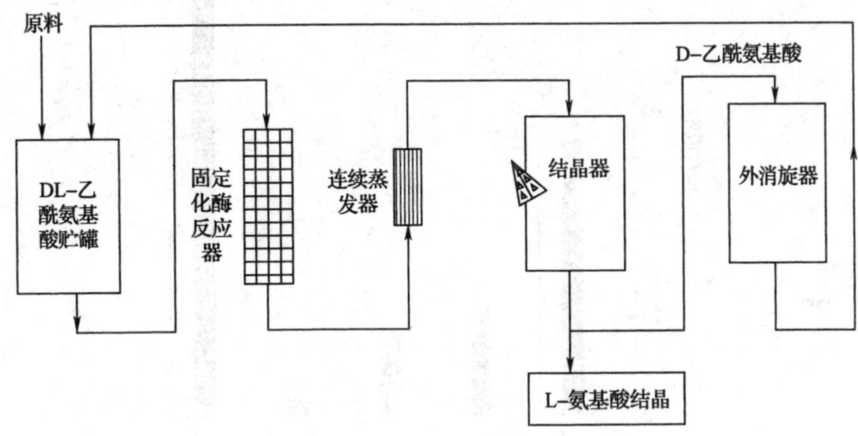

图 5－2　固定化酶光学拆分 DL－氨基酸生产流程

显而易见，该项技术的关键是制造出适合于工业化要求的固定化酶。比较用不同方法固定化的氨基酰化酶的特性见表 5－3。

表 5－3　　各种固定化氨基酰化酶的一些特性

特　性	固定化氨基酰化酶		
	以离子键吸附于 DEAE－葡聚糖凝胶	以共价键结合于碘乙酰纤维素	聚丙烯酰胺凝胶包埋
制备	容易	困难	中等
酶活性	高	高	高
固定化成本	低	高	中等
结合力	中等	强	强
操作稳定性	高	—	中等
再生	能够	不能	不能

可见，将氨基酰化酶以离子键吸附于 DEAE－葡聚糖凝胶上的固定化氨基酰化酶的性能最为优越。用该固定化氨基酰化酶，在 50℃的条件下，连续使用 30d，仍保持 60% ～ 70% 的活性。酶柱活性下降时，可补加酶溶液进行简单的再生。使用期长达 5 年，酶的吸附力、形状、压力损失等也不会发生变化。

使用这种稳定的固定化酶进行连续反应，比起用液态酶来，不仅可提高酶的单位生产效率，而且在反应液中也不含蛋白质或色素等杂质，反应产物容易分离、收率较高，底物用量也少。在该生产技术中，即使使用了价格比较高的 DEAE－葡聚糖凝胶作为固定化载体，其生产成本也大大降低，如图 5－3 所示。其优势如下：因为用酶量大幅度减少；连续、自动控制使劳动强度降低，节约了劳务开支；转化率、提取收率的提高节省了原料；虽然能源消耗上升，但总的生产成本大幅度下降。总成本降低 40% 左右。

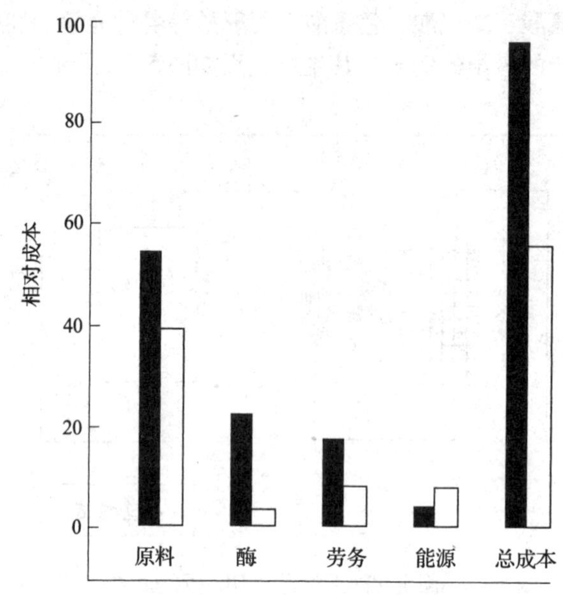

图 5－3　乙酰－DL－氨基酸光学拆分的生产成本比较[1]

□固定化酶　■液态酶

2. 固定化细胞生产 L－天冬氨酸

L－天冬氨酸在医药、食品和化工等方面有着广泛的前途。在医药方面，可用于治疗心脏病、肝脏病、糖尿病，与 L－鸟氨酸一起可用于治疗急、慢性肝炎，改善肝脏手术前后的机能，可与多种氨基酸一起用于制成 L－天冬氨酸－苯丙氨酸甲酯或乙酯，作为无毒、高甜度的人工甜味剂。在化学工业中，L－天冬氨酸可以作为制造合成树脂的原料，用它的衍生物处理尼龙、聚氯乙烯、聚醚等纤维，风干后可显著降低纤维的电阻和摩擦生电的电压；L－天冬氨酸的衍生物还可以合成两性表面活性剂以及用于治疗角化性皮炎、防止皮肤老化、使老化皮肤滋润的化妆品制造中。

用固定化大肠杆菌从石油化工合成副产物反丁烯二酸连续制造天冬氨酸的方法，是近代工业化应用固定化细胞的最早的实例。

千畑一郎等在工业上实际应用天冬氨酸氨基转移酶制造天冬氨酸时发现，该菌从菌体里提取出来就不稳定，即使经固定化，酶活性也迅速降低，如图 5－4 所示。在这种情况下，用于工业上效果很差。而采用直接固定化微生物菌则效果好得多，采用这种方法，既省去了从微生物菌体中分离提取酶的操作，也发挥了它的长处，把酶的损失降低到最低限度。

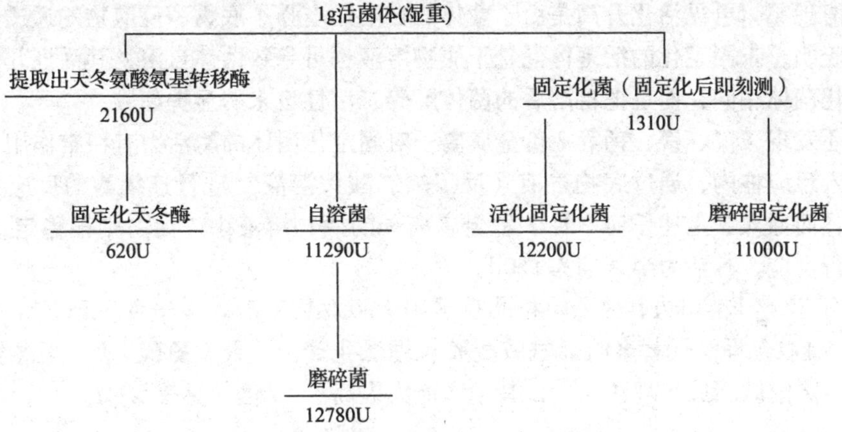

图 5－4　不同处理后单位质量菌体的天冬氨酸氨基转移酶活力比较

在装有固定化菌体的反应柱内，在天冬氨酸氨基转移酶的作用下，可发生如下反应：

$$\underset{\text{反丁烯二酸}}{HOOCCH{=}CHCOOH} + NH_3 \xrightarrow{\text{天冬氨酸氨基转移酶}} \underset{\text{L－天冬氨酸}}{HOOCCH_2\underset{\displaystyle NH_2}{\underset{|}{CH}}{-}COOH} \quad (5-2)$$

反应后的液体中没有菌体、蛋白质等杂质，所以，只要依照图 5－5，把反应后液体的 pH 调到 L－天冬氨酸的等电点附近（pH2.8～3.0），就可比较容易地制取高纯度成品，而且收率较高。

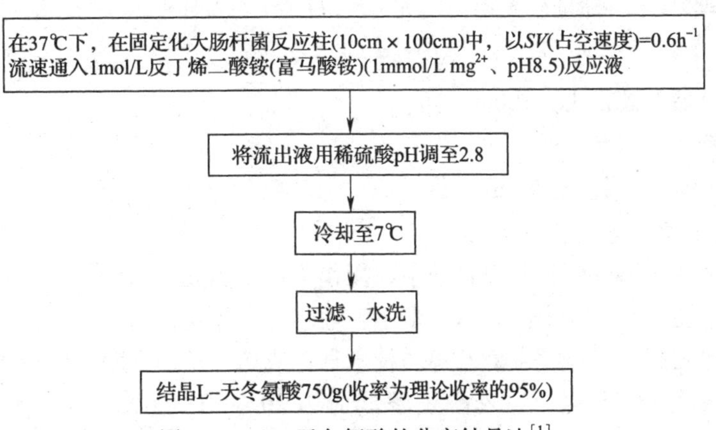

图 5－5　L－天冬氨酸的分离结晶法[1]

SV（占空速度）—单位时间通过单位反应器容积的物料体积（h^{-1}）

有趣的是，当用聚丙烯酰胺凝胶包埋法制备的固定化大肠杆菌混悬于底物溶液中，在37℃条件下放置 48h，则可使固定化菌体的天冬氨酸氨基转移酶活性提高 10 倍。活性提高的原因可能是：

① 由于菌体被混悬于底物溶液后，处于产酶的最佳环境，从而增加了酶的含量；

② 由于菌体的自溶，使底物或反应产物易于通过细胞膜，从而提高酶的活性。

利用蛋白质合成抑制剂氯霉素进行研究，结果表明，即使在蛋白质合成完全中止后，酶活性仍在增加，而且发现，由于活化作用，固定化菌体对氧的吸收和葡萄糖的消耗几乎完全停止，这说明活化增强了凝胶内菌体的自溶。利用电子显微镜观察到活化后菌体明显发生了自溶现象。可见活化升高是由于菌体的自溶而增强了底物和反应物的通透性。进一步的研究表明，未固定化的活菌体混悬于底物溶液也可导致菌体自溶，其活性几乎与活化后的固定化菌体相同，而且把自溶后的菌体磨碎，活性也未明显提高。

研究还发现，锰、镁、钙等 2 价金属离子对固定化菌体的酶活力有稳定作用。将固定化菌体装入反应柱内，通过底物溶液（反丁烯二酸铵溶液）进行连续酶的反应，活力会迅速下降，而通入含上述任何一种 2 价金属离子的底物溶液中，活力则很稳定，在 37℃下连续进行反应，其活力半衰期为 120d。

1973 年末，日本田边制药公司将此技术用于工业化生产。1978 年又改进角叉莱聚糖（卡拉胶）凝胶包埋法代替聚丙烯酰胺凝胶包埋法生产 L－天冬氨酸，L－天冬氨酸酶的活力与聚丙烯酰胺凝胶包埋法相比，其生产能力提高了 15 倍，见表 5－4。

表 5－4　不同固定化方法对固定化大肠杆菌生产 L－天冬氨酸能力的影响[4]

固定化方法	天冬氨酸氨基转移酶活力/（U/g 菌体）	在 37℃ 连续反应的半衰期/d	相对生产能力
聚丙烯酰胺凝胶包埋法	18880	120	100
角叉莱聚糖凝胶包埋法			
不经过硬化处理	56340	70	174
戊二醛处理	37460	240	397
戊二醛和六亚甲基二胺处理	48400	630	1498

注：相对生产能力可由下式求出

$$\int_0^t E_0 \exp(-K_d t)\,dt \qquad (5-3)$$

式中　E_0——开始时酶活力，U/mL

K_d——酶失活常数，d^{-1}

t——连续反应的天数，d

3. 固定化增殖细胞生产乙醇

乙醇发酵需要大型发酵罐，设备繁杂，操作困难，因此，除间歇发酵外尚采用连续发酵、酵母再循环使用等操作方法，但结果不够理想。自固定化酶、固定化细胞技术发展以来，应用固定化细胞进行连续发酵乙醇的技术日益成熟，乙醇发酵时间由传统的 36h（平均停留时间）缩短至 3h 以下，乙醇发酵能力为 20～50g/（L·h），而传统方法仅为 2g/（L·h）。若以细菌——运动发酵单胞菌代替酵母，则乙醇生产能力可达 120～150g/（L·h）。

在固定化酵母发酵制备乙醇的研究中，日本千畑一郎发现角叉莱聚糖为包埋材料比聚丙烯酰胺凝胶优越得多，同时又发现固定化增殖酵母比固定化静止细胞优越得多。固定化增殖细胞的制备方法是将每毫升角叉莱聚糖凝胶含 5×10^4 个酵母细胞的固定化酵母装入反应柱中，将培养基通入此柱中 2d，使凝胶中酵母数目增殖 1000 倍，即每毫升凝胶含 5.6×10^9 个酵母细胞。然后将含 10% 葡萄糖的培养基溶液通入柱中进行连续发酵，在 1h 内葡萄糖完全发酵生成乙醇，发酵液的乙醇含量 50g/L。转化率几乎到达理论上的 100%，其发酵能力强，固定化凝胶中的活细胞数目和乙醇生产能力可维持90d之久。如将同一数目的酵母细胞用角叉菜聚糖包埋，而不经过增殖阶段，则在同一条件下进行连续酒精发酵，结果乙醇生产能力相差甚多，见表5－5。

表5－5　固定化增殖酵母与固定化静止酵母的乙醇生产能力的比较[5]

	活酵母数目/（个/mL）	乙醇生成能力/［g/（L·h）］
固定化增殖酵母	5.4×10^9	50.0
固定化静止酵母	5.6×10^9	18.7

此外，按上述方法，将葡萄糖浓度由10%逐渐提高至15%、20%、25%，则发酵液中乙醇含量最高可达114g/L。

Arcuri等将运动发酵单胞菌ATCC 10988用玻璃纤维吸附，使用由葡萄糖5.0%～20.0%及酵母膏0.5%配成培养基，连续发酵28d，最大乙醇发酵生产能力152g/（L·h），停留时间为10～15min。特别是当细菌成凝块时，乙醇生产力最大[6]。

研究中发现，当使用细菌时，即使在高流速下发酵，从反应器流出的发酵液中的残糖也不会大幅度提高。而使用酵母时，则流速愈快，发酵液中残糖浓度愈高。由此可见，细菌发酵生产乙醇可能比传统的酵母要优越。

4．固定化细胞生产L－苹果酸

L－苹果酸是人体必需氨基酸之一，作为食品酸味剂，特别适用于果冻及以水果为基础的食品，有保持天然果汁色泽的作用，苹果酸具有抗疲劳和保护肝、肾、心脏的作用，可用于保健饮料。苹果酸能增进药物的稳定性，改善人体对药物的吸收。苹果酸配入复合氨基酸注射液中，直接进入生物体的主要代谢循环——三羧酸循环，可以减少氨基酸的代谢损失和弥补肝功能缺陷，可用于治疗尿毒症、高血压并可减轻抗癌药物对正常细胞的毒害作用，亦可用作皮肤的消毒剂、空气的清洁剂和除臭剂。

关于L－苹果酸的生产，有DL－苹果酸的拆分法、微生物发酵法、固定化微生物细胞连续化生产等方法[12]。从国内外的发展趋势以及成本核算来看，用固定化细胞连续化生产的方法对工厂较为有利，设备、人力、能源等方面都比较节省，而且还可减少环境污染，产品纯度也较高。

日本从1974年开始用固定化细胞生产L－苹果酸，取代20世纪60年代采用的发酵法。我国于1976年，由中国科学院微生物研究所杨廉婉等用固定化酵母细胞连续化生产L－苹果酸，20世纪90年代后，欧阳平凯等研究了固定化黄色短杆菌MA－3在1.8mol/L高浓度反丁烯二酸盐体系中转化生成L－苹果酸的新工艺。研究结果表明，体系pH为7.0～8.0、反应温度为37℃时，酶转化率提高至90%，L－苹果酸的收率达216g/L。对固定化黄色短杆菌的动力学研究结果为$v_{max}=76$mmol/（L·h·g固定化湿细胞），$K_m=4.76\times10^{-2}$mol/L。

通过对固定化黄色短杆菌MA－3活化前后及使用3个月以上的颗粒切片电镜扫描比较，发现黄色短杆菌MA－3经卡拉胶包埋后，其形状与游离状态相似，可以清楚地看到单个完整细胞。但经过活化处理后，固定化颗粒中的完整细胞数大大减少，只有少数依稀可见，卡拉胶凹凸不平切面上吸附着大量从黄色短杆菌MA－3中释放出来的延胡索酸酶，这使底物反丁烯二酸铵溶液不断转化生成苹果酸铵。从使用3个月以上的固定化颗粒切片扫描图上则已基本没有发现完整细胞，固定化载体吸附着延胡索酸酶形成表面积极大的多微孔结构，底物可以通过微孔与附着的酶发生转化反应，从而不断生成产物。

虽然采用上述优化的高浓度反丁烯二酸铵体系，可以提高转化率达90%，酶转化液中苹果酸含量达20%，较普遍采用的反丁烯二酸钠体系提高了1倍，但成本仍然无法与化学合成法生产的DL-苹果酸抗衡。随着反应分离耦合研究的不断发展，欧阳平凯等运用溶解度的差别，在游离延胡索酸酶的催化下，使生成的L-苹果酸钙盐不断地从溶液中析出，反应不断地向着生成产物的方向移动，转化率高达99.9%（图5-6），单位体积酶发酵液对反丁烯二酸钙的转化量达3200g/L，大幅度提高了目的产物在酶转化液中的浓度，显著降低了分离成本，转化时间为20~28h，纯化所得L-苹果酸纯度大于99.9%，反丁烯二酸残留量在0.1%左右，各项指标均符合美国药典标准，成本与化学合成法生产的DL-苹果酸相当。

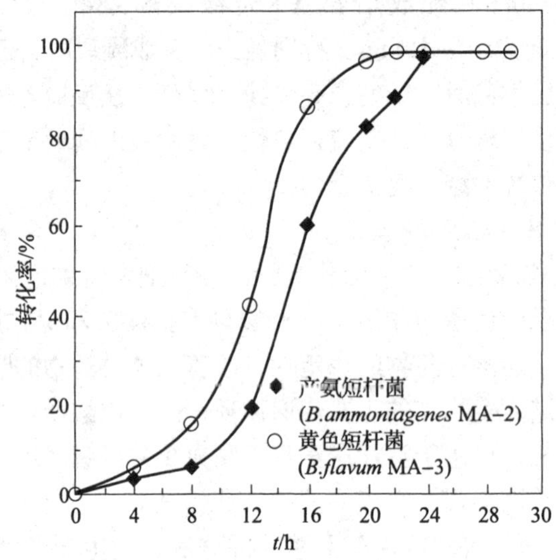

图5-6 反应分离耦合法生产L-苹果酸的转化率过程曲线[14]

5. 固定化酶法选择性拆分泛解酸内酯

泛酸（pantothenic acid）是一种重要的食品添加剂和饲料添加剂，也是一种重要的维生素药物。产品一般为其右旋体钙盐D-泛酸钙（calcium pantothenate）。D-泛酸钙在食品中用作营养增补剂，通常其钙盐与其他B族维生素一起用于补充营养。一般建议维持组织正常的摄入量应为7~8mg/d，孕妇、婴儿的食品中一般均添加泛酸。临床上泛酸一直用于治疗一些疾病，与其他B族维生素一起用于维生素B缺乏症、周围神经炎、手术后肠梗阻、链霉素中毒及类风湿等。泛酸钙也大量用于饲料工业，泛酸钙作为维生素饲料添加剂，在畜禽养殖中具有重要的作用，供应不足时会使畜禽出现各种代谢、神经、肠胃等方面生理机能的紊乱。

生产D-泛酸的主要技术是中间体泛解酸内酯的手性拆分技术[15]。D-泛酸钙的生产大多采用化学拆分法，用氯霉胺等手性拆分剂拆分，或者用物理方法如诱导结晶法拆分。国内一般采用诱导结晶法，工艺已经相当成熟，但是该方法只可以生产泛酸钙，无法用于其他泛酸衍生物如泛醇、D-泛酰巯基乙胺等的生产。1994年日本Sakamoto Keiji等人报道了用微生物酶法拆分泛酸钙合成中间体泛解酸内酯的方法，用微生物酶将 DL－泛解酸内酯拆分得到 D－泛解酸内酯，再与 β－丙氨酸钙缩合生产 D－泛酸钙[16]。该方法工艺简单、成本低、对环境友好。

浙江鑫富生化股份有限公司、江南大学孙志浩等通过承担“十五”国家重点科技攻关项目专题的研究，选育获得了一株能高产立体专一性 D－泛解酸内酯水解酶、不利用不降解泛解酸内酯或泛解酸的微生物菌株串珠镰孢霉（*Fusarium. moniliforme*），建立了国际首创的霉菌交联原位固定化方法，酶转化时间短（3～5h）、效率高，反复分批酶转化可达 180 次以上，所得到的酶水解产物光学纯度达到 99%（e. e.）以上。因此具有较好的技术经济竞争力。采用微生物酶催化拆分方法与采用传统化学拆分方法相比，以生产D－泛醇为例，原材料消耗减少 69.2%，废液、废渣排放分别减少 65.5%、43.8%，能耗减少 12.7%，生产成本降低了 26.5%，同时生物法改善了操作环境，提高了产品品质与产品安全性，提高了 D－泛酸生产的整体技术水平，达到了用高新生物技术改造传统化学工业的目的。该项目已完成产业化研究，取得了较好的经济效益、环境效益与社会效益。2002 年生产规模达到 D－泛酸钙 2000t/年和 D－泛醇 300t/年，节约建设投资约 1200 万元。2002 年实际生产 D－泛酸钙 1726t，实现产值 1.5 亿元，出口创汇 987 万美元，实现利税 3384 万元。2003 年实际生产 D－泛酸钙 2585.6t，D－泛醇 120t，产值 1.73 亿元，利税 5300 万元，出口创汇 1600 万美元。浙江鑫富公司的泛酸钙生产已进入世界前三位，对世界泛酸钙市场有重要影响。通过该项目技术的实施，已扩产到 5000t/年 D－泛酸钙的生产能力。

6. 酶法生产丙烯酰胺

丙烯酰胺（acrylamide，简称 AM）是一种重要的有机化工原料，用途广、需求量大。其主要用途包括：① 合成聚丙烯酰胺即 PAM，它是一种线性聚合物，为水溶性高分子中用途最广的品种之一，在石油开采、水处理、纺织印染、造纸、选矿、洗煤、医药、制糖、建材、农业、化工等行业中均有应用，有“百业助剂”、“万能产品”之称；② 合成 AM 衍生物及其聚合物，AM 可用于合成多种 AM 衍生物，这些衍生物的聚合物或共聚物具有许多优良性能，用途广泛，典型代表有 *N*－羟甲基丙烯酰胺、亚甲基双丙烯酰胺、双丙酮丙烯酰胺、*N*－丁氧基甲基丙烯酰胺以及 *N*，*N*－二甲基丙烯酰胺等；③ 合成与其他单体形成的共聚物，如聚丙烯酰胺凝胶，它是由 AM 与 *N*，*N*－亚甲基双丙烯酰胺形成的聚合物，应用于生化领域和整形外科领域。

AM 的工业生产历经硫酸催化、铜系催化剂催化、生物酶催化三代技术。由于生物法具有反应条件温和、选择性高、产品纯度高及生产经济性高等特点而成为当今工业化生产 AM 的主流技术。

利用微生物产生的腈水合酶催化丙烯腈水合合成 AM 始于 1973 年，法国学者 Galzy 等报道发现了一种能催化腈水解的微生物短杆菌（*Brevibacterium*）R312，可用于催化合成 AM。1985 年日东化学公司采用自己选育的红球菌（*Rhodococcus* sp.）*N*－774 菌种在横滨建立了年产 0.4 万吨的试生产装置，1991 年使用京都大学山田秀明教授选育的酶活性更高的 *Rhodococcus rhodococcus* J－1 菌种，使其生产规模上升到 3 万吨/年。在 20 世纪 90 年代中期前后俄罗斯和中国也成功独立开发了微生物法工业化生产 AM 技术。与铜催化法相比，微生物法省去了丙烯腈回收工段和铜分离工段。反应在常温、常压下进行，降低了能耗，提高了生产安全性，丙烯腈的转化率可达 99.9%，产品纯度高，十分有利于制造高相对分子质量的水溶性聚合物，污染小、过程简单、生产经济性高，新建一个生物法工业装置的设备费用估计约为前者的1/3。

国内对该技术的研究开发长达20多年，参与单位和人员较多，先后发表相关论文80多篇，申请专利10多项，报道的新腈水合酶生产菌株超过10株。上海农药研究所（原化工部上海生物化学工程研究中心）沈寅初等1986年筛选到一株腈水合酶高产菌，外观为橘红色，依据《伯杰氏细菌学手册》第八版初步鉴定为诺卡菌，暂定名为诺卡菌（*Nocardia* sp.）86－163。该菌株与国内外报道最多的红球菌（*Rhodococcus* sp.）系列菌株如 *Rhodococcus rhodococcus* J－1，以及其他几种诺卡菌如红色诺卡菌（*Nocardia rhodochrous*）LL100－21、珊瑚诺卡菌（*Nocardia corallina*）No. 1、珊瑚诺卡菌 B－276 等同为诺卡菌类，有许多相似之处。该所采用微生物法生产 AM 的研究课题“七五”期间被国家科委列为小试攻关项目，1991年被国家科委列为“八五”中试攻关项目，1995年又被国家科委列为“九五”国家重点科技攻关项目，并先后顺利通过验收。

经过多年的诱变选育及培养条件优化研究，菌株的酶活性、沉降性能及催化性能均得到显著提高，“八五”攻关后酶活性达2891. 4U/mL，“九五”攻关后酶活性达5627. 5U/mL，并与企业合作，不断优化并吸收应用新技术如膜技术等，生产工艺得到逐渐改良，由“八五”攻关期间开发的以离心分离细胞、固定化细胞催化反应、离心分离产物为特征的第一代工业化技术，发展到“九五”攻关期间的第二代工业化技术，采用离心分离细胞、游离细胞催化反应、超滤膜进行产物的分离。而近几年则是第三代工业化技术，采用微滤膜进行细胞分离、游离细胞催化反应、超滤膜进行产物分离的连续化生产工艺，生产技术水平逐渐提高，见表5－6，并完善了其他配套技术如产品精制和分析方法等。

表5－6　　上海农药研究所生物法生产 AM 技术的进展[17]

项　目	生产规模		
	0. 44kt/年	1. 5kt/年	≥5kt/年
生产类型	中试生产	工业试生产	大规模生产
生产工艺	固定化细胞	固定化细胞	游离细胞
	0. 7m³ 罐	2. 5m³ 罐	10m³ 罐
平均酶活性/（U/mL）	2553. 5	2344. 8	>2400
丙烯腈转化率/%	>99	>99	>99. 9
丙烯酸含量/%	<0. 5	<0. 5	<0. 3
总收率/%	94. 8	94	97
丙烯腈单耗/（t/t）	0. 79	0. 78～0. 82	0. 76
水溶液含量/%	25. 2	>25	>25
粉剂含量/%	>98	98. 5	>98. 5

在固定化酶和固定化细胞的应用中，研究最多的是把固定化酶和固定化细胞作为固体催化剂在合成化学反应上的应用。但是，以工业上的实际应用现状论，实际应用的数量还是远比发表的研究结果要少得多，其原因主要是：

① 在多数情况下，载体或固定化试剂价格昂贵；

② 固定化酶、细胞的活性收率低，即在多数情况下，固定化效果不佳；

③ 固定化酶、细胞经长期使用稳定性下降；

④ 连续反应时，同一装置不能满足多种用途；

⑤ 许多酶、细胞经固定化后难以与高分子底物发生作用。

这些不利因素曾在一定程度上妨碍了固定化酶、细胞的工业化应用，但是随着研究的深入开展，更因为固定化新方法、新材料的不断问世，固定化酶、细胞反应器不断的开发和更新，固定化酶和固定化细胞技术在国内已经成为生物转化法生产 L－苹果酸的首选技术[13,14]，也是进行光学拆分化学合成的混旋蛋氨酸、工业化生产 L－蛋氨酸的首选技术[18]。

第四节　固定化酶、固定化细胞反应动力学

利用固定化酶、细胞进行基础理论研究和工业化应用研究以及选择反应器和操作条件等，必须首先解明固定化酶、细胞反应动力学。固定化酶反应动力学的解析基础是酶反应动力学。对于固定化细胞，当利用胞内单一酶反应时，其反应动力学与固定化酶没有区别；当利用胞内多酶系时，反应体系的实质虽然没有变化，但是却复杂得多。然而，若假设整个反应受限制于某一个反应步骤时，问题则是同样的。可见研究的理论基础和焦点是酶反应动力学及固定化对酶反应动力学的影响。

一、酶反应动力学

对单一底物被酶催化转化成单一产物的反应，Michaelis 和 Menten 认为，底物 S 可逆地与酶 E 生成一复合物 ES，然后 ES 分解释放出产物 P 和没发生反应的酶 E，反应被释放 P 这一步所控制，并且不存在催化 P 成 S（无 P 至 S 的设定是一大缺陷，后来 Briggs－Haldane 以稳定理论克服了这一缺陷，且导出的方程形式一致）。

在动力学模型的推导中，Michaelis－Menten 的假设是：

对于

$$S + E \underset{k_2}{\overset{k_1}{\rightleftharpoons}} ES \xrightarrow{k_3} E + P \tag{5-4}$$

① 酶与底物之间速度达到平衡，并保持始终；

② 反应限制步骤是 ES 分解成 P 和 E 这一步；

③ 底物浓度［S］比形成 ES 所用的底物要大得多；

④ 酶不会被用掉，只能以游离酶 E 式复合物 ES 存在。

因此，由方程（5－4）可得酶催化反应速度 v：

$$v = k_3 \cdot [ES] \tag{5-5}$$

得快速平衡方程：

$$k_1 \cdot [E] \cdot [S] = k_2 \cdot [ES]$$

$$[ES] = \frac{k_1}{k_2} \cdot [E] \cdot [S] \tag{5-6}$$

因酶的总浓度 e 为：

$$e = [E] + [ES] \tag{5-7}$$

将方程（5－7）代入式（5－6）整理后，再代入式（5－5）得：

$$v = \frac{k_3 \cdot e \cdot [S]}{[S] + \frac{k_2}{k_1}} \tag{5-8}$$

可见，反应速度 v 是酶浓度 e 和底物浓度［S］的函数。因 k_2、k_1 为常数，其比亦为常数。

以米氏常数 K_m 代之，k_3e 就是反应的最大速度 v_m［由方程（5－7）及方程(5－5)可以看出］。得米氏方程为：

$$v = \frac{V_m \cdot [S]}{K_m + [S]} \tag{5-9}$$

其动力学曲线如图 5－7 所示。

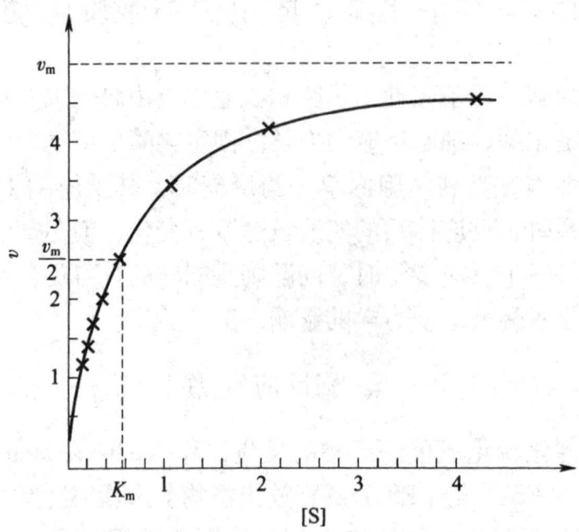

图 5－7　酶催化反应的米氏动力学曲线

由米氏方程，当［S］≫K_m，［ES］≫E 时，v 接近于$\frac{v_m \cdot [S]}{[S]}$，即：

$$v = v_m \tag{5-10}$$

为零级动力学反应。

当［S］≪K_m 时，酶几乎全部以［E］的形式存在，v 与［S］成正比，即：

$$v = \frac{v_m}{K_m \cdot [S]} \tag{5-11}$$

为一级动力学反应；

而当［S］$=K_m$ 时，将其代入方程（5－9）可得：

$$v = \frac{v_m}{2} \tag{5-12}$$

即知，K_m 是使反应速度等于最大速率一半时的底物浓度，如图 5－7 所示。

将米氏方程（5－9）取倒数，用图解法可以求出方程中的两个重要参数——v_m 和 K_m。方程为：

$$\frac{1}{v} = \frac{1}{v_m} + \frac{K_m}{v_m} \times \frac{1}{[S]} \tag{5-13}$$

此法即谓 Lineweaver－Burk 作图法，图解如图 5－8（a）所示。

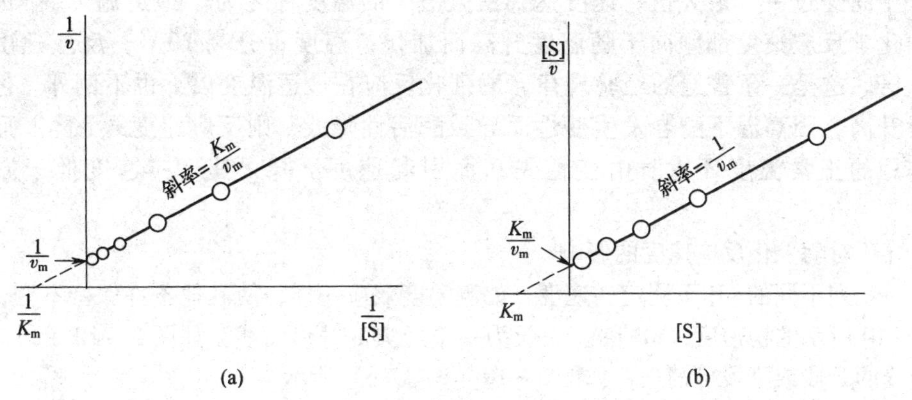

图 5－8　图解法求 v_m、K_m

（a）Lineweaver－Burk 法　（b）$\frac{[S]}{v}$－［S］法

为回避［S］值较大、较小时所带来的误差，在 Lineweaver－Burk 法的基础上进行修正，以［S］乘方程（5－13）可得：

$$\frac{[S]}{v} = \frac{[S]}{v_m} + \frac{K_m}{v_m} \tag{5-14}$$

以方程（5－14）进行图解，如图 5－8（b）所示，在实际的范围内其误差较小。

在实际测定 v_m、K_m 的操作中，除需使 $e \ll [S]$ 的要求外，为测其初速度，最好采用连续跟踪反应测定的方法。

酶浓度（活力）中的国际单位 U 是指在一定温度、pH 条件下，1min 催化 1μmol 底物所需的酶量。当测定酶活力时应使得 $[S] \gg 5K_m$，使反应处于米氏曲线的平坦区，以免因底物浓度变化而带来误差。

与化学变化一样，酶催化反应受温度、pH、抑制剂等环境条件的影响。

1．温度对酶催化反应的影响

以酶相对最大活力对温度作图，如图 5－9 所示，随着温度的升高，v 一般先上升后

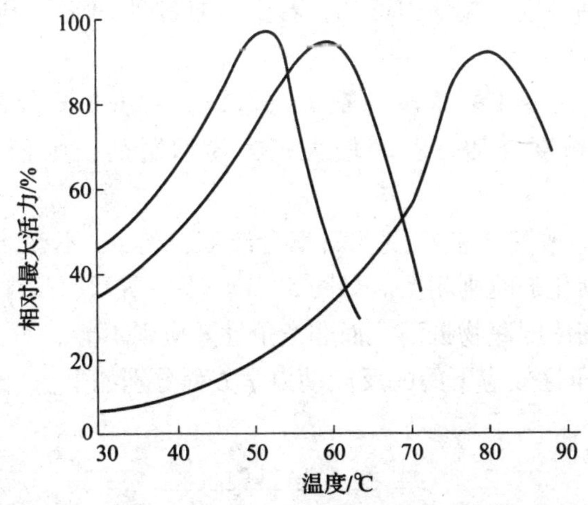

图 5－9　温度对酶催化反应的影响

下降，中间经过一个最大值，速度达到最大值时的温度称之为“最适温度”。因几乎所有的化学反应速度都倾向于随温度升高而加快，温度每升高 10℃，反应速度大致增加 1 倍。这是一条普遍的经验规律，酶催化反应在最适温度以下也不例外，但当温度继续升高，因高温下酶会发生变性而导致酶活性降低，则反应速度 v 下降。而且超过酶作用的正常温度环境时由变性失活而引起速度下降，其反应速度低于原来的一半。

2. pH 对酶催化反应速度的影响

在一系列不同的 pH 下测定初速度，如测温度效应一样，使其他条件保持不变，可得如图 5－10 所示的初速度－pH 图。一般为一条经典的钟形曲线，如图 5－10（a）所示，有时曲线的升段或降段可消失，如图 5－10（b）、（c）所示。

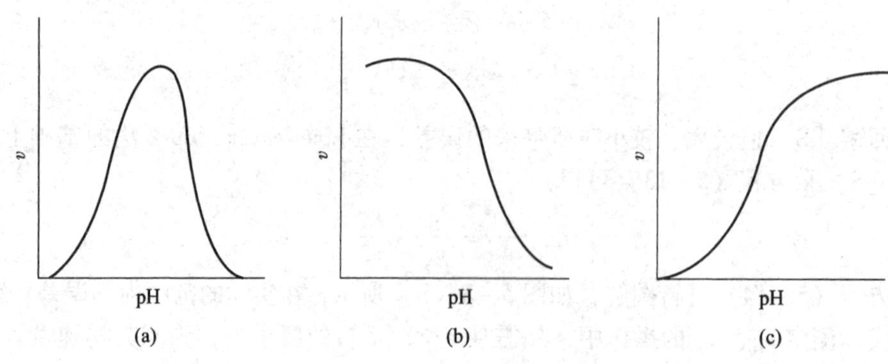

图 5－10　pH 对酶活力的影响

这些曲线与滴定曲线非常相似，很容易使人联想到 pH 增大时，酶表面的可解离基团随之失去质子，导致活性部位发生改变，从而影响了酶的催化性质。这种假定可能是正确的，但也存在另外一些可能的解释。因此，在定义、解释所谓“最佳 pH”，即速度 v 最大时的 pH 时，必须十分小心。

3. 抑制剂与活性剂的影响

抑制剂与活性剂从改变酶的活力的原理上没有质的区别，故可设配基 I 与酶结合时会改变酶活力，若 I 为活性剂，酶活力增加，若 I 为抑制剂，则活力降低。配基对酶活力的影响最常见的有两种：

① 竞争性效应，改变 I 的浓度，在 Lineweaver－Burk 图上的斜率被改变，但 v_m 不变。I 为活化剂，浓度增加，斜率增大；I 为抑制剂，则相反。如图 5－11（a）所示。

② 非竞争性效应，改变 I 的浓度，斜率会改变，但 K_m 不变。I 为抑制剂，浓度增加，斜率增大；I 为活化剂时则相反。如图 5－11（b）所示。

竞争性效应可被高浓度底物抵消，而非竞争性效应则不能。

③ 竞争性和非竞争性效应下的酶反应动力学方程分别如下。

竞争性：

$$v = \frac{v_m \cdot [S]}{[S] + K_m\left(1 + \frac{[I]}{K_i}\right)} \tag{5-15}$$

式中　K_i——基质 I 的半饱和常数，g/L

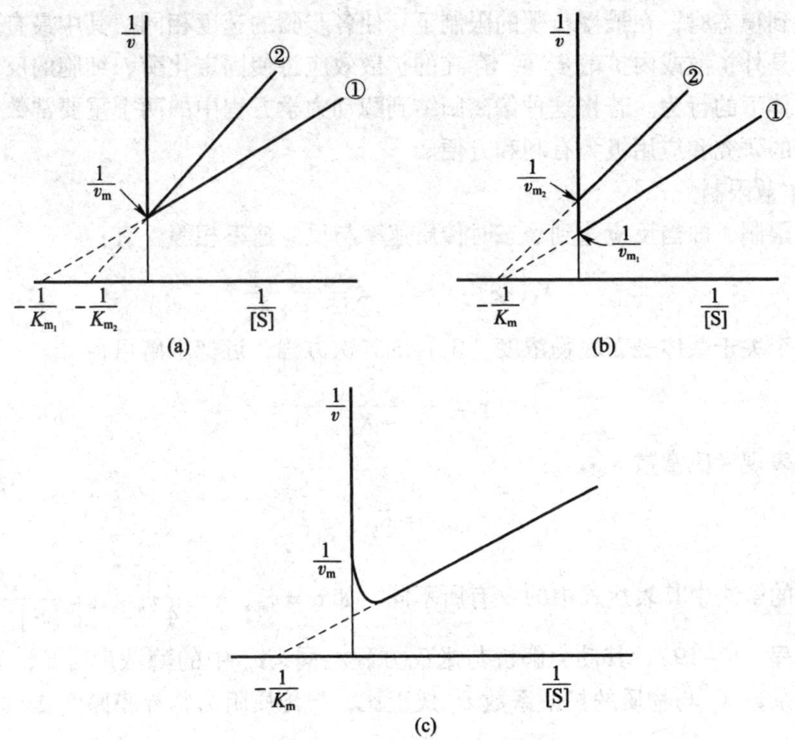

图 5－11　抑制剂对酶活力的影响

（a）竞争性　（b）非竞争性　（c）高浓度底物

①、② 分别为不存在和存在抑制物下

非竞争性：

$$v = \frac{v_m \cdot [S]}{([S] + K_m)\left(1 + \frac{[I]}{K_i'}\right)} \tag{5-16}$$

4. 高浓度底物对酶反应的抑制

当底物浓度很高时，有的酶表现出反应速度 v 下降，其降低的动力学方式服从方程（5－17）：

$$v = \frac{v_m \cdot [S]}{[S] + K_m + \frac{[S]^2}{K_S}} \tag{5-17}$$

式中　K_S——底物抑制半饱和常数，g/L

高浓度底物抑制下的 Lineweaver－Burk 图如图 5－11（c）所示。

5. 产物抑制

产物对酶反应速度抑制的动力学机制与上述各种抑制截然不同，但从方式上可近似地视为竞争性抑制或非竞争性抑制，由此可用方程（5－15）、方程（5－16）来描述产物抑制效应，但方程中的 I 为产物浓度［P］，且［P］为变量。

二、固定化酶、固定化细胞反应动力学

固定化酶、细胞催化系统是一种非均相的反应系统，反应过程包括：底物从反应液主体移向载体表面（底物外部扩散），从载体表面移向酶、细胞作用位点（底物内部扩散），

底物被催化生成产物，产物从反应位点移向载体表面，再移至反应主体液等五个基本步骤。反应达到稳态时，在最慢步骤的限制下，使各步骤的速度相同。其中最有可能成为限制性的步骤是外扩散或内扩散步骤。存在的扩散效应将使固定化酶、细胞的反应动力学行为偏离其液体下的行为。若将这种偏离归结到酶动力学方程中的两个重要常数 v_m、K_m 中，则对进一步的研究和应用极为有利和方便。

1. 外扩散限制

外扩散限制，即当反应达到稳态时传质速率与反应速率相等，有：

$$K_L([S]-[S_0]) = \frac{v_m \cdot [S_a]}{[S_a]+K_m} \tag{5-18}$$

这是一个关于载体表面底物浓度 $[S_a]$ 的二次方程，近似求解可得：

$$v = \frac{v_m \cdot [S]}{[S]+K_{m(app)}} \tag{5-19}$$

其中，表观米氏常数 $K_{m(app)}$：

$$K_{m(app)} = K_m + \frac{\alpha}{K_L} \tag{5-20}$$

在不同的解法中其表达式中的 α 有所不同，如 $\alpha = v_m$，$\alpha = \frac{3}{4}v_m$，$\alpha = \frac{v_n K_m}{[S]+K_m}$ 等。

对于方程（5-19），其动力解析与米氏方程相同，v_m 中的酶浓度 [E] 为固定化酶浓度。传质系数 K_L 与物质的扩散系数 D_e 成正比，与传质阻力临界膜厚度 Δy 成反比：

$$K_L = \frac{D_e}{\Delta y} \tag{5-21}$$

D_e 取决于传质物质的性质，与流体的物理性质和流体状态有关。由方程（5-20）可知，当 K_L 很小时 $K_{m(app)}$ 比 K_m 大，即在相同的 [S] 下，反应速度减小；当 $K_L \to \infty$ 时，$K_{m(app)} = K_m$，此时不存在外扩散限制。所以，在操作上，通过改变流体的流动状态能够改变或消除外扩散的影响。如在不同的占空速度 SV 下测定固定化氨基酰化酶柱水解乙酰-DL-蛋氨酸反应的 $K_{m(app)}$，见表 5-7。

表 5-7　流速对表观动力学常数的影响[7]

占空速度 SV/h^{-1}	14	23	28	34	41
表观米氏常数 $K_{m(app)}$/（mmol/L）	36.9	25.6	22.1	19.6	17.3

可见，高流速流动增加了流体的湍流状态，使临界膜厚度 Δy 减小，强化了 K_L，结果是流速愈高，$K_{m(app)}$ 愈小。

2. 内扩散限制

在固定化酶、细胞的内部不存在流体流动，其传质完全取决于扩散作用。在反应达到稳态时，如对球状固定化物，辅以合适的假设条件可得：

$$\frac{d^2[S_r]}{dr^2} + \frac{2}{r} \cdot \frac{d[S_r]}{dr} = \frac{v_m \cdot [S_r]}{D_e([S_r]+K_m)} \tag{5-22}$$

式中　$[S_r]$ ——任一半径的底物浓度，mol/L

对该方程适当变换处理后，以数值积分法求出底物浓度的固定化颗粒内的分布和反应速率。为简便起见，定义固定化酶、固定化细胞的有效系数 η 为：

$$\eta = \frac{\text{有微孔内扩散效应下的反应速度}}{\text{无微孔内扩散效应下的反应速度}} \tag{5-23}$$

得固定化酶、固定化细胞的反应速率 v 为：

$$v = \eta \frac{v_m \cdot [S_a]}{[S_a] + K_m} \tag{5-24}$$

有效系数 η 是一个与内扩散系数（Thiele 模数）φ 有关的因子：

$$\varphi = R\sqrt{\frac{v_m}{(K_m \cdot D_e)}} \tag{5-25}$$

式中　R——固定化颗粒半径。

在等$\frac{[S_a]}{K_m}$下，η 与 φ 之间的关系如图 5-12 所示。在实际应用中，可通过以下步骤测得 η 值：

① 用不同粒径的固定化酶、细胞，分别测其 v，当粒径再小而 v 不变时，$\eta=1$，用大粒子的实测反应速度 v 与之相比，即得大粒子的 η 值。

② 用两种粒径（R_1，R_2）的粒子，分别测其反应速度（v_1，v_2）后，根据$\frac{R_1}{R_2}=\frac{\varphi_1}{\varphi_2}$，$\frac{v_1}{v_2}=\frac{\eta_1}{\eta_2}$关系，在图 5-12 中对 φ、η 做双向搜索拟合，即可得 η_1，η_2。

综合方程（5-23）、方程（5-24）、方程（5-25）以及图 5-12 可知 η 与固定化颗

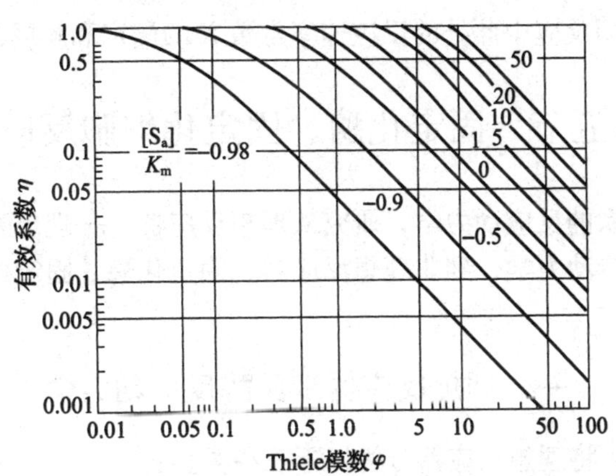

图 5-12　固定化酶、固定化细胞的 η 与 φ 在等$\frac{[S_a]}{K_m}$下的关系（板状）[8]

用球状解析时，将 φ 值乘 3

粒 R 成反比，与 v_m 即酶、细胞速度的$\frac{1}{2}$次方成正比。即酶、细胞的反应速度愈高，固定化后，在内扩散效应的影响下，其反应效率的发挥程度就愈低。

类似于方程（5-19）的处理，可将方程（5-24）写成：

$$v = \frac{v_m \cdot [S]}{[S] + K'_{m(app)}} \tag{5-26}$$

这样就将 η 并入 $K'_{m(app)}$ 之中，在应用时便更加简单。

3．扩散效应的判定

判断出固定化酶、细胞在反应过程中究竟存在哪种扩散效应，与对反应动力学的解析及应用都至关重要。其判断的方法很多，其中比较简单易行的是 Arrhenius 图解法。根据反应速度与温度 T 之间的关系，如果反应受纯动力学控制，则在较低的温度下，若存在内扩散限制，则活化能的响应值不变，如图 5－13 所示曲线下部；在中等温度下，若存在内扩散限制，在活化能的响应值减半，如图 5－13 所示曲线中段；若存在外扩散限制，即使在较高温度下，活化能响应值亦为零，如图 5－13 所示曲线上部。

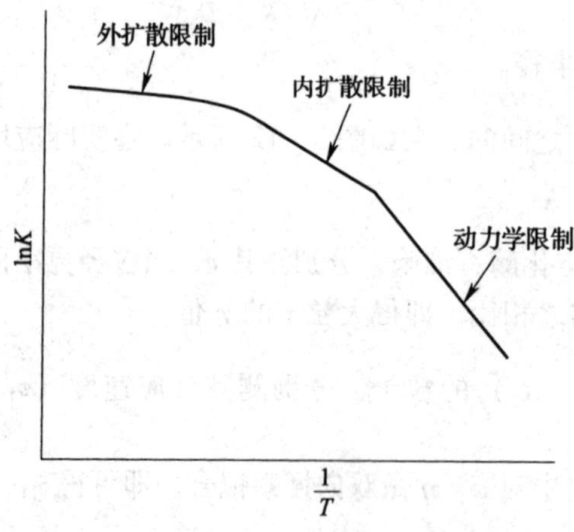

图 5－13　Arrhenius 图解法判断扩散效应

判定时应注意在酶反应中此处的反应速率常数 K 的测定和解释条件。

第五节　固定化酶、固定化细胞反应器

为了解明真实体系的反应动力学，研究从理想反应器——理想酶反应动力学，理想反应器—抑制剂下酶反应动力学，到非理想反应器、固定化酶、固定化细胞反应动力学逐层次地展开讨论。

一、理想反应器米氏酶反应动力学

从动力学形式上可将理想反应器分为以下三种类型：

① 间歇式全混流反应器（BSTR）；

② 连续式全混流反应器（CSTR）；

③ 平推流反应器（PFR）。

因 BSTR 除存在反应批次间的间歇时间浪费外，其动力学方程形式与 PFR 的相同，故在此仅就 CSTR 和 PFR 进行讨论比较。

对单一底物无抑制下的不可逆酶催化反应，可写成米氏方程为：

$$-\frac{\mathrm{d}[\mathrm{S}]}{\mathrm{d}t}=\frac{K\cdot[\mathrm{E}]\cdot[\mathrm{S}]}{v(K_{\mathrm{m}}+[\mathrm{S}])} \tag{5-27}$$

对于 CSTR，因稳定时对于底物 S 有：

$$v\frac{\mathrm{d}[\mathrm{S}]}{\mathrm{d}t}=F([\mathrm{S}_0]-[\mathrm{S}]) \tag{5-28}$$

式中　F——物料体积流率，m^3/h

代入方程（5－27），并令基质转化系数 X 为：

$$X = \frac{[S_0] - [S]}{[S_0]} \tag{5-29}$$

可得 CSTR 的动力学方程为：

$$X[S_0] + K_m \frac{X}{1-X} = \frac{K \cdot [E]}{F} \text{ 或 } = \frac{K \cdot [E] \cdot \tau}{v} \tag{5-30}$$

对于 PFR，物料在反应中的停留时间 τ 为：

$$\tau = \frac{v}{F} = \frac{LA}{F} \tag{5-31}$$

式中　A——反应器截面积，m^2

在边界条件：$\iota=0$，$s=[S_0]$；$\iota=L$，$s=[S]$ 下积分方程（5－27）得 PFR 动力学方程：

$$X[S_0] - K_m \ln(1-X) = \frac{K \cdot [E]}{F} \text{ 或 } = \frac{K \cdot [E] \cdot \tau}{v} \tag{5-32}$$

对于给定的反应器，在工程上要求：在最短的操作时间内，用最少量的固定化酶、细胞达到最大的产物生产量（最高的底物转化率），以使生产成本最低。这些条件一般称之为反应器效率，可以通过比较反应器的生产时间、反应器的需酶量、产物浓度来比较 CSTR 和 PFR 的效率。

1．反应器的生产时间

对于 CSTR 和 PFR 可将方程（5－30）、方程（5－32）改写成：

$$\frac{[S_0]}{K_m} \cdot X + \frac{X}{1-X} = \frac{K \cdot [E]}{K_m} \cdot \frac{1}{F} \tag{5-33}$$

$$\frac{[S_0]}{K_m} \cdot X - \ln(1-X) = \frac{K \cdot [E]}{K_m} \cdot \frac{1}{F} \tag{5-34}$$

在一定的$\frac{[S_0]}{K_m}$下，以底物转化率 X 对流量 F 作图，如图 5－14 所示。

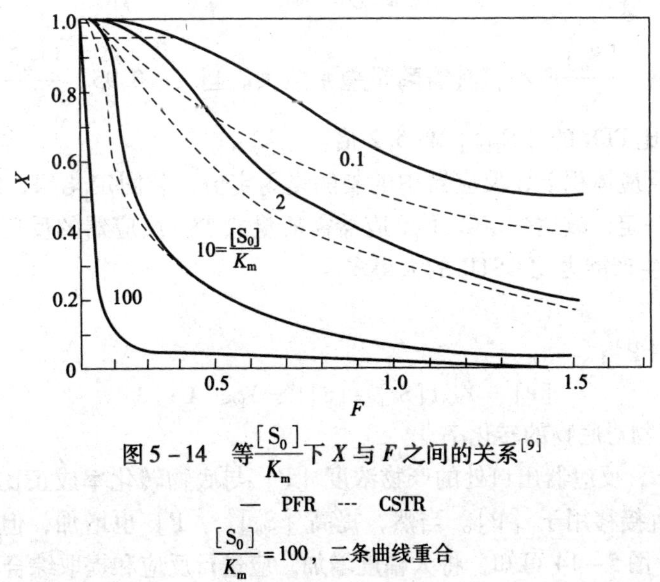

图 5－14　等$\frac{[S_0]}{K_m}$下 X 与 F 之间的关系[9]

— PFR　--- CSTR

$\frac{[S_0]}{K_m}=100$，二条曲线重合

在实际过程中，X 应在 0.8～0.99 的范围内，此时 PFR 与 CSTR 在一定$\frac{[S_0]}{K_m}$下达到同样 X 的 F 差别很大，$\frac{[S_0]}{K_m}$愈低，差别愈显著。如图 5－14 所示。当$\frac{[S_0]}{K_m}=0.1$ 时，欲使 X 从 0.95 增加 0.98，CSTR 的反应时间需增加 61%，而 PFP 则仅需增加 23%。

2. 反应器的需酶量

对于 CSTR 和 PFR，以方程（5－33）比方程（5－34）有：

$$\frac{[E_{CSTR}]}{[E_{PFR}]}=\frac{\frac{[S_0]}{K_m}\cdot X+\frac{X}{1-X}}{\frac{[S_0]}{K_m}\cdot X-\ln(1-X)} \tag{5-35}$$

在等$\frac{[S_0]}{K_m}$值下，以反应器需酶量$\frac{[E_{CSTR}]}{[E_{PFR}]}$对 X 作图，如图 5－15 所示。

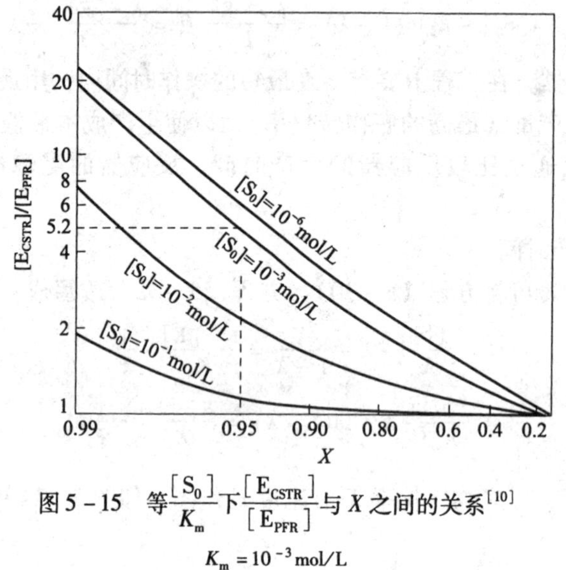

图 5－15　等$\frac{[S_0]}{K_m}$下$\frac{[E_{CSTR}]}{[E_{PFR}]}$与 X 之间的关系[10]

$K_m=10^{-3}$ mol/L

可见，X 愈高，$\frac{[S_0]}{K_m}$愈小，其需酶量差别愈大。当 $X=0.95$，$\frac{[S_0]}{K_m}=1$ 时，CSTR 所需酶量［E_{CSTR}］比 PFR 的［E_{PFR}］高 5.2 倍。

因在给定的反应体积下，反应器中的装酶量为定值，装固定化酶、细胞量为 εV，孔隙率 ε 的最大值一定，故达一定 X 下反应器需酶量愈少，反应器的反应容量能力也就愈大。可见 PFR 的生产能力比 CSTR 的大得多。

3. 产物浓度

因产物浓度［P］：

$$[P]=Y_{P/S}([S_0]-[S])=Y_{P/S}\cdot X\cdot[S_0] \tag{5-36}$$

式中　$Y_{P/S}$——产物对底物的转化率

在一定 $Y_{P/S}$下，反应器出口处的产物浓度［P］与底物转化率成正比，故上述有关对 X 的论证结果可直接移用于［P］。当然，提高［S_0］，［P］也增加，但生产时间、用酶量，由图 5－13、图 5－14 可知，将大幅度增加，应进行反应和提取综合考虑。

二、理想反应器抑制剂下的酶反应动力学

在真实反应中，反应动力学行为将有可能偏离理想下的动力学。如存在下列情况：

① 高浓度底物抑制；

② 产物抑制；

③ 配基 I 的抑制等。

此时反应器中的动力学行为将与上述有所不同。

1. 底物抑制

酶受高浓度底物抑制的动力学方程有：

$$-\frac{d[S]}{dt}=\frac{v_m\cdot[S]}{[S]+K_m+\frac{[S]^2}{K_s}} \tag{5-37}$$

对于 CSTR 可解得：

$$X\cdot[S_0]-K_m\cdot\frac{X}{1-X}+\frac{[S_0^2]}{K_s}(X-X^2)=\frac{K\cdot[E]}{F} \tag{5-38}$$

对于 PFR 可解得：

$$X\cdot[S_0]-K_m\ln(1-X)+\frac{[S_0]^2}{2K_s}(2X-X^2)=\frac{K\cdot[E]}{F} \tag{5-39}$$

在一定$\frac{K_s}{K_m}$下，比较 CSTR 和 PFR 在底物抑制下的底物转化率 X 与流速 F 之间的关系，如图 5-16 所示。

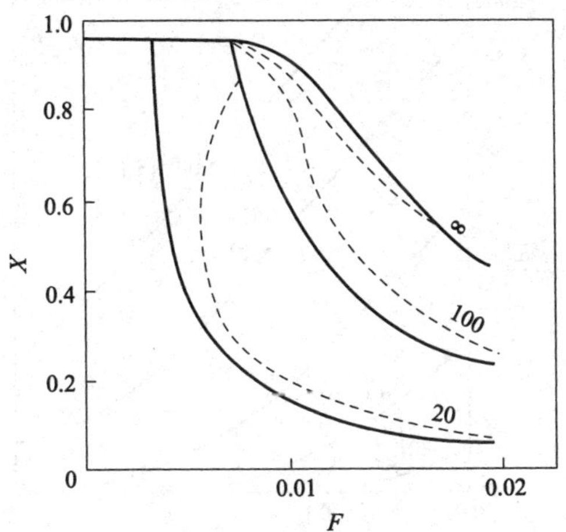

图 5-16 等$\frac{K_s}{K_m}$下 X 与 F 之间的关系[9]

— PFR --- CSTR

$\frac{[S_0]}{K_m}=100$

可见，当发生底物抑制时，要获得同样的底物转化率 X，PFR 的流速 F 比 CSTR 的要小，即在 PFR 中的反应时间大为延长。从两种反应器的流体混合形式上可知，因 CSTR 中的底物浓度就是流出发酵液中的底物浓度，而 PFR 除反应器出口处外，其余的反应部位中底物浓度均要高得多，故 PFR 受底物抑制剂的影响要比 CSTR 的大一些。

对于 PFR，在操作中可采用多点进料的方法来缓解底物抑制的影响。

2. 产物抑制

鉴于产物抑制在形式上可分为竞争性抑制和非竞争性抑制，故可根据配基 I 对酶反应动力学的抑制方程（5－15）、方程（5－16），讨论产物、配基 I 的抑制情况。

竞争性抑制下，对 CSTR、PFR 分别可得：

CSTR：
$$X\cdot[S_0]+K_m\cdot\frac{X}{1-X}+\frac{K_m}{K_i}\cdot\frac{X^2\cdot[S_0]}{1-X}=\frac{K\cdot[E]}{F} \tag{5-40}$$

PFR：
$$X\cdot[S_0]\cdot\left(1-\frac{K_m}{K_i}\right)-\left(1+\frac{[S_0]}{K_i}\right)\cdot K_m\cdot\ln(1-X)=\frac{K\cdot[E]}{F} \tag{5-41}$$

非竞争性抑制下，对 CSTR、PFR 分别可得：

CSTR：
$$X\cdot[S_0]+K_m\cdot\frac{X}{1-X}+\frac{X^2\cdot[S_0]^2}{K'_i}\left[1+\frac{K_m}{[S_0](1-X)}\right]=\frac{K\cdot[E]}{F} \tag{5-42}$$

PFR：
$$X\cdot[S_0]\left(1+\frac{[S_0]}{K'_i}-\frac{K_m}{K'_i}\right)-[S_0]^2\cdot\frac{2X-X^2}{2K_i'}-\left(1+\frac{[S_0]}{K'_i}\right)K_m\cdot\ln(1-X)=\frac{K\cdot[E]}{F} \tag{5-43}$$

非竞争性抑制比竞争性抑制对反应具有更大的影响。在配基 I 或产物 P 的非竞争性抑制下，使反应达一定底物转化率 X 所需的反应时间大为延长，反应器需酶量显著增加。对于 PFR，在给定的流速 F 下，非竞争性抑制因子$\frac{K'_i}{K_m}$与需酶量比$\frac{[E_i]}{[E]}$之间的关系如图 5－17 所示。

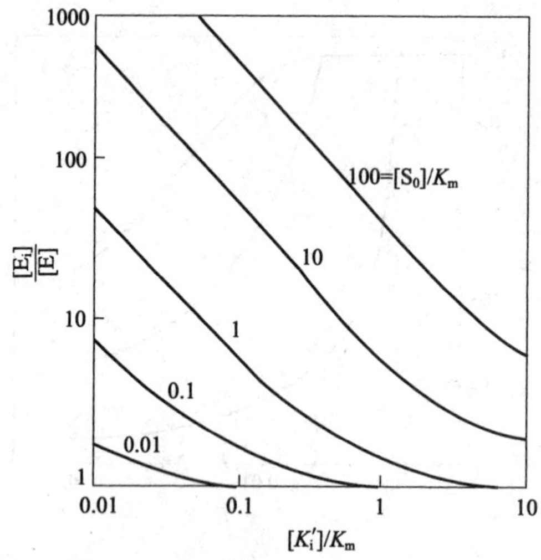

图 5－17　等$\frac{[S_0]}{K_m}$下$\frac{K'_i}{K_m}$与$\frac{[E_i]}{[E]}$间的关系（PFR）（$X=0.9$）[11]

可见，随非竞争性抑制因子$\frac{K'_i}{K_m}$的增大和$\frac{[S_0]}{K_m}$的增加，抑制下的需酶量 E_i 急剧变大。对于 CSTR，因其产物浓度比 PFR 中的分布要高得多，故 CSTR 受抑制，尤其是非竞争性抑制的影响要比 PFR 大得多，反应器效率会更差。

三、非理想反应器、固定化酶、固定化细胞反应动力学

固定化酶、细胞反应器的动力学行为与理想下的动力学不同的主要原因是：

① 反应器中流体的非理想流动；

② 固定化酶、细胞反应中存在着的扩散效应。

1. 非理想反应器

所谓非理想反应器即反应器中的流体处于非理想流动状态的反应器。实际反应器中的物料流动状态介于平推流和全混流之间。如第二章中所述，偏离理想流动的原因是返混，由于 PFR 和 STR 是理想反应器的两个极端，因此，PFR 型的偏离是趋向于 STR，而 STR 型的偏离则趋向于 PFR。对于非理想反应器，无论是 PFR 型还是 STR 型，其流体的流动状态均可用反应器流体的停留时间分布来描述，根据停留时间分布的数字特征，可归结出表示非理想流动的参数——物料停留时间的散度 σ^2。

对于 PFR 型，可建立类似于第二章中所论述的扩散模型，其中的扩散模型参数 Peclet 参数 Pe 有：$\frac{2}{Pe}=\sigma^2$ (5-44)

对于 STR 型，可将其视为多级 STR 串联起来的反应器，串联级数 N 计算如下：

$$N = \frac{1}{\sigma^2} \tag{5-45}$$

故可依多级串联 STR 来解析其动力学行为。

结合上述对理想反应器动力学的解析，不难得知，PFR 型偏离理想行为的结果一般使整个反应体系变差，而 STR 型的结果则变好。

2. 扩散效应

尽管一个完备的动力学方程要求其中的参数与过程发生的机制直接耦联在一起，以指导对过程有针对性地运用，然而若将与 K_L 有关的 D_e、Δy 等进一步展开表达或者将与内扩散有关的粒度、孔径、径分布等带入过程动力学方程中进行解析，其复杂程度与理解其过程的复杂性一样难以明确，同时也不一定如此。根据上述固定化酶、细胞反应动力学的讨论，用表观米氏常数 $K_{m(app)}$、表观反应最大速度 $v_{m(app)}$ 代替 K_m、v_m，或以有效系数 η 乘之，就可如对待理想酶反应一样地进行解析。而且，就其表象而论，既简洁又有用。

对于外扩散限制，$K_{m(app)}$ 与 K_L 有关，而 K_L 又是临界膜厚度 Δy 的函数，如方程 (5-20)、方程 (5-21)，因此，可通过控制反应器的操作条件，如物料的流速、搅拌强度等克服外扩散限制，在一般的过程中外扩散限制均能被消除。

相对于外扩散，固定化酶、细胞的内扩散往往是限制性步骤。内扩散阻力是通过 Thiele 模数来体现的，φ 愈大，内扩散阻力对反应的影响也愈大，见图 5-12 所示，故只要尽量降低 φ 值，就能缓解或消除内扩散影响。φ 与固定化粒子的直径 R 成正比，减小 R 可减小 φ 值，但 R 值的减小有一定限度。由图 5-12 知，当 $[S_0] \gg 100K_m$ 时，即使 φ 很大，内扩散影响也在很大程度上被缓冲，故尽量增大底物浓度是缓解内扩散限制的一个好办法。在 STR 中的底物浓度与出口处的底物浓度一致，故增大底物浓度对 STR 的整体效率没有多大帮助，但 PFR 中的底物浓度远大于出口处的，故增大 $[S_0]$ 对缓解 PFR 中的内扩散限制极有帮助。对于 STR 和 PFR，内扩散

将使 STR 比 PFR 的反应器效率下降得更多。

3. 固定化酶、固定化细胞的操作稳定性

在使用期间，固定化酶、固定化细胞活力下降的主要原因如下：

① 酶变性、细胞自消化；

② 吸附抑制剂物；

③ 染菌；

④ 酶、细胞流失；

⑤ 载体崩解；

⑥ 流动紊乱；

⑦ 操作失活等。

稳定性通常以固定化酶、固定化细胞在使用中活力降低一半所需的时间来表示，称为半衰期。半衰期愈长，愈稳定。对稳定性影响较大的是操作温度，在等温度条件下酶 E 的热失活速率服从一级反应动力学。

$$-\frac{\mathrm{d}[\mathrm{E}]}{\mathrm{d}t}=K_{\mathrm{d}}[\mathrm{E}] \quad (5-46)$$

在底物对失活有保护作用时，可表示为：

$$-\frac{\mathrm{d}[E]}{\mathrm{d}t}=\frac{K_{\mathrm{d}}}{[\mathrm{S}]}[\mathrm{E}] \quad (5-47)$$

式中　K_d——热失活速率常数

将方程（5－46）、方程（5－47）分别代入反应动力学方程中，容易得出关于在 CSTR 和 PFR 中固定化酶、细胞失活所引起的反应器效率下降的动力学关系式，并可知在有底物保护作用下，PFR 要比 CSTR 好一些。

四、固定化酶、固定化细胞反应器的选择

一些比较典型的反应器如图 5－18 所示。

CSTR 如上述讨论，它在动力学行为上反应效率不及 PFR，但该型反应器结构简单、应用的可塑性大、操作方便，适用于黏性或不溶性底物的转化加工，在受底物抑制时也可获得较高转化率，尤其在反应过程中调节 pH、供氧、中途补再生用的固定化酶、固定化细胞、特殊底物等极为方便。

由上述关于动力学的讨论可知，PFR 比 BSTR、CSTR 要优越些，特别是在非竞争抑制、内扩散限制下尤为如此。但高浓度底物抑制反应时，虽然 CSTR 比 PFR 表现得好些，但可通过多点进料克服 PFR 的不足。虽然从动力学上讲，PFR 远比 CSTR 更适用于固定化酶、细胞反应器，但是在一些特殊的情况下，如固定化酶、固定化细胞易变形且颗粒较小时，用 PFR 容易造成压密堵塞现象，带来高的压力降，从而不能获得足够的流速；底物为悬浊、胶体溶液时，用 PFR 容易造成底物颗粒的集结、沉积与堵塞，使反应器效率大幅度下降。但在 STR 型中，这些情况可得到很大程度的缓解，在流化床反应器中会更好。

多级搅拌床反应器是借助于多级的搅拌系统使该反应兼有 CSTR 和 PFR 的共同优点，多层床能够使流体的流动行为容易接近 PFR，而搅拌装置不能克服 PFR 在一些特殊情况下的不适应性，使反应条件在每层床内为 CSTR。

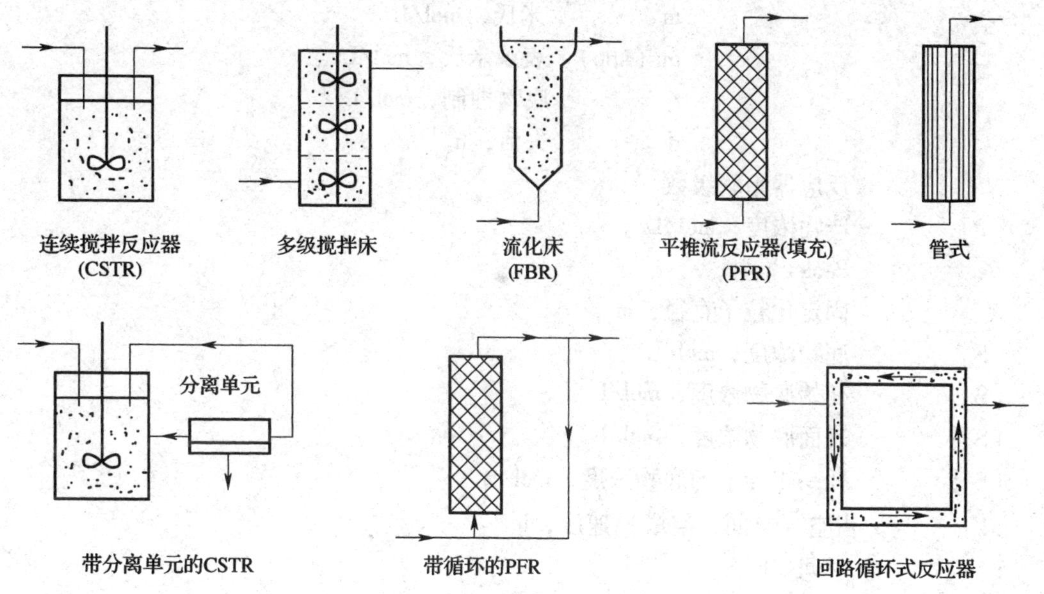

图5-18 典型连续式反应器[9]

流化床反应器的流体流动状态介于 CSTR 和 PFR 之间，不仅兼具这两种反应器的优点，而且还可以根据具体需要使固定化粒子处于不同流动状态，如膨胀状态，固定化粒子仅被流动物料“托起”而无实际性的流动；流化状态固定化粒子随物料的流动而流动于反应器内的任一部位。在流化床反应器中物质交换、热交换的特性均好，不会引起堵塞、压密等现象，也适合用于高黏或不溶性底物的转化，压降低、转化率高，固定化酶、固定化细胞的催化性能可得到充分的发展。但操作控制复杂、动力消耗大，最困难的是放大。

带有循环的反应器既可以借助于循环通路设置固定化酶、固定化细胞的分离单元，也可以用其在操作过程调节 pH、换热等。在同样的转化率下，循环提供给反应器高的操作物料流速，对于克服外扩散限制非常合适。

总的来看，选择反应器要根据：① 反应形式，② 底物浓度、性质，③ 反应速率，④ 物质的传递速率，⑤ 酶活力失活方式，⑥ 反应器及操作成本来综合判断。即反应器的设计、选择并非孤立单元，而是整个过程的一个重要组成部分。

符 号 说 明

D_e	物质的扩散系数，m/h		
E_0	开始时酶活力，U/mL		
e	总酶浓度，mol/L		
[E]	酶、细胞浓度，mol/L 或 g/L		
[ES]	酶-底物复合物浓度，mol/L		
F	物料体积流速，m^3/h		
[I]	配基浓度，mol/L		
K	反应动力学常数		
	下标	i	抑制，mol/L
		L	传质，m/h

m　　　米氏，mol/L

m（app）　表观米氏，mol/L

S　　　底物抑制，mol/L

d　　　失活，h^{-1}

N　　反应器串联级数

[P]　　产物浓度，mol/L

Pe　　Peclet 准数

R　　固定化粒子直径，m

[S]　　底物浓度，mol/L

[S_0]　　初始底物浓度，mol/L

[S_a]　　表面底物浓度，mol/L

[S_r]　　任一半径上的底物浓度，mol/L

SV　　占空（空间、空塔）速度，h^{-1}

t　　时间，h

T　　温度，K

v　　反应速度，mol/（L·h）

X　　底物转化率

$Y_{P/S}$　　产物对底物的转化率，mol/mol

Δy　　临界膜厚度，m

η　　反应效率系数

φ　　扩散（Theiele）准数

τ　　物料的停留时间，h

σ　　物料的停留时间的散度

ε　　孔隙率

参考文献

[1] 千畑一郎等. 固定化酵素. 東京：講談社，1975

[2] 陈陶声等. 固定化酶理论与应用. 北京：轻工业出版社，1987

[3] Chibata I, et al. Preparation and industrial application of immobilized aminoacylases. Proc Int . Ferment. Symp . , 4th, Ferment. Technol. Today, 1972, 383 ~ 389

[4] 千畑一郎，土佐哲也. 酵素工業. 化学工学，1979，43：276

[5] Wada M, et al. Continuous production of L-isoleucine using immobilized growing *serratia marcescens* cells. Biotechnol. Bioeng. , 1980, 22：1175 ~ 1188

[6] Arcuri, E. J. , et al. Continuous ethanol production and cell growth in an immobilized-cell bioreactor employing zymomonas mobilis. Biotechnol Bioeng, 1982, 14：593 ~ 604

[7] Tosa, T. et al. Studies on continuous . Enzyme Reactions（Ⅷ）Kinetics and Pressure Drop. of Aminoacylase Column. J. Ferment. Technol. , 1977, 49：522

[8] Roberts, G. W. and Satterfield, C. N. Effectiveness factor for porous catalysts – langmuir – hinshelwood kinetic expressions Ind. Engchem. Fundamentals, 1965, 4：288

[9] Wang D. I. C. et al. Fermentation and enzyme technology, Hoboken（New Jersey）：John Wiley and

Sons. lnc. , 1979

[10] Lilly, M. D. and Sharp, A K. The kinetics of enzymes attached to water – in – soluble polymers. The chemical Engineer, 1968, 215: 14

[11] Lilly M D. and Dunnill P. Engineering aspects of enzyme reactors. Biotechnol. Bioeng. Symp. , 1972, 3: 221 ~ 227

[12] 杨廉婉. 固定化细胞和酶生产 L – 苹果酸的新进展. 中国生物工程杂志，1992，4: 24 ~ 27

[13] 胡永红，欧阳平凯，杨文革等. 固定化黄色短杆菌生产 L – 苹果酸新工艺及动力学研究. 南京化工大学学报，1996，18（4）: 106 ~ 110

[14] 胡永红，欧阳平凯，沈树宝等. 反应分离耦合技术生产 L – 苹果酸工艺过程的优化研究. 生物工程学报，2001，17（5）: 503 ~ 505

[15] 汤一新，孙志浩，华蕾等，微生物酶拆分方法生产 D – 泛酸的手性中间体 D – 泛解酸内酯. 工业微生物，2001，31（3）: 1 ~ 5

[16] 孙志浩，华蕾. 生物技术法制备 D – 泛酸钙和 D – 泛醇精细与专用化学品，2004，12（10）: 11 ~ 15

[17] 罗积杏，薛建萍，沈寅初，我国生物法生产丙烯酰胺的现状及研发概况，上海化工，2007，32（2）: 17 ~ 21

[18] 文健，胡先明. DL – 蛋氨酸及衍生物的合成与拆分研究进展. 氨基酸和生物资源，2000，22（2）: 22 ~ 26

第六章　典型发酵过程动力学及模型

为了研究各种发酵过程的实质，进而对发酵过程进行合理的设计、优化、控制与操作，必须进行发酵过程动力学的研究，而发酵的实质是生物化学反应，所以研究发酵动力学就是研究微生物的生化反应动力学。发酵过程动力学主要是研究各种环境因素与微生物代谢活动之间的相互作用随时间而变化的规律，其主要的研究方法是利用数学模型定量描述发酵过程中影响细胞生长、基质利用和产物生成的各种因素。根据发酵过程中物料的加入和排出的方式的不同，发酵可以分为分批发酵、补料分批发酵和连续发酵，本章将对这三种典型发酵过程的动力学进行详细阐述。

第一节　分批发酵动力学

分批发酵是指在反应器中加入培养基进行灭菌后，接入菌种，在维持适合细胞生长和产物生成的条件下进行细胞培养，反应过程中除需要通入一定量的无菌空气、消泡剂和酸碱外，一般不再加入培养基和培养物，也不取出代谢产物，只有当发酵过程进行到一定程度之后，才全部将培养液放出进行后处理。反应器经清洗、灭菌后重新加入培养基，继续进行下一批发酵。因此，每批发酵的全过程为加入灭菌培养基、接种、发酵培养、放罐、洗罐以及空罐灭菌所需时间的总和，称为一个发酵周期。

在分批发酵过程中，基质浓度、产物浓度以及细胞浓度均随发酵时间的进行而变化，尤其是细胞本身将经历不同的生长阶段。因此，分批发酵的基本特征是：反应物料一次性加入，维持一定的反应条件让其封闭进行，直到产物或细胞生成量达到一定要求后才一次性放出；反应器内物系组成随时间而变化，属于非稳态过程。但是在菌体生长的最适条件与代谢产物生成的最适条件不同时，可在培养过程中人为地改变这些条件，以获得最大产率[1]。

分批操作适合于多品种、小批量、发酵速度较慢的发酵过程，又能够经常进行灭菌操作，因此在生化反应中占有重要地位，目前发酵工业的产品往往采用这种方式生产。分批操作的主要缺点是生产量小，发酵过程为非稳态，不易控制；发酵过程中当有害物质积累或基质以及产物抑制时，对细胞生长不利，生产率水平较低。本节的主要内容包括分批发酵过程中微生物生长动力学、基质消耗动力学和代谢产物生成动力学。

一、微生物生长动力学

细胞反应过程包括细胞的生长、基质的消耗和代谢产物的生成，要定量描述细胞生长过程的得率，显然细胞生长动力学是其核心。细胞的生长、繁殖是一个复杂的生物化学过程，该过程既包括细胞内的生化反应，也包括胞内与胞外的物质交换，还包括胞外的物质传递及反应，具有多相、多组分、非线性的特点[2]。同时，细胞的培养和代谢还是一个复杂的、群体的生命活动，通常每毫升培养液中含有 $10^4 \sim 10^8$ 个细胞，每个细胞都经历着生长、成熟直至衰老的过程，同时还伴有退化、变异。因此，要对这样一个复杂的体系进行精确的描述几乎是不可能的。为了工程上的应用，首先要进行合理的简化，在简化的基础上建立过程的物理模型；再据此推出数学模型[3]。简化的内容主要从下述五点进行描述。

（1）细胞反应动力学是对细胞群体的动力学行为的描述，而不是对单一细胞进行描述，所谓细胞群体是指细胞在一定条件下的大量聚集。

（2）不考虑细胞之间的差别，而是取其性质上的平均值，在此基础上建立的数学模型称为确定论模型；如果考虑每个细胞之间的差别，则建立的模型为概率论模型，目前在应用时一般取前者。

（3）细胞的组成也是复杂的，它含有蛋白质、脂肪、碳水化合物、核酸、维生素等，而且这些成分含量的大小随着环境条件的变化而变化，如果在考虑细胞组成变化的基础上建立的模型，则称为结构模型；如果把细胞视为单组分，则环境的变化对细胞组成的影响可被忽略，在此基础上建立的数学模型称为非结构模型。

（4）在细胞的生长过程中，如果细胞内各种成分均以相同的比例增加，则称为均衡生长；如果由于各组分的合成速率不同而使各组分增加的比例也不同，则称为非均衡生长。从模型的简化考虑一般采用均衡生长的非结构模型。

（5）如果将细胞作为与培养液分离的生物相处理所建立的模型称为分离化模型，一般在细胞浓度很高时常采用此模型，在此模型中需要说明培养液与细胞之间的物质传递作用；如果把细胞和培养液视为一相——液相，则在此基础上所建立的模型为均一化模型。

1. 细胞反应过程的得率系数

得率系数可用于对碳源等物质生成细胞或其他产物的潜力进行定量评价，最常用的得率系数有如下几种[4-6]：

（1）对底物的细胞得率 $Y_{X/S}$（g/g）

$$Y_{X/S}=\frac{\text{生成细胞的质量}}{\text{消耗底物的质量}}=\frac{\Delta m_X}{-\Delta m_S} \tag{6-1}$$

在分批培养时，培养基的组成在不断变化，因此细胞得率系数一般不能视为常数，在某一瞬时的细胞得率系数称为微分细胞得率（或瞬时细胞得率），其定义式可表示为：

$$Y_{X/S}=\frac{r_X}{r_S} \tag{6-2}$$

式中 r_X——细胞生长速率

r_S——基质消耗速率

在分批培养过程中，总的细胞得率可用下式来表示：

$$Y_{X/S}=\frac{\rho_X-\rho_{X0}}{\rho_{S0}-\rho_S} \tag{6-3}$$

式中 ρ_{S0}与ρ_{X0}——分别表示反应开始时底物和细胞的质量浓度，g/L

ρ_S与ρ_X——分别表示反应结束时底物和细胞的质量浓度，g/L

与$Y_{X/S}$相似的还有对氧的细胞得率 $Y_{X/O}$（g/g）和对底物的产物得率 $Y_{P/S}$（g/g），其定义式分别为：

$$Y_{X/O}=\frac{\text{生成细胞的质量}}{\text{消耗氧的质量}}=\frac{\Delta m_X}{-\Delta m_O} \tag{6-4}$$

$$Y_{P/S}=\frac{生成产物的质量}{消耗底物的质量}=\frac{\Delta m_P}{-\Delta m_S} \tag{6-5}$$

（2）对碳的细胞得率　基质作为碳源时，无论是好氧培养还是厌氧培养，宏观上碳源的一部分被同化为细胞组成物质，其余部分则被异化，分解为二氧化碳及其他代谢产物。为了表示由碳同化为细胞过程的转化效率，采用对碳的细胞得率 Y_C 表示。

$$Y_C=\frac{生成细胞的质量\times细胞含碳量}{消耗基质的质量\times基质含碳量}=\frac{\Delta m_X\sigma_X}{(-\Delta m_S)\sigma_S}=\frac{\sigma_X}{\sigma_S}Y_{X/S} \tag{6-6}$$

式中　σ_X 和 σ_S——分别为单位质量细胞和单位质量基质中所含碳原子的质量

Y_C 一定小于 1，一般在 0.4～0.9 的范围内。由于 Y_C 仅考虑基质与细胞的共同项——碳，可以认为它比 $Y_{X/S}$ 更为合理。

2．反应速率的定义

反应速率分为绝对反应速率和比反应速率，绝对反应速率表示单位时间、单位反应体积某一组分的变化量。

细胞生长速率为：

$$r_X=\frac{d\rho_X}{dt} \tag{6-7}$$

ρ_X 为细胞的质量浓度（g/L），对于细胞，一般无法用物质的量浓度表示，而是以质量浓度表示，并且不考虑细胞中的大量水分，常用单位体积培养液中所含细胞（或称菌体）的干燥质量表示。

基质和氧的消耗速率 r_S、r_O 为：

$$r_S=-\frac{d\rho_S}{dt}\ 和\ r_O=-\frac{d\rho_O}{dt} \tag{6-8}$$

产物的生成速率为：

$$r_P=\frac{d\rho_P}{dt} \tag{6-9}$$

反应速率 r_S、r_O 和 r_P 的单位为 g/（L·h），表示这些组分的生长、消耗和生成的绝对速率值。

比反应速率是以单位浓度细胞为基准而表示的各个组分的变化速率。

细胞比生长速率（h^{-1}）：

$$\mu=\frac{1}{\rho_X}\cdot\frac{d\rho_X}{dt} \tag{6-10}$$

底物消耗比速率（h^{-1}）：

$$q_S=\frac{1}{\rho_X}\cdot\frac{d\rho_S}{dt} \tag{6-11}$$

产物比生成速率（h^{-1}）：

$$q_P=\frac{1}{\rho_X}\cdot\frac{d\rho_P}{dt} \tag{6-12}$$

从式（6－12）可以看出比反应速率与催化活性物质的量无关，因此比速率的大小反映了细胞比活力的大小。

3．分批培养细胞生长动力学

对于分批培养，细胞的质量浓度变化见图 6－1，从该图中细胞浓度变化规律可以看出，细胞的生长过程包括五个阶段：延滞期、指数生长期、减速期、静止期和衰亡期。

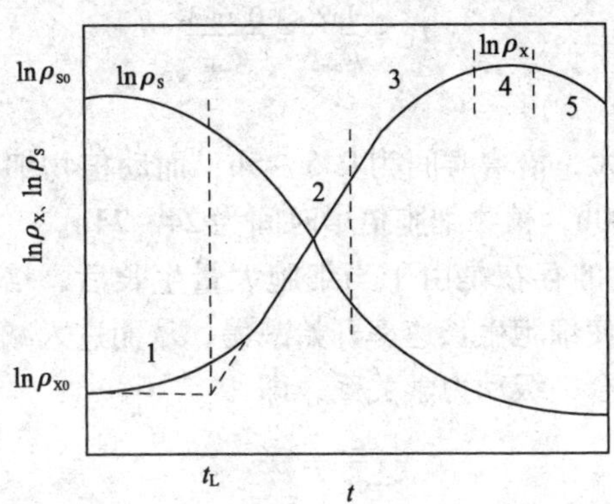

图 6-1　分批培养时细胞的生长曲线

1—延滞期　2—指数生长期　3—减速期　4—静止期　5—衰亡期　t_L—延滞期时间

（1）延滞期　指培养基接种后细胞质量浓度在一段时间内无明显增加的这一阶段。延滞现象的出现是因为微生物细胞进入一个新的环境后需要进行一系列的生理调整，才能进入旺盛的指数生长期。如以孢子接种时，孢子萌发成营养细胞需要一定的时间，即使接种生长旺盛的细胞，由于细胞周围促进细胞生长的某些物质被稀释，微生物必须花费一定时间从新的环境中摄取和积累这些物质并达到一定的浓度水平后才能进行旺盛的生长。在延滞期内，细胞的质量会稍有增加，但细胞的数目基本不变。由于细胞接种量过少而造成的延滞期又可称假延滞期。当培养基中含有多于一种碳源时，还会观察到多个延滞期的存在，称为二次生长现象。

延滞期的长短与菌种的菌龄和接种量有关，年轻的种子延滞期短，年龄老的种子延滞期长。对于相同种龄的种子，接种量愈大延滞期愈短。因此，为使接种后的培养过程延滞期缩短、发酵活性高，有必要建立一套特定的控制、管理种子培养的技术。

（2）指数生长期　又称对数生长期，在此阶段，培养基中营养物质充分，细胞生长不受限制，细胞浓度随时间呈指数增长。在指数生长期，细胞分裂繁殖最为旺盛、生理活性最高，因此在工业生产中，常转接处于指数生长期中期的细胞，以保证转接后细胞能迅速生长，微生物反应能够快速进行。

在指数生长期内，细胞质量和数目均随时间呈指数增加，细胞生长速率与细胞浓度呈一级动力学关系：

$$\frac{d\rho_X}{dt} = \mu\rho_X \tag{6-13}$$

在指数生长阶段，细胞的生长不受基质浓度限制，比生长速率 μ 达到最大值 μ_{max} 并保持不变，因而存在有 $\mu = \mu_{max}$，所以：

$$\frac{d\rho_X}{dt} = \mu_{max}\rho_X \tag{6-14}$$

当 $t=0$ 时，$\rho_X = \rho_{X0}$，则

$$\ln\frac{\rho_X}{\rho_{X0}} = \mu_{max}t \tag{6-15}$$

$$\rho_X = \rho_{X0}\rho^{\mu_{max}t} \tag{6-16}$$

细胞质量浓度增加 1 倍时所需要的时间为：

$$t_d = \frac{\ln 2}{\mu_{max}} = \frac{0.693}{\mu_{max}} \quad (6-17)$$

式中　t_d——倍增时间，h

微生物细胞 μ_{max} 值较大，倍增时间为 0.5～5h；而动植物细胞 μ_{max} 则小得多，如动物细胞的倍增时间为 15～100h，植物细胞倍增时间为 24～74h。

（3）减速期　减速期的存在是由于当细胞大量生长后，培养基中基质浓度已下降，加上有害代谢物的积累，使细胞生长速率开始减慢，从而进入减速期。在减速期内，细胞生长速率与细胞浓度仍符合一级动力学关系，即：

$$\frac{d\rho_X}{dt} = \mu\rho_X \quad (6-18)$$

但其中 μ 值受到基质浓度的限制。

（4）静止期　静止期的出现是由于营养物质已耗尽，或者有害物质的大量积累使细胞浓度不再增加，细胞生长速率等于细胞的死亡速率，此时细胞的纯生长速率为零。在此阶段，总的细胞质量浓度可能是不变的，但活细胞的数目却在减少，并且细胞仍存在着代谢活性，产生代谢产物，此时有：

$$\frac{d\rho_X}{dt} = (\mu - k_d)\rho_X = 0 \quad (6-19)$$

式中　k_d——细胞死亡速率常数，h^{-1}

（5）衰亡期　衰亡期是由于细胞生长环境严重恶化，活细胞死亡速率增加，其浓度快速下降，但由于有部分活细胞早在静止期内开始死亡，造成静止期与衰亡期有时很难严格区分。细胞死亡速率亦遵循一级反应动力学关系：

$$\frac{d\rho_X}{dt} = -k_d\rho_X \quad (6-20)$$

在某一时间 t，活细胞浓度可表示为：

$$\rho_X = \rho_{X,max}\exp(-k_d t) \quad (6-21)$$

从上述分析来看，细胞的生长可以分为不同的阶段，每个阶段都有自己的动力学特点，尤其以指数生长期和减速期最为重要。下面就细胞在不同生长阶段和不同环境条件下的动力学特性进行讨论。

4. 无抑制、单一限制性基质下的细胞生长动力学

微生物生长速率与化学反应速率一样，受到环境因子如温度、pH 等物理因素以及底物浓度等化学因素的影响，并且在一定的条件下，微生物的生长速率是底物浓度 ρ_S 的函数，即：

$$\frac{dx}{dt} = f(\rho_S) \quad (6-22)$$

现代细胞生长动力学的奠基人 Monod 早在 1942 年就指出，细胞的比生长速率与单一限制性基质浓度的关系可用下式表示：

$$\mu = \mu_{max}\frac{\rho_S}{K_S + \rho_S} \quad (6-23)$$

式中　μ——比生长速率，h^{-1}

μ_{max}——最大比生长速率，h^{-1}

K_S——微生物对底物的半饱和常数，与亲和力成反比，g/L

ρ_S——单一限制性底物浓度，g/L

所谓限制性底物，即在培养微生物的营养物质中，对微生物的营养起到限制作用的营养物。Monod 方程在形式上与酶催化反应动力学的米氏方程相似，但 Monod 方程来自于对实验现象的总结，米氏方程则是根据酶反应机制推导得出。当假设微生物生长速率受限制于单一酶催化反应时，理论上 Monod 方程更为合理，因为 Monod 方程不仅在理论上有其合理性，而且关于微生物生长的某些物理、生化意义可归因于两个常数μ_{max}和K_S，应用极为方便，所以在理论研究、实践中最为常用。

Monod 方程是典型的均衡生长模型，其基本假设如下[6]：

(1) 细胞的生长为均衡式生长，因此描述细胞生长的唯一变量是细胞的浓度；

(2) 培养基中只有一种基质是限制性基质，而其他组分过量，不影响细胞的生长；

(3) 细胞的生长视为简单的单一反应，细胞得率为一常数。

根据 Monod 方程，其μ与ρ_S的关系如图 6－2 所示：

(1) 当限制性基质的浓度很低时，$\rho_S \ll K_S$，此时若提高限制性基质浓度，可明显提高细胞的生长速率，此时有：

$$\mu \approx \frac{\mu_{max}}{K_S}\rho_S \tag{6-24}$$

即细胞的比生长速率与细胞浓度为一级动力学关系，此时

$$r_X \approx \frac{\mu_{max}}{K_S}\rho_S\rho_X \tag{6-25}$$

(2) 当$\rho_S \gg K_S$时，$\mu \approx \mu_{max}$，若继续提高基质浓度，细胞生长速率基本不变，此时细胞比生长速率与基质浓度无关，为零级动力学特点，此时

$$r_X \approx \mu_{max}\rho_X \tag{6-26}$$

(3) 当ρ_S处于两种情况之间，则μ与ρ_S的关系符合 Monod 方程，此时，

$$r_X = \frac{d\rho_X}{dt} = \mu\rho_X = \frac{\mu_{max}\rho_S}{K_S + \rho_S}\rho_X \tag{6-27}$$

又因有：

$$\rho_S = \rho_{S0} - \frac{1}{Y_{X/S}}(\rho_X - \rho_{X0}) \tag{6-28}$$

式中 ρ_{S0}——初始底物浓度

ρ_{X0}——初始细胞浓度

所以

$$r_X = \mu_{max} \cdot \frac{\rho_{S0} - \frac{1}{Y_{X/S}}(\rho_X - \rho_{X0})}{K_S + \rho_{S0} - \frac{1}{Y_{X/S}}(\rho_X - \rho_{X0})} \cdot \rho_X \tag{6-29}$$

若ρ_{X0}很小可以忽略，则上式可以简化为：

$$r_X = \mu_{max} \frac{\rho_{S0} - \frac{1}{Y_{X/S}}\rho_X}{K_S + \rho_{S0} - \frac{1}{Y_{X/S}} \cdot \rho_X} \cdot \rho_X \tag{6-30}$$

当反应开始时，ρ_X值相对较低，此时提高ρ_X值有利于其生长速率的提高；当反应后

期，ρ_X 值较高，而相应 ρ_S 值很低，此时若继续提高 ρ_X 值，则其生长速率继续下降。根据上式，$r_X-\rho_X$ 关系曲线如图 6－3 所示，r_X 有一最大值。

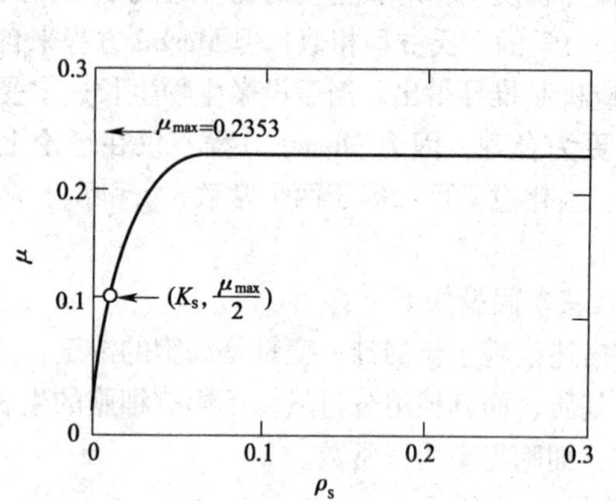

图 6－2　细胞的比生长速率与限制性底物浓度的关系

模拟数据：$\mu_{max}=0.2353h^{-1}$，$K_S=0.0037g/L$

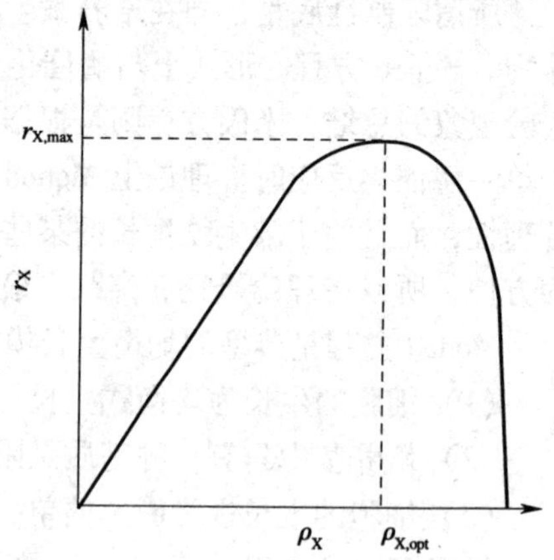

图 6－3　$r_X-\rho_X$ 关系曲线

Monod 方程表述简单、应用范围广泛，是细胞生长动力学最重要方程之一，但是 Monod 方程仅适用于细胞生长较慢和细胞密度较低的环境下，因为只有这时，细胞的生长才能与基质浓度 ρ_S 呈一简单线性关系。如果基质消耗速率过快，则极有可能产生有害的副产物；在细胞浓度很高时，则有害的副产物可能更多。因此，人们又提出另外一些无抑制的细胞生长动力学模型，例如，对由于初始基质浓度过高而造成细胞生长过快的细胞反应，可采用下述方程：

$$\mu=\frac{\mu_{max}\rho_S}{K_S+K_{S0}\rho_{S0}+\rho_S} \tag{6-31}$$

式中　K_{S0}——无因次初始饱和常数

还有一些可替代 Monod 方程的各种表达式：

Tessier 方程：

$$\mu=\mu_{max}(1-e^{-K\rho_S}) \tag{6-32}$$

Moser 方程：

$$\mu=\frac{\mu_{max}\rho_S^n}{K_S+\rho_S^n} \tag{6-33}$$

Contois 方程：

$$\mu=\frac{\mu_{max}\rho_S}{K_S\rho_X+\rho_S} \tag{6-34}$$

Blackman 方程：

$$\text{当 }\rho_S\geqslant 2K_S\text{ 时，}\mu=\mu_{max} \tag{6-35}$$

$$\text{当 }\rho_S<2K_S\text{ 时，}\mu=\frac{\mu_{max}\rho_S}{2K_S} \tag{6-36}$$

Konak 提出更普遍化经验关联式为：

$$\frac{d\left(\frac{\mu}{\mu_{max}}\right)}{d\rho_S}=K\left(\frac{\mu}{\mu_{max}}\right)^m\left(1-\frac{\mu}{\mu_{max}}\right)^n \tag{6-37}$$

式中　K、m、n——参数，对不同方程代表不同的值，具体见表6-1

表6-1　　Konak 关联式中的参数值

模　　型	K	m	n
Monod	$1/K_S$	0	2
Tessier	$1/K_S$	0	1
Moser	$\frac{n}{\sqrt[n]{K_S}}$	$1-\frac{1}{n}$	$1+\frac{1}{n}$
Contois	$\frac{1}{K_S\rho_X}$	0	2

5．无抑制、多种基质限制下的细胞生长动力学

实际中，经常遇到多于一种基质限制影响比生长速率的情况，为此人们又提出了一些多基质限制的动力学模型。从根本上讲，细胞生长速率与基质浓度之间的关系取决于微生物自身的代谢作用机制。由于细胞的代谢机制太复杂，难以开发出适宜的机制模型，只有用经验模型来描述。不过同时可以看出，若一个经验模型能够包含较多的代谢调节信息，则该模型的适用性将得到加强。在开发多基质限制模型的过程中应充分考虑这个问题。

一般来说，多种限制性基质的情况很难用非结构模型来解释，只有当参数数目足够多时，才有可能用非结构模型来描述，而且多种基质往往是依次被利用，细胞表现出二次生长现象，往往用结构模型描述比较适合[7]。

（1）多种必要基质限制　多种基质都为细胞生长所必需，所有这些基质组合在一起，决定着细胞的比生长速率。该情况下的动力学模型有两类：

设有 n 种必要基质：

① 相关模型：
$$\mu=\prod_1^n\mu_i \tag{6-38}$$

② 非相关模型：
$$\mu=\min(\mu_i) \tag{6-39}$$

从形式上看，相关模型与非相关模型有很大差异，但在实际中两种模型之间的差别却有可能很小。用这两种不同形式的模型对甘油中氧限制下细胞培养过程进行模拟，结果都较好，模型的计算值与实测值差别都不大，见图6-4。

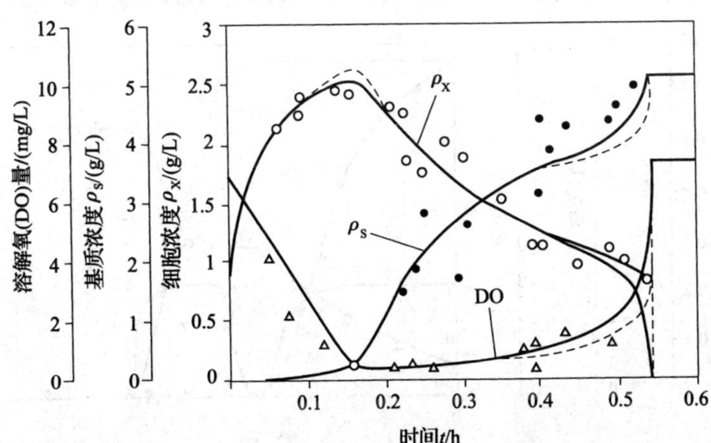

图6-4　甘油-氧限制恒化培养仿真结果

—— 相关模型　　- - - - 非相关模型

两种模型分别为：

① 相关模型：

$$\mu = \frac{\mu_{max,G}\rho_G}{K_G + \rho_G} \cdot \frac{\mu_{max,O}\rho_O}{K_O + \rho_O} \tag{6-40}$$

② 非相关模型：

$$\mu = \min\left(\frac{\mu_{max,G}\rho_G}{K_G + \rho_G}, \frac{\mu_{max,O}\rho_O}{K_O + \rho_O}\right) \tag{6-41}$$

式中 ρ_G 和 ρ_O——分别为甘油和氧的质量浓度，g/L

$\mu_{max,G}$ 和 $\mu_{max,O}$——分别为甘油和氧的最大比生长速率，h^{-1}

K_G 和 K_O——分别为甘油和氧的饱和常数，g/L

（2）必要基质与生长促进型基质限制　必要基质的存在使细胞的比生长速率大于零，而另外一些基质的存在能使 μ 值增大，称之为生长促进型基质。这种情形可用累加动力学方程来描述：

$$\mu = \sum_{1}^{n} \mu_i \tag{6-42}$$

事实上，大多数动力学方程不具备纯粹的相加性。通常，细胞生长相对于某种物质，例如葡萄糖，能获得最大的比生长速率。如果这种物质存在足够，那么，不因为其他糖类的存在而增加比生长速率。若主要物质是部分限制的话，才有这种可能。而且当有多种基质可利用时，往往这些基质是依次被利用，也就是说对生长速率影响小的基质的消耗是受到主要机制的催化抑制，这就是二次细胞的生长现象[8]。如在同时存在两种碳源（葡萄糖与麦芽糖）的条件下，土生克雷伯菌（*Klebsiella terrigena*）的二次生长。为了考虑这种作用，对方程（6-42）加以修正，加上抑制项。对于 Monod 类型动力学方程，当两种基质限制时，有

$$\mu = \frac{\mu_{max}\rho_{S1}}{K_{S1} + \rho_{S1}} + \frac{\mu_{max}\rho_{S2}}{K_{S2} + \frac{\rho_{S2}}{K_L}} \tag{6-43}$$

模型的模拟结果如图 6-5 所示。可以看出，该模型基本能将基质的依次消耗描述出来，但是，仍不能拟合二次生长的延迟阶段。在该模型中，依赖于第二种基质的生长延迟的描述，只是采用假设的低抑制常数 K_L。而用结构模型可较好地拟合二次生长的延迟阶段。

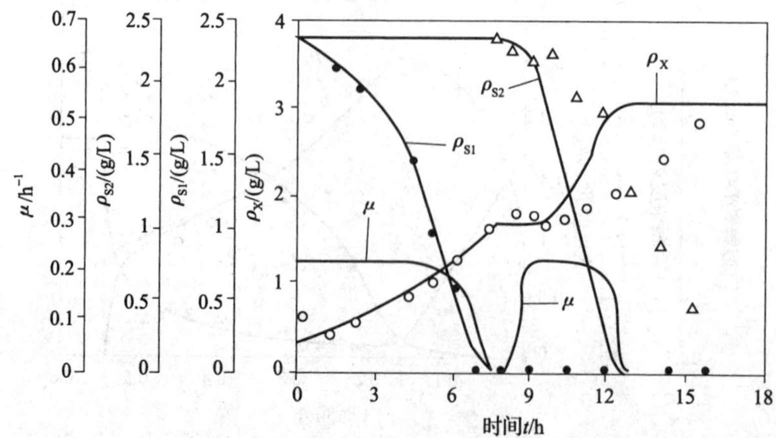

图 6-5　用非结构模型模拟土生克雷伯菌（*Klebsiella terrigena*）在葡萄糖与麦芽糖上的二次生长

（3）Tsao 和 Hanson 模型　Tsao 和 Hanson 于 1975 年提出了一个描述多基质限制的动力学模型：

$$\mu = \left(1 + \sum_i \frac{\rho_{Se}}{\rho_{Se} + K_e}\right) \prod_j \frac{\mu_{max,j}\rho_{Sj}}{\rho_{Sj} + K_j} \tag{6-44}$$

式中　K_j——必要基质的饱和常数

K_e——生长促进型基质的饱和常数

这是一个以 Monod 方程为基础的扩展模型。ρ_{Se} 的存在使得比生长速率 μ 增加；而 ρ_{Sj} 的存在，使得比生长速率 μ 大于零。因此，我们称比生长速率 μ 大于零的必要条件是 ρ_{Sj} 为必要基质，而提高 μ 值的 ρ_{Sj} 为生长促进型基质。

当存在两种必要基质 S_1 和 S_2，而不存在生长促进型基质时，式（6－44）可以简化为：

$$\mu = \mu_{max,1} \cdot \frac{\rho_{S1}}{K_1 + \rho_{S1}} \cdot \mu_{max,2} \cdot \frac{\rho_{S2}}{K_2 + \rho_{S2}} \tag{6-45}$$

当满足某种基质浓度远大于 K 值（如 $\rho_{S2} \gg K_2$）的条件时，则式（6－45）可以简化为：

$$\mu = \mu_{max} \frac{\rho_{S1}}{K_1 + \rho_{S1}} \tag{6-46}$$

式中，$\mu_{max} = \mu_{max,1}\mu_{max,2}$。

6. 与基质无关的细胞生长动力学模型

在有些情况下，细胞生长与基质无关，此时的动力学模型如表 6－2 所示。如在某些细胞的培养过程中，发现细胞的生长速率基本不受基质限制。典型的例子是动物细胞的微载体培养过程，细胞需要载体的自由表面积用于生长，若没有自由表面积可用，细胞生长就将停止。认为在某一特定环境条件下，应有一最大的细胞质量浓度，以 $\rho_{X,max}$ 表示，它相当于生物学中的负载能力。这种情形可认为是细胞浓度限制或生长空间限制，此时 Frame 和 Hu 模型较之 Logistic Law 模型能更好地描述这一状况。此外，对于那些未知限制性基质的情况，即在复杂的基质中，难以确定哪种物质是限制性基质，可以考虑应用该类型方程。

表 6－2　与基质无关的细胞生长动力学

模型名称	发表年份	模型的数学表达式
Logistic Law（逻辑方程）	1938	$\mu = \mu_{max}\left(1 - \frac{\rho_X}{\rho_{X,max}}\right)$
Cul 和 Lawson	1982	$\mu = \mu_{max}\left(1 - \frac{\frac{\rho_X}{\rho_{X,max}}}{\frac{\rho_X}{\rho_{X,lim}}}\right)$
Frame and Hu	1988	$\mu = \mu_{max}\left(1 - e^{-K\frac{\rho_{X,max} - \rho_X}{\rho_X}}\right)$

逻辑方程形式简单，应用较为普遍，根据逻辑方程，有：

$$r_X = \frac{d\rho_X}{dt} = \mu_{max}\left(1 - \frac{\rho_X}{\rho_{X,max}}\right)\rho_X \tag{6-47}$$

式中　μ_{max} 和 $\rho_{X,max}$——待估参数，均由实验确定

7. 有抑制的细胞生长动力学

对于细胞反应，某些物质的存在也会使细胞的比生长速率下降，对细胞起到一定的抑制作用。这些抑制剂的存在，或是改变了细胞或细胞中酶的渗透性，或使细胞中酶的聚集体发生解离，或影响酶的合成，或影响细胞的活力功能等。这些抑制一般包括基质抑制和产物抑制[9]。

（1）基质抑制动力学　当基质浓度很高时，细胞的浓度反而会受到基质的抑制作用，同底物对酶催化反应的抑制一样，基质对细胞生长的抑制同样可以分为竞争性抑制、非竞争性抑制和反竞争性抑制。

对反竞争性抑制，细胞比生长速率可表示为：

$$\mu = \mu_{max}\frac{\rho_S}{K_S + \rho_S + \dfrac{\rho_S^2}{K_{SI}}} = \mu_{max}\frac{\rho_S}{K_S + \rho_S\left(1 + \dfrac{\rho_S}{K_{SI}}\right)} \tag{6-48}$$

式中　K_{SI}——基质对细胞的抑制常数

当基质浓度低时，细胞比生长速率随基质浓度的提高而增大，并达到最大值；当基质浓度继续增大时，μ 反而下降，当 μ 最大时，

$$\frac{d\mu}{d\rho_S} = 0,\quad 则\ \rho_{S,opt} = \sqrt{K_S K_{SI}} \tag{6-49}$$

式中　$\rho_{S,\ opt}$——最佳底物浓度（此时比生长速率 μ 最大）

此时

$$\mu_{opt} = \frac{\mu_{max}}{1 + 2\sqrt{\dfrac{K_S}{K_{SI}}}} \tag{6-50}$$

对竞争性抑制，则可得到：

$$\mu = \mu_{max}\frac{\rho_S}{K_S\left(1 + \dfrac{\rho_S}{K_{SI}}\right) + \rho_S} \tag{6-51}$$

对非竞争性抑制，则有：

$$\mu = \mu_{max}\frac{\rho_S}{(\rho_S + K_S)\left(1 + \dfrac{\rho_S}{K_{SI}}\right)} \tag{6-52}$$

（2）产物抑制动力学　在细胞反应过程中，有些代谢产物浓度过高时，也会抑制细胞的生长和其代谢能力，产物的抑制也可分为竞争性抑制和非竞争性抑制。在某些情况下，代谢产物抑制的机制虽不清楚，但仍可采用一些近似的经验表达式表示其抑制动力学。其中较普遍采用的是与非竞争抑制动力学相似的表达式：

$$\mu = \frac{\mu_{max}\rho_S}{K_S + \rho_S} \times \frac{K_{IP}}{K_{IP} + \rho_P} \tag{6-53}$$

式中　K_{IP}——产物抑制常数，g/L

其他形式的动力学还有：

$$\mu = \frac{\mu_{max}\rho_S}{K_S + \rho_S}e^{-K_{IP}\rho_P} \tag{6-54}$$

如果根据实验能够确定，当代谢产物浓度为 $\rho_{P,max}$ 值时，细胞的生长受到完全的抑制，则产物对细胞生长的抑制动力学可采用下式表示：

$$\mu = \frac{\mu_{max}\rho_S}{K_S + \rho_S}\left(1 - \frac{\rho_P}{\rho_{P,max}}\right)^n \qquad (6-55)$$

式中　n——经验参数，由实验数据确定

代谢产物对细胞生长的抑制中，最具代表性的是发酵法生产乙醇时，乙醇对酵母或其他菌类的抑制作用。以能进行乙醇发酵的酿酒酵母（*S. cerevisiae*）为例，在培养液内除碳源——葡萄糖作为限制性基质加入酵母膏，维生素、氨基酸以及低分子的核酸作为氮源和组成细胞的材料，分别在不同的葡萄糖浓度 ρ_S 以及添加不同浓度的乙醇ρ_P（0~50g/L），进行单罐连续培养，分别得到一系列比生长速率 μ 的数据。在分别以 μ 和 ρ_S 的倒数为纵坐标和横坐标的图上，可得到不同乙醇浓度下的最大比生长速率 μ_{max}，如图 6-6 所示，其中当 $\rho_P=0$ 时菌体的最大比生长速率，其 μ_{max}^* 值为 $0.41h^{-1}$，而不同乙醇浓度下饱和常数相同，其 $K_S=0.22g/L$，ρ_P 愈大所对应的 μ_{max} 就愈小，其比生长速率明显受到乙醇的抑制。将图 6-6 的数据以乙醇浓度 ρ_P 为横轴，对应比生长速率的倒数$\frac{1}{\mu_{max}}$为纵轴作图可得到一直线，如图 6-7 所示。根据所得的结果可以写出下列直线方程：

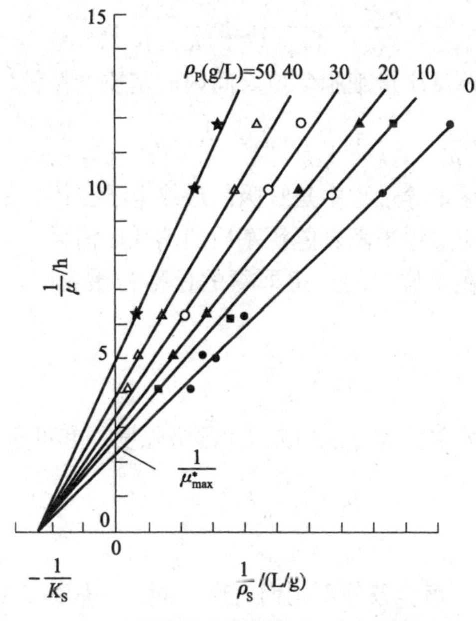

图 6-6　以葡萄糖为限制性基质酿酒酵母（*S. cerevisiae*）呼吸缺陷性菌株的$\frac{1}{\mu}-\frac{1}{\rho_S}$关系图（$\rho_P$ 为培养液中乙醇浓度）

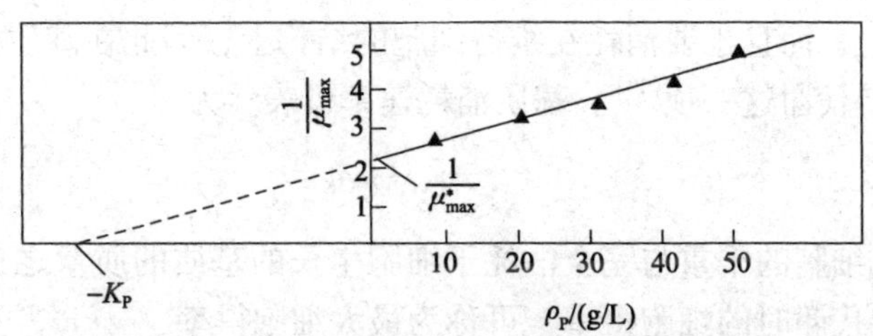

图 6-7　酿酒酵母（*S. cerevisiae*）呼吸缺陷性菌株的 $\rho_P-\frac{1}{\mu_{max}}$关系图

$$\frac{1}{\mu_{max}} = \frac{1}{\mu_{max}^*} + \frac{\rho_P}{K_P\mu_{max}^*} \quad (6-56)$$

可得： $\mu_{max} = \frac{\mu_{max}^* K_P}{K_P + \rho_P}$， 即 $\mu_{max} = \mu_{max}^* \frac{1}{1 + \frac{\rho_P}{K_P}}$ (6－57)

根据 Monod 方程的关系可得：

$$\mu = \mu_{max}\frac{\rho_S}{K_S + \rho_S} = \frac{\mu_{max}\rho_S}{(K_S + \rho_S)\left(1 + \frac{\rho_P}{K_P}\right)} \quad (6-58)$$

由式（6－58）可以看出乙醇对酿酒酵母的生长是非竞争性抑制。

二、基质消耗动力学

1. 基质的消耗速率与比消耗速率

基质的消耗速率可通过细胞得率系数与细胞生长速率相关联，如果基质仅用于细胞的生长，则单位体积培养液中基质 S 的消耗速率 r_S 可表示为：

$$r_S = \frac{r_X}{Y_{X/S}} = \frac{\mu\rho_X}{Y_{X/S}} = \frac{1}{Y_{X/S}} \cdot \mu_{max} \cdot \frac{\rho_S}{K_S + \rho_S} \cdot \rho_X \quad (6-59)$$

基质的比消耗速率为相对单位质量细胞单位时间内的基质消耗量，用 q_S 表示：

$$q_S = \frac{r_S}{\rho_X} = \frac{1}{\rho_X} \cdot \frac{r_X}{Y_{X/S}} = \frac{1}{Y_{X/S}} \cdot \mu = \frac{1}{Y_{X/S}} \cdot \mu_{max} \cdot \frac{\rho_S}{K_S + \rho_S} \quad (6-60)$$

在需氧的细胞反应中，氧在培养过程中是呼吸的最终电子受体，最终生成水并释放出反应的能量，因此氧也是在反应过程中随着能源基质的消耗而消耗。

单位体积培养液中的细胞在单位时间内摄取氧的量称为摄氧率（OUR）或氧的消耗率（r_{O_2}），可表示为：

$$r_{O_2} = \frac{r_X}{Y_{X/O_2}} \quad (6-61)$$

r_{O_2}与细胞浓度之比，为比好氧速率 q_{O_2}，或称为呼吸强度，亦可表示为：

$$q_{O_2} = \frac{1}{Y_{X/O_2}}\mu \quad (6-62)$$

因此 $$r_{O_2} = q_{O_2}\rho_X \quad (6-63)$$

q_{O_2}的数值因所使用的细胞、培养条件不同而有所不同，一般为 0.05～0.25h^{-1}。

2. 包括维持代谢的基质消耗动力学

对于在热力学上远离平衡的活细胞，为了维持其生命，必须要获取高能物质并将其化学能转变为热能，用以维持其渗透压，修复 DNA、RNA 和其他大分子，因此能量不仅要消耗于细胞的生长上，而且也要消耗在维持细胞的结构上，因此在基质消耗的物料衡算方程中必须考虑进维持代谢这一项[10]。基质消耗速率可表示为：

$$r_S = \frac{1}{Y_{X/S}^*}r_X + m\rho_X \quad (6-64)$$

式中 $Y_{X/S}^*$——生成细胞的干重与完全消耗于细胞生长的基质的质量之比，它表示了在无维持代谢时的细胞得率，可称为最大细胞得率

m——细胞的维持系数，其单位为 g/（g·g）或 s^{-1}

上式两边均除以 ρ_X，得到：

$$q_S = \frac{1}{Y_{X/S}^*}\mu + m \tag{6-65}$$

又因为 $q_S = \frac{1}{Y_{X/S}}\mu$，代入上式即可得到：

$$\frac{1}{Y_{X/S}} = \frac{1}{Y_{X/S}^*} + \frac{m}{\mu} \tag{6-66}$$

式中 $Y_{X/S}$——对基质的总消耗而言的细胞得率，即宏观得率

$Y_{X/S}^*$——对用于细胞生长所消耗基质而言的细胞得率，即理论得率对于氧的消耗，同样也存在：

$$r_{O_2} = \frac{1}{Y_{X/O_2}^*}r_X + m_{O_2}\rho_X \tag{6-67}$$

$$q_{O_2} = \frac{1}{Y_{X/O_2}^*}\mu + m_{O_2} \tag{6-68}$$

3. 包括产物生成的基质消耗动力学

基质在细胞内合成产物的模式取决于产物的生成是否与能量代谢过程相耦联。当产物的生成是以产能途径进行时，则由于细胞生长和维持能，生成产物则是不可避免的，如图6-8（a）所示，此时无单独基质流进入细胞生成产物，而所生成产物消耗的基质来自用于细胞生长和维持能的基质，并且消耗于维持能的基质对细胞生长无作用，因此它为一单独基质流进入细胞，此时产物直接与能量产生联系，基质消耗的速率方程不包括单独用于生成产物项，用于生成产物所消耗基质已经包括在用于细胞生长和维持能中所消耗基质项中，因此基质消耗动力学仍可采用式（6-64）。

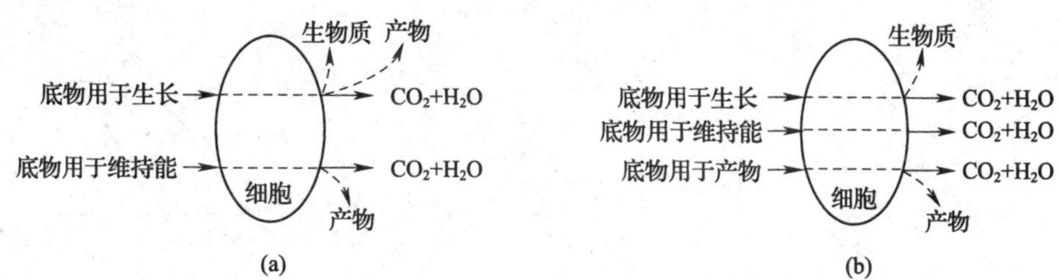

图6-8 底物消耗与产物生成关系示意图

如果产物生成不与或仅仅部分与能量代谢相联系，则用于生成产物的基质或全部或部分系以单独物流进入细胞内，如图6-8（b）所示，此时产物生成与能量代谢仅为间接相耦合。基质消耗速率取决于三个因素：细胞生长速率、产物生成速率和基质消耗于维持能的速率，这些不同可利用得率系数和维持系数相关联，表示为：

$$r_S = \frac{1}{r_{X/S}^*}r_X + m\rho_X + \frac{1}{Y_{P/S}}r_P \tag{6-69}$$

又可表示为：

$$-\frac{d\rho_S}{dt} = \frac{1}{r_{X/S}^*}\mu\rho_X + m\rho_X + \frac{1}{Y_{P/S}}q_P\rho_X \tag{6-70}$$

式中 $Y_{P/S}$——产物的得率系数

q_P——产物的比生成速率

当限制性基质的消耗速率也用比消耗速率 q_S 表示时，则有

$$q_S = \frac{1}{r_{X/S}^*}\mu + m + \frac{1}{Y_{P/S}}q_P \quad (6-71)$$

需要注意的是，有关基质消耗动力学的上述讨论都是建立在单一的限制性基质的基础上，如果对一个细胞反应，同时有多种基质存在，此时基质的消耗利用机制可分为同时消耗、依次消耗和交叉消耗等多种情况，基质消耗动力学模型将变得十分复杂。

三、代谢产物生成动力学

细胞反应生成的代谢产物有醇类、有机酸、抗生素和酶等，涉及范围很广，并且由于细胞内生物合成的途径十分复杂，其代谢调节机制也是各具特点，因此，至今还没有达到可用统一的模型来描述代谢产物生成动力学。

Gaden 对乙醇、柠檬酸、青霉素等多种产物分批发酵大量的动力学数据进行分析研究之后发现，发酵产物的生成速率与菌体生长速率之间大致存在三种不同类型的关联[11]。

类型Ⅰ称为相关模型，是指产物的生成与细胞的生长相关的过程，产物是细胞能量代谢的结果，此时产物通常是基质的分解代谢产物，代谢产物的生成与细胞的生长是同步的，属于此类型的反应有乙醇、葡萄糖酸、乳酸的生产等，其动力学方程可表示为：

$$r_P = Y_{P/X}r_X = Y_{P/X}\mu\rho_X \quad (6-72)$$

$$q_P = Y_{P/X}\mu \quad (6-73)$$

从图6－9（a）可以看出，此时产物的浓度－时间曲线与细胞相似，产物、细胞和基质三者的速率－时间曲线的变化趋势是同步的，都有最大值，最大值出现的时间相差不大。

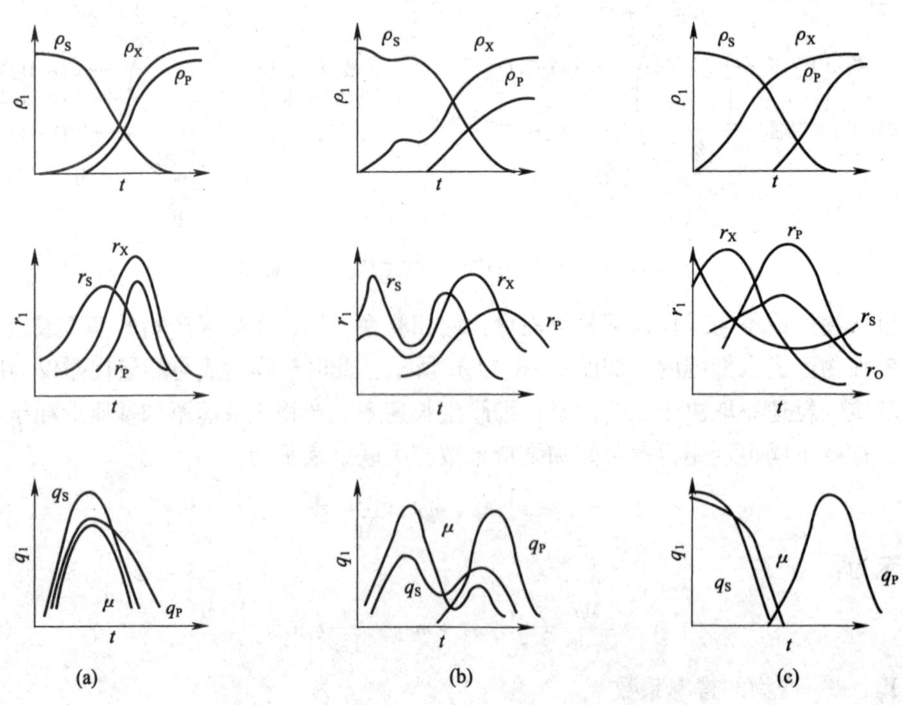

图6－9　产物生成与细胞生长之间的关系

（a）产物生成相关模型　（b）产物生成部分相关模型　（c）产物生成非相关模型

类型Ⅱ称为部分相关模型，该类反应产物的生成与基质消耗仅有间接的关系，产物是能量代谢的间接结果，在细胞生长期内，基本无产物生成，属于此类型的有柠檬酸和氨基酸的生产。同样从图6－9（b）可以看出，对此生长类型，其μ和q_S下降到一定值后，产物生成才较明显，q_P增大，当进入产物生成期，q_P与μ和q_S基本同步，其动力学方程可表示为：

$$r_P = \alpha r_X + \beta\rho_X \tag{6-74}$$

$$q_P = \alpha\mu + \beta \tag{6-75}$$

式中，α、β为常数，等号右边第一项与细胞生长有关，第二项仅与细胞浓度有关。式6－75又称为Luedeking－Piret方程。

类型Ⅲ称为非相关模型，产物的生成与细胞的生长无直接联系，它是二级代谢产物，其特点是当细胞处于生长阶段时，并无产物积累，而当细胞生长停止之后，产物却大量生成，属于此类型的有抗生素、微生物毒素等代谢产物的生成。同样从图6－9（c）可以看出，在反应前期r_P、q_P都很小，反应后期r_P、q_P值很大，而r_X、μ则很小，甚至为零，此时产物生成速率可表示为：

$$r_P = \beta\rho_X \qquad q_P = \beta \tag{6-76}$$

对产物生成动力学的描述还提出了其他一些模型，例如，当要考虑到产物可能存在分解时，则有下面的产物生成动力学模型：

$$r_P = \alpha r_X + \beta\rho_X - k_d\rho_P \tag{6-77}$$

式中　k_d——产物分解常数

当考虑到细胞活性上存在差异时，假定高活性细胞所占比例为φ，则低活性细胞所占比例为$1-\varphi$，则产物生成速率可表示为：

$$r_P = K_1\varphi\rho_X + K_2(1-\varphi)\rho_X \tag{6-78}$$

式中　K_1——高活性细胞的产物比生长速率

　　　K_2——低活性细胞的产物比生长速率

此模型称为细胞活性分布模型。

第二节　细胞反应动力学模型的建立

数学模型的研究是近代工程界的一种普遍趋向。一般来说，数学模型可以描述为：对于现实世界的一个特定对象，为了一个特定的目的，根据其特有的内在规律，做出一些必要的简化假设，运用适当的数学工具，得到的一个数学结构。一个合理、精确的数学模型能够从本质上反映过程各变量之间的动态关系，因此，建立和开发描述反应过程的数学模型能够全面、深刻了解过程的动态行为[12]。

细胞反应过程数学模型是一组可以近似地描述或表示细胞反应过程的数学方程式，它可以在一定程度上精炼地表示出原过程的特征。在微生物反应领域内，开发过程的数学模型通常有下列目的，从而获得具有不同功能的数学模型：

① 预测微生物反应过程的进程，成为预测模型。这种模型建立以后，可以根据反应的前期数据预测过程的后期情况。若过程进行发生偏离，能及时发现问题，采取措施，以保证过程顺利进行，并且根据所要求的最终状态可以预先确定最终反应时间。

② 数学模拟放大。一般来说，一种发酵工业产品的开发或工业技术的应用，从实验室研究到实际工业生产都要经历探索性试验阶段（基础研究阶段）、中间试验研究阶段（开发或应用研究阶段）和工业化设计阶段（最后工业化阶段）等几个阶段。以前，从小试到生产一般采用“逐级放大法”。20 世纪 30 ~ 50 年代，放大的方法主要是根据牛顿的“相似理论”建立起来的“相似放大法”和依靠经验摸索工艺条件的“经验放大法”。随着实践知识、理论研究和计算技术的发展，20 世纪 60 年代已经形成了新的放大方法——“数学模拟放大法”。它是按照一系列的数学模型在计算机上进行数值计算，确定工业化规模的生产消耗定额、设备尺寸、机械强度，以达到最优设计的目的，使得所研究的系统能够顺利投产，完成生产任务。这样，借助于数学模型，用数学模拟放大法进行高倍数的放大，省去了中试阶段，大幅度地降低了费用，缩短了开发周期，从而提高了经济效益。

③ 过程优化策略。在工业生产中，能够使经济效益最佳和产品质量最优的操作过程称为优化策略。获得优化策略的方法主要有两种途径：一是采用经验的方法，逐一考察大量的试验方案来寻找优化操作条件；二是建立合适的数学模型，结合现代优化技术，获得优化策略。在这两种途径中，第二种途径通常是最经济有效的方法，它是按照数学模型在计算机上改变各个过程变量，做模拟实际装置的“数学试验”，即计算机仿真试验，以求出各种条件下生产装置的各种行为，找出最优的生产条件，从而实现生产的最佳操作。按照数学模型在计算机上进行仿真试验已有许多成功的例子，如 A. Constantindes 研究了温度对青霉素发酵过程影响的数学模型，通过在计算机上进行仿真试验，获得了温度控制的优化策略，使青霉素产量提高了 15% 左右。

④ 过程优化控制。过程最优控制是以数学模型为依据，运用最优化方法达到某个优化目标的控制技术。在生产过程中，最优控制通常是根据当前的各种操作参数，按照一定的数学模型，求解控制变量的最优值，以保证反应某个指标、产品质量或能量消耗的目标函数处于最佳值（极大值或极小值）。由此可见，计算机的过程控制尤其是最优控制，很大程度上取决于模型化技术的发展。随着各种生产过程数学模型的研究与开发，将计算机应用于最优值控制、自适应控制和生产调度、管理等方面才成为可能，并逐步从中获得经济效益。因此，数学模型成为能否实现计算机过程控制及高级控制技术的关键之一。

在生化工程领域内，就模型的背景而论，大致有三种：其一是数字拟合型（经验模型），建立此类数学模型时并不要求对过程的本质有深入的了解，完全依赖于实验，根据实验过程数据输入、输出的关系，用统计回归分析方法建立一个能够描述变量外部联系的数学模型。典型的例子如紫外线照射菌体悬浮液时，照射时间与菌体存活率的数学模型。其二是机制模型，是建立在反应机制的基础之上的，典型的例子如 Michaelis-Menten 模型。其三是以实验为依据，在模型的数学表达上对有近似特性的机制模型加以模拟，所得到的这种模型称为常规模型，它的形式虽然与被模拟的机制模型形式上相似，但其模型参数的本质并不完全相同，典型的例子如 Monod 模型以及有抑制存在时的 Monod 模型的修饰模型。

一、数字拟合型模型

数字拟合型模型也称统计模型，它是根据在小型试验、中型试验或生产装置上实测的数据，利用现代系统辨识技术，找出各参量之间的函数关系而建立起来的模型。在建立这类模型时，所研究的系统是一个“黑箱”（即只知道作用于一个系统的变量输入与变量输出，而对系统的内部机制、结构等一无所知的系统），因此，通过数字拟合型（经验模型）很难找到反应过程实质的内在规律。

建立经验模型时，可以通过两种途径获得实测数据。一种是利用正常生产操作获得实测数据，但由于正常操作的工艺条件变化不大，其数据精度也不高，利用这些数据很难找出系统固有的规律。另一种途径是通过试验设计获得实测数据，即有计划地做一些因子试验，测定这些因子变化引起的因变量变化。利用这种数据时，如果利用小试或中试的结果，要注意放大效应；如果在生产装置上进行实验，往往要影响正常生产，但数据的可靠性较高。经验模型一般结构比较简单，不需了解过程的内部机制，其模型值与生产实际值的差距不大，直接应用于生产过程，可靠性比较高。但建立这种模型必须首先建立实验装置，否则无法得到实测数据。同时在建立模型时必须找出主要影响因素，如果抓不到问题的实质，将会造成模型与实际情况不一致，从而造成误差。对于这些问题，在建立和使用经验模型时都应引起充分注意。下面分别举两个例子对此类模型的建立进行阐述。

1. 紫外线照射菌体悬浮液的时间与菌体细胞存活率关系的数学模型

菌体细胞的悬浮液被一定强度的紫外线照射后，引起了不可恢复的损伤，而后一些细胞死亡，极少数发生变异。一个具体细胞损伤得愈厉害，它死亡得就愈快。实验开始时对细胞悬浮液中活细胞计数，然后用紫外线照射，每隔半小时对细胞悬浮液中活细胞计数一次，共四次记录如表6－3所示。根据实验数据，分别将照射时间 t 对每毫升内存活细胞数 X 和每毫升内存活细胞数的自然对数作图如图6－10所示。

表6－3　　紫外线照射酵母细胞悬浮液，照射时间与存活细胞数记录

	t/h				
	0	0.5	1.0	1.5	2
X/（个/mL）	1.2×10^8	0.42×10^8	0.16×10^8	0.045×10^8	0.018×10^8
$\ln X$	13.997	12.948	11.98	10.714	9.789

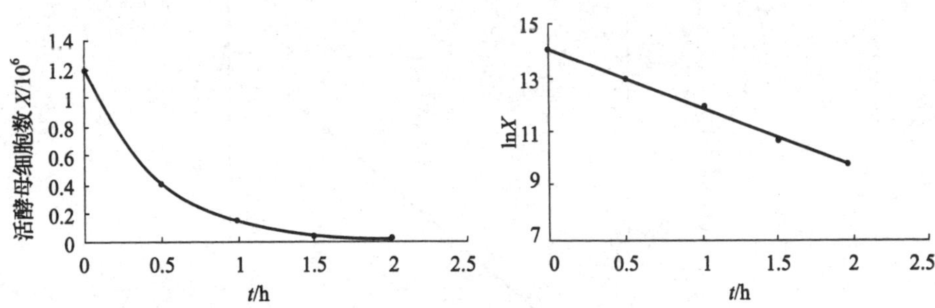

图6－10　$t-X$ 关系图和 $t-\ln X$ 关系图

从图6－10可以看出，$t-\ln X$ 图像为一直线，其纵坐标的截距为 $\ln X_0$，斜率为 -2.08，这样可以得到直线方程：

$$\ln X=\ln X_0-2.08t \qquad (6-79)$$

由此可以得到紫外线照射酵母细胞悬浮液时，酵母细胞存活率和死亡率（η）的数学表达式分别为：

$$\frac{X}{X_0} = e^{-2.08t} \tag{6-80}$$

$$\eta = 1 - e^{-2.08t} \tag{6-81}$$

物理因素使微生物产生变异率，与死亡率成正比，若我们需要酵母细胞死亡率达到99.9%，所需紫外线照射时间可应用（6-81）式得到为200min。

2. 超声波降解透明质酸的时间与透明质酸相对分子质量的关系

透明质酸（hyaluronic acid，HA）又称玻璃酸，是一种广泛存在于动物软缔组织及某些微生物荚膜中的具有特殊功能的细胞外大分子酸性黏多糖，其分子质量一般在100万u以上[14,15]。透明质酸在卫生保健、化妆美容以及组织工程等方面具有重要的应用。在一些物理或化学因素（如紫外照射、加热处理、酶解、氧化自由基降解等）的作用下，透明质酸很容易发生降解，分子质量降低。研究发现在用超声波处理透明质酸溶液时，处理时间与透明质酸的分子质量存在的关系如表6-4所示[16]。

表6-4　超声波降解透明质酸的时间与透明质酸相对分子质量的关系

处理时间/s	0	15	30	45	60
分子质量/（$\times 10^6$u）	1.40	1.36	1.33	1.30	1.27

根据表6-4中的实验数据，将$\left[\left(\frac{\overline{M_0}}{\overline{M_w}}\right)^2 - 1\right]$与处理时间作图，可以得到图6-11。从图6-11中可以看出$\left[\left(\frac{\overline{M_0}}{\overline{M_w}}\right)^2 - 1\right]$与处理时间$t$为线性关系，其线性方程如式6-82所示（式中$M_0$为初始相对分子质量）：

$$\left(\frac{\overline{M_0}}{\overline{M_w}}\right)^2 - 1 = 0.00287 + 0.0035t \tag{6-82}$$

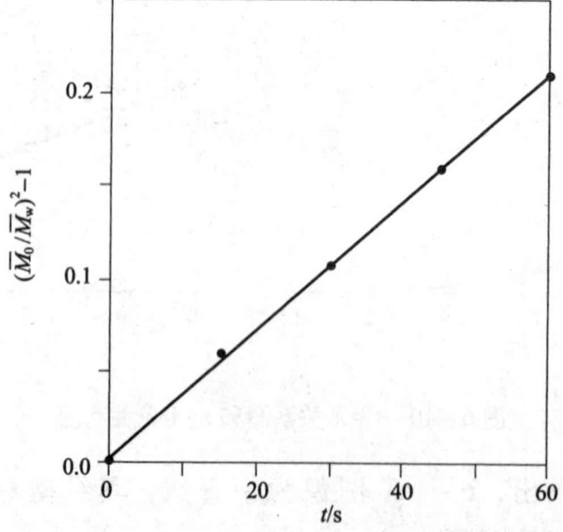

图6-11　透明质酸分子质量与超声波处理时间之间的关系

根据式（6－82）可以算出，若欲将初始分子质量为 140 万 u 的透明质酸降解到 100 万 u所需要的时间为 273s。

经验模型只在实测的范围内有效，因而不能外推或外推幅度不能太大，这种模型用于工程放大或控制具有一定的局限性。

二、机制模型

机制模型也称理论解析模型，它所研究的系统可认为是一个“白箱”，其内部机制已经相当明确。它是从工艺过程中的某些物理、化学和生物的本质机制出发，运用现代工程学的基本理论，建立描述过程的数学表达式。这种模型一般比较复杂，但它的物理意义比较明确，同时在模型的建立过程中可以充分利用现有的基础理论研究成果来探索新的过程，而不需要先有生产过程的真实装置。机制模型适用的范围较大，可以外推，因此，在可能的情况下，应尽可能地建立机制模型。

当然，建立机制模型难度一般比较大，首先是要对过程的内在机制有比较深刻的了解，其次是必须要有比较全面且可靠的基础数据。这两点给建立机制模型带来了很大的困难。特别是细胞反应的过程比一般的化学反应要复杂得多，使得反应过程的参数很多，且互相关联，甚至有许多参数难以直接检测或定量描述，这就给模型的建立造成困难，因此很少采用这种方法建立模型。下面仅以微生物种群无限制条件下的对数生长模型为例对机制模型的建立进行阐述。

某种微生物进行一种简单的种群的非限制性生长，由一个母细胞经过一个世代时间 θ 分裂成两个子细胞，母体消失。设原始菌体数量为 X_0，按上述分裂方式可以由以 2 为底，世代数 t/θ（繁殖时间被世代时间除）为指数来描述：

$$X = X_0 \times 2^{\frac{t}{\theta}} \tag{6-83}$$

这个数学式反映了繁殖时间和细胞数量变化之间的动态关系，若将上式取对数可得到：

$$\ln X = \ln X_0 + \frac{\ln 2}{\theta} \cdot t \tag{6-84}$$

式（6－84）为一直线方程，分别以 t 为横坐标和以 $\ln X$ 为纵坐标，所得直线的截距为 $\ln X_0$，斜率为 $K = \frac{\ln 2}{\theta}$。

例如，在一个平均世代时间 θ 为 106min 并正在作种群非抑制生长含 X_0 为 1000 个细菌的群体中，产生了一株突变菌株，它的平均世代时间 θ'为 53min，那么经过多长时间这种突变型菌株就能在数量上超过原来菌株？到那时微生物群体的总数是多少？

用式（6－84）可得：

$$X_0 \times 2^{\frac{t}{\theta}} = 2^{\frac{t}{\theta'}}$$

$$X_0 = 2^{\left(\frac{t}{\theta'} - \frac{t}{\theta}\right)} = 2^{\frac{t}{\theta}}$$

$$1000 = 2^{\frac{t}{106}}$$

$$t = \frac{3 \times 106}{\lg 2} = 1056(\text{min})$$

在突变株出现后 1056min 开始将超过原来菌株，这时微生物群的细菌总数为：$2X_0 \times 2^{\frac{t}{\theta}} = 2 \times 1000 \times 2^{\frac{1056}{106}} = 2 \times 10^6$

需注意的是，机制模型可以简化，只考虑主要因素，忽略次要因素，但这样做往往会影响最后结果的精确性。因此，在实际工作中，任何模型都要有目的地通过“实践”检验和校正。

三、常规细胞反应动力学模型

常规模型也称混合模型，是通过对过程的机制分析，获得各参量之间的基本函数形式，然后通过正常操作或试验获得实测数据，利用参数估计技术确定基本函数形式的系数而得到的一种模型。它是机制模型法和数字拟合模型法相结合而建立的模型。在实际工作中，对其中的影响因素完全一无所知的系统即“黑箱”是很少的，大多数系统或多或少地知道其中的一些影响因素，这种系统称为“灰箱”。常规模型就是“灰箱”的描述，因此混合模型也称“灰箱模型”。

对细胞反应做定量的和动力学方面的考察，是生化工程研究的基本问题，动力学方程是细胞反应过程模型的重要组成部分。细胞反应动力学方程描述了细胞随基质浓度或其他环境条件变化进行生长的途径，同时也描述了产物合成、基质消耗、氧消耗以及菌体生长的变化规律。研究细胞反应动力学的目的是了解细胞反应过程中细胞的生长速度、基质的消耗速度和产物形成速度，以及影响反应速度的因素，揭示反应过程中细胞浓度、细胞比生长速率、基质比消耗速率、氧传递速率、氧比消耗速率和产物比生成速率等一些重要变量间的关系，从而为生化过程的控制提供信息。

对 HA 发酵过程进行单一控制难以达到最大生产的目的，而对其过程进行深入研究，了解细胞培养中菌体生长、基质消耗、产物生成的动态平衡及内在规律，建立反映微生物生长代谢规律的数学模型，可以为控制 HA 发酵过程提供理论指导。本节以兽疫链球菌（*Streptococcus zooepidemicus*）分批发酵过程动力学模型的建立为例，详细阐述了分批发酵过程动力学模型建立的过程[17]。

1. 发酵过程动力学模型的推导

（1）菌体生长模型　高浓度的碳源如葡萄糖会对兽疫链球菌的生长产生抑制作用，同时兽疫链球菌将大部分的碳源都转化为乳酸，而乳酸发酵是典型的产物抑制生物反应过程，发酵过程中乳酸的积累对细胞生长和产物积累都会产生很强的抑制作用，因此，透明质酸的分批发酵是典型的底物抑制和产物抑制同时存在的生物反应过程。综合考虑发酵过程中葡萄糖和乳酸（LA）对菌体生长的抑制，提出了如下的菌体生长动力学模型：

$$\mu = \frac{\mu_{\max}\rho_S}{K_S + \rho_S + \frac{\rho_S^2}{K_I}} \cdot \frac{1}{1 + \frac{\rho_{LA}}{K_{IP}}} \qquad (6-85)$$

即

$$\frac{d\rho_X}{dt} = \frac{\mu_{\max}\rho_S\rho_X}{K_S + \rho_S + \frac{\rho_S^2}{K_I}} \cdot \frac{1}{1 + \frac{\rho_{LA}}{K_{IP}}} \qquad (6-86)$$

式中　$\mu_{\max}$——最大比生长速率，h^{-1}

ρ_S——底物葡萄糖的浓度，g/L

ρ_X——菌体浓度，g/L

K_S——底物半饱和常数，g/L

K_I——底物抑制常数，g/L

ρ_{LA}——产物乳酸的浓度，g/L

K_{IP}——乳酸抑制常数，g/L

（2）产物合成模型　在兽疫链球菌的厌氧分批发酵过程中，HA 和乳酸是仅能检测到的胞外产物，而在其通风好氧发酵过程中，除了 HA 和乳酸外，还能够检测到少量的乙酸，由于乙酸的量很少（仅占乳酸量的 10%），在此产物只考虑 HA 和乳酸。HA 和乳酸与菌体的生长相偶联，但当乳酸积累到一定程度后，HA 的合成速度明显变慢，说明乳酸对 HA 的合成表现出比对菌体的生长更为强烈的抑制作用，同时，乳酸的产生也会对细胞继续合成乳酸产生抑制作用。根据以上对 HA 发酵过程产物形成过程的特点分析，提出了如下的 HA 和乳酸合成动力学模型：

HA 合成模型：

$$\frac{d\rho_{HA}}{dt} = \frac{\alpha_{HA}}{1 + \frac{\rho_{LA}}{K_{HA}}} \cdot \frac{d\rho_X}{dt} \tag{6-87}$$

乳酸合成模型：

$$\frac{d\rho_{LA}}{dt} = \frac{\alpha_{LA}}{1 + \frac{\rho_{LA}}{K_{LA}}} \cdot \frac{d\rho_X}{dt} \tag{6-88}$$

式中　ρ_{HA}——HA 浓度，g/L

ρ_{LA}——乳酸浓度，g/L

α_{HA}和α_{LA}——偶联常数

K_{HA}和K_{LA}——分别为乳酸对 HA 和乳酸合成的抑制常数，g/L

（3）基质消耗模型　根据物料平衡，限制性底物的消耗通常用于三部分，即用于菌体生长、产物合成和细胞内源维持部分，综合 HA 发酵过程，底物消耗动力学模型可表示为：

$$-\frac{d\rho_S}{dt} = \frac{1}{Y_{X/S}} \cdot \frac{d\rho_X}{dt} + \frac{1}{Y_{LA/S}} \cdot \frac{d\rho_{LA}}{dt} + \frac{1}{Y_{HA/S}} \cdot \frac{d\rho_{HA}}{dt} + m\rho_X \tag{6-89}$$

式中　$Y_{X/S}$——菌体对底物的得率系数，g/g

$Y_{LA/S}$——乳酸对底物的得率系数，g/g

$Y_{HA/S}$——HA 对底物的得率系数，g/g

m——内源维持常数，h^{-1}

由于 HA 只占底物消耗量的小部分，可以将 HA 项和乳酸项合并，若底物对菌体和产物的转化率恒定，则上式可以简化为：

$$-\frac{d\rho_S}{dt} = \frac{1}{Y_{X/S}} \cdot \frac{d\rho_X}{dt} + \left(\frac{1}{Y_{LA/S}} + \frac{1}{Y_{HA/S}}\right)\frac{d\rho_{LA}}{dt} + m\rho_X \tag{6-90}$$

2. 动力学模型的求解

根据实验数据来确定模型中的参数，称为模型的参数估计，这在建模过程中是很重要的一步。估算模型参数最简单的方法是图解法，即采用适当的变换，将模型转化成能够线性化作图的方式，从而确定模型参数。但这种方法的适用范围非常有限，数学模型稍一复杂，图解法就显得无能为力，这就必须借助于计算机计算技术，采用回归法进行参数估算。采用龙格库塔法求取方程的数值解，单纯形法进行参数寻优，所得拟合参数如表6-5所示。

表 6-5　HA 发酵动力学方程的参数

参数	μ_{max}/h^{-1}	$K_S/$（g/L）	$K_I/$（g/L）	$K_{IP}/$（g/L）	α_{HA}	$K_{HA}/$（g/L）
拟合值	1.12	1.2×10^{-4}	23.75	0.1	2.12	24.61
参数	α_{LA}	K_{LA}/g/L	$Y_{X/S}$	$\frac{1}{Y_{LA/S}}+\frac{1}{Y_{HA/S}}$	m/h^{-1}	
拟合值	26.32	22.17	14.5	0.928	0.367	

3. 模型计算值与实验值的比较

模型计算值与实验值的比较如图 6-12 所示。

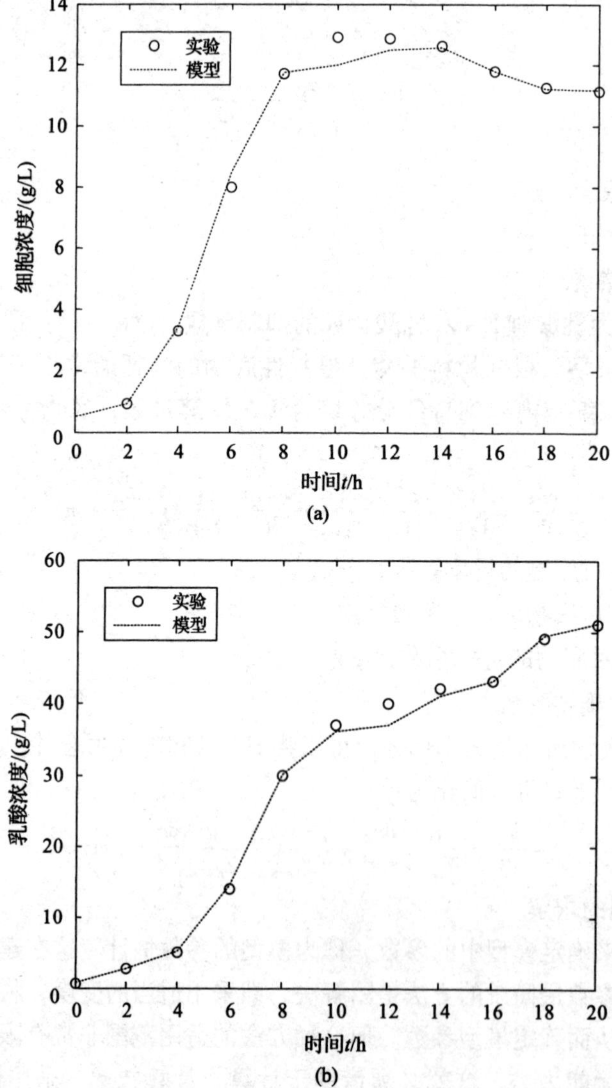

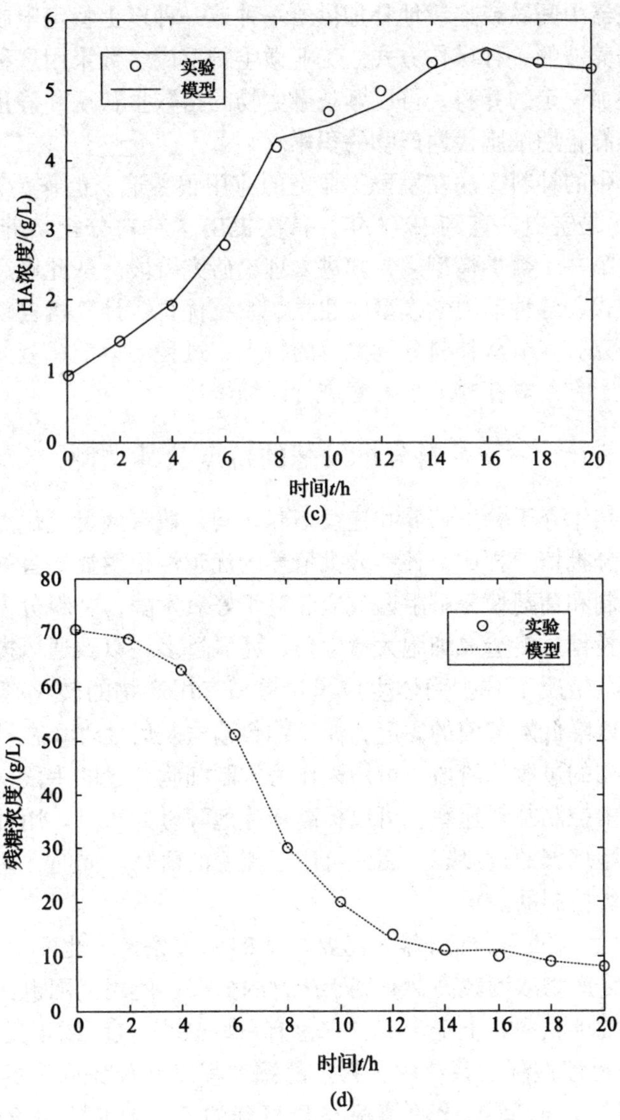

图 6-12　模型计算值与实验值的比较

（a）细胞生长曲线　（b）乳酸合成曲线　（c）透明质酸合成曲线　（d）碳源（蔗糖）消耗曲线

从图 6-12 可以看出，实验值与模型计算值基本吻合，说明所建立的模型能够较好地模拟 HA 发酵过程，从而为 HA 发酵的过程优化控制提供了良好的理论依据。

从透明质酸分批发酵过程动力学模型的建立过程来分析，动力学模型的建立主要包括三个步骤：首先是对所要研究的发酵过程的特性分析并提出合理的动力学模型；其次是对模型参数的求解；最后要对模型的有效性进行实验验证。

第三节　补料分批发酵过程动力学

补料分批培养（fed-batch）又称半分批培养（semi-batch）或半连续培养，俗称"流加"，是一种介于分批发酵和连续发酵之间的特殊培养模式，它是在微生物的分批培养过程中，向生物反应器中间歇或连续地补加供给一种或一种以上特定限制性底物，但直到反应结束后才排出培养液的一种操作方式。工业微生物反应多数采用这种方式操作。在培养的不同时间不断补加一定的养料，可以延长微生物的指数生长期和静止期的持续时间，增加生物量的积累和静止期细胞代谢产物的积累。

尽管分批培养中的补料方法在发酵工业上的应用很普遍，但作为理论研究，在20世纪70年代之前几乎是空白，直到1973年，首次提出“补料分批培养”这个术语，并从理论上推导建立了第一个数学模型后，才进入理论研究阶段。从此以后，对于补料分批发酵的应用、补料方式、各种动力学模型的建立、系统优化、计算机自动控制以及次优化等方面有了大量的研究。本节从补料分批发酵的特点、过程动力学模型的建立以及补料分批操作的过程优化三个方面对补料分批发酵进行详细阐述。

一、补料分批发酵的特点及其类型

补料分批培养技术介于分批培养和连续培养之间，兼有两者之优点，而且克服了两者之缺点。同传统的分批培养相比，补料分批培养的优越性很明显，首先它可以解除底物的抑制、产物反馈抑制和葡萄糖分解阻遏效应。对于好氧发酵，补料分批培养可以避免在分批发酵中因一次性投糖过多造成细胞大量生长、耗氧过多，以致通风搅拌设备不能匹配的状况，还可以在某些情况下减少菌体生成量，提高有用产物的转化率。在真菌培养过程中，菌丝的减少可以降低发酵液的黏度，便于物料输送及后处理。在补料分批培养中，菌体可被控制在一系列的过渡态阶段，可用来作为控制细胞质量的手段，在以出芽率作为质量标准的酵母生产中控制补料速率，可以提高产芽孢酵母的比例。用补料分批培养技术可以重复某个时间细胞培养的过渡态，因此可用于理论的研究。同时，研究补料分批培养是达到自动控制和最优控制的前提。

与连续培养相比，补料分批培养不需要严格的无菌条件，也不会产生菌种老化、变异、污染问题；最终产物浓度较高，有利于产物的分离；使用范围也比连续发酵广泛。

但是，补料分批培养并非十全十美，它也有一些缺点：① 用于反馈控制的附属设备比较贵。② 在没有反馈控制的系统中，料液的添加程序是预先固定的。当微生物的生长方式（即菌体生长）随时间变化的情况与预想到的不一致时，不能进行有效的调节。③ 要求操作者具有较高的操作技能。另外，补料分批培养要解决的一个重要问题是向发酵罐中加入什么物质以及如何加入这些物质。目前在生产上还只是凭经验确定，或根据少数几次检测的静态参数设定控制点，带有一定盲目性，很难同步地满足微生物生长和产物合成的需要，也不可能完全避免基质的调控反应。

补料分批培养过程主要适用于代谢产物得率或生成速率受到底物影响、细胞的生长状态和培养环境需要调节的过程，这类过程多属于以下的情况：

（1）细胞的高密度培养过程　通过流加高浓度的营养物质，可获得培养液中细胞的高浓度。例如大肠杆菌的菌体密度（以干重计）可达125kg/m^3，补料分批培养相对分批培养，菌体得率增大10倍以上。这类过程需要对细胞的生长状态进行阶段性的调控，往往关键底物组分的流加对获得细胞的高密度起决定性的作用。

（2）所用底物在高浓度时对菌体生长有抑制作用　乙醇、甲醇、乙酸、芳香族化合物等，即使在较低浓度下，也会对微生物生长产生抑制作用。采用补料培养法，使这些基质浓度保持在较低水平，可以缩短延迟期和减小其对菌体生长的抑制作用。

（3）存在 Crabtree 效应的培养系统　Crabtree 效应是指在酵母培养中，当糖浓度过高时，即使溶解氧量很充足，酵母菌也会将糖分解成乙醇，从而使菌体得率下降的现象。在大肠杆菌等细菌的好氧培养中，糖浓度过高时，生成副产物乙酸、乳酸等有机酸，抑制菌体生长或对代谢过程产生不利影响。这种现象称为细菌 Crobtree 效应。在这种培养系统中，需要将糖浓度降低到不至于使酵母的菌体得率减小的程度。为此，酵母生产常采用流加法。此外，基因重组大肠杆菌的培养，为了抑制乙酸等有机酸的生成，也适宜采用流加法。

（4）营养缺陷型菌株的培养　一些营养缺陷型菌株可以积累某种产物（如氨基酸），利用这类菌株进行生产时须补充其不能合成的物质供生长之需。但这些物质过量存在时，可能产生反馈抑制或阻遏作用，影响产物的合成。采用补料培养法可使这些物质保持在低浓度水平，提高产物的生产率。

（5）受异化代谢阻遏的系统　以某些易被微生物利用的物质（如葡萄糖）作为碳源时，会使细胞某些酶，尤其是与异化代谢有关的酶的生物合成受到阻遏，这种现象又称为分解代谢物抑制作用。在这种系统中，可以利用流加法降低糖浓度，使培养液中葡萄糖浓度保持在低水平，可以有效地解除阻遏作用。

（6）高黏度的培养系统　补料分批培养可以降低培养液的黏度，因而可以应用于高黏度的发酵系统（如右旋糖酐、黄原胶的生产）。

近年来，随着理论研究和工业应用的不断发展，补料分批培养的类型从补料方式到计算机最优化控制等方面都取得了很大的发展。尽管它属于分批培养到连续发酵的过渡类型，但在某些情况下，几乎不再含有分批的概念而逼近连续操作，例如多级的重复补料分批培养。

目前，补料分批培养的类型很多，各个研究者所用的术语又不尽相同，因此分类比较混乱，很难统一起来。就补料方式而言，有连续补料、不连续补料和多周期补料；每次补料又可分为快速补料、恒速补料、指数补料和变速补料；按反应器中发酵体积分类，可分为变体积和恒体积补料；按反应器数目分类，有单级和多级补料之分；按补加的培养基成分来区分，可分成单一组分补料和多组分补料。

随着补料分批培养在工业生产中越来越广泛的应用，国内外对此类过程的研究与开发非常重视，特别是最近几年报道了大量有关的内容，其水平正在不断提高。

二、补料分批发酵的动力学模型

补料分批培养的优化操作与控制是以对过程的分析和数学模型的建立为基础的，为此必须明确过程的各种变量与参数的性质及其相互关系。这些变量与参数分为状态变量、操作变量和过程参数。生物反应器的过程状态指能充分表示在任何反应时间反应情况的一组相互依赖的变量及其数值，这些变量称为状态变量。属于状态变量的有 pH、温度、培养液中的细胞浓度、底物和产物浓度等。状态变量的变化由操作变量引起，这些操作变量包括加料速率、加料中的底物浓度、搅拌速度和通气速率等。状态变量的变化反映在过程参数或细胞的生长参数上，它包括细胞的比生长速率、得率系数、氧和二氧化碳的传递速率等。在补料分批培养时，由加料速率这一操作变量引起的状态变量的变化，一般用过程的状态方程描述，状态方程与质量平衡和能量平衡有关。

由于补料分批培养属于分批培养与连续培养之间的过渡态操作，因此随着底物施加速率的变化，培养液的组成、细胞浓度和培养液体积等过程状态变量均随时间发生变化，状态变量的估计与质量衡算都以总量的变化来进行。

若以 ρ 表示培养液中各组分的浓度（包括细胞质量浓度和底物浓度），以 V_R 表示反应器的有效体积，则其总量衡算式为：

$$\frac{d(\rho V_R)}{dt} = V_R \frac{d\rho}{dt} + \rho \frac{d(V_R)}{dt} \tag{6-91}$$

由于反应器有效体积的增量与加料速率相等，因此有

$$\frac{dV_R}{dt} = F \tag{6-92}$$

式中　F——加料速率，mL/h

所以

$$\frac{d(\rho V_R)}{dt} = V_R \frac{d\rho}{dt} + \rho \frac{dV_R}{dt} = V_R r + \rho F \tag{6-93}$$

式中　r——以各组分为基准的反应速率，g/（L·h）

于是

$$\frac{d\rho}{dt} = r + \frac{F}{V_R}(\rho_0 - \rho) = r + D(\rho_0 - \rho) \tag{6-94}$$

式中　ρ_0——加料中的组分浓度，g/L

D——稀释率，$D = \frac{F}{V_R}$，指加料流量与反应器有效体积之比，h^{-1}

由式（6-94）可以得出细胞的衡算式为：

$$\frac{d\rho_X}{dt} = \mu\rho_X - D\rho_X = (\mu - D)\rho_X \tag{6-95}$$

式中　μ——细胞比生长速率，h^{-1}

ρ_X——细胞质量浓度，g/L

求解底物的衡算式需要根据底物在反应中的消耗情况进行，当底物的消耗仅用于细胞生长时，底物的变化速率为：

$$\frac{d\rho_S}{dt} = D(\rho_{S0} - \rho_S) - \frac{\mu}{Y_{X/S}}\rho_X \tag{6-96}$$

式中　ρ_{S0}、ρ_S——补料中、培养液中底物的浓度，g/L

$Y_{X/S}$——细胞对底物的得率系数，g/g

当底物用于细胞生长和维持活动时，有：

$$\frac{d\rho_S}{dt} = D(\rho_{S0} - \rho_S) - \left(\frac{\mu}{Y^*_{X/S}} + m\right)\rho_X \tag{6-97}$$

式中　m——维持常数，g/(g·h)

$Y^*_{X/S}$——细胞对底物的理论得率系数，g/g

当底物用于细胞生长、维持活动和产物生成时，有：

$$\frac{d\rho_S}{dt} = D(\rho_{S0} - \rho_S) - \left(\frac{\mu}{Y^*_{X/S}} + m + q_P\right)\rho_X \tag{6-98}$$

式中　q_P——产物比生成速率

在判明反应特征的条件下，产物的衡算式为：

$$\frac{d(\rho_P V_R)}{dt} = q_P \rho_X V_R \tag{6-99}$$

因此

$$\frac{d\rho_P}{dt} = q_P \rho_X - D\rho_P \tag{6-100}$$

以上各式中产物比生成速率 q_P 的计算需在判明反应特征的条件下，使用 Gadden 反应类型的有关表达式进行。

对不同的流加控制方法，加料速率 F 和稀释率 D 的变化规律不同，并且除恒流量流加情况以外，其他均为时间的函数，因此状态方程的差异，反映了各种补料方式的不同。以下分别讨论几种典型的控制方式的操作模型。

1. 恒速流加操作模型[7]

对补料分批培养，若以底物仅消耗于细胞生长而与维持活动或产物生成无关的过程为例，其底物的消耗速率方程式为式（6－96）。假定在过程早期细胞生长速率保持最大比生长速率，$\mu = \mu_{max}$，对此方程乘以 $Y_{X/S}$后与式（6－95）相加得到：

$$\frac{d(\rho_X + Y_{X/S}\rho_S)}{dt} = \frac{d[\rho_X - Y_{X/S}(\rho_{S0} - \rho_S)]}{dt} = -D[\rho_X - Y_{X/S}(\rho_{S0} - \rho_S)] \tag{6-101}$$

根据 $V_R = V_{R0} + Ft$ 和 $D = \frac{F}{V_R}$，代入上式，分离变量并整理可得到：

$$\frac{d\ln[\rho_X - Y_{X/S}(\rho_{S0} - \rho_S)]}{dt} = -\frac{d\ln(V_{R0} + Ft)}{dt} \tag{6-102}$$

将初始条件 $\rho_S = \rho_S^0$、$\rho_X = \rho_{X0}$、$V_R = V_{R0}$代入上式，由于衡流量流加时 F 为定值，可以解出：

$$\frac{V_R}{V_{R0}} = \frac{\rho_{X0} - Y_{X/S}(\rho_{S0} - \rho_S^0)}{\rho_X - Y_{X/S}(\rho_{S0} - \rho_S)} \tag{6-103}$$

式中　ρ_{S0}——补料中的底物浓度，g/L

ρ_S^0——加料开始时培养液中底物的浓度，g/L

结合初值条件，可以推出：

$$\rho_X = \frac{V_{R0}\rho_{S0}\exp(\mu_{max}t)}{V_{R0} + Ft} \tag{6-104}$$

把此式带入上式可以得到：

$$\rho_S = \frac{F\rho_{S0}t + V_{R0}(\rho_{S0} + \frac{\rho_{X0}}{Y_{X/S}}) - \frac{1}{Y_{X/S}}V_{R0}\rho_{X0}\exp(\mu_{max}t)}{V_{R0} + Ft} \tag{6-105}$$

由于以衡流量进料，在细胞生长的化学计量关系的约束下，细胞不能始终保持最大比生长速率增加，在细胞密度增加至一定数值后会发生下降，这时状态方程描述的过程特性有如图 6－13 所示的情况。由图可见，由于在整个过程中加料速率恒定，故细胞的生长状态在此操作参数下变化明显。在过程前期细胞密度较低时，流加速率相对较大，细胞可以最大比生长速率生长，随着过程的进行，在细胞浓度较大时，因培养液体积在逐渐增大，稀释率和比生长速率逐渐减小，加料速率 F 的外部控制使细胞的生长达到拟稳态。

过程在拟稳态时的特性为：$\frac{d\rho_X}{dt} = 0$，细胞浓度恒定。拟稳态不是严格的拟稳态，此时底物浓度 ρ_S 很小，趋近于零但并不等于零。在$\frac{d\rho_X}{dt} = 0$ 的条件下，由式（6－95）可以看

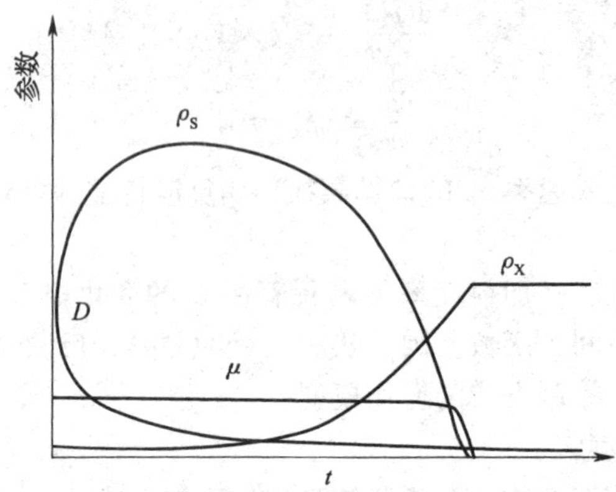

图 6－13　恒速流加分批培养过程的动态变化

出，$\mu=D$，因此由 Monod 方程可以求出拟稳态时的底物浓度 ρ_S 为：

$$\rho_S = \frac{K_S D}{\mu_{max} - D} \tag{6-106}$$

拟稳态时比生长速率随时间的变化规律为：

$$\frac{d\mu}{dt} = \frac{d\left(\frac{F}{V_R}\right)}{dt} = -\frac{F^2}{V_R^2} = -\frac{F^2}{(V_{R0}+Ft)^2} \tag{6-107}$$

假设反应器的体积较大，而初始体积 V_{R0} 相对较小，经过长时间的流加培养后，有：

$$\frac{d\mu}{dt} = -\frac{1}{t^2} \tag{6-108}$$

这说明如果要使培养液中限制性基质浓度保持不变，同时细胞生长速率不降低，就不能够采用恒速流加。

恒速流加的实用价值在于它的操作简单，并且可用于调控细胞的生长速率与状态。例如，对重组大肠杆菌培养过程，在表达期用乳糖诱导 T7 启动子控制下表达外源基因时，细胞的比生长速率应该控制在较低水平，故用乳糖的恒速流加可获细胞的高密度和基因的高表达。

2．恒定生长参数的流加模型[7]

（1）恒定比生长速率 μ 的流加操作　使加料速率按指数规律增加，以保持限制性基质浓度保持不变，称为指数流加。由于细胞的比生长速率为底物浓度的函数，因此指数流加可以使比生长速率 μ 保持恒定。在此条件下，根据比生长速率的定义：

$$\mu = \frac{1}{V_R\rho_X}\cdot\frac{d(V_R\rho_X)}{dt} \tag{6-109}$$

可以得到：

$$\rho_X V_R = \rho_{X0} V_{R0}\exp(\mu t) \tag{6-110}$$

若底物的消耗仅用于细胞生长，根据底物衡算式以及约束条件 $\frac{d\rho_S}{dt}=0$，可以得到：

$$\mu\rho_X V_R = Y_{X/S} F(\rho_{S0} - \rho_S) \tag{6-111}$$

求得流加速率为：

$$F(t) = \frac{\mu\rho_X V_R}{Y_{X/S}(\rho_{S0}-\rho_S)} = \frac{\mu\rho_{X0} V_{R0}\exp(\mu t)}{Y_{X/S}(\rho_{S0}-\rho_S)} \tag{6-112}$$

由以上两式联立可得：

$$\frac{\rho_X}{\rho_{X0}}=\frac{\exp(\mu t)}{1-A\rho_{X0}+A\rho_{X0}\exp(\mu t)} \tag{6-113}$$

其中

$$A=\frac{1}{Y_{X/S}(\rho_{S0}-\rho_S)} \tag{6-114}$$

并有

$$\frac{V_R}{V_{R0}}=1-A\rho_{X0}+A\rho_{X0}\exp(\mu t) \tag{6-115}$$

(2) 恒定生长速率 r_X 的流加操作　这种形式的流加在整个操作过程中满足：$r_X=\mu\rho_X=r_{X0}$，所以

$$\rho_X=\frac{r_{X0}}{\mu} \tag{6-116}$$

$$\frac{d\rho_X}{dt}=r_{X0}\frac{d\left(\frac{1}{\mu}\right)}{dt}=-r_{X0}\mu^{-2}\frac{d\mu}{dt}=-r_{X0}\mu^{-2}\frac{d\mu}{d\rho_S}\cdot\frac{d\rho_S}{dt} \tag{6-117}$$

根据生物量衡算方程：

$$\frac{d\rho_X}{dt}=r_X-D\rho_X=r_X-D\frac{r_{X0}}{\mu} \tag{6-118}$$

联立上两式可以得到：

$$D=\frac{F}{V}=\mu\left(1+\mu^{-2}\frac{d\mu}{d\rho_S}\cdot\frac{d\rho_S}{dt}\right) \tag{6-119}$$

由于基质平衡方程

$$\frac{d\rho_S}{dt}=-Y_{S/X}\mu\rho_X+D(\rho_{Si}-\rho_S) \tag{6-120}$$

式中　ρ_{Si}——反应器内基质浓度

所以

$$D=\frac{F}{V}=\frac{\frac{d\rho_S}{dt}+Y_{S/X}\mu\rho_X}{\rho_{Si}-\rho_S} \tag{6-121}$$

因此，可以得到：

$$\frac{d\rho_S}{dt}=\frac{\mu(\rho_{Si}-\rho_S)-Y_{S/X}r_{X0}}{1-(\rho_{Si}-\rho_S)\frac{d[\ln(\mu)]}{d\rho_S}} \tag{6-122}$$

若细胞生长采用 Monod 方程，将方程无因次化，最后得：

$$\frac{ds}{d\theta}=\frac{\left(\frac{s}{s+a}\right)(1-s)-b}{1-(1-s)\left[\frac{a}{s(s+a)}\right]}=\frac{s[-s^2-(b-1)s-ab]}{s^2+2as-a} \tag{6-123}$$

其中

$$s=\frac{\rho_S}{\rho_{Si}},\theta=\mu_{max}t,\quad a=\frac{K_S}{\rho_{Si}},b=\frac{r_{X0}}{\mu_{max}\rho_{Si}Y_{X/S}} \tag{6-124}$$

求出上式的解之后，就可以进一步求得流加速率随时间的变化关系。保持细胞生长速率 r_X 恒定的操作具有随过程的进行比生长速率逐渐下降，而细胞浓度上升的特性，可满足某些过程对生长速率进行调控的要求。

3. 定值控制的流加模型

一般定值控制流加系指通过控制底物的加入速率以保持过程的参数不变，在定值控制中，常用的方法是保持培养液的 pH 或溶解氧恒定，分别称为恒 pH 法（pH－STAT）和恒溶解氧法（DO－STAT）[8]。

（1）恒 pH 流加操作　pH 对细胞的生理过程有着重要的影响，对多数细胞反应过程而言，当培养液中关键碳源浓度较高或细胞生长过快时，碳源代谢过程会产生一定量的有机酸，对细胞的生长会造成抑制作用。因此，通过 pH 的检测与底物的流加关联控制，可调控细胞的代谢过程，使培养液 pH 保持最佳值。

恒 pH 法系由 MacBean 和 Martin 等建立，既可用于补料分批培养，也可用于连续培养。其基本控制机制是以同时分别流加作为碳源的底物和作为氮源的氨水等碱性物质的手段控制培养液的酸碱度，以酿酒酵母或大肠杆菌培养过程为例，分析如下：

以葡萄糖或蔗糖作碳源，以氨水作氮源的微生物的需氧培养过程的化学计量方程为：

$$A(C_xH_yO_z)+B(NH_4^+)+C(O_2)\rightarrow D(C_\alpha H_\beta O_\sigma N_\gamma)+B(H^+)+E(CO_2)+F(H_2O) \quad (6-125)$$

式中　A、B、C、D、E、F——化学计量系数

$C_xH_yO_z$、$C_\alpha H_\beta O_\sigma N_\gamma$——碳源、细胞的分子式

化学计量式表明，每消耗 1mol 氢氧化铵时产生 1mol 质子，对质子的衡算式为：

$$\frac{dc_H}{dt}=\frac{F_B}{V_R}c_{H,B}-\frac{F_B}{V_R}c_{OH,B}+\frac{F_C}{V_R}c_{H,C}+\frac{\mu}{Y_{X/H}}\rho_X \quad (6-126)$$

式中　c_H——培养液中的质子含量，mol/L

$c_{H,B}$——流加碱液中的质子含量，mol/L

$c_{H,C}$——流加培养基中的质子含量，mol/L

$c_{OH,B}$——流加碱液的浓度，mol/L

ρ_X——细胞浓度，g/L

F_C——底物溶液的流加速率，L/h

F_B——碱液的流加速率，L/h

$Y_{X/H}$——细胞对质子的得率系数，对氢氧化铵其值等于细胞对氢氧化铵的得率系数 $Y_{X/B}$，g/mol

底物溶液对碱液的相对流加速率$\frac{F_C}{F_B}$是重要的操作变量，以细胞质量为基准衡算，可以得出临界$\frac{F_C}{F_B}$为：

$$\left(\frac{F_C}{F_B}\right)_C=\frac{Y_{X/B}c_{OH,B}}{\rho_S Y_{X/S}} \quad (6-127)$$

临界$\frac{F_C}{F_B}$与细胞反应的最优碳氮比有关，它取决于得率系数 $Y_{X/B}$和 $Y_{X/S}$的数值。

恒 pH 法流加在重组菌的培养上应用较多，Grothe 等用此研究以细菌广泛产碱菌（*Alcaligenes latus*）在胞内生产聚 β－羟基丁酸（PHB），实验说明恒 pH 法流加优于恒流量流加和指数流加。对蔗糖溶液的恒流量流加、指数流加和恒 pH 法流加的细胞密度分别可达 24.7，32.9 和 35.4g/L。单位反应器体积的 PHB 浓度分别可达 8.5，16.3 和 18.2g/L。恒 pH 法流加培养所得的胞内 PHB 含量约为 52%。如图 6－14 所示为恒 pH 法流加分批培

养的典型结果。实验条件为：$\frac{F_C}{F_B}=10$；流加蔗糖浓度和氨水浓度分别为500g/L和200g/L，pH为6.5。

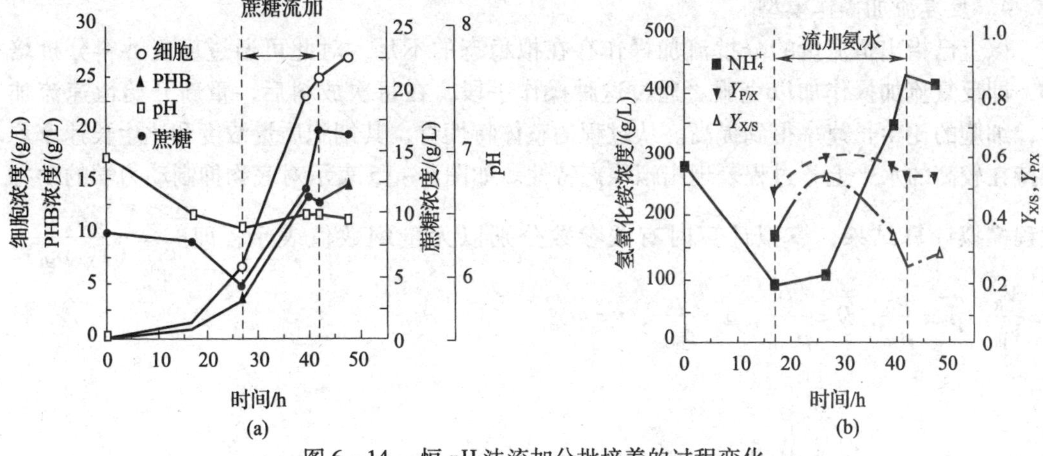

图6－14　恒pH法流加分批培养的过程变化

（a）细胞、PHB及蔗糖浓度在恒pH流加分批培养过程中的变化曲线

（b）氢氧化铵、$Y_{P/S}$及$Y_{X/S}$在恒pH流加分批培养过程中的变化曲线

（2）恒溶解氧流加操作　恒溶解氧流加操作的基本原理在于通过关联主要细胞反应的碳源代谢与氧的消耗，来进行底物流加速率与摄氧率的关联与控制。一般在细胞培养过程中，培养液中的浓度增大时，代谢反应速率较大，底物浓度则下降；而当底物浓度较高，并且细胞生长速率与浓度较大时，溶解氧浓度则下降，因此可对溶解氧浓度与底物的流加速率进行关联控制。

对多数细胞反应过程来讲，培养液中的溶解氧浓度为工艺参数，要求保持定值，因此氧传递的推动力不能改变，在一定的反应器传氧效率下，细胞的摄氧率*OUR*必与氧传递速率*OTR*相等，即：

$$k_L a(\rho_{OL}^* - \rho_{OL}) = \frac{\mu}{Y_{X/O}}\rho_X \tag{6-128}$$

式中　ρ_{OL}^*——培养液中溶氧饱和浓度

ρ_{OL}——培养液中溶氧浓度

μ——细胞比生长速率

$Y_{X/O}$——细胞对溶氧的得率系数

ρ_X——细胞浓度

上式说明若要保持细胞的比生长速率μ不变，必须增大氧的传递系数和传递效率。因此，在恒溶解氧法的过程控制时，必须通过不断提高通气速率、搅拌速度或通入纯氧等措施为细胞的生长提供条件，通气速率、搅拌速度和流加速率是相互关联的操作变量。但是，在实际过程中，一般反应器的供氧条件不能随意改变，这时底物流加速率的控制必须与*OUR*的变化关联。在氧供需平衡时，参照式（6－128），保持生长比速率μ不变的底物流加速率F（*t*）可由下式决定：

$$V_{R0} + F(t)t = \frac{\mu}{Y_{X/O}(OUR)}\rho_{X0} V_{R0}\exp(\mu t) \tag{6-129}$$

式中　ρ_{X0}——流加开始的细胞质量浓度，g/L

V_{R0}——流加开始时反应器有效体积，L

在摄氧率 OUR 等参数可在线检测的条件下由式（6－129）对发酵过程进行控制。

4．反复流加操作模型

以上已指出恒流量的分批流加操作存在拟稳态的不足，对此可通过反复补料分批培养，即反复流加操作加以克服。通过这种操作手段，在每次放料后，重新开始恒速流加时，细胞的比生长速率得到提高。从过程的整体特性看，其细胞质量浓度和比生长速率均保持在较高的水平上，过程表现出拟稳态特性。如图6－15表示对底物抑制动力学的动态过程模拟计算结果，模拟计算时有关参数分别以无量纲数值表示，即$\overline{\rho_X}=\frac{\rho_X}{(Y_{X/S}\rho_{S0})}$，$\overline{V}=\frac{V_R}{V_{R0}}$，$\overline{\rho_S}=\frac{\rho_S}{\rho_{S0}}$，$\overline{D}=\frac{D}{\mu_{max}}$，$\overline{\mu}=\frac{\mu}{\mu_{max}}$，$\overline{t}=t\mu_{max}$。

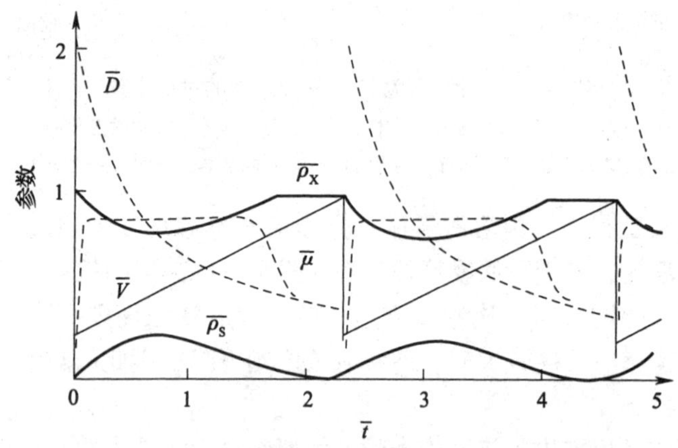

图6－15　反复补料分批培养的动态模拟

反复补料分批培养时，长时间的拟稳态操作使过程具有连续过程的性质，反应器的生产能力也较大，这可通过对拟稳态的产物生成做近似计算说明。以恒流量进行流加过程，流加开始时的产物浓度和反应器有效体积分别为 ρ_{P0} 和 V_{R0}，则由式（6－99）积分可得：

$$\rho_P=\frac{\rho_{P0}V_{R0}}{V_R}+\frac{1}{V_R}\int_0^t q_P\rho_X(V_{R0}+Ft)\mathrm{d}t \tag{6-130}$$

假定拟稳态时的平均细胞浓度为 ρ_{Xm}，并令：

$$\eta=\frac{V_{Rm}-V_{R0}}{V_{Rm}} \tag{6-131}$$

$$D_m=\frac{F}{V_{Rm}} \tag{6-132}$$

式中　η——排料体积与流加结束时的体积 V_{Rm} 之比

D_m——拟稳态时的稀释率，h^{-1}

令 $\gamma=1-\eta$，则可以计算得到拟稳态时的产物浓度 ρ_{Pm} 为：

$$\rho_{Pm}=\gamma\rho_{P0}+\rho_{Xm}\int_0^t q_P(\gamma+D_m t)\mathrm{d}t \tag{6-133}$$

设第一周期结束时的产物浓度为 ρ_{P1}，并有：

$$K=\rho_{Xm}\int_0^t q_P(\gamma+D_m t)\mathrm{d}t \tag{6-134}$$

因此
$$\rho_{Pm}=\gamma\rho_{P0}+K \tag{6-135}$$

同理，对第二周期的产物浓度有：

$$\rho_{P2}=\gamma\rho_{P1}+K=\gamma^{2}\rho_{P0}+\gamma K+K \tag{6-136}$$

第 n 次周期结束时，产物浓度 ρ_{Pn} 为：

$$\rho_{Pn}=\gamma^{n}\rho_{P0}+K(\gamma^{n-1}+\gamma^{n-2}+L+\gamma+1)=\gamma^{n}\rho_{P0}+K\frac{1-\gamma^{n}}{1-\gamma} \tag{6-137}$$

所以当 n 很大时，有

$$\rho_{P}=\frac{K}{1-\gamma}=\frac{K}{\eta} \tag{6-138}$$

以上计算说明，反复补料分批培养的产物浓度在过程开始时增加较快，随培养过程进行，产物浓度趋于定值。另一方面，由于可以进行长时间的周期性操作，可以获得产物浓度恒定、大于反应器体积的培养液，因此单位反应器体积的产物生成速率较高。

第四节　连续发酵过程动力学

一、连续反应过程概述

连续操作是指以一定的速度向反应器内添加新鲜培养基，同时以相同的速度排出培养液，因而反应器内的液量维持恒定。连续操作中反应条件及系统的状态不随时间变化，即系统处于定常态。由于菌体生长的自催化作用，微生物细胞的连续培养除了具有一般连续培养的共同优点外，还有一些独特之处。对于搅拌槽式反应器，即使加入物料中不含细胞，只要反应器内含有一定的细胞，在一定的进料流量范围内，就可实现稳态操作，因此纯培养的连续操作主要采用搅拌罐连续反应器（CSTR）。

在 CSTR 中，首先要经过一段时间的间歇培养，使反应器中的细胞生长到一定数量，然后再进行连续培养。输入反应器的物料中一般不含微生物细胞以及反应产物，输出反应器的物料则是基质、细胞以及产物的混合物。理想的 CSTR 中由于装有高速的搅拌装置，物料一经进入反应器内，立即达到充分混合，物系组成不随空间位置而改变，反应器内任一点的组成情况与输出液的组成相同[12]。

根据达到稳定状态的方式不同，CSTR 又可分为恒化器和恒浊器两种类型，恒化器无反馈控制机构，以恒定不变的流量供给培养基，通过细胞自身的催化性质达到稳定的操作状态；恒浊器具有反馈控制机构，通过控制培养基的流加速率，使反应器内的细胞浓度保持恒定。一般来说，恒浊器较难控制，因此，大多数情况下采用恒化器进行连续培养。

连续反应器的最大特点是，微生物细胞的生长速度、代谢活性处于恒定状态，能够达到稳定高速培养微生物或产生大量代谢产物的目的，反应器的生产效率高，劳动成本低，产品质量稳定。但是，细胞的连续培养也有其缺点：由于连续培养是在开放系统中进行，因此容易发生染菌，而且反应器中有些细胞得不到更新，容易发生退化变异。

目前，连续培养在工业生产上应用的范围正日益扩大，主要用于生产微生物细胞、一级代谢产物以及与能量产生和细胞增殖有关的代谢产物，包括面包酵母、单细胞蛋白、啤酒、乙醇、葡萄糖异构酶以及工业废水处理等。

二、单级恒化器

1. 单级恒化器连续培养模型

根据反应器的物料平衡方程：

$$r_P = D\rho_P = Y_{P/X}\mu_I\rho_X \quad (6-139)$$

式中 μ_I——比生长速率

在单级恒化器中，反应器的进出口流量相等，即

$$F_i = F_0 = F \quad (6-140)$$

式中 F_i——反应器进口流量

F_0——反应器出口流量

出口浓度与反应器内物料浓度相同（$\rho_0 = \rho_i$），反应器体积 V 恒定，因此，上述方程可变为：

$$\frac{d\rho}{dt} = r + \frac{F}{V}(\rho_i - \rho) \quad (6-141)$$

定义 $$D = \frac{F}{V} \quad (6-142)$$

式中 D——稀释率，表示物料流量占反应器体积的比例，h^{-1}

定义 $$\tau_m = \frac{1}{D} = \frac{V}{F} \quad (6-143)$$

式中 τ_m——物料在反应器内的平均停留时间

当连续操作达到稳态时，各组分的浓度不再随时间而变化，即 $\frac{d\rho}{dt} = 0$，此时上述微分方程可写为：

$$r = -D(\rho_i - \rho) \quad (6-144)$$

一般进料中不含产物和细胞，即 $\rho_{P_i} = \rho_{Xi} = 0$（$\rho_{P_i}$ 为反应器内产物浓度）。对细胞、基质和产物的物料衡算如下：

细胞的物料衡算： $$r_X = D\rho_X \quad (6-145)$$

基质的物料衡算： $$r_S = D(\rho_{Si} - \rho_S) \quad (6-146)$$

式中 ρ_{Si}——反应器内物料浓度

产物的物料衡算： $$r_P = D\rho_P \quad (6-147)$$

结合细胞生长、基质消耗以及产物生成的速率方程，可以得到下述微分方程组：

（1）$r_X = D\rho_X = \mu\rho_X$ (6-148)

（2）$r_S = D(\rho_{Si} - \rho_S) = \frac{r_X}{Y^*_{X/S}} + m_S\rho_X + \frac{r_P}{r^*_{P/X}} = \frac{\mu\rho_X}{Y^*_{X/S}} + m_S\rho_X + \frac{q_P\rho_X}{r^*_{P/X}}$ (6-149)

式中 m_S——维持常数

（考虑了细胞生长、维持代谢和产物合成对基质消耗的影响）

（3）$r_P = D\rho_P = Y_{P/X}\mu\rho_X$（产物生成采用相关模型） (6-150)

由式（6-148）可以得到：$D = \mu$ (6-151)

可见，在单级 CSTR 中进行的细胞反应，当进入稳态操作后，细胞的比生长速率 μ 与反应器的稀释率 D 相等，这是 CSTR 进行细胞反应的一个非常重要的特性。比生长速率是细胞的生长特性，在分批培养中一般无法人为控制，而稀释率是反应器的操作特性，

$D=\mu$表明可以改变供给培养基的流量 F，对细胞的比生长速率 μ 加以控制。在 CSTR 中，反应器的操作特性与细胞的生长特性联系在一起，因此可以利用 CSTR 对微生物进行生理学以及遗传学方面的研究，以定量地解析环境因素在生理学、生物化学以及遗传学方面对微生物的影响，这是 CSTR 的一个很重要的应用。

2. 稀释率 D 对 ρ_X、ρ_S、ρ_P 的影响

若细胞生长采用 Monod 方程，则：

$$D=\mu=\frac{\mu_{max}\rho_S}{K_S+\rho_S} \tag{6-152}$$

所以

$$\rho_S=\frac{K_S D}{\mu_{max}-D} \tag{6-153}$$

式中　ρ_S——CSTR 达到稳态操作时，在某一稀释率 D 下反应器中限制性基质的浓度，g/L

若不考虑维持代谢和产物合成对基质的消耗，则细胞浓度为：

$$\rho_X=Y^*_{X/S}(\rho_{Si}-\rho_S) \tag{6-154}$$

即

$$\rho_X=Y^*_{X/S}\left(\rho_{Si}-\frac{K_S D}{\mu_{max}-D}\right) \tag{6-155}$$

$$\rho_P=Y_{P/X}\rho_X \text{ 或 } \rho_P=Y^*_{P/S}(\rho_{Si}-\rho_S) \tag{6-156}$$

CSTR 中稀释率 D 对 ρ_X、ρ_S 的影响见图 6-16。

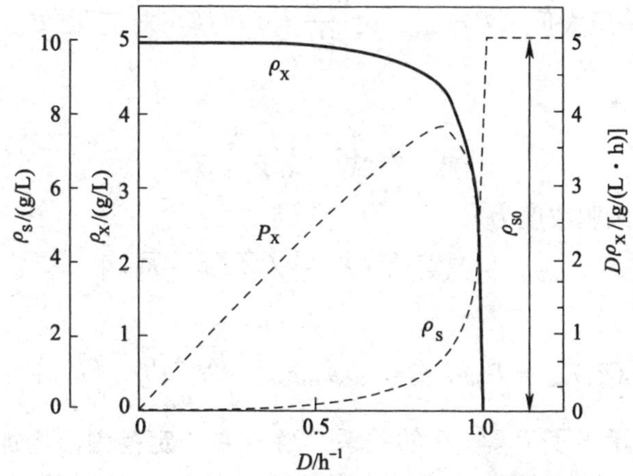

图 6-16　CSTR 中稀释率 D 与 ρ_X、ρ_S 的关系

P_X—细胞产率

从图 6-16 中可以看出，当 D 值较小时，随 D 的增加，ρ_S 逐渐在增加，当 D 值较大时，ρ_S 将迅速上升，当 D 达到某一值（即临界稀释率 D_C）时，$\rho_S=\rho_{Si}$，流出反应器的物料中基质浓度等于流入反应器的物料中基质浓度，此为 CSTR 的操作上限。

而对 ρ_X 与 D 的关系，当 D 值较小时，反应器内细胞浓度较高，随 D 的增加，ρ_X 在逐渐下降，当 D 增大到临界值 D_C 时，$\rho_X=0$，流出反应器的物料中已无细胞。

临界稀释率 D_C：当 CSTR 达到稳态操作时，$D=\mu$，但是，要达到稳态操作有一个前提条件，即不能超过连续培养系统的临界稀释率。所谓临界稀释率，即流出反应器的物料中基质浓度等于流入反应器的物料中的基质浓度，此时的稀释率称之为临界稀释率 D_C。

$$D_C = \frac{\mu_{max}\rho_{Si}}{K_S + \rho_{Si}} \tag{6-157}$$

在CSTR中，随着D的增大，流出反应器的物料中基质浓度逐渐增大，当$\rho_S = \rho_{Si}$时，说明生化反应尚未来得及进行，基质已经被冲出了反应器，CSTR的出口物料中以及反应器内的细胞浓度为零，此时的操作已失去实际意义，此时的操作状态称之为“洗出”状态。只有在临界稀释率以下，反应器才能达到稳定操作状态，相应于临界稀释率D_C的临界比生长速率μ_C：

$$\mu_C = D_C = \frac{\mu_{max}\rho_{Si}}{K_S + \rho_{Si}} \tag{6-158}$$

3. CSTR操作优化

CSTR优化的目标函数一般为反应器的生产率P_C［g/（L·min)］，定义为：

$$P_C = D\rho \tag{6-159}$$

式中　ρ——细胞或产物的浓度，g/L

以细胞生产为例，设细胞生长符合Monod方程，不考虑基质的维持消耗，且无产物生成。反应器的生产能力及细胞的产率P_X，亦即单位时间单位体积的细胞产量。

$$P_X = DY^*_{X/S}\left(\rho_{Si} - \frac{K_S D}{\mu_{max} - D}\right) \tag{6-160}$$

细胞产率P_X有一极大值（P_X)$_{max}$，由$\frac{dP_X}{dD} = 0$可解出对应于$(P_X)_{max}$的稀释率即最佳稀释率D_{opt}：

$$D_{opt} = \mu_{max}\left(1 - \sqrt{\frac{K_S}{K_S + \rho_{Si}}}\right) \tag{6-161}$$

此时反应器中的细胞浓度为

$$\rho_{X,opt} = Y_{X/S}[\rho_{Si} + K_S - \sqrt{K_S(\rho_{Si} + K_S)}] \tag{6-162}$$

最大细胞产率

$$(P_X)_{max} = D_{opt}\rho_{X,opt} = Y_{X/S}\mu_{max}\rho_{Si}\left(\sqrt{\frac{K_S + \rho_{Si}}{\rho_{Si}}} - \sqrt{\frac{K_S}{\rho_{Si}}}\right)^2 \tag{6-163}$$

图6-16中也表示出了P_X与D的关系，当D在一定范围内增加时，P_X随之增大，当D继续增大时，P_X反而下降，因此存在最佳稀释率D_{opt}，在此稀释率下操作，P_X可达到最大值。

4. 考虑维持代谢的CSTR

在细胞的实际培养过程中，维持代谢造成的基质消耗不容忽视，尤其在细胞生长速率较低的情况下，细胞生长所消耗的基质较少，此时维持代谢造成的影响更大，使得细胞的得率系数下降。操作模型为：

（1）$r_X = D\rho_X = \mu\rho_X = \mu_{max}\frac{\rho_S\rho_X}{K_S + \rho_S}$　(6-164)

（2）$r_S = D(\rho_{Si} - \rho_S) = \frac{r_X}{Y^*_{X/S}} + m_S\rho_X = \frac{\mu\rho_X}{Y^*_{X/S}} + m_S\rho_X$　(6-165)

根据式（6-165）

$$r_S = \left(\frac{1}{Y^*_{X/S}} + \frac{m_S}{\mu}\right) = \frac{r_X}{Y_{X/S}} \tag{6-166}$$

细胞实际得率系数

$$Y_{X/S}=\frac{1}{\dfrac{1}{Y_{X/S}^{*}}+\dfrac{m_S}{D}} \tag{6-167}$$

因为

$$\rho_S=\frac{K_S D}{\mu_{max}-D} \tag{6-168}$$

代入式（6－175）得

$$\rho_X=\frac{D(\rho_{Si}-\rho_S)}{\dfrac{\mu}{Y_{X/S}^{*}}+m_S}=\frac{\left(\rho_{Si}-\dfrac{K_S D}{\mu_{max}-D}\right)}{\dfrac{1}{Y_{X/S}^{*}}+\dfrac{m_S}{D}}=Y_{X/S}\left(\rho_{Si}-\frac{K_S D}{\mu_{max}-D}\right) \tag{6-169}$$

式中，细胞实际得率系数

$$Y_{X/S}=\frac{1}{\dfrac{1}{Y_{X/S}^{*}}+\dfrac{m_S}{D}} \tag{6-170}$$

可见考虑维持代谢时，细胞的得率系数变小，反应器的流出物料中的细胞浓度降低。

5．有产物生成的 CSTR

当反应过程中有代谢产物生成时，对产物做物料衡算可得：$r_P=D\rho_P$

若产物生成类型为生长相关型，即 $q_P=Y_{P/X}\mu$

则

$$D\rho_P=Y_{P/X}\mu\rho_X \tag{6-171}$$

$$\rho_P=Y_{P/X}\rho_X \text{ 或 } \rho_P=Y_{P/S}^{*}(\rho_{Si}-\rho_S) \tag{6-172}$$

这种情况下产物浓度 ρ_P、产物的产率 P_P 与稀释率 D 的依赖关系类似于 ρ_X 与 D 的关系。

若产物生成类型为部分相关型，则产物浓度 ρ_P 与稀释率 D 成反比，而产物的产率 P_P 在较宽的稀释率下恒定。

若产物生成类型为非生长相关型，则 ρ_P、ρ_X 与稀释率 D 的变化又有所不同，两种情况下 ρ_P、ρ_X 和 P_P 与稀释率 D 的依赖关系见图 6－17。

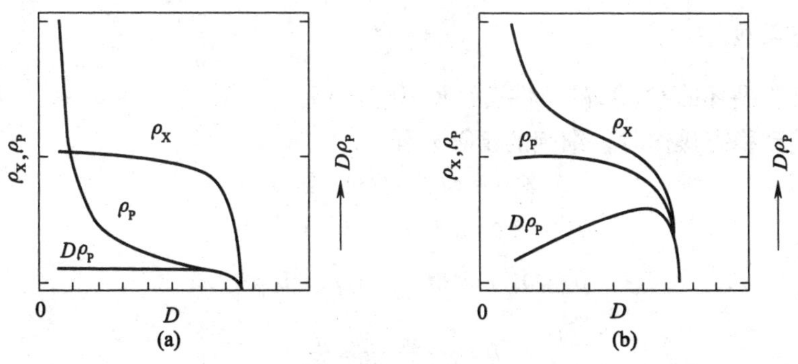

图 6－17　在 CSTR 中无产物抑制生长的 ρ_P、ρ_X 与稀释率 D 的关系

（a）非生长相关型　（b）部分相关型

以上讨论的是产物对细胞生长无抑制作用的情形，若产物对细胞生长有抑制作用，则模型为：

(1) $r_X = D\rho_X = \mu_I\rho_X$ (6－173)

(2) $r_S = D(\rho_{Si} - \rho_S) = \frac{r_X}{Y_{X/S}} = \frac{\mu_I\rho_X}{Y_{X/S}}$（忽略维持代谢和产物合成对基质消耗的影响） (6－174)

(3) $r_P = D\rho_P = Y_{P/X}\mu_I\rho_X$（产物生成采用相关模型） (6－175)

由式（6－173）可以得到：$D = \mu_I$ (6－176)

若取
$$\mu_I = \mu_{max}\left(1 - \frac{\rho_P}{\rho_{P,max}}\right) \quad (6-177)$$

式中，$\rho_{P,max}$为细胞受到完全抑制时的代谢产物浓度（g/L）。

则有：
$$\mu_{max} = \frac{D\rho_{P,max}}{\rho_{P,max} - \rho_P} \quad (6-178)$$

$$D = \mu_{max}\left(1 - \frac{\rho_P}{\rho_{P,max}}\right) \quad (6-179)$$

当反应器处于“洗出”状态时，$\rho_P = 0$，即输出物料中产物浓度为零，此时

临界稀释率 $D_C = \mu_{max}$ (6－180)

当以产物的生成为目的时，此时反应器的生产能力为产物的产率 P_P，亦即单位时间单位体积的产物产量。

$$P_P = D\rho_P \quad (6-181)$$

最佳生产状态：
$$\frac{dP_P}{dD} = 0 \quad (6-182)$$

解得：
$$D_{opt} = \frac{1}{2}D_C = \frac{1}{2}\mu_{max} \quad (6-183)$$

三、带有细胞循环的单级 CSTR

将单级 CSTR 流出的反应液进行分离，然后将浓缩后的细胞悬浮液再送回反应器中，就成为带有细胞循环的 CSTR。细胞的循环相当于不断地给反应器接种，因此能够提高反应器中细胞的浓度，既能提高 CSTR 的生产率，又能增加系统的稳定性[12]。

定义物料循环比（又称回流比）
$$R = \frac{F_r}{F} \quad (6-184)$$

细胞浓缩系数
$$\beta = \frac{\rho_{Xr}}{\rho_X} \quad (6-185)$$

根据带细胞循环的 CSTR 的特性有：$R > 0$，$\beta > 1$。

反应器达到稳态操作时，细胞的衡算方程

输入＋循环＋生长＝输出

$$F\rho_{Xi} + F_r\rho_{Xr} + r_XV = (F + F_r)\rho_X \quad (6-186)$$

因为
$$\rho_{Xi} = 0,\ F_r = RF,\ r_X = \mu\rho_X,\ D = \frac{F}{V} \quad (6-187)$$

所以有
$$D = \frac{\mu}{1 + R - \beta R} = \frac{\mu}{W} \quad (6-188)$$

或
$$\mu = D(1 + R - \beta R) \quad (6-189)$$

式中
$$W = 1 + R - \beta R \quad (6-190)$$

可见，在带细胞循环的 CSTR 中，稳态操作时细胞的比生长速率与稀释率不再相等，由于细胞浓缩系数 $\beta > 1$，因此 W 横小于 1，故稀释率恒大于比生长速率。

基质的衡算方程

$$\text{输入} + \text{循环} = \text{消耗} + \text{输出}$$

$$F\rho_{Si} + F_r\rho_S = Vr_S + (F + F_r)\rho_S \tag{6-191}$$

可得

$$\rho_X = \frac{Y_{X/S}}{W}(\rho_{Si} - \rho_S) \tag{6-192}$$

$$\rho_S = \frac{K_S WD}{\mu_{max} - WD} \tag{6-193}$$

反应器中细胞的浓度是无循环时的$\frac{1}{W}$倍，反应器出口基质浓度进一步降低，细胞的生产率随之提高。

同样可以求得带细胞循环的 CSTR 的临界稀释率：

$$D_{C,r} = \frac{1}{W} \cdot \frac{\mu_{max}\rho_{Si}}{K_S + \rho_{Si}} \tag{6-194}$$

故

$$D_{C,r} = \frac{1}{W}D_C \tag{6-195}$$

$$D_{C,r} > D_C \tag{6-196}$$

由于循环的作用，使反应器的临界稀释率提高，若反应器的体积不变，则允许的加料速率提高，反应器的生产能力增大；若维持加料速率不变，则所需反应器的体积可减小，设备投资降低，生产成本下降。

细胞循环与不循环时，基质浓度、细胞浓度及细胞产率随 D 变化的比较见图 6-18。

从图中可以看出，对细胞进行提浓循环，明显可以提高细胞在 CSTR 中的浓度和细胞产率。

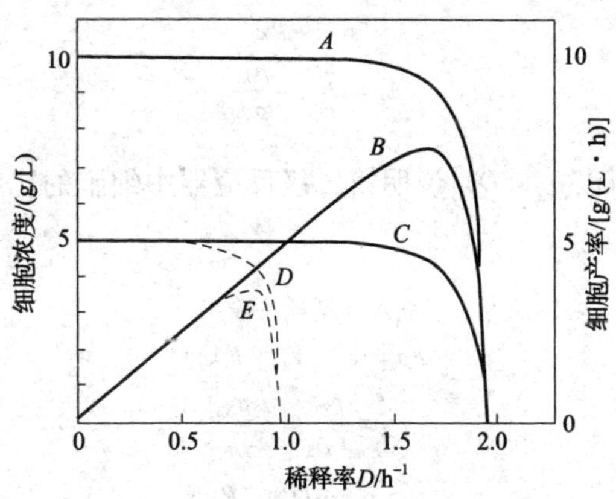

图 6-18　细胞循环与不循环的比较

A、B、C—循环　D、E—不循环　A、D—反应器中细胞浓度　B、E—细胞产率　C—出口细胞浓度

四、多级 CSTR 串联

多级 CSTR 串联可分为三大类：

(1) 单流多级系统　指单股基质以恒速逐级流过串联系统，其特征是：第一级与 CSTR 相同，后面的级对前面的级没有影响；各级的稀释率仅仅取决于该级反应器体积，

若体积都相同，则各级稀释率亦都相同。

（2）多流多级系统　指有多股基质输入，具有的特征是：第一级与 CSTR 相同，前面的级与后面的级无关，不同流入基质可独自改变流量，各级稀释率是独立变量。

（3）带循环的多级系统　多个反应器串联操作具有很大优势，它可以最大限度地利用基质，获得尽可能高的细胞或产品得率。这对价格昂贵的基质如甾体的转化是很有意义的，对环保废水处理也很重要。另外，对于一些特殊产品，如次生代谢产物等，由于细胞生长和产物的生成不同步，可考虑使用多个反应器串联操作，即在前面反应器内使用生长型培养基，使细胞尽快地生长，而在后面的反应器内则补加促进产物生成的培养基，以培养细胞使之分泌尽可能多的产物。

在实际应用中，一般最多不超过三级，因为随着反应器级数增多、过程的复杂性增加，而带来的效益却并不明显。

对于单流多级 CSTR 串联操作，一般假设[12]：

① 一股进料、稳态操作；

② 各个 CSTR 体积相等；

③ 每一个反应器内为全混流，各反应器之间无返混；

④ 各反应器操作条件相同，得率为常数。

下面以最简单的两级 CSTR 串联为例来进行分析：第二个反应器不补加新鲜培养基，即 $F_2 = F_1 = F$，第一级与单级 CSTR 相同，第二级有细胞加入，对第二级做物料衡算。

稳态操作时，细胞的衡算方程：输入 + 生长 = 输出

$$F\rho_{X1} + r_{X2}V = F\rho_{X2} \tag{6-197}$$

因为

$$r_{X2} = \mu_2\rho_{X2} \tag{6-198}$$

所以

$$\mu_2 = D\left(1 - \frac{\rho_{X1}}{\rho_{X2}}\right) \tag{6-199}$$

由于 $0 < \frac{\rho_{X1}}{\rho_{X2}} < 1$，所以 $\mu_2 < D$，说明第二级反应器中细胞的比生长速率不再等于稀释率，而是小于稀释率。

基质的衡算方程：　　输入 = 消耗 + 输出

$$F\rho_{S1} = r_{S2}V_2 + F\rho_{S2} \tag{6-200}$$

因为

$$r_{S2} = \frac{r_{X2}}{Y_{X/S}} = \frac{\mu_2\rho_{X2}}{Y_{X/S}} \tag{6-201}$$

所以

$$\mu_2 = Y_{X/S}D\left(\frac{\rho_{S1} - \rho_{S2}}{\rho_{X2}}\right) \tag{6-202}$$

若细胞符合 Monod 方程

$$\mu_2 = \mu_{max}\frac{\rho_{S2}}{K_S + \rho_{S2}} \tag{6-203}$$

联立上述两式得

$$\rho_{X2} = \frac{Y_{X/S}D}{\mu_{max}\rho_{S2}}(K_S + \rho_{S2})(\rho_{S1} - \rho_{S2}) \tag{6-204}$$

下面就是如何求解 ρ_{S2}。

因为

$$\rho_{X2} = Y_{X/S}\ (\rho_{Si} - \rho_{S2}) \tag{6-205}$$

与上式联立，消去ρ_{X2}得

$$\frac{Y_{X/S}D}{\mu_{max}\rho_{S2}}(K_S+\rho_{S2})(\rho_{S1}-\rho_{S2}) = Y_{X/S}(\rho_{Si}-\rho_{S2}) \tag{6-206}$$

整理得到关于ρ_{S2}的二次方程

$$(\mu_{max}-D)\rho_{S2}^2-\left(\mu_{max}\rho_{Si}-\frac{K_S D^2}{\mu_{max}-D}+K_S D\right)\rho_{S2}+\frac{K_S^2 D^2}{\mu_{max}-D}=0 \tag{6-207}$$

该方程有两个解，一个大于ρ_{Si}，一个小于ρ_{Si}，大于ρ_{Si}的解有意义，是所求解，而小于ρ_{Si}的解无生物学意义，应舍去。

图6－19是进行二级连续培养达到稳态时细胞浓度、基质浓度以及细胞产率随稀释率的变化情况。可以看到，两级反应器中的细胞在同样的D_C下被洗出。当$D<D_C$时，ρ_{X2}恒大于ρ_{X1}，即使在比较接近D_C时，ρ_{S2}也比ρ_{S1}低得多，这表明在二级连续培养时限制性基质的利用比较完全，但在第二级中，细胞的生长要缓慢得多。

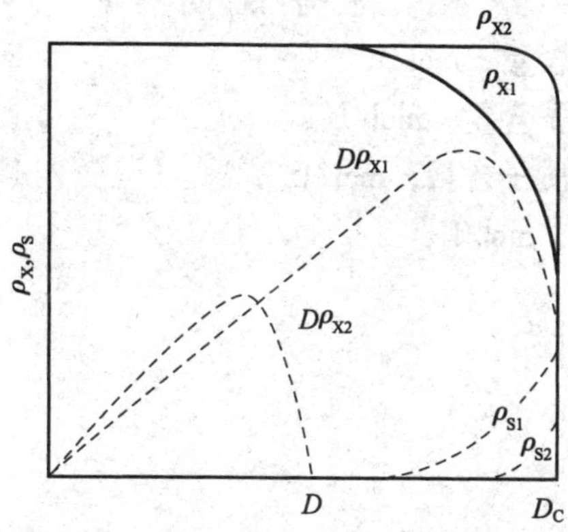

图6－19　两级串联连续培养时各级细胞浓度、限制性基质浓度与稀释率的关系

根据图6－19可以看出，两级CSTR串联时，存在有$D\rho_{X2}<D\rho_{X1}$，从这个意义上讲，对于串联CSTR，其细胞产率是很难实现优化设计的。但又很明显存在着$\rho_{S2}<\rho_{S1}$，说明串联可以使反应基质利用率进一步提高。但是级数再增加到三级或四级，所得到的结果与图6－19中ρ_{X1}、ρ_{X2}相差不大，因此对提高细胞产量来说采用更多的CSTR串联意义不是很大，但可以提高细胞的质量。

若N个CSTR单流多级串联操作，达到稳态时，对N个反应器做物料衡算，可得

$$\mu_N = D\left(1-\frac{\rho_{X,N-1}}{\rho_{X,N}}\right) \tag{6-208}$$

$$X_N = \frac{D\rho_{X,N-1}}{D-\mu_N} \tag{6-209}$$

$$\rho_{S,N} = \rho_{S,N-1}-\frac{\mu_N\rho_{X,N}}{DY_{X/S}} \tag{6-210}$$

$$P_N = P_{N-1}+\frac{q_P\rho_{X,N}}{D} \tag{6-211}$$

若向第二个反应器补加新鲜培养基，则$F_2=F_1+F'$，同样在系统处于稳态操作时，做物料衡算，结果见表6－6。

表 6-6　　稳态下两级串联的 CSTR 中的物料平衡

方　式	细胞物料平衡	限制性基质物料平衡
第一个 CSTR	$\mu_1 = D_1$	$\rho_{X1} = Y_{X/S}(\rho_{Si} - \rho_{S1})$
第二个 CSTR（不补加新鲜培养基）	$\mu_2 = D_2\left(1 - \frac{\rho_{X1}}{\rho_{X2}}\right)$	$\rho_{X2} = \frac{D_2}{\mu_2} Y_{X/S}(\rho_{S1} - \rho_{S2})$
第二个 CSTR（补加新鲜培养基）	$\mu_2 = D_2 - \frac{F_1\rho_{X1}}{V_2\rho_{X2}}$	$\rho_{X2} = \frac{Y_{X/S}}{\mu_2}\left(\frac{F_1}{V_1}\rho_{S1} + \frac{F'}{V_2}\rho_S - D_2\rho_{S2}\right)$

由表 6-6 可以看出，两级串联的 CSTR 中，达到稳态时，在第二个发酵罐内 $\mu_2 \neq D_2$，如果不向第二个发酵罐内补加新鲜培养基，则第二个罐内的比生长速率就会很小；如果向第二个发酵罐内补加新鲜培养基，不仅可以促进细胞的生长，而且可以使 D 选定在比 μ_{max} 更大的数值。

符号说明

c_H　培养液中的质子含量，mol/L

$c_{H,B}$　流加碱液中的质子含量，mol/L

$c_{H,C}$　流加培养基中的质子含量，mol/L

$c_{OH,B}$　流加碱液的浓度，mol/L

D　稀释率，h^{-1}

D_C　临界稀释率，h^{-1}

D_m　拟稳态时的稀释率，h^{-1}

D_{opt}　最佳稀释率，h^{-1}

F　加料速率，mL/h

F_C　底物溶液的流加速率，L/h

F_B　碱液的流加速率，L/h

F_i　反应器进口流量

F_0　反应器出口流量

K_{HA}　乳酸对透明质酸合成的抑制常数，g/L

K_{LA}　乳酸对自身合成的抑制常数，g/L

K_I　底物抑制常数

K_{IP}　产物抑制常数，g/L

K_j　必要基质的饱和常数

K_e　生长促进型基质的饱和常数

K_S　微生物对底物的半饱和常数，g/L

K_{S0}　无因次初始饱和常数

K_{SI}　基质对细胞的抑制常数

K_1　高活性细胞的产物比生长速率

K_2　低活性细胞的产物比生长速率

k_d　细胞死亡速率常数，h^{-1}

m　细胞的维持系数，s^{-1}

M_0　初始相对分子质量

q_S　底物比消耗速率，h^{-1}

q_P　产物比生成速率，h^{-1}

q_{O_2}　呼吸强度，h^{-1}

R　物料循环比

r　以各组分为基准的反应速率，g/（L·h）

r_p　产物生成速率，g/（L·h）

r_{O_2}　氧的消耗速率，g/（L·h）

r_S　基质消耗速率，g/（L·h）

r_X　细胞生长速率，g/（L·h）

r_O　氧的消耗速率，g/（L·h）

t_d　倍增时间，h

V_R　反应器的有效体积，L

X　菌体数量

X_0　原始菌体数量

Y_C　碳的细胞得率

$Y_{LA/S}$　乳酸对底物的得率系数

$Y_{HA/S}$　HA 对底物的得率系数

$Y_{X/O}$　氧的细胞得率，g/g

$Y_{P/S}$　底物的产物得率，g/g

$Y_{X/H}$　细胞对质子的得率系数，g/mol

$Y_{X/S}$　底物的细胞得率或菌体对底物的得率系数，g/g

ρ_{S0}　底物初始浓度，g/L

ρ_S　培养结束时底物浓度，g/L

ρ_{X0}　细胞初始浓度，g/L

ρ_X　培养结束时细胞浓度，g/L

ρ_{LA}　乳酸的浓度，g/L

ρ_{HA}　透明质酸浓度，g/L

ρ_{max}　细胞受到完全抑制时的代谢产物浓度，g/L

$\rho_{S,opt}$　最佳底物浓度，g/L

β　细胞浓缩系数

μ　细胞比生长速率，h^{-1}

μ_{max}　细胞最大比生长速率，h^{-1}

η　排料体积与流加结束时的体积之比，L/L

τ_m　物料在反应器内的平均停留时间，h

θ　一个世代时间

σ_X　单位质量细胞中所含碳原子的质量

σ_S　单位质量基质中所含碳原子的质量

φ　高活性细胞所占比例

参考文献

[1] Serpil *Ozmihci*, Fikret Kargi. Kinetics of batch ethanol fermentation of cheese-whey powder (CWP) solution as function of substrate and yeast concentrations. Bioresource Technology, 2007, 98 (16): 2978 ~ 2984

[2] Romano A, Toraldo G, Cavella S, Masi P. Description of leavening of bread dough with mathematical modeling. Journal of Food Engineering, 2007, 83 (2): 142 ~ 148

[3] Elmer Ccopa *Rivera* et al., Development of adaptive modeling techniques to describe the temperature-dependent kinetics of biotechnological processes. Biochemical Engineering Journal, 2007, 36 (12): 157 ~ 166

[4] Guerra N P, et al., Dynamic mathematical models to describe the growth and nisin production by *Lactococcus lactis* subsp. lactis CECT 539 in both batch and realkalized fed-batch cultures. Journal of Food Engineering, 2007, 82 (2): 103 ~ 113

[5] 俞俊堂等主编. 生物工艺学. 上海：华东化工学院出版社，1992

[6] 戚以政等主编. 生化反应动力学与反应器. 北京：化学工业出版社，1999

[7] 温少红主编. 细胞反应过程模型及计算机模拟. 济南：济南出版社，2001

[8] 张元兴等主编. 生物反应器工程. 上海：华东理工大学出版社，2001

[9] 梅乐和等主编. 生化生产工艺学. 北京：科学出版社，1999

[10] 王树青等主编. 生化工程自动化技术. 北京：化学工业出版社，1998

[11] 王岁楼等主编. 生化工程. 北京：中国医药科技出版社，2002

[12] 戚以政等主编. 生物反应工程. 北京：化学工业出版社，2004

[13] 陈坚等主编. 发酵过程优化原理与实践. 北京：化学工业出版社，2001

[14] Tokita Y, Okamoto A. Hydrolytic degradation of hyaluronic acid. Polymer Degradation and Stability, 1995, 48, 269 ~ 273

[15] Rehúková M, Bakoš D, Soldún M, Vizúrová K. Depolymerization reactions of hyaluronic acid in solution. International Journal of Biological Macromolecules, 1994, 16, 121 ~ 124

[16] Miyazaki T, Yomota C, Okata C. Ultrasonic depolymerization of hyaluronic acid. Polymer Degradation and Stability, 2001, 74, 77 ~ 85

[17] 罗瑞明，李亚蕾，徐桂花等. 以兽疫链球菌 NUF- 036 分批发酵生产透明质酸的工艺研究及其动力学模型的建立. 宁夏大学学报. 2004，25 (4)：368 ~ 373

第七章　发酵过程参数的在线测量及仪表

微生物的生长是受内外条件相互作用调控的复杂过程，外部条件包括物理的、化学的及发酵液中的生物学条件，内部条件主要是细胞内部的生化反应。通常发酵过程的操作只能对外部因素进行直接控制，所谓控制一般是将环境因素调节到最适条件，使其利于细胞生长或产物的生成。因此，发酵过程的操作需要了解一些与环境条件和微生物生理状态有关的信息，即需要对过程参数进行检测。

发酵参数和条件的检测是非常重要的，检测所提供的信息有助于人们更好地理解发酵过程，从而对工艺过程进行改进。发酵过程检测是为了获得给定发酵过程及菌体的重要参数（物理的、化学的和生物学参数）的数据，以便于实现发酵过程的优化、模型化和自动化控制。一般而言，由检测获取的信息越多，对发酵过程的理解就越深刻，工艺改进的潜力也就越大。发酵过程一般在无菌条件下进行，因而只能通过取样检测或在反应器内部进行直接检测的方法来获得相关信息。但是，用于检测仪表（传感器）和控制的花费较大，而且需要维护和校准，同时也有染菌的风险。随着计算机技术的迅速发展，新型检测技术的应用已使检测的仪表化表现出明显优势，例如，合理的仪表化和设备控制的重要性已在提高产品质量与产量、减少整个工艺过程的费用、产品研发等方面有所体现，它们正被越来越多地用于工业化生产。

标准化检测装置的大部分仪表用于检测温度、压力、搅拌转速、功率输入、流率和质量等物理参数。这些参数的测量在一般工业中的应用已相当普遍，在用于发酵过程检测时，只需进行微小的调整即可。化学参数检测技术中比较成熟的是尾气中 O_2 和 CO_2 浓度、发酵液 pH 的检测，溶解氧、CO_2 浓度检测结果的可靠性和有效性还相对较差。目前较为缺乏的是用于检测发酵生物学参数的装置，如检测菌体量、基质和产物浓度等基本参数的传感器。目前，这些重要的生物学参数仍然很难实现直接在线检测。由于缺乏可靠的生物传感器，有关微生物的信息反馈量极少，这就使得发酵过程中微生物的状态只能通过理化指标间接得到。例如，构建物质平衡关系式是生化工程中的重要工具，由平衡关系式可以确定导出量，并能补充传感器直接测得的数值。物料平衡可用于估计呼吸商、氧吸收速率、CO_2 得率等导出量。

第一节　概　　述

一、发酵过程检测的参数

一个搅拌性能良好的小型发酵罐，可以达到较为理想的混合状态，罐内醪液特性是均一的、稳定的，因此某一点的检测值可以反映整体醪液的性质，而其他类型的罐和大型搅拌罐中，混合性能一般较差，其醪液会呈现某些特殊状况，因此要在反应器的不同位置进行多点检测。图 7 - 1 为一个具有检测与控制设备的发酵装置的示意图。

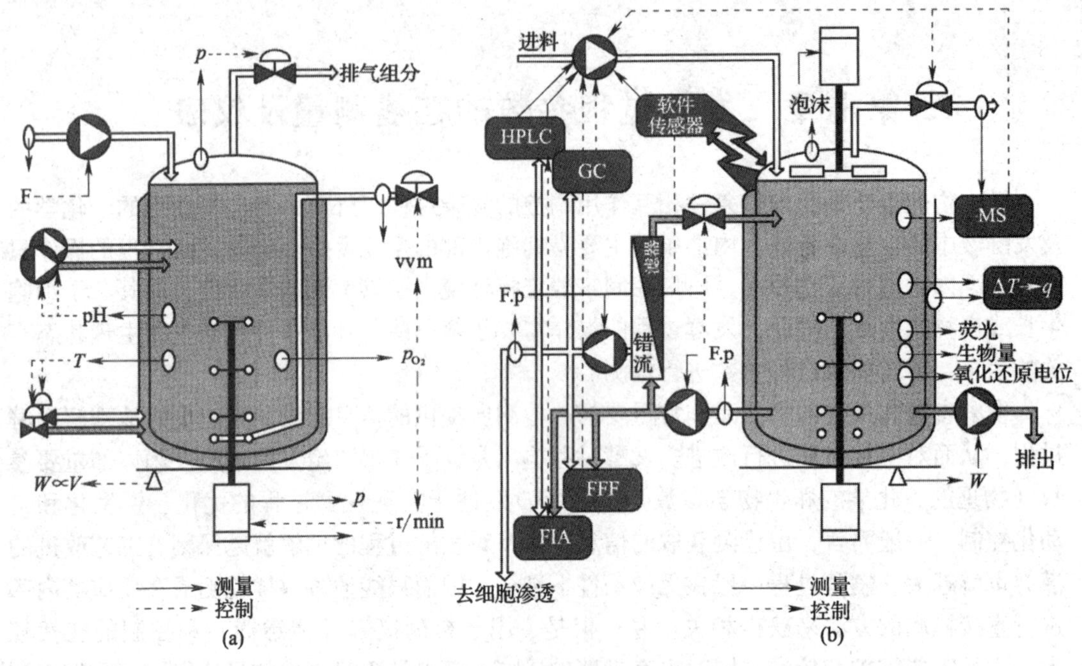

图 7-1　具有检测与控制设备的标准发酵装置（a）
和具有更为复杂的检测控制设备的发酵装置（b）

W—循环水　T—温度　V—流量　F—补料　p_{O_2}—氧分压　p—罐压　q—生物热

小型反应器中可检测的状态变量较多，可用于工艺研究和开发。大型生产规模反应器中，为了降低染菌的风险，通常只对少数状态变量进行检测，从而防止由于传感器失常而影响发酵过程的控制。

发酵过程中需要检测的参数主要包括物理参数（表 7-1）、化学参数（表 7-2）和生物学参数（表 7-3）。在各种参数的检测过程中，常使用各种仪表（传感器）[1]。

表 7-1　　　　发酵过程物理参数的测定

参数名称	单　位	测定方法	测定意义
温度	℃，K	传感器	维持生长、合成
罐压	Pa	压力表	维持正压、增加溶解氧
空气流量	vvm，m^3/h	传感器	供氧，排出废气，提高 k_La
搅拌转速	r/min	传感器	物料混合，提高 k_La
搅拌功率	kW	传感器	反映搅拌情况，k_La
黏度	Pa·s	黏度计	反映菌体生长，k_La
密度	g/cm^3	传感器	反映发酵液性质
装液量	m^3，L	传感器	反映发酵液数量
浊度	透光度%	传感器	反映菌体生长情况

续表

参数名称	单位	测定方法	测定意义
泡沫		传感器	反映发酵代谢情况
传质系数 $k_L a$	h^{-1}	间接计算，在线检测	反映供氧效率
加消泡剂速率	kg/h	传感器	反映泡沫情况
加中间体或前体速率	kg/h	传感器	反映前体和基质利用情况
加其他基质速率	kg/h	传感器	反映基质利用情况

表 7－2　　发酵过程化学参数的测定

参数名称	单位	测定方法	测定意义
酸碱度	pH	传感器	反映菌的代谢情况
溶解氧	mg/L	传感器	反映氧的供给和消耗情况
尾气氧浓度	Pa	传感器，热磁氧分析	了解耗氧情况
氧化还原电位	mV	传感器	反映菌的代谢情况
溶解 CO_2 浓度	%（饱和度）	传感器	了解 CO_2 对发酵的影响
尾气 CO_2 浓度	%	传感器，红外吸收	了解菌的呼吸情况
总糖，葡萄糖，蔗糖，淀粉	kg/m^3	取样	了解基质在发酵过程中的变化
前体或中间体浓度	mg/mL	取样	产物生成情况
氨基酸浓度	mg/mL	取样	了解氨基酸含量的变化情况
矿物盐浓度 Fe^{2+}，Mg^{2+}，Ca^{2+}，Na^+，NH_4^+，PO_4^{3-}，SO_4^{2-}	%（摩尔分数）	取样，离子选择电极	了解离子含量对发酵的影响

表 7－3　　发酵过程中生物学参数的测定

参数名称	单位	测定方法	测定意义
菌体浓度（以细胞干重计）	g/L	取样	了解菌的生长情况
菌体中 RNA、DNA 含量（以细胞干重计）	mg/g	取样	了解菌的生长情况
菌体中 ATP、ADP、AMP 量（以细胞干重计）	mg/g	取样	了解菌的能量代谢情况
菌体中 NADH 量（以细胞干重计）	mg/g	在线荧光法	了解生长和产物情况
效价或产物浓度	g/mL	取样（传感器）	产物生成情况
细胞形态		取样，离线	了解菌的生长情况

在诸多物理参数中，温度、压力、流量、转速、补料速度和泡沫位是发酵过程中最重要的需随时检测和控制的参数，它们可以直接在线准确测量和控制。化学参数中，pH、溶解氧和尾气组成可以进行在线检测，溶液成分的测定一般难以在线进行。目前细胞形态计算机图像分析系统可用于分析菌体的形态变化，并且能够快速、自动地给出生物学形态数据，从而用以指导发酵过程的控制，但是该仪器较为昂贵，难以推广应用，因此，需要开发廉价、简便、快速的在线检测技术，如激光测粒、荧光衍射等。

目前无法在线检测的化学和生物学参数，往往采用离线检测的方法，但检测时间长，所得数据无法用于实时控制。为了实现发酵过程中化学参数和生物学参数的在线检测，电极法和生物传感器已成为研究和开发的重点[1]。目前，用于葡萄糖、乙醇和青霉素等物质在线检测的传感器已研究成功，并在离线的条件下获得广泛应用。

此外，在发酵过程中还有一些间接参数是由以上参数经计算得到的。例如，对发酵尾气组分分析获得的数据进行计算，可以得到耗氧速率、二氧化碳释放率和呼吸商，进而可计算出菌体浓度和基质消耗速率等。另外，如呼吸强度、氧传递系数、比生成速率、菌体生长速率、产物得率等都可以通过间接计算的方法获得。它们是分析、判断和衡量发酵过程的重要参数，是对发酵过程进行控制的依据。

上述参数的检测结果反映了发酵过程中环境变化和细胞代谢的生理变化情况，从而为发酵过程的研究和控制提供了重要依据。

二、用于发酵过程检测的传感器

1. 传感器的定义及作用

传感器通常是指能够将非电量转换为电量的器件，它实质上是一种功能块。在由传感器、放大器和各种仪器组成的测量、控制系统中，传感器的作用是感受被测量的变化，并直接从被测对象中提取检测信息，也即将来自外界的各种信号转换成电信号。电信号可比较容易地进行放大、反馈、微分、存储，以及由电子计算机进行数据处理和控制，因而是实现检测与自动化控制系统的首要环节[1]。在一个现代化的自动检测系统中，如果没有传感器，就不能对被测参量实现精确、可靠的测量，也无法检测与控制表征生产过程各个环节的各种参数。所以，在现代技术中，传感器是自动化仪表、电子计算机控制系统中的关键组成部分。

2. 发酵罐用传感器的工作特性

发酵罐传感器可将生理和化学效应转换为电信号，这种电信号可以被放大、显示和记录，并可用作某一控制单元的输入信号，从而提供了发酵过程的状态信息。在有效的过程控制中，从直接与反应器相连的传感器中快速获取信息是很重要的。这些信息可由实验室取样分析检测获得的数据加以补充。实验室检测具有一定的缺点，例如所得数据是在不同的时间间隔内获得的，导致检测结果经常出现显著的延迟。另外，取样过程中易于染菌。如有可能，最好通过适用于发酵条件的传感器来获取发酵过程的信息。

发酵过程生物学特性的检测对传感器有一些特殊要求。工业上最重要的要求之一就是防止染菌，这对于周期性长的工业发酵尤为重要，因为染菌后不得不进行倒罐操作，这会造成很大的经济损失。目前，大部分探头均采用 O 形环密封圈以保持无菌状态。有时采用双 O 形环的密封系统，并用蒸汽对环间隙进行灭菌。

此外，生物传感器还应具有高度可靠性和长期稳定性，从而避免经常取出探头进行更换或再校准。有时，采用双检测探头可以避免由单个探头失灵所带来的潜在风险，这主要用于发酵过程及灭菌过程的原位检测。传感器应该能在温度和压力上满足蒸汽灭菌的要求，难以灭菌或不能进行反复灭菌的传感器只能在无菌条件下使用。灭菌蒸汽所产生的冷凝作用会对传感器的放大器、变送器和电缆产生影响，而发酵液的复杂性则会带来一系列的其他问题。检测结果也会受发酵液、悬浮固体和分散的气泡这三相性质的影响，例如，细胞、气泡或培养物的碎屑会在探头上形成污垢，从而使传感器的读数产生偏差。气泡则会形成传感器信号的噪声，从而使真实信号被随机背景干扰和波动所掩盖。发酵液的化学特性十分复杂，这就要求传感器对某一待测参数具有高度的专一性，而且不受其他参数变化的影响。

准确度和精度等仪表常用术语有时会发生混淆。准确度是指测量值和真实值之间的差异，由于绝对的真实值通常难以确定，所以也难以确定真实的准确度。例如，溶解氧的检测取决于校准过程的仔细程度、反应器探头的设计形式及其在反应器中所处位置等条件。当发酵过程的条件发生变化时，初始校准的有效性也会发生改变，从而造成检测的误差。精度是指在相同的检测条件下，重复使用同一传感器时获得相同结果的统计概率。应该指出，每次检测所得值实际上只是对工艺过程真实状态的一种估计。在实践过程中，可以获得平均值的分布情况，测量的精度可用测量值的标准偏差来表示。

分辨率是指检测设备能够区分几个相近值的能力。仪表的分辨率越高表示其灵敏度越高，即当待测变量发生很小的变化，就会使输出信号产生较大的变化。影响分辨率的其他因素有信噪比、仪表的零点漂移程度等。高频信号噪声通常是影响测量准确度的最大限制性因素，通过调整反应器中传感器的位置或采用适当的电连接屏蔽，可以使噪声的干扰最小化。仪表信号输出会随时间的变化而产生连续漂移，这会对检测结果产生严重影响，因而常需对其进行再校准。

由于过程及检测对象的特殊性，除了常规要求以外，用于发酵过程的传感器还应具有良好可靠性、准确性、精确性、分辨率、灵敏度、测量范围、特异性、可维修性，以及较短的响应时间，还应该能够进行高温灭菌，处于与外界大气隔绝的无菌状态，防止培养基和细胞在其表面的粘附作用。此外，还应考虑传感器的输出信号。所有的常规取样操作方式（甚至那些在线分析仪器，如 HPLC 或质谱）都会使传感器的输入信号产生不连续现象。为适应自动控制的要求，应尽可能通过安装在发酵罐内的传感器来检测发酵过程变量。

3. 传感器的分类

传感器的检测对象非常多，主要有数量、长度、面积、体积、位置、含量、线性变化、旋转变化、畸变、压力、转矩、流量、流速、加速度、振动、成分配比、水分、离子强度、浑浊度、粒状体、密度、伤痕、湿度、热量、温度、火灾、烟、有害气体和气味等 29 种。检测手段主要有射线（γ 射线、X 射线等）、紫外线、可见光、激光、红外线、微波、电、磁和声波等 9 种[1]。传感器千差万别、种类繁多，有不同的分类方式，这里只介绍一些基本的在发酵过程中经常用到的在线测量传感器。

（1）pH 传感器　一般采用能够进行原位蒸汽灭菌的复合 pH 传感器。

（2）溶解氧传感器　一般采用覆膜式溶解氧探头，实际上是测定氧分压。

（3）氧化还原电位传感器　一般用由 Pt 电极和 Ag | AgCl 参比电极组成的复合电极。

（4）溶解二氧化碳传感器　由一支 pH 探头浸入用 CO_2 可透过膜包裹的碳酸氢盐缓冲

液中构成，缓冲液的 pH 与待测发酵液中的 CO_2 存在平衡关系，从而缓冲液的 pH 变化情况可以间接反映出发酵液中的 CO_2 分压。

本章主要对发酵过程中重要参数的在线检测方法以及各种相关的传感器（仪表）的原理及使用进行具体介绍。

第二节　发酵过程 pH 的检测及其传感器

微生物发酵过程中，发酵液的 pH 可以指示微生物细胞生长及产物或副产物生成的情况，是最重要的发酵过程参数之一。因为每种微生物细胞的生长繁殖均有其最适 pH，细胞及酶的生物催化反应也有相应的最佳 pH 范围。在培养基制备及产物提取、纯化过程中，也需控制适当的 pH。因此，发酵实验及生产中对 pH 的检测及控制极为重要。本节主要介绍发酵过程中 pH 传感器的原理及其使用。

一、pH 传感器的工作原理

许多制造商可提供能够耐受加热灭菌的 pH 探头（电极）。图 7-2 为一种可灭菌的 pH 探头的示意图。pH 传感器多为组合式 pH 探头，由一个玻璃电极和参比电极组成，通过一个位于小的多孔塞上的液体接合点与培养基连接，多孔塞一般位于传感器的侧面（图 7-3）。传感器的选择取决于发酵罐是原位灭菌还是在高压灭菌锅内灭菌。如果是原位灭菌，需将电极安装在一个由发酵罐制造商提供的专用外壳内，以使电极的外部在灭菌时能耐受高于 0.1MPa 的压力。这是为了防止罐压使物料流入多孔塞中。如果是高压灭菌锅灭菌，则需要采用特殊的电连接方式，以防由电极暴露于高压蒸汽所带来的问题。

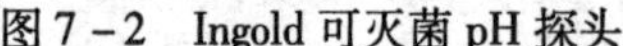

图 7-2　Ingold 可灭菌 pH 探头

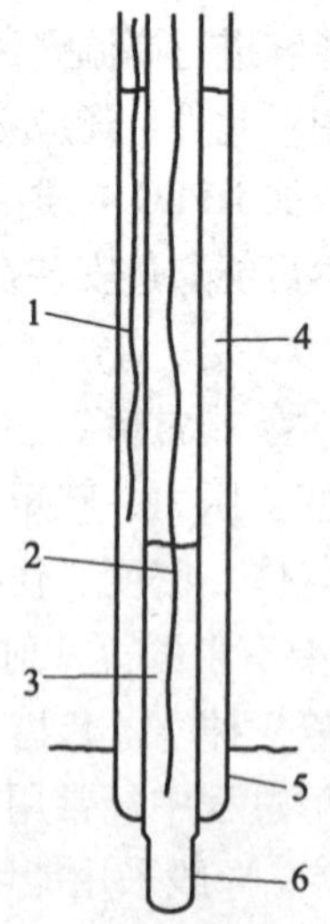

图 7-3　可灭菌的 pH 探头的典型设计示意图

1—参比电极　2—内部电极　3—内部电解液
4—参比电解液　5—多孔塞　6—pH 敏感玻璃

pH 探头是一种产生电压信号的电化学元件，其内阻相当高（$10^9\Omega$ 以上），因此产生的电位只能由一种高输入阻抗的直流放大器来测量，这种放大器可以获取微量电流。许多 pH 计及控制器都带有合适的放大器。最好购买带有高电流或高电压信号输出的仪表，因为可以实现计算机数据记录。探头的高阻抗对传感器和 pH 计之间的连接器和电导线有严格要求。

许多发酵过程在恒定的或小范围 pH 内进行时最为有效。培养基的 pH 在发酵过程中一般会发生变化，这是因为细胞或基质消耗会产酸或产碱。通过影响基质分解以及基质和产物通过细胞壁的运输，pH 对细胞生产及产物生成具有重要影响，因此，pH 是发酵过程中一个非常重要的因素。例如在抗生素发酵中，即使很小的 pH 变化也可能导致产率大幅下降；在动物细胞培养中，pH 对细胞生存能力具有很大影响。

pH 表示溶液中 H^+ 的活度，定义如下：

$$pH = -\lg[H^+] \tag{7-1}$$

pH 的范围是 0 ~ 14，酸性溶液 pH <7，碱性溶液 pH >7，pH =7 相当于纯水。pH 的测量基于标准氢电极的电化学性质的绝对基准。实践中应用可灭菌的由玻璃电极和参比电极组合而成的 pH 探头，其结构原理如图 7－4 所示。

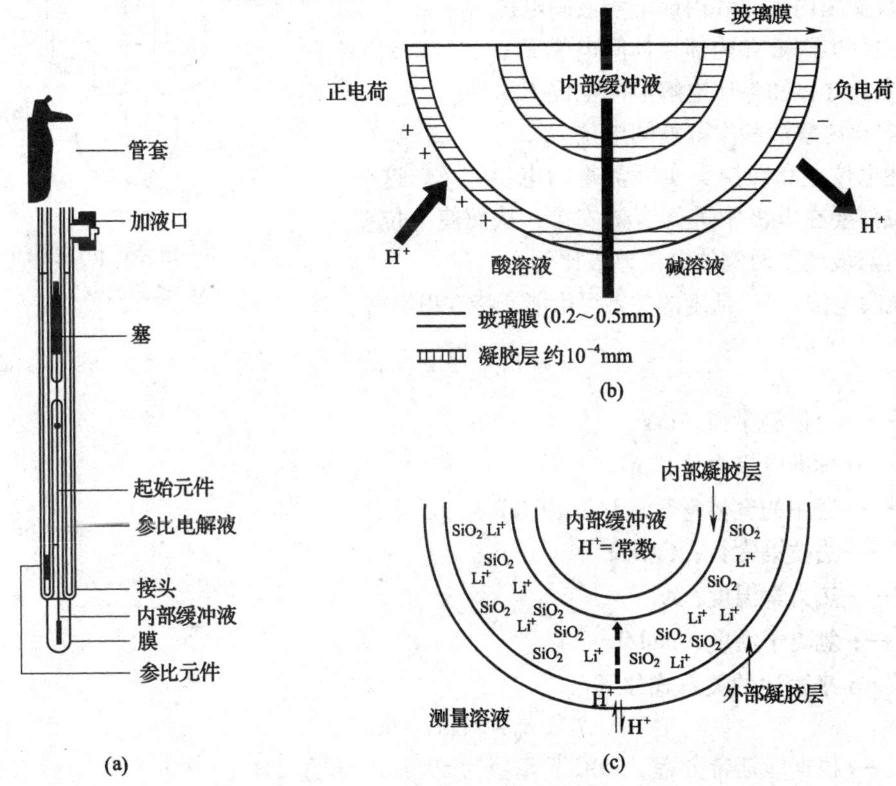

图 7－4　pH 探头的结构原理图

（a）组合式 pH 电极的结构　（b）玻璃膜的功能示意图　（c）玻璃膜的剖面图

电极的基础部分是极薄的玻璃膜（0.2 ~ 0.5mm），它可与水发生反应，形成厚度为 50 ~ 500nm 的水合成凝胶层。这一凝胶层存在于膜的两侧，是正确操作和保养电极的关键部位。凝胶层中的 H^+ 是流动的，膜两侧离子活度的差会形成 pH 相关的电位。

电极末端的球形元件采用能对 pH 产生响应的玻璃制成，可将响应限定在电极顶端小面积的玻璃膜内。通过在电极的球内填充缓冲液来维持玻璃膜内表面的电位恒定，该缓冲液经过精确测定，并具有稳定的组分及恒定而精确的 H^+ 活度。液体中 pH 的变化会导致膜外表面的电位发生改变，因此，检测时需要一个参比电极来共同构成检测回路。在这种组合电极中，参比电极是构成电极的主要部分，由含有饱和 AgCl 的 KCl 电解液中的 Ag | AgCl电极组成。这种参比电极一定要与过程流体直接接触，因为它需要连续电流。这可以通过将 Cl^- 电解液与过程流体相连的横隔膜来实现，从而使微量但连续的电解液透过膜而向外流动，并能够保持连续，同时可防止过程流体污染电极。

硫是发酵液的常见组分之一，它会在横隔膜上形成硫化银沉积，从而在应用过程中容易带来问题。为此，可用无银中间物电解液的双层横隔膜系统。过程流体中流失的氯离子通过外膜进入发酵液，游离的氯化银跨过内膜运输，但需要定期更换桥电解质。

pH 电极测得的总电位实际上只是一系列电位的一部分，这些电位（如图 7－5 所示）包括：

① 玻璃膜外表面和发酵液间电位 E_1；

② 相同的溶液在玻璃膜两侧的电位 E_2；

③ 玻璃膜内表面和内部电解液间电位 E_3；

④ 内部电解液和内部导体间电位 E_4；

⑤ 参比导体和参比电解液间电位 E_5；

⑥ 参比电解液和发酵液间电位 E_6。

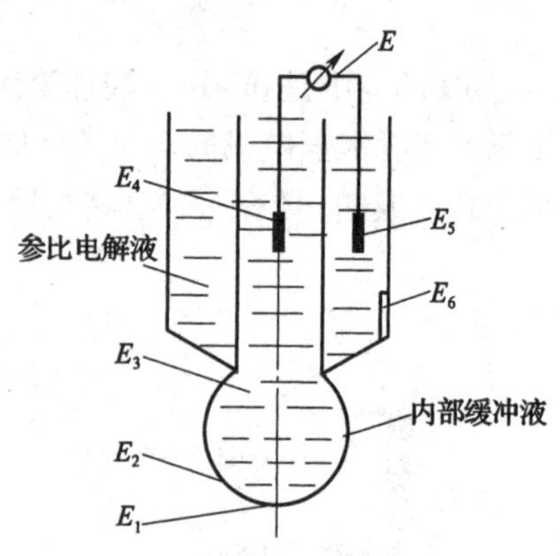

图 7－5　组合式 pH 探头中不同来源的电位

上述电位之和即探头实际测得的电位差 E。这一系列电位需要在电极中进行有效安排，从而使电位差的测量值与玻璃膜两侧的电位差成比例。

玻璃膜电位与 H^+ 活度的关系可由能斯特方程给出：

$$E = E_0 + \frac{RT}{F}\ln(\alpha_{H^+}) \tag{7-2}$$

式中　E——电位测量值，mV

E_0——标准电极电位，mV

R——通用的气体常数，J/(kg · K)

F——法拉第常数，C/mol

T——热力学温度，K

α_{H^+}——氢离子活度，mol/L

按照 pH 来表达的关系式如下：

$$E = E_0 - K[\mathrm{pH} - \mathrm{pH}_0] \tag{7-3}$$

式中　K——根据能斯特方程，25℃下 K 值为 59.1mV/单位 pH

E_0——标准 pH（pH_0）条件下测得的电极电位，mV

实际上，需要对测量电位和由组合回路中一系列的电位所确定的膜电位的差进行标准化校正。零点通常使用标准缓冲液在 pH7 处确定，K 值由另一种 pH 标准缓冲液（取决于涉及的 pH 范围）确定。电极在灭菌前需进行原位校准，重要的是电极首先要达到水饱和。电解液会在灭菌过程中发生损失，这可通过在电解液中添加高分子化合物和在电极中保持超压来解决。这也能防止膜在灭菌过程中发生破裂，并可确保电解液向外跨过横隔膜稳定地流动。如能斯特方程所示，pH 的检测与温度有关，通常由直接安装在 pH 传感器内的铂电阻温度计自动地提供温度补偿。

复合电极一般安装在不锈钢外壳中，用 O 形环密封安装于发酵罐中。至于溶解氧电极，现在已经可以使用专用的加压接头，以实现在发酵过程中无菌地移动、灭菌及更换探头。这对于 pH 电极也是非常重要的，因为玻璃膜的顶端非常易碎，并可能由于细胞或蛋白质沉淀而丧失灵敏度。玻璃膜具有较高的电阻（25 ~ 55MΩ），因而需要信号转换器具有高阻抗，同时须确保电路连接正确，防止短路。

二、pH 传感器的使用

1. pH 传感器的使用

在使用时，通常先将 pH 传感器加上不锈钢保护套，再插入发酵罐中。大多数 pH 传感器都具有温度补偿系统。由于电极内容物会随使用时间或高温灭菌而不断变化，因而在每批发酵灭菌操作前后均需进行标定，即用标准的 pH 缓冲液校准。通常 pH 传感器的测定范围是 0 ~ 14，精度达 ±（0.05 ~ 0.1）pH，响应时间为数秒至数十秒，灵敏度为 0.1pH。

（1）校准　必须在使用前对传感器进行校准，这常是对发酵罐进行灭菌前的最后一步操作。传感器的校准在发酵罐外进行，将 pH 电极浸没到含一种或多种标准缓冲液的适当的容器中进行校准。这些操作最好均在发酵运行温度下进行。pH 电极需与发酵过程中使用的 pH 计相连接，pH 计的校准装置可按常规的 pH 计校准步骤来调整。由于发酵过程中重新校准十分困难或者不可能，最好能固定 pH 计进行校准控制，以避免实验中的偶发性偏移，许多商业性的仪表都提供一些固定螺丝。

（2）灭菌　校准以后，应该将传感器插入到发酵罐中并进行密封。在发酵罐灭菌时，一般将 pH 计的连接物移开（采用高压灭菌锅灭菌时），灭菌后重新连接，pH 传感器开始工作。也有实验操作人员用乙醇对 pH 传感器单独消毒（即不放入灭菌锅），主要是为了延长传感器的使用寿命，然后需将传感器立即插入且密封在罐内。必须指出，这一过程可能染菌，尽管有些报道称在研究中规则地使用这一步骤没有问题。这种方法简介如下：放好传感器，加上一个合适的配件以使 pH 探头易于由发酵罐顶盘进行安装，然后将其在无水乙醇中至少放置 1h。探头和配件必须是很干净的，探头的浸没位置应高于配件。最后，应迅速地将传感器转移到预先灭好菌的发酵罐中，其已与空气供应系统相连，而且其中的空气已开始流动。

（3）校准的检查　在灭菌或使用过程中，很可能会使校准发生偏移。对于状况良好的传感器，这种偏移不会超过 0.2 个 pH。但一些研究人员仍建议在发酵罐灭菌以后，进行校准或者再校准。目前已有适用于较大发酵罐的这种系统，可以完全无菌地取出传感器，再将其部分地插入校准缓冲液中进行校准。在实验室规模下，有必要将传感器完全移出，利用前述的化学处理方法来进行再消毒。在实验中检查一个可疑校准的较好方法是对发酵液进行无菌取样，在发酵罐外测量其 pH，然后与传感器的读数进行比较。如果采用这一方法，应在取样后对 pH 尽快检测、读数。因为细胞在不断变化的条件下（例如在连续培养中氧和基质的消耗）进行连续代谢，如果培养基的缓冲性能较差，pH 在几分钟内即可发生显著变化，从而无法正确检查传感器的校准。

2. 常规维护

探头需时常地填充或填满电解液，实际上这是参比电极的电解液，它会通过多孔塞慢慢地流失。制造商会为其传感器提供专用液体，但许多实验人员愿意自己配制浓缩或饱和的KCl 溶液，有时添加一定的溶质来增加黏度（一般是当传感器在原位高压灭菌时）。理论上电解液液位应保持足够高，以使其静压超过发酵液，从而使通过多孔塞的流体倾向于从传感器流向发酵液，但实践中往往难以实现。尽管电解液液位高于发酵液，但是通风发酵罐的顶部空间压力一般会稍微高于大气压（0.1MPa），这是由出口气体过滤器和出口管路的阻力造成的。而探头电解液室的顶部空间压力在操作过程中通常为大气压。0.001MPa 的压差就需要探头具有 10cm 的顶部高度，这可能是实践中的最大值，这也是多孔塞结垢的部分原因。如果 pH 探头具有密封的外套，在发酵过程中可能有利于维持正的表压。

3. 使用中的问题

在实际使用过程中，pH 传感器可能会存在以下问题：灵敏度/斜率下降、响应迟缓、信号噪声以及化学破坏。

（1）灵敏度/斜率　在 pH 和探头的电极电位之间存在一定的理论关系（见前述的能斯特方程）。新的 pH 探头可接近其理论斜率（即25℃下每 pH 单位的电极电位为59mV），但随着探头的老化或破坏，灵敏度也会不断下降。大多数的 pH 计或放大器能控制并改变其将电压信号转变为 pH 读数的灵敏度（通常标记为斜率或灵敏度），可由电极电位（mV）或温度来定标（因为温度是理论上影响斜率的唯一因素）。值得注意的是，这不同于“缓冲液设置”或“零控制”。图 7-6 表示了当灵敏度控制发生设置错误时的情况[1]。将系统进行某种 pH 校准（通过缓冲液设置控制）后，再用一种或多种缓冲液进行检验。与预期结果不同的是，pH 计的读数会系统性地偏离已知缓冲液的 pH，如图中虚线所示。如果所得到的线比较陡，说明斜率设置过低；如果所得的线比较平缓，则说明斜率设置过高。当斜率/灵敏度的控制必须设置在远低于理论值的 pH，才能使 pH 探头能够按照图中所示的实线来工作（这相当于进行探头的两点校准）时，说明该系统的灵敏度较差。

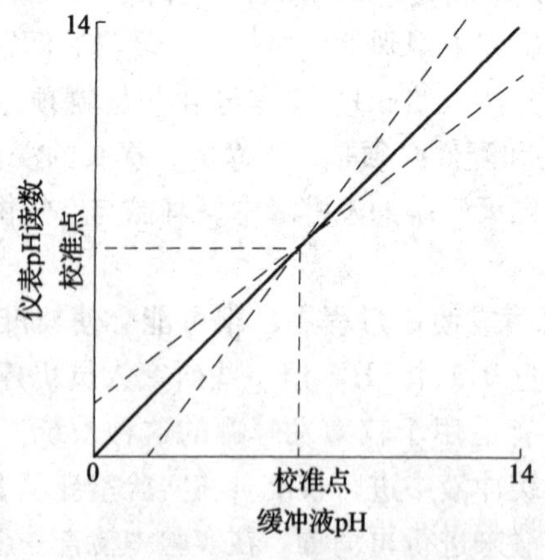

图 7-6　pH 传感器的校准性能

（2）清洗　当 pH 探头表现出响应延迟或灵敏度下降时，就需要对其进行清洗。pH 探头恶化的主要原因是发酵液中的物质污染了多孔塞，多孔塞如果被污染就会由白色变成褐色或黑色。为防止污染，可将 pH 探头浸泡在 10mmol/L HCl 溶液中，这样不会损坏 pH

传感器（这也可用于运行间歇期间常规保存 pH 探头）。有时添加胃蛋白酶有助于去除蛋白质沉淀。如果 HCl 处理没有效果，可以尝试下面两种方法，尽管它们具有一定的损坏 pH 探头的风险，但也有一定的效果。将 pH 探头浸泡于 1% 左右的 H_2O_2 溶液中 1 ~ 2h；或者，对多孔塞进行温和的机械清洗，即采用锋利的刀片刮去外表面的沉积物。

（3）电干扰　pH 计的高阻抗和放大器线路可能会产生一些问题，这使得 pH 探头对由其他电气设备的杂散场入口的感应电压带来的噪声比较敏感，对由载有 pH 探头信号的两个接线柱间微量的电流泄漏引起的错误响应也较为敏感。为此，pH 传感器或 pH 计的制造商提供了专用的屏蔽导线和接线柱。如果存在过量噪声，可将 pH 探头导线从其他电线处移开以减少噪声。搅拌器电机可能是一个干扰源，这可通过将电机关闭几秒钟来检查。pH 迹线上的尖峰与加热器电路的开或关相对应（开关可以由灯来观察或根据加热器控制单元的继电器切换的声音来判断）。高压灭菌后出现的噪声或不准确的读数，可以反映灭菌过程中蒸汽冷凝引起的接线柱及导线的污染。

（4）防止机械破坏　pH 探头相当易碎，在发酵罐的安装和清洗过程中容易破损。因此建议在发酵罐准备的后期再插入 pH 探头（需要在这里进行校准），在使用后（下罐）拆卸时先取出 pH 探头。传感器发生破损的很多情况是由于未取出传感器，就直接提起了发酵罐的顶盖。为了避免探头在运行间歇期间贮存时产生破损，一个简便方法是将传感器置于一个塑料量筒内，该量筒内装有专用溶液。选择合适的量筒尺寸，以使探头的较宽部位也可放入，球形检测部位悬浮在底部上方（比如可将一个棉塞放入量筒底部），同时最好将量筒用夹子固定。

第三节　发酵过程中溶解氧的检测与溶解氧电极

发酵液的溶解氧浓度是一个非常重要的发酵参数，它既影响细胞的生长，也影响产物的生成。这是因为当发酵培养基中溶解氧浓度很低时，细胞的供氧速率会受到限制。反应器条件下溶解氧的检测远比温度检测要困难，低溶解氧也使检测非常困难，除非采用直接的在线检测。

溶解氧浓度的检测方法主要有三种，其共性是使用膜将测定点与发酵液分离，使用前均需进行校准。这三种方法为：① 导管法（tubing method）；② 质谱探头法；③ 电化学检测器。因为上述方法均使用膜，因而检测中出现的问题也具有某些共性。

在导管法中，将一种惰性气体通过渗透性的硅胶蛇管充入反应器中。氧从发酵液跨过管壁扩散进入管内的惰性气流，扩散的驱动力是发酵液与惰性气体之间的氧浓度差。惰性混合气中的氧浓度在蛇管出口处用氧气分析仪测定。这种方法的响应速率较慢，通常需要几分钟，因为管壁对其扩散产生一定的阻力，从而使气体从蛇管到检测仪器的输送出现迟滞或产生死时间。此法简便且易于进行原位灭菌。但当系统校准时，由于气体中氧浓度远低于液体中与之相平衡的氧浓度，使得惰性气体的流动对校准产生很大影响。

在第二种方法中，质谱仪探头的膜可将发酵罐内容物与质谱仪高真空区隔开。除了溶氧的检测外，质谱仪探头和导管法通常可检测任何一种可跨膜扩散的组分。

最常用的溶解氧检测方法是使用可蒸汽灭菌的电化学检测器。两种市售的探头是电流探头和极谱探头，二者均用膜将电化学电池与发酵液隔开。对于溶解氧测定，重要的一点

是膜仅对 O_2 有渗透性，而其他可能干扰检测的化学成分则不能通过，这些探头的基本结构特征如图 7－7 所示。

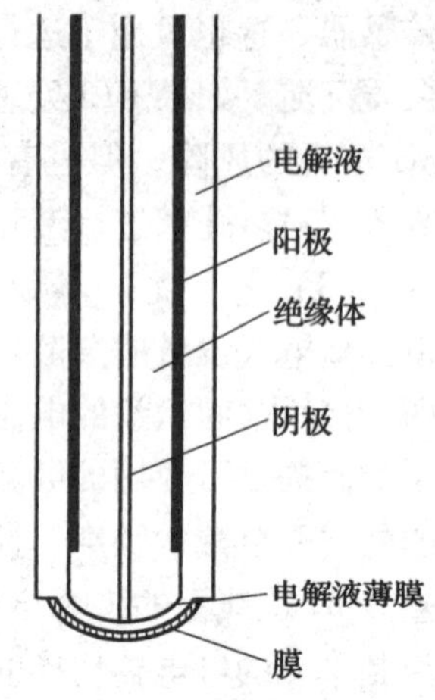

图 7－7　电化学溶解氧电极结构示意图

O_2 通过渗透性膜从发酵液扩散到检测器的电化学电池，O_2 在阴极被还原时会产生可检测的电流或电压，这与 O_2 到达阴极速率成比例。需要指出，阴极检测到的实际是 O_2 到达阴极的速率，这取决于它到达膜外表面的速率、跨膜传递的速率以及它从内膜表面传递到阴极的速率。如果忽略传感器内所有动态效应，O_2 到达阴极的速率与氧气跨膜扩散速率成正比，而且与氧从发酵液扩散到膜表面的速率相等，膜表面的扩散速率与氧传质的总浓度驱动力成比例。假定膜内表面的氧浓度可以有效地降为零，则扩散速率仅与液体中的溶解氧浓度成正比，从而使探头测得的电信号与液体中的溶解氧浓度成正比。

实际发酵操作中，有必要对探头进行校准。通常在灭菌前，根据零位及最大饱和度的值，在反应器中进行原位校准。零点通过发酵培养基预先的 N_2 脱气来校定，最大值通过充入空气使培养基中氧饱和来校定。由于探头的电输出读数取决于氧的扩散传质速率，在已知气体中氧平衡分压与发酵液的实际溶解氧浓度之间的亨利定律关系已知的条件下，可推导出发酵液中溶解氧的真实浓度。因此探头实际上检测的是氧平衡分压，而不是直接检测溶解氧浓度。在实际发酵培养基中对探头进行校准是很重要的。探头检测的实际上是传质速率，因而需在与发酵过程相同的流体动力学条件下进行校准，而且溶解氧探头应能耐受灭菌。很明显，最好在发酵开始前在发酵罐中进行校准。

关于电化学检测器，即极谱探头和电流探头的原理及使用，本节将作详细介绍。

一、溶解氧探头装置

（一）工作原理

发酵用溶解氧探头通常也称作溶解氧电极，将可灭菌的探头直接插入反应器的水溶液中可实现溶解氧的检测。图 7－8 为一种溶解氧探头的外观图，检测原理为电化学反应和极谱法（测量电流法）原理[1]。

电化学法使用一个可灭菌的不锈钢探头，表面由允许氧渗透进入电化学小室的材料构成。电化学小室内含有浸在碱性水溶液中的两个电极（形成阳极和阴极），进入的氧在电化学小室内引发氧化还原反应并产生电动势，这可以放大成表示溶解氧浓度的信号。

在极谱法中，氧渗透过扩散屏障，并遇到碱性水溶液中的电化学电池，在阳极与阴极间维持约 1.3V 的电位差。氧浓度与通过细胞的电量成比例。

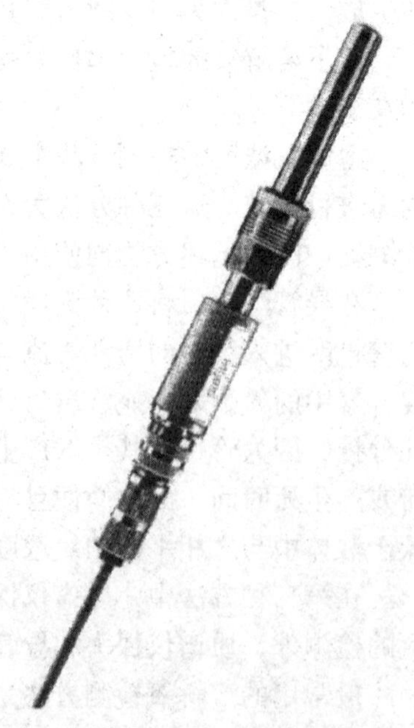
图 7－8　可灭菌的极谱式溶解氧探头

1. 电流探头

关于电流检测器，电化学电池由贵金属阴极（Ag 或 Pt）和碱金属阳极（Pb 或 Sn）组成，两者都浸在电解质溶液中。可用的电解质溶液有多种，常用的是乙酸铅、乙酸钠和乙酸混合液。电流探头和极谱探头的主要区别在于，前者不需要在电极上降低氧的外部电压源。这是因为，当用碱性较强的金属（如锌、铅、镉等）作阴极时，这两种电极所产生的电压足以在阴极表面自发降低氧。例如，银-铅电流探头的电化学反应为：

阴极：$O_2 + 2H_2O + 4e \longrightarrow 4OH^-$

阳极：$Pb \longrightarrow Pb^{2+} + 2e$

总反应式：$O_2 + 2Pb + 2H_2O \longrightarrow 2H_2O + 2Pb(OH)_2$

总反应发生时产生可测量的电压，并发生阳极的铅逐渐氧化而消耗，因此，电极的寿命取决于阳极的表面积。常用的电流探头的结构如图7-9所示。

2. 极谱探头

当一重金属电极在合适的电解质溶液中产生相对于参比电极的0.6~0.8V的负电压，电极表面的溶解氧就降低。负极可以是Pt或Au，参比电极（即阳极）可以是甘汞或Ag | AgCl，电解质可用KCl，典型的极谱电极的构造见图7-10。

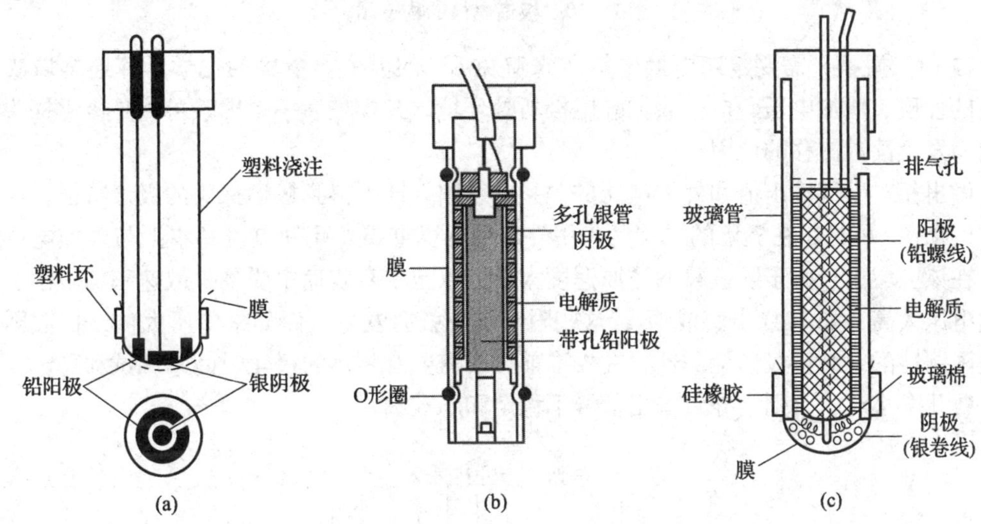

图7-9 几种常用电流电极的构造

极谱探头与电流探头不同，它需要在阴极（Au或Pt）和阳极（Ag或AgCl）之间外加一个负偏压，这样氧可在阴极被还原。反应式如下：

阴极：

$$O_2 + 2H_2O + 2e \longrightarrow H_2O_2 + 2OH^-$$
$$H_2O_2 + 2e \longrightarrow 2OH^-$$

阳极：

$$Ag + Cl^- \longrightarrow AgCl + e$$

总反应：

$$4Ag + O_2 + 2H_2O + 4Cl^- \longrightarrow 4AgCl + 4OH^-$$

上述反应使极谱检测器产生一种电输出信号。同样，对于极谱电极也可采用多种电解质，但通常是KCl或AgCl，并通过添加高分子化合物以弥补灭菌时电解质的损失。在阳极，Ag被氧化，因而需要有较大面积的阳极来保证反应条件恒定。由于电解质中的Cl^-不

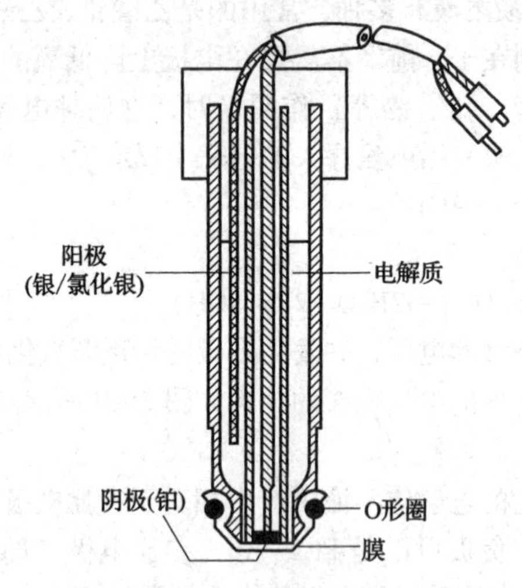

图 7－10　极谱电极的构造图

断地被 OH^- 置换，需要定期更换电解质来避免 Cl^- 的流失。精确的化学计算通常取决于电极的性质、所加电压、电极表面和电极所处环境，其中最后一个因素可能是极谱探头随时间而发生读数漂移的原因。

做出相对电流输出值和外加电压的关系曲线图，即可得到极谱探头的极谱特征，如图 7－11 所示。可见，在极谱的平缓区采用外加电压很重要，此处电流基本上与外加电压无关。在该区域内，由于阴极氧的还原速度太快，以至于有效速率受到扩散速率的限制。若外加电压太高，如 H_2O 电解成 H_2，这些附加反应就会发生；而如果电压太低，扩散则不再是限制性的。对于极谱检测器，在校准前探头需要有足够的极化时间来调试和稳定，这要耗费几个小时，否则会导致输出信号不稳定和不准确。

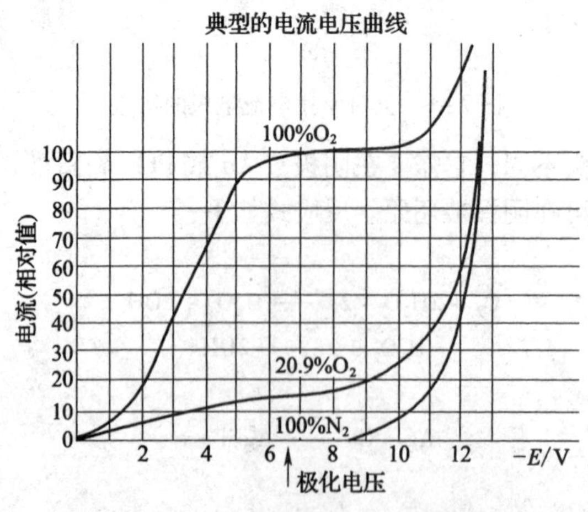

图 7－11　极谱探头的特征极谱图

无论是内部存在极化电压的电位电流电极，还是外部存在极化电压的电流极谱检测器，其原理是相同的。例如，两种电极中介于阴极和膜之间的电解膜只有在很薄的情况下，才能确保仪表具有良好的线性响应，并能防止响应滞后。另外，为了加快探头的响应速度，膜也应该很薄且对氧具有高度渗透性，但膜仍需要一定的机械强度以耐受灭菌条件。因此，设计电极时应综合考虑响应速度、电灵敏度和可靠性。膜会使电极有 3%/℃ 的温度依赖效应，这通常可由内置的具有等温系数的热敏电阻实现自动补偿。极谱探头的电需求非常严格，因为需采用高阻抗放大电路来检测电极的低输出电流。上述两种电极的机械构造使得膜和电解质易于更换。

近年来设计的探头的重要机械性能之一是具有一个与可收缩性探头元件相结合的专用封闭小室（lock chamber），如图 7 - 12 所示。发酵过程中将电极从反应器中取出时可实现无菌操作，然后进行清洗、灭菌及更换。这一技术也可用于其他类型的探头，通常探头对膜外表面外来污染较为敏感，因而这一设计对溶解氧的检测尤其重要。

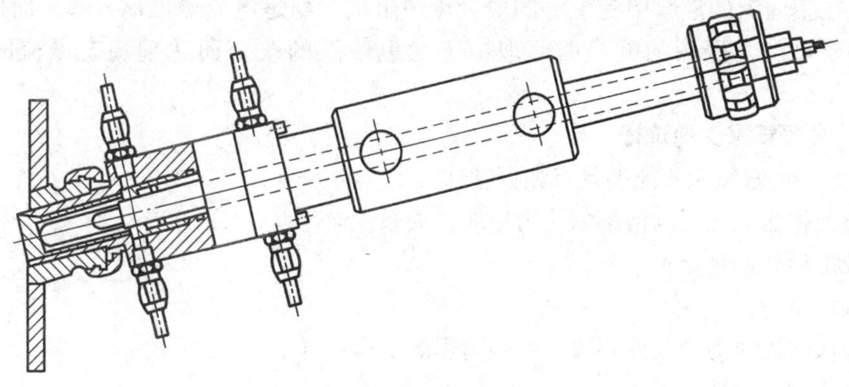

校准、冲洗、灭菌或更换电极的状态

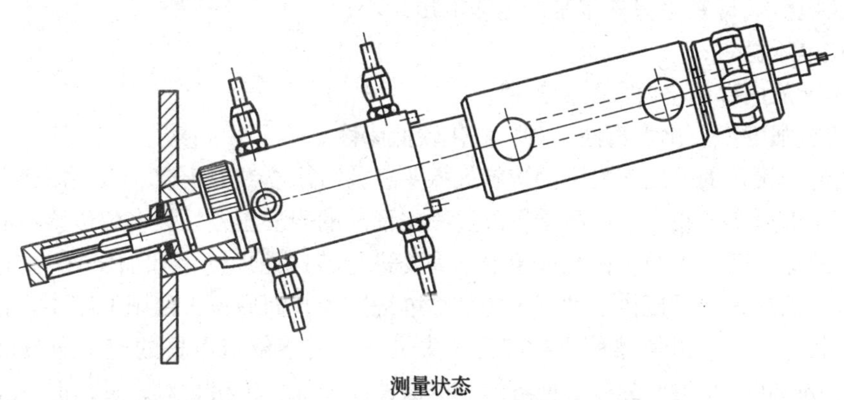

测量状态

图 7 - 12　Ingold 可收缩性可灭菌溶解氧电极

溶解氧探头的性能受到发酵液高度复杂的流体动力学和生物学条件的影响。传质的总阻力由膜阻力和膜外表面的液膜阻力两部分组成。液膜阻力的大小受湍流的影响，也受到随时间变化的发酵液流变学条件的影响。当液膜阻力远小于膜的阻力时，溶解氧的检测与反应器的湍流无关。然而，如果膜很薄或发酵液很黏，膜厚度实质上比液膜薄，这种情况下流体流动对检测具有显著影响。从液膜到膜之间的相对阻力，以及溶解氧读数的有效性均受微生物的膜表面生长的影响，因为这会消耗 O_2，从而减小 O_2 向电极的传递速率；另外，当液膜上存有气泡时，可有效地增加 O_2 的传递速率。气泡击打膜表面，会引起增强的混有噪声的信号。

3. 膜覆盖溶解氧探头的操作理论

极谱电极或电流电极的阴极、阳极、电解质是用一种可透过氧但不能透过大多数离子的膜与测定介质分离开。假如氧从液体介质向阴极表面扩散的控制速率的步骤是透过膜扩散，探头的电流输出与液体介质中的氧的活动或氧的分压成比例。并假设：

① 膜和阴极间的电解质层厚度忽略不计；

② 膜表面的氧分压与整个液体的氧分压相同（即探头周围的液体混合良好）；

③ 扩散是单向的，即垂直于电极表面；

④ 电极的电流输出与阴极表面的氧流量成比例。

如果在膜周围的液膜中有显著的质量传递阻抗，稳态电流输出就下降，而探头的响应时间则要增加。探头的响应时间取决于随氧浓度的改变而达到稳态电流时所需的时间。

（二）溶解氧探头的选择

通常希望溶解氧探头能够具有如下特性：

① 电流输出大而且与溶解氧张力呈线性关系；

② 校准后长期稳定；

③ 响应迅速；

④ 液体的流体力学条件对探头性能的影响不大；

⑤ 探头响应与液温无关；

⑥ 探头能耐受高压蒸汽灭菌；

⑦ 残留电流（即在零级氧水平的电流输出）小；

⑧ 极化电压稳定；

⑨ 氧不能从内部的电解质反向扩散；

⑩ 膜机械强度大、化学惰性、对二氧化碳低渗性。

应选用专门设计的，用于发酵的溶解氧探头，并可耐受湿热灭菌。探头需要有一个适于支撑的、足够厚实的膜，用以耐受发酵过程中形成的内外压差。大多数传感器能用高压灭菌锅灭菌或原位蒸汽灭菌，而且灭菌前不需要进行特殊处理（例如加压）。在有些情况下，对高压灭菌锅灭菌可提供一种特定的防潮电缆连接，而原位灭菌则不需要。有些溶解氧电极质量较差，易于出现漂移或响应完全失灵，有的溶解氧电极的使用寿命仅有几个月。一种由 Ingold 公司生产的极谱型溶解氧电极性能较好，价格相对昂贵，但一般可使用几年。

（三）溶解氧计

市售发酵罐和传感器一般提供溶解氧探头的连接仪表，是为了给出氧张力的校准读数。两种传感器的电子相互作用不同，因此需要在所用的电流探头或极谱探头上设置一个转换开关。与探头不同，可以尽量减小溶解氧计的面积。电流探头可直接产生较好的电压输入信号，并将其提供给电位图记录仪。探头的导线应连接一个 500Ω 左右的负荷电阻，该电阻的电压与记录仪输入相连接：必须选择适当的电阻，以使满刻度电压在 10mV 左右（这一电压远低于 0.7V 的电池电压，即负荷电阻远小于有效电池内阻）。如图 7－13 所示，极谱探头在一个含有简单回路的盒子内运行，这也提供电压（mV）输出。电池为

1.5V 普通电池，最好是使用寿命较长的电池，利于校准的稳定性。根据溶解氧为 100% 时探头的有效内阻来选择 R_1（可变电阻）和 R_2（固定电阻）。制造商列出的通常是满刻度电流，可产生 0.65V 左右的工作电压（如标有 0.1μA 的 Ingold 探头，表观电阻为 6.5MΩ）。R_1 的值应约为该表观电阻值的 1/50（对于 Ingold 探头约为 100kΩ），R_2 的值应约为该值的 1/65。电位图记录仪需具有 10mV 的刻度：满刻度信号的设置可通过调整记录仪的灵敏度设置或通过改变 R_2 来调整。操作前需调整可变电阻 R_1 以使电压达到所需值（使用 Ag | AgCl 参比电极时，电压约为 0.65V），铂电极作阴极。将探头置于含有饱和空气的介质中，研究电压对探头中通过电流的作用。如图 7－14 所示，曲线显示了一个平稳段，电压应设置在平稳段的中间位置。如果使用可提供温度补偿的探头，溶解氧计将无法利用上述特点。

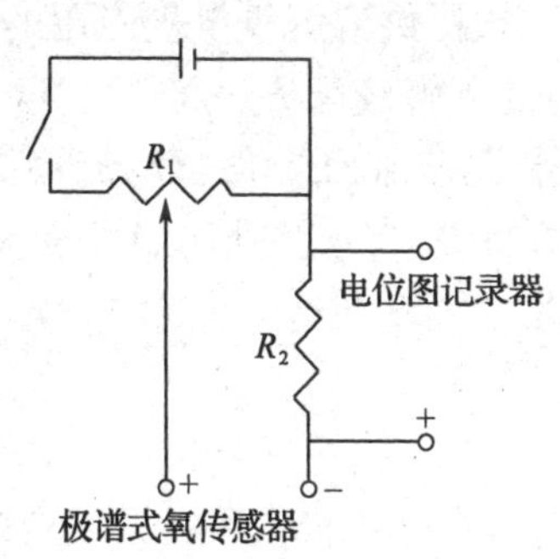

图 7－13　极谱式溶解氧电极所用回路

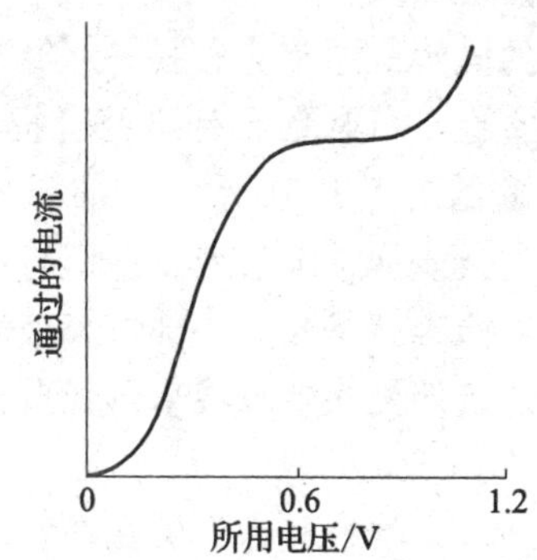

图 7－14　浸没在氧饱和介质中的极谱式溶解氧电极的电性能

二、探头的制备和安装

1. 膜

透气性膜易于损坏或结垢，因而需要经常更换。例如，膜出现问题可表现为探头的漂移、噪声响应或响应滞后。Ingold 探头上的膜组件一般可以持续使用几个月才需更换，有些品质较差的探头则最好在每次使用前更换膜组件，以防止实验过程中探头失灵。大多数探头使用 10～40μm 厚的聚四氟乙烯膜，但 Ingold 探头具有一个较厚的硅酮膜。膜一般安装在组件内部并作为整体更换。

使用较厚的膜可在一定程度上防止灭菌或使用时的损坏，但其响应时间较长。向探头中安装膜组件时，须确保膜与探头主体或电极之间没有气泡。须确保膜正确地密封在探头主体上，这里容易引发问题。这可能是不同厂家设计的探头的差距所在，有些产品仅用简单的橡胶 O 形环密封，在承受压力时未必能保证完全的密封。图 7－15 为两种常用的膜安装系统。密封的损坏会使发酵液进入测量元件而使其给出错误读数，或者使电解液进入发酵液而影响微生物的生长（尤其电流电极中的含铅电解液）。膜易于受到机械破坏，即使一个极微小的孔也会影响探头正常工作，因此，使用传感器时须十分小心，防止它碰到其他物体，在罐的顶盘插入或取出探头时尤其要注意。

类型（a）的设计一般不能达到必要的密封度；类型（b）的设计通常较好，但需要注意拧紧螺帽时不要将膜弄皱。

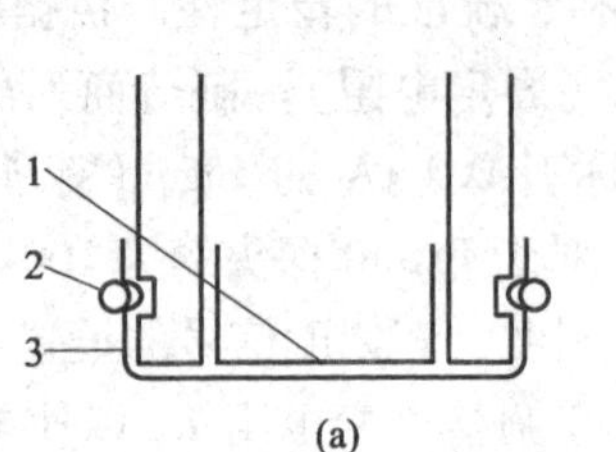

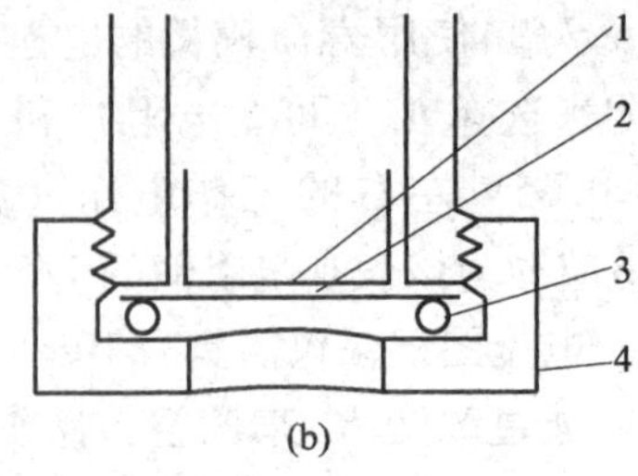

图 7-15　使用 O 形环的氧电极膜安装系统

(a) 1—贵金属电极　2—橡胶 O 形环　3—膜

(b) 1—贵金属电极　2—膜　3—橡胶 O 形环　4—螺帽

2. 电解液

内部的电解液通常应和膜一起经常更换。制造商一般提供溶解氧电极专用的电解液，有的实验室也自行制备。有研究者提出适合电流探头的电解液配方：将 202.5g 乙酸钠、113.7g 乙酸铅溶于 1.5L 水中，加入 855mL 乙酸，加水定容到 3L。通常电流探头的铅电极应始终完全浸泡在电解液中。但有些设计不能实现这一要求，这种情况下，造成探头失灵的最常见原因就是探头内部电解液表面铅电极的损坏（金属在这一位置快速溶解）。因此，可通过定期更换电解液来延长探头的使用寿命。

3. 安装和灭菌[2]

应仔细考虑溶解氧探头尖端在发酵液中的位置。有些发酵过程中存在微生物在膜表面生长的问题，这无疑会产生错误读数。如果使用聚四氟乙烯膜或硅酮膜，当传感器的尖端部分置于具有较高液体流速的区域（例如在一个搅拌发酵罐的搅拌桨的旁流区）时，一般不存在上述问题。但是，如果探头位于一个流动的死角，则丝状真菌等许多微生物会在其表面生长，那么问题就变得比较严重。探头需在灭菌前插入且密封到发酵罐中。根据所用接线柱的类型，有时最好在高压灭菌过程中对电导线进行保护。电流探头的导线在灭菌过程中需要进行短接，这有助于从传感器内部除氧（有时也称作“去极化”），否则要想得到正确读数需要几小时的稳定期。

三、溶解氧探头的使用

使用溶解氧探头时，对读数产生影响的有三个物理参数：即搅拌、温度和压力。

1. 搅拌的影响

溶解氧探头在工作中存在明显的电流，自身消耗大量的氧。探头的信号与氧向电极表面传递的速率成比例，而氧的传递速率则受氧跨膜扩散速率控制。这一速率与发酵液的浓度成比例，其比值（以及探头的校准）取决于总的传质过程。探头的一般工作条件是氧向膜外表面的传递速率很快且不受限制。因此，整个过程受跨膜传递的限制，比例常数（传质系数）较易维持恒定。发酵实验时，搅拌操作可以获得满意的跨膜传递速率。需要指出，在对探头进行最初校准的过程中，必须对发酵罐进行搅拌。

2. 温度的影响

溶解氧探头的信号随温度的升高而显著增强，这主要是因为温度影响氧的扩散速率。发酵实验过程中须控制发酵罐的温度，因为即使 0.5℃左右的温度变化也会使探头信号发生显著变化（超过 1%）。溶解氧读数的周期性变化（每隔若干分钟观察 1 次）显示了温度波动的影响，而且较大的温度变化能引起校准的较大漂移。因此，在实验过程中改变温度控制时要格外注意。在以发酵罐的操作温度进行控制以前，须对溶解氧探头进行校准。考虑到上述影响的存在，一些溶解氧探头带有温度传感器等仪表，用以实现自动温度补偿。此外，对于具有计算机监控的发酵罐，可利用来自独立的温度传感器的信号，由相关软件实现温度补偿。

3. 压力的影响

压力变化会影响溶解氧探头的读数，尽管这实际上反映了溶解氧的变化情况。探头的响应主要由溶液的平衡氧分压确定。读数通常表示为大气压下空气的饱和度（%），100% 的溶解氧张力（DOT）约相当于 160mmHg（21.28kPa）的氧分压。如果发酵液的平衡气体总压发生变化，即使气体组分未发生变化（因为氧分压会成比例地改变），也会改变溶解氧探头的读数。如果达到平衡，探头的信号可由下式确定：

$$p(O_2) = C(O_2) \times p_T$$

式中 $p(O_2)$——探头测得的氧分压，mmHg，1mmHg = 133.322Pa，下同

$C(O_2)$——氧在气相中的体积或摩尔分数,%

p_T——总压，mmHg

因此发酵液中气泡压力的改变会影响溶解氧张力，进而影响探头读数。在实验室规模的发酵罐中，流体静压不会显著地影响气泡压力，但压头的改变则会对其产生显著的影响。一般出口滤器或管路的压降可产生 0.007MPa 左右的压力，这足以使探头信号上升 7% 。在实验过程中，大气压的变化也会引起读数变化，甚至在正常天气情况下，读数变化可高达 5% 。

考虑到压力的上述影响，可采用下列方法对溶解氧探头进行校准。

（1）在大气压下对探头进行校准　这种情况下，实验中可能会获得超过 100% 的 DOT 值。这并不意味着发酵液中的空气处于过饱和状态，只是说明供气压力上升导致氧分压超过用于校准的氧分压。

（2）在预期的操作压力下对探头进行校准　此时 100% 的读数表示发酵液相对于大气组分处于过饱和状态。

（3）根据氧分压或溶解氧活度给出所有结果　基于校准条件下的计算值进行校准，这些是影响探头响应的最直接的参数。

4. 校准

在向发酵罐接种前需要对氧探头进行校准。通常采用线形校准，包括零点和斜率的调节。

零点是在向发酵罐中充入大量的 N_2（不含 O_2）后进行设定，这最好在灭菌后立即进行，因为灭菌过程中已除去大量可溶性气体。但是，大多数溶解氧探头在零点氧（不含氧）时的输出值接近于零电位，因此无须进行零点校准。但是，当读数在极低的溶解氧张力下设定时，需将探头的一根导线断开，将电流设置为零。如果需要在实验后检查校准零点，简便方法是，将少量连二亚硫酸钠加到发酵罐中，使其和氧迅速发生化学反应。但要注意，这种物质也会杀死细胞，所以应在实验结束后使用。

其他需要校准的参数包括斜率、灵敏度、满刻度和量程等。这些校准应该在接种之前、发酵罐大量充气后，进行搅拌，在操作温度下进行。校准后可以给出空气的饱和度，

溶解氧计设定为可读取100%的溶解氧张力，或者是适当的分压计算值。

通常不能在后来的运行中对溶解氧探头进行重新设置和校准，因而可使用合适的旋钮进行机械锁闭，以防校准在发酵过程中发生改变。前述的溶解氧探头重新校准的方法同样适于溶解氧探头，较大的发酵罐具有允许无菌重新校准的设备。最重要的是选择可靠的传感器，在重要的实验中，最好在发酵罐中使用两个或更多探头，对于周期较长的发酵过程更应如此。

5. 响应时间

正常工作的溶解氧探头的响应时间（95%）约为60s，这与所用膜的厚度有关。对于常规检测，这一响应时间已足够了；但是当需要进行瞬态检测时，响应时间过长会带来问题：当试图用动力学方法测定氧吸收或氧传递速率时，就需要对溶解氧探头进行校准；这也会影响发酵罐中溶解氧张力控制回路的正常运行。通常溶解氧向下漂移的响应时间大于向上漂移的响应时间。响应时间的延长是探头老化的标志之一，有报道称清洗电极可以延缓探头的老化。

6. 光效应

对于玻璃发酵罐的极谱型溶解氧探头，当太阳光直射在Ag | AgCl参比电极上时，会引起电流的微小变化，从而引起检测结果的波动。

此外，使用溶解氧电极时还应考虑以下几点：

① 膜外表面会存在微生物的生长；

② 在0.6～1.0V下被还原的气体（即氯、溴、碘、氮氧化物等）会干扰测定；

③ 硫化氢、二氧化硫、有机硫化合物会毒化阴极；

④ 沉淀在铂上的银离子、参比电极的表面氧化或氯化银的过度沉积会造成极谱探头老化；

⑤ 水的蒸发或跨膜扩散会造成电解质浓度改变，从而影响探头的稳定性；

⑥ 注入电解质溶液时，不要将气泡带入电极槽中；

⑦ 适当选择探头在发酵罐中的位置，以确保测得的是特定的溶解氧浓度。

第四节　氧化还原电位电极

发酵罐中通常配有可加热灭菌的氧化还原电位电极（ORP仪），主要用于测定发酵液的氧化还原电位（ORP）和低溶解氧浓度。以下简要介绍ORP电极的工作原理、用途及使用方法。

一、氧化还原电位电极的工作原理

1. 发酵液中的氧化还原电位

发酵液中的情况较为复杂，除了在发酵过程的末期（可能是指细胞生长死亡期），培养基并不处于氧化还原平衡状态。通过将内部的氧化还原反应与其他代谢过程（如ATP的合成）相耦合，细胞可获得能量用于维持和生长。细胞需吸收不处于氧化还原平衡的周围环境中的成分，因而反应有利于自由能项，尽管一些氧化还原半反应可能互相处于平衡，但是它们不能全都达到平衡。在这种条件下，所测电位反映了在铂表面反应进行最快的氧化还原电对，尽管它很可能不会与其中任何一个电对精确地处于平衡状态。因此，电极信号对不确定的及可能正在变化的化学物质的相对浓度实现了检测。

即使培养基中仅含有痕量氧，也可能会产生某种信号。氧气在铂电极上发生反应，$O_2 \mid H_2O$ 氧化还原电对的氧化性要远大于培养基中存在的其他物质。实际上，ORP 电极可用于检测痕量的溶氧，可以得到一些处于溶氧电极检测范围之外的测量值。然而，在这种检测方法中，其他一些物质可能会对读数产生干扰。定性地讲，ORP 电极对于严格厌氧条件的确定相当有用，其电位可以小于 -200mV。

如果培养基是完全厌氧的，实际信号可能响应几种氧化还原电对。很多情况下，$H_2 \mid 2H^+$ 是占优势的电对。氢气在铂电极上能很好地发生反应。在许多厌氧培养基中，氢气浓度通常很高。溶解氢水平可以有效地判断这类发酵的状态，但只能通过一种易受干扰的技术进行检测。如果氢的含量较大，可采用膜入口（membrane inlet）质谱进行检测。

2. 氧化还原电位电极的工作原理[3]

氧化还原电位（ORP）定义为电化学电池应用的电压，以使阳极发生氧化反应，而阴极发生还原反应，这一电压可通过检测置于溶液中的电极得到的电位来确定，这一电位足以阻止电子在氧化还原反应中的氧化组分和还原组分之间的传递。与 pH 是对氢离子活度的检测相似，应将氧化还原电位视为对系统电子活度的检测。

与 pH、溶解氧、温度的测量不同，ORP 的检测原理更为复杂，其检测基于溶液中的金属电极上进行的电子交换达到平衡时，具有相应的 ORP 值，此值与溶液的 pH 和温度有关，具体如下式所示：

$$E = E_0 + \frac{RT}{nF}\ln\frac{\alpha_0}{\alpha_R} = \frac{RT}{4F}\ln p(O_2) + \frac{RT}{F}\ln[H^+]$$

式中 E_0——标准氧化还原电位值，常数，V

α_0——氧化型物质的活度，mol/L

α_R——还原型物质的活度，mol/L

$p(O_2)$——溶液中溶解氧平衡的氧分压，Pa

F——法拉第常数，C/mol

由上式可见，溶液的 ORP 值不仅取决于溶解氧值，还受温度 T 和 pH 的影响。在好氧发酵过程中，来自氧的电子传递非常重要，ORP 受溶解氧浓度控制。在好氧 - 厌氧操作的分界处，溶解氧浓度非常低，ORP 成为重要的生物学指标，也可用于厌氧发酵。

通常使用可灭菌的 ORP 电极和参比电极的组合式电极来检测 ORP。它在设计上与组合式 pH 电极相似，不同之处在于 ORP 电极中与标准的 $Ag \mid AgCl$ 参比电极相连接的是铂阴极，使用具有已知 ORP 的标准缓冲液进行校准。如果系统能充分地排除空气的影响，还可用特殊的氧化还原染料指示剂来指示发酵液的 ORP。与 pH 电极相比，ORP 电极在校准时非常稳定，但在检测前需要较长的时间与发酵液达到平衡，因而需要使用电极进行连续的原位在线检测。ORP 电极测得的 ORP 与电子总数有关，而不是与特定的化合物有关。特别是在 $p(O_2)$ 传感器信号变得不精确时的微好氧条件下，胞外的氧化还原电位检测很有益。因为无须跨膜扩散，这种电极的信号产生速度比 $p(O_2)$ 传感器快。注意到 pH 是 ORP 的一个决定因素，因而 pH 的改变会引起 ORP 信号的变化。许多成功应用 ORP 电极的报道仅限于对观察现象的描述，而对其原理则未作解释。

发酵过程中ORP可用连接参比电极的铂电极来检测，这取决于发酵培养基中发生的氧化还原反应，其中包括一种物质氧化放出电子，另一种物质得到电子而被还原的可逆反应。可用标准吉布斯自由能热力学数据来计算任何给定反应的ORP。理论上讲，ORP的计算可以为限定的生物学系统的平衡反应物和产物浓度提供有用的信息。发酵条件下实际测得的ORP值是相当不确定的。测得的ORP值通常是发酵液中存在的多种氧化还原反应的复合结果。在最佳条件下，ORP可以给出反应物浓度和产物浓度的准确比例，但这需要对所有的化学反应都进行明确的限定。事实上很少能做到这一点，因为培养基的成分常常不能充分限定，它们会在发酵过程中随时间而发生变化。ORP还受其他基质的影响，而这些基质也常常是不明确、不可控制的。此外，ORP电极只能检测发酵液中的ORP，而不能检测微生物细胞内的ORP，而后者往往具有更大的生物学价值。

在某些应用中，尤其是在低溶氧条件下，ORP与发酵产物的生成相关，但这一方法的应用还完全是经验性的。在废水生物处理的应用中，ORP和BOD（生物需氧量）、COD（化学需氧量）和TOC（总有机碳）的含量相关。控制ORP的方法是调整进入生物反应器的空气或氮气流，或者添加化学还原剂。

二、装　　置

常用的ORP电极是一种包含一个参比电极的组合电极。指示电极是直接暴露于培养基中的铂丝或铂环，参比电极与pH探头使用的参比电极相同：置于电解液中的Ag | AgCl或甘汞电极，通过多孔塞与培养基相连。发酵过程中需使用特定的可蒸汽灭菌的电极。

ORP电极的电性能类似于pH传感器，因此本章第二节中介绍的电连接和放大器的选择同样适用于ORP电极。大多数pH放大器能在转换后直接读出输入电压，这也是氧化还原电极需要的。

有关ORP电极在控制回路中的应用已有报道，如用于给定的限氧条件下解淀粉芽孢杆菌（*Bacillus amyloliquefaciens*）生产木聚糖酶的控制。ORP电极主要检测10μmol/L以下的低溶解氧浓度，这一性质也可用于评价厌氧过程的质量。已有使用装有ORP电极的闭环回路控制来优化柠檬酸生产过程的报道。常用的ORP电极的检测范围为-700～+700mV，灵敏度为±10mV，响应时间数十秒至数分钟，精度为±0.1%（FS，满刻度）。

三、常规操作、灭菌和使用

在发酵的间歇期间，电极需用蒸馏水清洗并置于其中保存。如果铂电极表面发生有机物的堵塞，则需将电极浸入浓硝酸溶液中进行清洗。

本章第二节中有关pH传感器的灭菌、电解液、多孔塞的清洗和电干扰的操作，同样适用于ORP电极。

四、测试与校准

与pH电极不同，ORP电极的零点和斜率一般不会随时间发生变化，因此一旦对仪表进行了校准，只需时常检查即可。直接由仪表读出电极内电化学电池的电位，该电位的变化是由铂电极上的氧化还原反应引起的，因为参比电极不会发生改变。但是，如果使用不同的参比电极或电解液，给定溶液的电位读数会因使用不同的电极而有所不同。对于所有的待测溶液，这一差异是一项恒定的补偿。绝对 ORP 一般相对于标准氢电极来表示。因此，必须对实际的电极电压进行校准，以达到这一绝对刻度下使用的参比电极的电位。校准可以通过电校正（有时采用仪表的零位调整）或简单的电位增加来进行。如果不进行校准，电压读数则不准确或无意义。

传感器制造商通常会提供必要的校准措施。或者，如果参比电极的性质已知，即可从 ORP 表中查到（例如，Ag | AgCl 电极在 3mol/L KCl 溶液中是 244mV，这是相对于标准氢电极来讲的，因此需将这个值加到原始电极电位读数中去）。最后，可采用下述操作步骤来实现初始的校准：在控制温度下（通常为 25℃），通过搅拌将过量的氢醌溶于缓冲液中，使一种或几种标准 pH 缓冲液饱和。将电极浸入每种溶液中，记录读数，绝对 ORP（即以标准氢电极校准）在 pH 为 7、温度 25℃ 时为 +285mV，此时，pH 每降低一个单位，电位升高 59.1mV。如果读数偏离正常值 5mV 以上，电极中则可能存在故障，很可能是使用了一个不恰当的参比电极。

第五节　菌体浓度和生物量的检测

一、菌体浓度和生物量的检测方法及原理

菌体浓度的测定可分为全细胞浓度和活细胞浓度的测定，前者的测定方法主要有湿重法、干重法、浊度法和湿细胞体积法等；后者则使用生物发光法或化学发光法进行测定，例如，可通过对发酵液中的 ATP 或 NADH 进行荧光检测而实现对活细胞浓度的测定。

生物量（biomass）和细胞生长速率的直接在线检测，目前尚难以在所有重要的工业化发酵过程中应用。最普通的离线检测方法是细胞干重法、显微镜计数法和光密度法。光密度法有时也可实现生物量的在线检测，其他的生物量浓度在线检测方法包括浊度、荧光性、黏度、阻抗和产热等的检测。一种更深层次的测定生物量的方法应用了质量平衡，这一方法使用已知的产量系数，这些系数是在过去操作经验基础上得来的，可以和其他测得的生产或消耗速率一起使用。如果由气体平衡得到的氧气消耗速率和氧/生物量的产量系数 $Y_{O_2/X}$［每千克生物量所消耗的氧量（kg）］已知，就可以估算生物量的产率[1]。这一方法也可利用测得的消耗的基质、氮源或生成的 CO_2 的质量来确定生物量。

许多市售的生物量传感器是基于光学测量原理制成的，也有一些利用过滤特性、细胞引起的悬浮液密度的改变或悬浮的完整细胞的导电（或绝缘）性质。已有一些直接用于估计细菌和酵母发酵液生物量的典型传感器，这些研究是重要的，因为传感器是原位安装的，可并行使用。大多数传感器测量的是吸光度（A），有一种测量发酵液的自动荧光（荧光传感器），另一种是电容传感器。下面简要介绍几种常用的菌体浓度（生物量）的检测方法及原理。

1. 吸光度

应用吸光度（旧称光密度）原理的生物量在线直接检测，有助于了解反应器中微生物的代谢过程。这种检测对于大肠杆菌（*E. coli*）等球形细胞十分有效。检测中使用可灭

菌的不锈钢探头，通过一个法兰盘或快卸接合装置将探头直接插入生物反应器中。

市售的吸光度传感器基于对光的透射、反射或散射而实现测定。由吸光度值直接地先验性计算干重浓度是不现实的，但这常用于校准系统。细菌的波长应选在可见光范围内；对于较大的微生物，可选用红外波长。对于更大的植物细胞培养或昆虫细胞培养，可由浊度测定法来估计。随着波长下降，许多基质对光的吸收增强，因此，经常采用绿色滤光器、红外二极管、激光二极管或780～900nm的激光。用稳定的发光二极管（在850nm左右发光）可以得到廉价的可变型光源；用几个100Hz的截光器进行调节，可以使环境光的影响降到最低。另一种方法是使用置于反应器外的、装有高质量分光光度计的光纤传感器，它可以在保护室中使用，但相对比较昂贵。

采用与空隙体积（void volume）内试样脱气相同原理、完全安装在反应器内部的传感器（Foxboro/Cerex）已开发成功。每个测量之间的最小时间间隔为30s，可以同步进行90°的散射和透射测量。这一仪表的吸光度值和0.1～150g/L的酿酒酵母（*Saccharomyces cerevisiae*）之间呈线性相关。有研究者采用类似方法，但使用不同的仪表来检测生物反应器外的部分悬浮液体，结果证明吸光度值与生物量浓度之间呈良好的线性相关。

气泡或细胞以外的颗粒物会对检测结果产生干扰，这是大多数传感器中普遍存在的一种现象。如在FundaLux系统中，用带有聚四氟乙烯活塞的外部玻璃元件吸出液体部分，使其保持一定的排气时间（可选，通常2min），然后测量空气空隙的透射率，再将部分液体释放回反应器中。由于测量元件位于反应器的外部，传感器的原位灭菌可能不充分。LT201（ASR/Komatsugawa/Biolafitte）仪表通过在这一区域周围布置圆柱形不锈钢筛网，用以减少来自气泡的影响。此外，传感器的安装位置也很关键。已有一些应用性报道证明，这种传感器的信号可靠，可用于补料分批发酵过程的自动控制。可用测量透射（1个光纤）和90°散射（2个光纤）的传感器对干扰进行数学补偿。MEX－3传感器（Bonnier Technology Group，Lausanne）可对误差进行内部补偿。该误差是由光学窗口的沉积物、温度及光学元件的老化引起的，这可通过评价四个不同的光柱（从两个发射器向两个检测器发射的直射束和交错束，多路传输）的强度系数来实现。Monitek传感器具有一个特殊的光学结构（在接收器之前，称作立体过滤系统），用于除去并非由光路中的颗粒物或气泡产生的散射光。Aquasant传感器通过AF44S传感器的精确接收器的特殊光学设计，可使光学窗口中的沉积物引起的干扰最小化。用于不同工业领域中的其他传感器，多配有机械清除器。

高达100g/L的细胞浓度可用光密度探头直接检测。在这一探头中，普通光通过激光二极管，或使其通过蓝宝石晶体产生特定波长的光，再进入含有发酵液典型试样的样品室中，然后通过光检测电子设备。通过测量被吸收的光和用于补偿反向反射光的光量，即可测定光密度。例如Cerex、Wedgewood和Monitec等公司的产品，通常封装成不锈钢探头，能直接安装到10L以上的生物反应器中，并提供除泡器以排除夹带空气的干扰。

分光光度滴定法是一种测定细胞密度的技术，其基本原理与上述光密度探头相同，属于一种实验室操作技术。需要在反应过程中从发酵液中取样，因此试样可能受到污染。

基于吸光度测定原理的流通式浊度计可用于全细胞浓度的测定，其在线检测装置如图7－16所示。若以激光束作光源，全细胞浓度的范围是0～200 g/L（湿细胞），精度为±1%（FS），响应时间为1s。

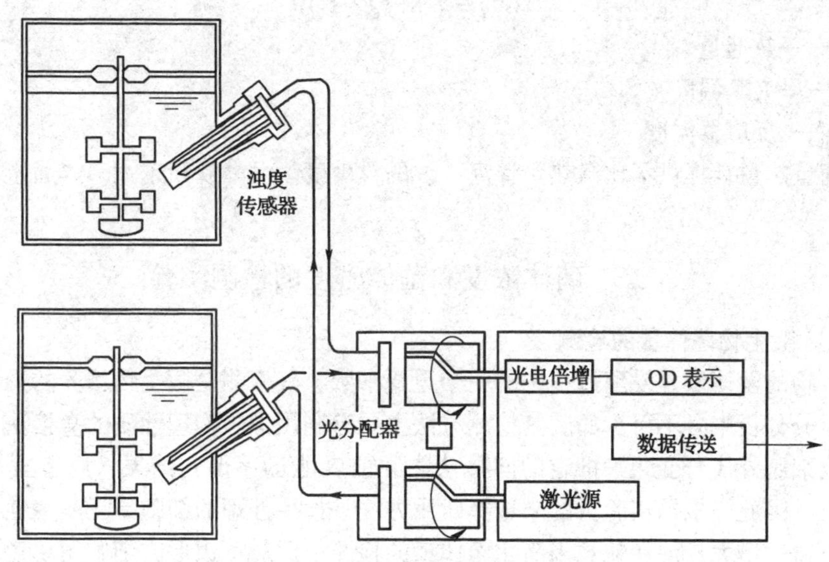

图 7－16　细胞浓度在线检测用浊度计

由于内部滤器的作用，高密度培养给吸光度测量带来一个问题，即细胞在光路上的吸收和散射导致其失去部分光强度。已经有很好的方法来获得吸光度的较大的动态范围，研究者开发了流注分析（FIA）的稀释设备，检测了稳态的吸收。近年有人开发了自动过滤设备，允许根据过滤性能估计较大量试样（约 100mL）的生物量浓度，每一试样通过一新鲜的滤器过滤，监测滤液流及滤饼的形成，但这一方法不能用于丝状菌。

2. 电性质

在低无线电频率下悬浮液的电容与浓度相关，该浓度是指由极性膜（即完整细胞）封闭的液体组分中悬浮相的浓度。生物量检测器可检测的电容为 0.1～200pF，无线电频率为 200kHz～10MHz。这一原理的局限是最大可接受的电导率（连续相的）约为 24mS/cm，而高密度培养时所用的浓缩培养基中，很容易达到这一极限电导率。气泡在检测过程中会产生噪声。

3. 热力学

检测生物量的另一种方法是量热法，该法测定细胞生长过程中的产热，而产热与活细胞量成比例。在明确限定的条件下，甚至对杂交瘤细胞（hybridoma）等缓慢生长的微生物，或对以低生物量产量生长的厌氧细菌而言，量热法是估计其总生物量（或活生物量）较好的方法[4]。

微生物生长过程中的净放热量取决于生物量浓度及细胞的代谢状态。厌氧生长的理论热力学推导给出产热系数 $Y_{Q/O}$ 为 460kJ/mol O_2。实验证实这一预测是一很好的估计：许多实验中的平均值为 440±33kJ /mol O_2。在可用的三种方法（微量热法、流体量热法及热通量量热法）中，热通量量热法通常是用于生物过程检测的最好选择。动态热量计可以测定反应器和夹套的温度。在计算生物反应的热通量时，需要知道搅拌器的耗热或水蒸发的热损失等各种热通量。总传热系数 k_w［W/（K·m）］可通过电校准来简单地测定，热交换面积 A（m^2）一般恒定，两个参数可组合为（k_wA），则生物反应器的热通量为：

$$q = k_w A(T_R - T_J)$$

式中　q——热通量

T_J——夹套温度

T_R——反应器温度

热通量热量计提供了比微热量计高2位的灵敏度。发酵规模越大，热通量量热法就越简单。

二、菌体浓度和菌体密度的检测实验

（一）微生物菌体量的检测

微生物的菌体量是发酵过程中的一个重要参数，其检测是微生物培养的操作管理及菌体细胞成分分析中必不可少的。其检测方法主要有利用细胞物理性质的直接法，以及根据细胞内或细胞外成分变化来推定的间接法[1]。前者能迅速得到结果，后者虽精确度高却较为费时，因此应根据实验目的来选择所用方法。如果处理的细胞是无凝集性的细菌或酵母，就可通过增大悬浊颗粒数来简化菌体量的检测。但对于边形成细胞团块边增殖的真菌及放线菌而言，细胞数与颗粒数则不相对应。另外，对于烃类培养及固体培养，其培养基中含有水不溶性成分，需要特别注意。

1. 重量法

（1）取样　对细菌而言，通常从100mL发酵液中可得干燥菌体10～90mg，据此从发酵液取样即可实现精确测量。另外，每个大肠杆菌的干重约为10^{-13}g，据此可由菌体浓度来确定所需液量。在摇瓶培养过程中，使用全量测定较为可靠。从大型发酵罐中取样时，应注意微生物的贴壁生长，并应除去取样管中原有的液体。对真菌而言，其测定误差大部分属于取样误差。

（2）菌体分离法

① 过滤法：过滤法的优点在于，只需选择适当的滤纸，就能用比较简易的装置进行分析。滤纸大体可以分为两种，即深层滤纸和表面滤纸。通常用的定性、定量的纤维素滤纸和玻璃纤维滤纸能使颗粒保留于滤纸的纤维基质内，属于深层滤纸；而乙酸纤维素和硝基纤维素制成的薄膜滤纸，因颗粒可保留于孔径均一的薄膜表面，而被称为表面滤纸[1]。

薄膜滤纸不适用于大量颗粒（如细胞）的过滤收集，原因是颗粒会覆盖薄膜表面的孔隙而引起堵塞，使过滤速度急剧下降。因此薄膜滤纸（如Millipore公司制品）适用于细胞数较少的样品的浓缩、微生物分析和培养基的过滤除菌。

实际上进行过滤集菌时，滤纸的颗粒保留性能很重要，需按细胞的大小和形状选择最适合的滤纸。颗粒保留性能是指能保持总颗粒数98%的颗粒孔径大小（μm）。以下为几种常用滤纸的保留性能：薄膜滤纸为0.1～0.5μm；玻璃纤维滤纸为0.7～2.7μm；定性、定量纤维素滤纸为2.5～25μm。

因此，收集细菌、真菌（如酵母）等微生物细胞时，多数情况下可用玻璃纤维滤纸（如Whatman公司制品）。通常将滤纸铺在Buchner滤斗或较易拆分和清洗的三件一套的（three-piece）漏斗上进行抽真空过滤。玻璃纤维滤纸能够耐受550℃的高温，而且过滤速度非常快。滤纸应预先在室温下进行真空干燥并称重。

有时过滤前需对发酵液进行处理。培养时如果用碳酸钙作中和剂，应先用盐酸或乙酸溶解。有些情况下，培养过程中可生成蛋白质沉淀而造成过滤困难。另外，有时液体黏度因多糖等的存在而显著上升。这种情况下，处理方法有加热、添加絮凝剂及加酶水解等。每升培养基使用1~3g$CaCl_2$或$Al_2(SO_4)_3$作为絮凝剂，如有必要，也可适当添加一定量的助滤剂。

② 离心分离法：如果是酵母，离心机的分离因数为1200~3000g；如果是细菌，则为5000~8000g，通常需离心5~10min，所需转速为n（r/min），例如在3000g的情况下，可用下式求得：

$$n = \sqrt{\frac{3000}{1.11 \times 10^{-5} \times r}}$$

式中　r——旋转轴到离心管中心的距离，cm

当细胞浓度很小时，如细菌浓度在10^7个细胞/mL以下时离心得到菌量很少，特别是离心机停止运行后的操作中上浮的细胞，会给菌量的检测带来误差。

清洗收集的细胞有时会损失细胞内成分，因此需要加以注意。特别是枯草芽孢杆菌（*Bacillus subtilis*）等革兰阳性菌，在清洗中会发生溶菌现象。操作时可预先冷却至0℃左右，然后再清洗或用蛋白胨水溶液（1%）或合成培养基代替水清洗。有时细胞的静电性质在清洗过程中会发生变化，导致细胞很难下沉。

（3）干燥　干燥方法通常包括105℃下的常压干燥、80℃或40℃下的减压干燥以及冷冻干燥。105℃下，达到恒量的时间通常在3h以内。温度每下降10℃，干燥时间则延长一倍。高温下部分细胞成分发生分解，并失去水分以外的挥发性成分。氧化则会引起挥发性成分的增加，结果就与低温（40℃）减压恒量干燥相近似。减压干燥时需使硫酸或硅胶与五氧化二磷共存于真空干燥器中。使用硫酸与五氧化二磷时，有时减压会使其呈喷雾状上升并与细胞进行反应，因此应在硫酸液面上盖上多孔板；在培养皿中撒上薄薄的一层五氧化二磷后放置片刻，使其表面形成薄薄的膜，再放入干燥器。冷冻干燥是将清洗过的细胞浓缩至富集培养时的5倍（610nm下吸光度值为10较好）。共取3mL浓缩液放入称量瓶（内径约40mm）中，然后放入冷冻库将其冻结，再用小型冻结干燥器干燥一夜。最后，最好将干燥室温度升至40℃左右。取出时先导入干燥空气，取出片刻后再称量。

（4）称量　显然，干燥后的细胞具有吸湿性，如果用自动天平迅速称量，就无须专门使用具塞称量瓶。冷冻干燥样品吸湿性强，最好在低温下称量。

（5）湿重法　干重法虽为精确度高的菌体量测定法，但它需要大量的发酵液，而且干燥很费时，因而不适于培养过程的操作与管理。因此可以不对菌丝进行干燥，而采用求出细胞湿重的方法。用适当滤纸滤集20~50mL发酵液，从滤纸上取下菌丝，夹入2~3枚重叠的新滤纸中间，用手按紧，使其吸取充足的水分。反复操作2次后剥下菌丝进行称量，为了施加一定的压力，可适当使用滚筒等。湿重相当于干重的2.5~5.0倍，事先求出它与干重的关系，即可有效地跟踪观察培养过程，收集到的湿润细胞在以后的细胞成分分析及生理实验中也可使用。

（6）含有液体烃类发酵液中菌体量的测定　Hug与Fiechter提出的菌体量测定方法简述如下：在含有液体烃类的发酵液中加入乙醇、丁醇、三氯甲烷混合液（10∶10∶1），放入带有活栓的离心管充分振荡，在4500g下离心分离10min，用水清洗一遍，在105℃下干燥至恒量。

2. 比浊法

（1）原理　为了及时了解发酵过程中微生物的生长情况，需要定时测定发酵液中微生物的数量，以便适时地控制培养条件，从而获得最佳的培养物。比浊法是常用的测定方法之一。严格来说，比浊法应该由使用积分仪测定透射光与散射光的浊度计进行测定，但通常使用光电比色计测定（仅测透射光）。

假设光束通过颗粒分散体系时，入射光及通过液层（l）后的透射光强度（光子数）分别为 I_0 和 I，下述的玻格-郎伯-比尔定律成立：

$$I = I_0 e^{-\tau l}$$

其中 τ 可用下式表示：

$$\tau = C\tau'$$

式中　C——颗粒浓度，mg/mL

τ'——浊度系数

现在设 $l = 1$cm，则有：

$$\lg\frac{I_0}{I} = \frac{\tau'}{2.303}C = KC$$

上式的左边为光电比色计测定的吸光度（A）。为了明确地显示其间含有的光散射现象，在测定发酵液的情况下又称为光密度（OD），K 为与光散射相关的系数。K 与光束和样品中细胞间的角度、光的波长、细胞的形状、细胞的平均大小与分布以及培养基的折射率等因素有关。

（2）标准曲线的绘制　取约 100mL 的培养细胞悬浊液，约 20mL 用于测定浊度，其余用于测干重求出细胞浓度。原液的吸光度在 0.3 以下时应离心分离，将细胞浓缩。用缓冲液或原液离心后的上清液等稀释至原液，原液 ×0.8，原液 ×0.6……原液 ×0.2，原液 ×0.1，由吸光度及细胞浓度的测定结果绘制标准曲线。吸光度在 0.05 ~ 0.3 的范围内，吸光度与细胞浓度呈线性关系。

（3）波长　波长在 300 ~ 800nm 时，浊度系数 τ' 较大，灵敏度较高，但一般培养滤液在短波长范围内吸收较多，为此，多使用 500 ~ 660nm 的光。另外，浊度测定因其速度快，常用于培养控制及培养过程的分析。一般情况下，过了培养中期，测定值会超出满足上述线性关系的范围。因此，灵敏度低的长波长范围仍较合适，使用较多的波长是 610nm 或 660nm。

（4）测定中需注意的问题　菌株、培养条件、测定条件（光电比色计、试样细胞、波长）与作标准曲线时相同，仍用同样的稀释液稀释至吸光度 0.3 以下再进行测定，这是为了使光散射相关的系数 K 一定。当培养条件、测定条件改变时，应改用新的标准曲线。培养中如发生凝集，可加入阴离子型或非离子型表面活性剂（如 Tween、Triton 系列）。

3. 填充容量法

使用如图 7－17（a）和（b）所示的带刻度的离心分离管。（a）在较厚的细管部分的最小刻度单位是 0.01mL，5mL 容量可读至 0.1mL。（b）在 10mL 容量中最小刻度为 0.1mL。（a）适用于细菌、酵母及孢子，（b）则适用于菌丝。以酵母为例，其离心条件为 1200g、10min。为换算成干重，用部分发酵液先求出填充容量与细胞干重的关系。用此法求细胞量时，细胞浓度需大到一定程度。例如酵母，适当浓度约为10mg/mL（以干细胞重计）。离心分离管形状特殊，通常用支架架在离心分离机中，尽管如此，还是无法产生很大的离心力，因此一般不适用于细菌的检测。

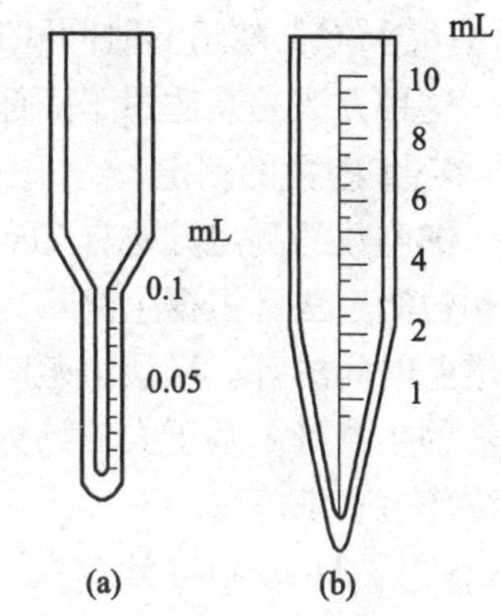

图 7－17　填充容量法用离心管

填充容量法具有如下优点：检测过程快速；可适用于难过滤的培养细胞试样；即使发酵液中含有不溶性夹杂物，夹杂物与细胞形成沉积时也能进行测定。

这种方法的误差主要由下列因素造成：离心填充过的细胞与细胞间的容量因容器的形状和悬浊液的组成而变化。例如，NaCl 溶液中含有大量电解质时细胞间容量变大。可见，如能同时测定细胞间容量，精确度就会大大提高。

测定细胞间容量是在细胞膜中加入膜不透过性溶质，如菊粉、糊精或聚乙烯吡咯烷酮，再进行离心分离，弃去上层清液，用稀释法测定细胞间的这些溶质。Conway 与 Downey 的菊粉测定法用得较多，但它需要大量细胞，不适用于填充容量法的修正，在这方面，Reid 与 Frank 使用含放射性同位素的菊粉（inulin－COOH）稀释法进行测定，较为有效。

4. 间接测定法

（1）全氮测定法　微量扩散法等全氮测定法在样品量很少的情况下较为有效，例如，它能够测定 1mg 细胞，通常 10mL 的试样即够用。缺点是测定费时。当同时处理大量试样时，可在一定程度上克服这一缺点。单位细胞的氮含量会随培养时间及营养条件而改变，因而推定菌体量时需注意氮含量的范围，细菌为 6.5% ~13%，霉菌为 4.5% ~8.5%。

（2）根据其他细胞成分进行测定　可根据核酸、二氨基庚二酸、过氧化氢酶等细胞成分的定量测定来实现间接测定。测干重时常将细胞外成分同时分离称量进去，因此有人提出了分析细胞成分的方法。下面介绍一种测定曲霉细胞壁中葡萄糖胺的方法。

在米曲中加入 4 倍量的水，加入消化酶（淀粉酶）将玉米淀粉消化过滤，再用盐酸分解，使用 Dowex50 型树脂将游离玉米的葡萄糖胺定量分离，进行比色定量。每单位菌体的葡萄糖胺含量为 110μg/mg。

有时也用下面的方法：将试样中的核酸在 0.5mol/L 高氯酸中加热抽提出，由抽提液在 260nm 下的吸光度算出菌体的量。

（3）由细胞外的物质变化来推定　根据培养基质的减少和产物的增加也能推定培养细胞的浓度，其中应用较多的是氧吸收速度 I_{O_2}（mL/g，即每克发酵液单位时间内所吸收的氧容积）。在大型发酵罐中，可由进气、出气氧浓度的差来连续测定。少量培养时可用瓦勃氏测压法。设单位细胞的氧吸收速度为 Q_{O_2}（mL/mg，即每毫克细胞单位时间内所吸收的氧容积），则有：

$$I_{O_2} = mQ_{O_2}$$

同理，对 CO_2 有：

$$I_{CO_2} = mQ_{CO_2}$$

式中　m——每单位发酵液的细胞量，mg/g

Q_{O_2}和Q_{CO_2}随培养时间和条件而改变，但在培养范围内，可认为I_{O_2}与m的变化成比例。这种方法尤其适用于固体培养，I_{O_2}与培养物的产热量成比例，因此可使用热量计。

5. 细胞数的测定

细胞数的测定方法有 Thoma 的血球计数板、库特氏计数器（Coulter counter）的总悬浮颗粒测定法，根据生物学方法测定活菌数的平板计数法、最大可能数（MPN）法、延缓增殖时间法等。延缓增殖时间法尤其适合于测定形成链状的细菌或附着于不溶性载体上培养的生物量。基于人工计数方法的原理，近年来出现了流动细胞计数法，所用检测仪器被称作流式细胞仪。

（1）Thoma 血球计数板　图 7－18 所示的玻璃血球计数板的中央平坦处，具有如图所示的边长 50μm 的正方形小格，也即盖有专用盖玻片的区域，其液层厚为 0.1mm。一小格相当于 2.5×10^{-7}mL，将每小格稀释成含有 5 个细胞左右（即浓度为 2×10^{7} 个细胞/mL），迅速盖上盖玻片使其滑走。细胞沉淀 5～7min 后，在 300～600 倍显微镜下计数。如果观察到运动性的细菌，则在悬浊液中加入 4% 聚乙烯醇后，从血球计中取出，每次在 9 个小格取其中 4 个小格计数，换试样重复 2～3 次，再求平均值。相邻格线上的细胞，上下两侧的细胞全部计数，其余的无须计数。

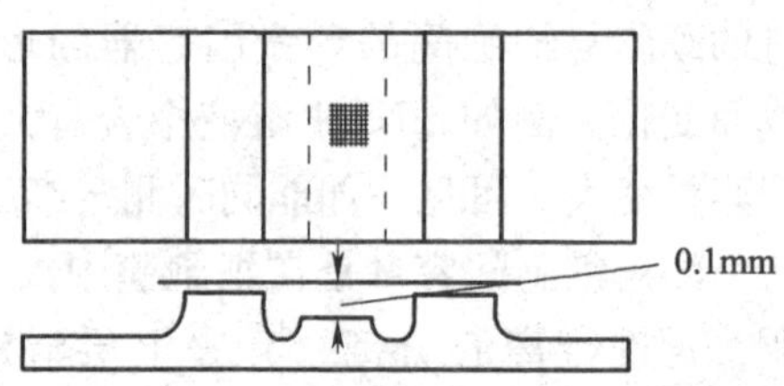

图 7－18　玻璃血球计数板

（2）Coulter 计数器

① 原理：使用开口大小一定的口管，使其吸入含有电解质的颗粒悬浊液，开口前后通过一定的电流。此时的电阻由开口周围电解液的容积决定，因此细胞颗粒在此挣脱束缚，就会产生与细胞容积相对应的电压脉冲。测定此脉冲的频率及大小分布，即可实现细胞数的测定。脉冲的大小与颗粒直径的关系由市售的标准颗粒决定。

② 测定中的注意事项：细胞直径为开口直径的 2%～10%。细菌和酵母用开口 50μm 的细管较好。悬浊的液体或培养基，应事先用 0.25μm 细孔的薄膜滤纸除去杂质。溶液中只需含有相当于生理盐水的电解质，待测试样需进行适当稀释。口管不用干燥，带水保存。

（3）流式细胞仪　流式细胞仪的结构及主要部件如图 7－19 所示。具体测定原理如下：待测的含细胞的试样流过检测器，使细胞逐个滴下，由激光检出，根据预先设定的各种细胞的电特性进行识别，由此可统计出细胞的尺寸分布及细胞龄等特性，从而实现细胞数及细胞浓度的测定。例如，利用荧光使 DNA 分子染色，然后测定染色后细胞发出的荧光强度分布，最后推定上述细胞特性。流式细胞仪结构复杂、价格昂贵，在普通的发酵实验室或生产部门尚未普遍使用。

（二）微生物密度的测定

微生物细胞及其悬浊液的密度、黏度等物理性质，一般与细胞的分离、悬浊液的输送等物理操作以及装置密不可分。下面仅介绍微生物密度。

1. 细胞密度测定的基本原理

细胞密度 ρ_m 可用下式计算：

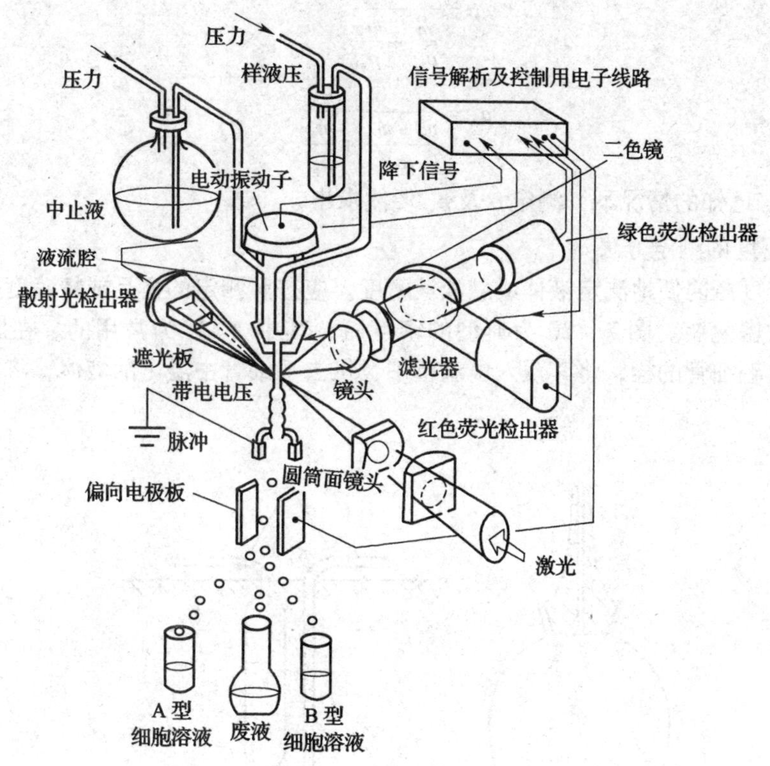

图 7－19　流式细胞仪结构示意图

$$\rho_m = \frac{m}{V}$$

式中　m——细胞质量，g

　　　V——细胞体积，mL

如能求得细胞体积 V 及其质量 m，由上式即可直接求出 ρ_m，但对微生物而言，V 及 m 一般不容易准确地测定。因此，采用分散微生物等方法测定悬浊液的密度。

设细胞悬浊液的密度为 ρ，则：

$$\rho = c\rho_m + (1 - c)\rho_w$$

$$\rho_m = \frac{\rho - (1 - c)\rho_w}{c}$$

式中　c——悬浊液中的细胞体积分数，%

　　　ρ——细胞悬浊液的密度，g/cm^3

　　　ρ_w——测定温度下水的密度，g/cm^3

　　　ρ_m——细胞密度，g/cm^3

如能测定体积分数 c 及 ρ、ρ_w，就能根据上式求得细胞密度 ρ_m，单位体积发酵液中细胞所占的体积（即体积分数）c 的求法有：在显微镜下直接测定细胞的数量及尺寸，测定沉降速度或黏度而间接求得。

如果配制悬浊液前分散的细胞总质量已知，设总质量为 m（g），分散剂的质量为 m_W（g），则：

$$\rho = \frac{m + m_w}{\frac{m}{\rho_m} + \frac{m_w}{\rho_w}}$$

$$\rho_m = \frac{m}{\frac{m + m_w}{\rho} + \frac{m_w}{\rho_w}}$$

在 m、m_w 已知的情况下，测定 ρ 及 ρ_w 便能求出 ρ_m。

2. 细胞密度的测定方法

可使用密度瓶简便地测定液体或悬浊液密度。应按照测定的样品或精确度来选择不同大小、形状的密度瓶。图 7－20 为典型的密度瓶，其中（a）为常用的。在瓶中注满液体，做成带有毛细管的栓，将其浸入恒温槽中，拭去毛细管中溢出的液体，将容器外部擦干净后称重。

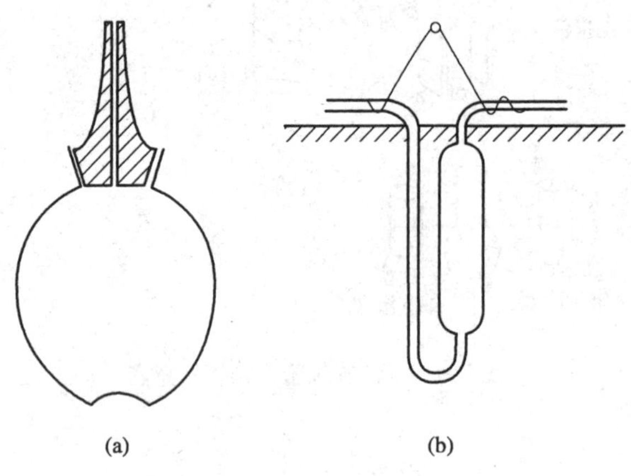

图 7－20 典型的密度瓶

设容器的容积为 V（mL），注水称重时的质量为 m_1（g），未加水时空容器的质量为 m'（g），则有：

$$V = \frac{m_1 - m'}{\rho_w}$$

式中 ρ_w——测定温度下水的密度，g/cm^3

3. 微生物密度的测定实例

下面以酵母和细菌的测定为例，简要说明测定的操作过程。

（1）酵母密度测定 实验用酵母为酿酒酵母（*Saccharomyces cerevisiae*）。培养基组成：肉汁浸膏（3g/L）、酵母浸膏（3g/L）、蛋白胨（5g/L）及葡萄糖（10g/L），pH5.0。30℃摇瓶培养 48h。培养后离心分离酵母细胞，用 0.05mol/L KH_2PO_4（pH5.0）缓冲液反复清洗，再次使其在同种溶液中悬浮。测定该悬浊液的 ρ 及 ρ_w，700g 离心 10min，由下沉体积求出 c。根据这些测定值，由式：

$$\rho_m = \frac{\rho - (1 - c)\rho_w}{c}$$

计算可得：

$$\rho_m = 1.098 g/cm^3 \ (\pm 0.008)$$

(2) 细菌密度测定　实验用的细菌为黏质沙雷菌(*Serratia marcescens*)。培养基组成:肉汁浸膏(10g/L)、蛋白胨(10g/L)、葡萄糖(20g/L)及NaCl溶液(2g/L),pH7.0。30℃摇瓶培养48h。培养后用pH7.0的缓冲液洗涤,分散在相同的溶液中,为了决定该悬浮液中细菌细胞体积分数c,先以1000g离心5min,然后用旋转式离心机1700g离心,以调整表面倾斜度,求得沉降体积。测定求得c、ρ及ρ_w,由式:

$$\rho_m = \frac{\rho - (1-c)\rho_w}{c}$$

计算可得:

$$\rho_m = 1.098 g/cm^3 \ (\pm 0.008)$$

符 号 说 明

A	热交换面积,m^2
$C(O_2)$	氧在气相中的体积或摩尔分数,%
C	颗粒浓度,mg/mL
c	悬浊液中的细胞体积分数,%
E	电位测量值,mV
E_0	标准电极电位,mV
F	法拉第常数,C/mol
I	透射光光照强度,mmol/(m^2·s)
I_0	入射光光照强度,mmol/(m^2·s)
I_{O_2}	氧吸收速度,mL O_2/(g发酵液·时间)
m	细胞质量,m
n	转速,r/min
ORP	氧化还原电位,mV
$p(O_2)$	探头测得的氧分压,mmHg
P_T	总压,nmHg
Q_{O_2}	单位细胞的氧吸收速度,mL O_2/(mg细胞·时间)
q	热通量
R	通用的气体常数,J/(kg·K)
r	旋转轴到离心管中间的距离,cm
T	热力学温度,K
V	细胞体积,mL;容器的容积,mL
α_0	氧化型物质的活度,mol/L
α_R	还原型物质的活度,mol/L
α_{H^+}	氢离子活度,mol/L
τ'	浊度系数
ρ_m	细胞密度,g/mL
ρ_w	测定温度下水的密度,g/mL

参 考 文 献

[1] 陈坚等主编. 发酵过程优化原理与实践. 北京：化学工业出版社，2001
[2] 梅乐和等主编. 生化生产工艺学. 北京：科学出版社，1999
[3] 王树青等主编. 生化工程自动化技术. 北京：化学工业出版社，1998
[4] 戚以政等主编. 生化反应动力学与反应器. 北京：化学工业出版社，1999

第八章　微生物生化反应过程的质量和能量衡算

第一节　概　　述

微生物生化反应与一般化学反应有显著不同，首先存在活细胞，在反应过程中可以将它看作催化剂。由于微生物细胞生长的需要，参与反应的成分多，微生物反应途径通常不是单一的，因而在微生物生长的同时往往还伴随着生成代谢产物的反应。此外微生物生化反应还受到众多环境条件的影响。如果只要求对微生物生化反应过程作概念性描述，可表示为：

$$\text{营养物质（碳源、氮源、氧及无机盐）} \xrightarrow[\text{微生物细胞}]{} \text{新微生物细胞} + \text{代谢产物} + \text{二氧化碳}$$

质量和能量守恒是自然界的普遍规律，只有对反应过程了解得十分透彻，才能列出完整精确的质量和能量的衡算式。另一方面对反应过程进行质量和能量衡算有着十分重要的意义，可以了解反应物和生成物之间的定量关系，反应过程需要消耗或释放多少能量。故通过反应过程衡算式由已知量可以求得未知量，所以它是研究反应过程的一个有效手段，对解决工程问题特别有用。例如质量和能量衡算在“化学工程原理”中是贯彻始终的。

尽管微生物生化反应极其复杂，但通过生化工程学者的长期努力，目前关于微生物生化反应的质量与能量衡算的研究已经取得一些进展。

第二节　微生物生化反应过程的碳素衡算

碳源在微生物生化反应过程中的重要性是众所周知的，由于培养基组成不同，碳源的用途也有所不同。碳源在培养基内通常作为能源，当培养基内缺少构成细胞的材料（即所谓最低培养基）时，碳源也能作为构成细胞的材料（如图 8 – 1 所示）。

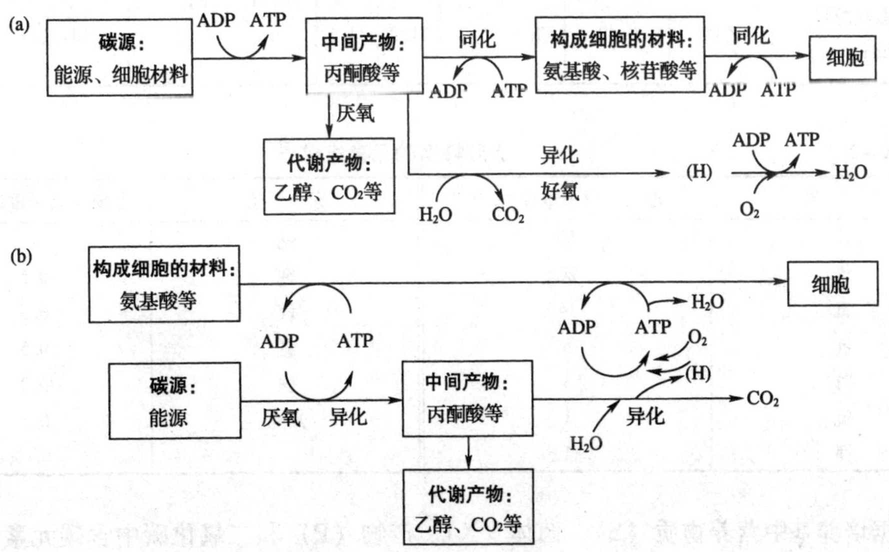

图 8 – 1　最低培养基（a）和完全培养基（b）碳源利用图

一、微生物生化反应过程中营养物质和产物之间的碳素衡算

根据大量实验和微生物成分元素分析证明，在相同微生物不同培养基条件和限制性基质情况下，微生物细胞的元素组成有些差别，但差别不大，因此可以看作是相对稳定的。微生物的元素组成如表 8－1、表 8－2 所示。

表 8－1 微生物的元素组成[1]

微生物	限制性基质	稀释率 D/h^{-1}	成分/%							实验化学式（只计 C、H、O、N）
			C	H	N	O	P	S	灰分	
细菌（*Bacteria*）			53.0	7.3	12.0	19.0			8	$CH_{1.666}N_{0.2}O_{0.27}$
细菌（*Bacteria*）			47	4.9	13.7	31.3				$CH_2N_{0.25}O_{0.5}$
产气气杆菌（*Aerobacter aerogenes*）			48.7	7.3	13.9	21.1			8.9	$CH_{1.78}N_{0.24}O_{0.33}$
产气克雷伯菌（*Klebsiella aerogenes*）	甘油	0.1	50.6	7.3	13.0	29.0				$CH_{1.74}N_{0.22}O_{0.43}$
产气克雷伯菌（*K. aerogenes*）	甘油	0.85	50.1	7.3	14.0	28.7				$CH_{1.73}N_{0.24}O_{0.43}$
酵母（yeast）			47	6.5	7.5	31.0			8	$CH_{1.66}N_{0.13}O_{0.49}$
酵母（yeast）			50.3	7.4	8.8	33.5				$CH_{1.75}N_{0.15}O_{0.5}$
酵母（yeast）			44.7	6.2	8.5	31.2	1.08	0.6		$CH_{1.64}N_{0.16}O_{0.52}$
产朊假丝酵母（*Candida utilis*）	葡萄糖	0.08	50.0	7.6	11.1	31.3				$CH_{1.82}N_{0.19}O_{0.47}$
产朊假丝酵母（*Candida utilis*）	葡萄糖	0.45	46.9	7.2	10.9	35.0				$CH_{1.84}N_{0.2}O_{0.56}$
产朊假丝酵母（*Candida utilis*）	乙醇	0.06	50.3	7.7	11.0	30.8				$CH_{1.82}N_{0.19}O_{0.46}$
产朊假丝酵母（*Candida utilis*）	乙醇	0.43	47.2	7.3	11.0	34.6				$CH_{1.84}N_{0.2}O_{0.55}$

表 8－2 大肠杆菌的元素组成[2]

元　素	含量（以干重计）/%	元　素	含量（以干重计）/%
碳	50	钠	1
氧	20	钾	0.5
氮	14	镁	0.5
氢	8	氯	0.5
磷	3	铁	0.2
硫	1	其他	0.3
钾	1		

根据培养基中营养物质（S）、菌体（X）、产物（P）和二氧化碳中含碳元素的数量可以写成微生物生化反应过程碳元素的衡算式：

$$\left(-\frac{dc_S}{dt}\right)\alpha_1 = \frac{d\rho_X}{dt}\alpha_2 + \frac{dc_{CO_2}}{dt}\alpha_3 + \frac{dc_P}{dt}\alpha_4 \tag{8-1}$$

$$\text{或 } \nu\alpha_1 = \mu\alpha_2 + Q_{CO_2}\alpha_3 + Q_P\alpha_4 \tag{8-2}$$

式中 ν——营养物质的比消耗速率，$v = \frac{1}{\rho_X}\left(-\frac{dc_S}{dt}\right)$，mol/（g·h）

μ——微生物菌体比生长速率，$\mu = \frac{1}{\rho_X}\left(\frac{d\rho_X}{dt}\right)$，$h^{-1}$

Q_{CO_2}——二氧化碳比生成速率，$Q_{CO_2} = \frac{1}{\rho_X}\left(\frac{dc_{CO_2}}{dt}\right)$，mol/（g·h）

Q_P——代谢产物比生成速率，$Q_P = \frac{1}{\rho_X}\left(\frac{dc_P}{dt}\right)$，mol/（g·h）

α_1——每摩尔基质中碳含量，g/mol，如葡萄糖 $\alpha_1 = 72$

α_2——每克（干）菌体内碳的含量，g/g，一般 $\alpha_2 = 0.5$

α_3——每摩尔二氧化碳中碳含量，g/mol，则 $\alpha_3 = 12$

α_4——每摩尔产物中碳含量，g/mol，对乙醇 $\alpha_4 = 24$，对乙酸 $\alpha_4 = 24$，对乳酸 $\alpha_4 = 36$

【例 8-1】 在恒化器内以葡萄糖为唯一碳源通风培养类球红细菌（*Rhodobacter sphaeroides*，旧称 *Rhodopseudomonas spheroides*），产物为多糖，不同比生长速率时，碳元素衡算结果见表 8-3 所示。

表 8-3　葡萄糖为唯一碳源通风培养[3]类球红细菌的碳元素衡算

μ/h^{-1}	v /[mol/（g·h）]	Q_{O_2} /[mol/（g·h）]	Q_{CO_2} /[mol/（g·h）]	Q_P /[mol/（g·h）]	碳元素衡算 $\frac{\alpha_2\mu + \alpha_3 Q_{CO_2} + \alpha_4^{①} Q_P}{\alpha_1 v}$
0.051	0.70×10^{-3}	1.44×10^{-3}	1.66×10^{-3}	0.094×10^{-3}	1.04
0.097	1.09×10^{-3}	2.28×10^{-3}	2.36×10^{-3}	0.132×10^{-3}	1.09
0.143	1.77×10^{-3}	2.64×10^{-3}	2.72×10^{-3}	0.367×10^{-3}	1.02
0.167	1.89×10^{-3}	3.57×10^{-3}	2.48×10^{-3}	0.179×10^{-3}	1.02

① 多糖以葡萄糖为单位计算，则 $\alpha_4 = 72$g/mol。

碳元素衡算在微生物反应过程的研究中有广泛的用途。用薯干粉直接进行柠檬酸发酵时由于固形物的存在，无法测定菌体浓度，使薯干原料直接发酵法生产柠檬酸的数学模型的建立发生困难。由于柠檬酸发酵的底物为单一基质葡萄糖（由薯干粉水解得到），产物又为比较纯的柠檬酸（经分析发酵过程产生的杂酸非常少，柠檬酸所占总酸的百分率达 95% 以上），对柠檬酸发酵过程进行碳元素衡算就解决了这一难题[4]。表 8-4 为糖液柠檬酸发酵时实测菌体浓度和利用碳元素衡算的菌体浓度对照。

表 8-4　柠檬酸发酵实测菌体浓度与碳元素衡算菌体浓度对照[3]

时间/h	菌体浓度/（g/L）		绝对误差/（g/L）	相对误差/%
	碳元素衡算法计算	实　测		
0	0.05（实测）	0.05		
6	0.779	0.79	-0.011	-1.35
10	3.047	3.107	-0.060	-1.97
15	5.717	5.709	0.008	0.14

续表

时间/h	菌体浓度/（g/L）		绝对误差/（g/L）	相对误差/%
	碳元素衡算法计算	实　测		
18	5.756	5.810	-0.054	-0.93
22	5.835	5.819	0.076	0.27
26	5.933	5.861	0.072	1.23
30	5.897	5.832	0.065	1.11
41	5.990	5.863	0.127	2.17

二、微生物生化反应过程中主要基质——碳源的衡算

大部分的发酵过程中都是以糖作为碳源。在微生物生化反应过程中碳源主要消耗于：

① 满足于微生物菌体的生长的需要，可用（Δc_S）$_G$表示。

② 维持微生物生存的消耗（如菌体的运动和营养物的摄取和代谢产物排泄等主动运输的耗能），可用(Δc_S)$_m$ 表示。

③ 生成代谢产物的消耗，可用（Δc_S）$_P$表示。

则有：

$$-\Delta c_S = (-\Delta c_S)_G + (-\Delta c_S)m + (-\Delta c_S)_P \tag{8-3}$$

或

$$-\frac{dc_S}{dt} = \left(-\frac{dc_S}{dt}\right)_G + \left(-\frac{dc_S}{dt}\right)_m + \left(-\frac{dc_S}{dt}\right)_P \tag{8-4}$$

在任何反应中，转化率或得率是一个很关键的指示，生物反应中也不例外。若用 $y_{X/S}$ 表示菌体得率，可按下式表示其物理意义：

$$菌体得率 = \frac{反应过程生成菌体的质量}{反应过程消耗基质的摩尔数} \tag{8-5}$$

或

$$菌体得率 = \frac{反应过程中菌体的生长速度}{反应过程中基质消耗的速度} \tag{8-6}$$

计算单位分别为 g/mol、g/（L·h）和 mol/（L·h）表示，上式即为：

$$Y_{X/S} = \frac{d\rho_X/dt}{(-dc_S/dt)} = \frac{d\rho_X}{-dc_S}(g/mol) \tag{8-7}$$

$$Y_{P/S} = \frac{dc_P}{(-dc_S)}(mol/mol) \tag{8-8}$$

从式（8-3）和式（8-4）可以看出，在微生物生化反应过程中一部分碳源被同化为构成细胞的成分，就碳源被同化为菌体的观点来看菌体的得率（称菌体的理论得率）Y_G，对于特定的微生物应该是个常数故又称得率常数。

$$Y_G = \frac{生成菌体的质量}{用于同化为菌体碳源消耗} = \frac{d\rho_X}{(-dc_S)_G} \tag{8-9}$$

碳源在微生物生化反应中消耗的其余部分中，有一部分被异化成代谢产物，则从碳源被异化为代谢产物的理论得率应为：

$$Y_P = \frac{生成代谢产物的摩尔数}{用于异化为代谢产物的碳源消耗} = \frac{dc_P}{(-dc_S)_P} \tag{8-10}$$

由式（8-4）可得：

$$-\frac{dc_S}{dt} = \frac{1}{Y_G}\left(\frac{d\rho_X}{dt}\right) + m\rho_X + \frac{1}{Y_P}\left(\frac{dc_P}{dt}\right) \tag{8-11}$$

或：
$$\nu = \frac{1}{Y} \cdot \mu + m + \frac{1}{Y_P} \cdot Q_P \tag{8-12}$$

式中　m——碳源维持常数，mol/（g·h）

　　　ν——基质比消耗速率，mol/（g·h）

在以培养微生物细胞为目的的微生物生化反应过程中，代谢产物的积累可以忽略不计的情况下，式（8－12）可简化为：

$$\nu = \frac{1}{Y_G} \cdot \mu + m \tag{8-13}$$

该式是一直线方程，当我们通过实验求得微生物比生长速率μ所对应的基质比消耗速率v，在以v为纵坐标，μ为横坐标的图上可以得到一直线。该直线在纵坐标上的截距为维持常数m，其斜率为$\frac{1}{Y_G}$。根据式（8－13）还可得到下列关系：

$$\frac{\nu}{\mu} = \frac{1}{Y_G} + \frac{m}{\mu}$$

则有
$$\frac{\frac{1}{\rho_X}\left(-\frac{dc_S}{dt}\right)}{\frac{1}{\rho_X}\left(\frac{d\rho_X}{dt}\right)} = \frac{1}{Y_G} + \frac{m}{\mu};\frac{1}{-\frac{d\rho_X}{dc_S}} = \frac{1}{Y_G} + \frac{m}{\mu}$$

得到
$$\frac{1}{Y_{X/S}} = \frac{m}{\mu} + \frac{1}{Y_G} \tag{8-14}$$

同样情况下，在将微生物比生长速率μ作为横坐标，将菌体得率$Y_{X/S}$的倒数为纵坐标的图上所得的直线其斜率为维持常数m，截距为理论得率的倒数$\frac{1}{Y_G}$

例如，用葡萄糖为唯一碳源，在通风提供足够溶解氧的情况下连续培养维涅兰德固氮菌（*Azotobacter vinelandii*），并根据上面推导的关系求得该微生物的理论得率Y_G、维持常数m和不同情况下葡萄糖消耗对菌体生长的得率$Y_{X/S}$。

由实验结果所作的$\mu-\nu$图（图8－2）得到一直线，直线在纵坐标上的截距和它的斜率的倒数分别为：

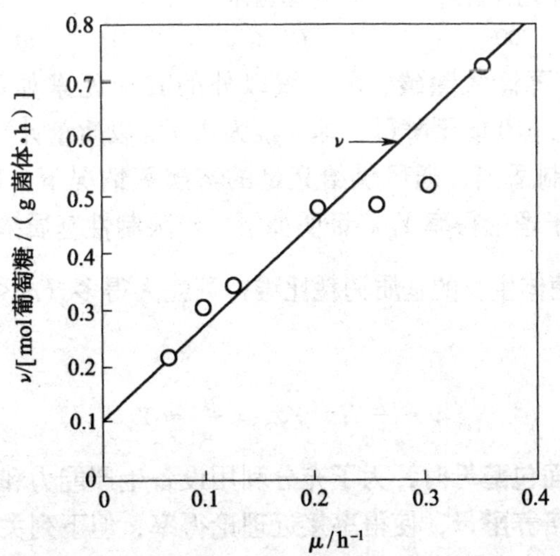

图8－2　维涅兰德固氮菌（*A. vinelandii*）连续培养μ对ν作图

$$m = 0.9 \times 10^{-3} [\text{mol}/(\text{g} \cdot \text{h})]$$
$$Y_G = 54\text{g/mol}$$

由所得的结果代入式（8－14），得到不同 μ 所对应的 $Y_{X/S}$，如表 8－5 所示。

表 8－5　以葡萄糖作为唯一碳源通风培养维涅兰德固氮菌（*A. vinelandii*）结果[5]

原始记录		碳源衡算		
ν/[mol/(g·h)]	μ/h^{-1}	m/[mol/(g·h)]	Y_G/(g/mol)	$Y_{X/S}=\frac{\mu Y_G}{(mY_G+\mu)}$/(g/mol)
0.22×10^{-2}	0.067	0.9×10^{-3}	54	31.3
0.31×10^{-2}	0.098	0.9×10^{-3}	54	36.1
0.35×10^{-2}	0.121	0.9×10^{-3}	54	38.5
0.49×10^{-2}	0.200	0.9×10^{-3}	54	43.1
0.50×10^{-2}	0.246	0.9×10^{-3}	54	45.1
0.53×10^{-2}	0.300	0.9×10^{-3}	54	46.5
0.74×10^{-2}	0.350	0.9×10^{-3}	54	47.4

可见微生物比生长速率愈大或碳源比消耗速率愈大（这是由于碳源作为限制性基质，其浓度增加的结果），维持常数 m、$Y_{X/S}$与 Y_G愈接近，可推得 Y_G与 $Y_{X/S}$的极限。

三、培养微生物细胞物质为目的的微生物生化反应过程中的化学平衡

在配平微生物生化反应方程时，一部分系数是由实验测定的，另一部分系数由计算得到，一般基质的分子式是已知的，菌体的化学组成需用元素分析方法测定，然后根据主要元素（碳、氢、氧）比例写成菌体的化学式。

面包酵母培养是最典型的细胞物质生产过程。在碳水化合物（单糖或双糖）水溶液中通风培养面包酵母的微生物生化反应过程可建立下列化学平衡式：

$$6.67CH_2O + 2.1O_2 \rightarrow C_{3.92}H_{6.5}O_{1.94} + 2.75CO_2 + 3.42H_2O$$

（碳水化合物）　　（酵母菌体）

200　　67.2　　121　　61.6

如果在酵母菌体内再计入除碳、氢、氧以外的其他元素如氮、磷以及灰分，则每 200g 碳水化合物约可得到 100g 干酵母，即 $Y_{X/S}$为 0.5（以质量计）。在碳水化合物（如葡萄糖或蔗糖等）浓度控制适当，通风供给充足的溶解氧情况下，碳水化合物消耗对酵母菌体的得率 $Y_{X/S}$可接近于理论得率 Y_G。证明如下，当限制性基质浓度较高时，酵母菌体的比生长速率较大，用于菌体生长的基质消耗比维持消耗大得多（$m \ll \frac{\mu}{Y_G}$）根据式(8－13)，于是：

$$\nu \approx \frac{\mu}{Y_G}; \quad Y_{X/S} = \frac{\mu}{\nu} \approx Y_G$$

因此可知，当培养面包酵母时，为了充分利用设备生产能力和降低原料消耗，应在适宜的碳水化合物浓度下培养酵母，使得率接近理论得率，但下列关系始终成立：

$$Y_{X/S} < Y_G$$

当用碳氢化合物为碳源时，单细胞蛋白培养过程同样可以写出相应的化学平衡式：

$$7.14CH_2O + 6.14O_2 \rightarrow C_{3.92}H_{6.5}O_{1.97} + 3.22CO_2 + 3.89H_2O$$

（碳氢化合物）　　（单细胞蛋白）

99.96　196.48　84.6　141.68　70.02

同样，在菌体内若计入碳、氢、氧以外的其他元素如氮、磷以及灰分时，可得到以质量计的得率 $Y_{X/S}=1$。

众所周知，碳氢化合物作为碳源的培养液是属于非均一体系，如何使不溶于水的碳氢化合物均匀分布于培养液内，具有巨大接触面供菌体利用是至关重要的。此外，又从化学平衡方程式可以看出氧的消耗比以碳水化合物为基质时多得多，相应所产生的发酵热亦要多得多。由此可见，对微生物反应过程建立化学平衡可以为微生物反应器的选择、培养过程的操作和控制提供依据，也有助于检查和发现微生物反应过程中的操作或工艺条件控制可能存在的问题，如若培养过程中基质对菌体的得率 $Y_{X/S}$ 与 Y_G 有较大差距时，必定存在工艺或操作控制方面的问题，需要去寻找和解决。

活性污泥法处理有机废水是一种通过微生物反应除去废水中有机物质的一种方法。为了使曝气池内部的污泥量保持恒定，必须不断地把池内被微生物氧化的有机物所转变的剩余污泥部分取出。活性污泥用于乳糖和酪蛋白的有机废水处理时其化学平衡式为[6]：

$$8CH_2O + C_8H_{12}NO_3 + 6O_2 \rightarrow 2C_5H_7NO_2 + 6CO_2 + 7H_2O$$

（乳糖）（酪蛋白）　　（活性污泥）

240　182　192　226　264　126

从上式得到，1g 乳糖和酪蛋白的混合物约可生成 0.53g 剩余污泥，这和用葡萄糖通风培养面包酵母的得率 0.5 相近。尽管有机废水成分各异，但一般可认为废水活性污泥处理时大约有 50% 被氧化分解的有机物质形成了剩余污泥。

Herbert 于 1976 年分别用葡萄糖和乙醇为基质在通风条件下连续培养产朊假丝酵母（*Candida utilis*），并对过程建立化学衡算式，结果如下[1]：

（1）葡萄糖为限制性基质，稀释率 D 为 $0.08h^{-1}$

$$0.314C_6H_{12}O_6 + 0.75O_2 + 0.19NH_3 \rightarrow CH_{1.82}N_{0.19}O_{0.47} + 0.90CO_2 + 1.18H_2O$$

56.52　24　3.23　24　39.6　21.24

$$Y_{X/S} = \frac{24}{56.52} = 0.425$$

$$Y_C^C = \frac{菌体中碳}{基质中碳} = \frac{12}{0.314 \times 12 \times 6} = 0.531$$

$$Y_C^{CO_2} = \frac{二氧化碳中碳}{基质中碳} = \frac{0.9 \times 12}{0.314 \times 12 \times 6} = 0.478$$

（2）葡萄糖为限制性基质，稀释率 D 为 $0.45h^{-1}$

$$0.283C_6H_{12}O_6 + 0.57O_2 + 0.20NH_3 \rightarrow CH_{1.82}N_{0.20}O_{0.56} + 0.66CO_2 + 1.04H_2O$$

$$Y_{X/S} = 0.540 \quad Y_C^C = 0.589 \quad Y_C^{CO_2} = 0.390$$

（3）乙醇为限制性基质，稀释率 D 为 $0.06h^{-1}$

$$0.74C_6H_{12}O_6 + 1.00O_2 + 0.20NH_3 \rightarrow CH_{1.82}N_{0.19}O_{0.46} + 0.70CO_2 + 1.60H_2O$$

$$Y_{X/S} = 0.664 \quad Y_C^C = 0.578 \quad Y_C^{CO_2} = 0.405$$

（4）乙醇为限制性基质，稀释率 D 为 $0.43h^{-1}$

$$0.74C_6H_{12}O_6 + 1.00O_2 + 0.20NH_3 \rightarrow CH_{1.82}N_{0.20}O_{0.55} + 0.48CO_2 + 1.44H_2O$$

$$Y_{X/S} = 0.803 \quad Y_C^C = 0.676 \quad Y_C^{CO_2} = 0.311$$

四、微生物生化反应的化学平衡通式

若碳源分子式用 $C_xH_yO_z$ 表示，其中 x、y、z 分别代表碳源分子中碳、氢、氧的原子数；菌体“分子式”表示为 $C_\alpha H_\beta O_\gamma N_\zeta$，其中 α、β、γ、ζ 分别表示菌体内碳、氢、氧、氮四种元素的比原子数，则碳源在存在氧和氮源情况下转化为菌体的化学平衡式可表示为：

$$aC_xH_yO_z + bO_2 + cNH_3 = dC_\alpha H_\beta O_\gamma N_\zeta + eH_2O + fCO_2 \quad (8-15)$$

式中　a、b、c、d、e、f——分别代表反应物和产物的物质的量（mol）。

微生物反应过程中碳源等基质除转化为菌体以外还会积累代谢产物，这个过程同样可用化学平衡式表示：

$$a'C_xH_yO_z + b'O_2 + c'NH_3 = d'C_{\alpha'} H_{\beta'} O_{\gamma'} N_{\zeta'} + e'H_2O + f'CO_2 \quad (8-16)$$

式中　a'、b'、c'、d'、e'、f'—— 分别代表反应物和产物的物质的量（mol）。

从方程（8－15）和方程（8－16）得知碳源用于转化为菌体与代谢产物的比值为 a/a'，将此比值与方程（8－16）相乘得：

$$aC_xH_yO_z + \frac{ab'}{a'}O_2 + \frac{ac'}{a'}NH_3 = \frac{ad'}{a'}C_{\alpha'} H_{\beta'} O_{\gamma'} N_{\zeta'} + \frac{ae'}{a'}H_2O + \frac{af'}{a'}CO_2 \quad (8-17)$$

F 为碳源用于转化为代谢产物的比例，则 $1-F$ 为碳源转化为菌体的比例，则方程（8－17）和方程（8－15）又可写成：

$$FaC_xH_yO_z + F\frac{ab'}{a'}O_2 + F\frac{ac'}{a'}NH_3 = F\frac{ad'}{a'}C_{\alpha'} H_{\beta'} O_{\gamma'} N_{\zeta'} + F\frac{ae'}{a'}H_2O + F\frac{af'}{a'}CO_2 \quad (8-18)$$

$$(1-F)aC_xH_yO_z + (1-F)bO_2 + (1-F)cNH_3 = (1-F)dC_\alpha H_\beta O_\gamma N_\zeta + (1-F)eH_2O + (1-F)fCO_2 \quad (8-19)$$

将方程（8－18）和方程（8－19）相加即为表达一般微生物生化反应的化学平衡通式：

$$aC_xH_yO_z + \left[b - F\left(\frac{a'b-ab'}{a'}\right)\right]O_2 + \left[c - F\left(\frac{a'c-ac'}{a'}\right)\right] = F\frac{ad'}{a'}C_{\alpha'} H_{\beta'} O_{\gamma'} N_{\zeta'} + (1-F)dC_\alpha H_\beta O_\gamma N_\zeta + \left[e - F\left(\frac{a'e-ae'}{a'}\right)\right]H_2O + \left[f - F\left(\frac{a'f-af'}{a'}\right)\right]CO_2 \quad (8-20)$$

例如，当考虑以生产菌体为目的微生物生化反应时（面包酵母、单细胞饲料蛋白工业），需要使 $F\to 0$，这样使碳源最大限度地转化为菌体，方程（8－20）即为方程（8－15）。相反生产代谢产物为目的微生物生化反应，应使 $F\to 1$，方程（8－20）即为方程（8－17）。

第三节　微生物生化反应过程 ATP 和氧的衡算

微生物生化反应过程中物质变化与普通化学变化的不同之处在于这些变化是伴随着微生物的生命活动进行的。一切生物体均不能直接利用“食物”所贮藏的能量，故微生物也不能直接利用培养基内物质如碳源的能量，而是通过好氧呼吸或厌氧呼吸作用首先把碳源降解释放能量，在生物体内进行的上述反应会偶联某些化学反应把这些能量部分转变成另一种特殊的形式保存起来，以便随时供给微生物生长和代谢的需要。

在微生物好氧反应过程中，氧的消耗与呼吸链反应所生成贮能化合物 ATP 成正比。ATP 中具有高能键，碳源降解过程中释放的能量保存在偶联形成的高能键中。ATP 是生物体内主要的高能物质。

一、微生物生化反应过程的氧衡算

在微生物生化反应中常用碳水化合物作为能源，碳水化合物完全氧化被分解成二氧化碳和水。若为单一碳源培养基，微生物生长菌体并生成产物的条件下，按碳源和产物完全氧化所需的氧，可建立下列的衡算式：

$$A(-\Delta c_S) = B\Delta\rho_X + \Delta c_{O_2} + \Sigma C\Delta c_P \tag{8-21}$$

式中 A——碳源 S 完全氧化需氧量，mol/mol，如葡萄糖 $A=6$mol/mol

B——菌体 X 完全氧化需氧量，mol/g，一般可取 $B=0.042$mol/g

C——代谢产物 P 完全氧化需氧量，mol/mol，如乙醇 $C=3$mol/mol，乙酸 $C=2$mol/mol，乳酸 $C=3$mol/mol

方程（8-21）中 Δc_{O_2}是微生物反应过程中耗氧量。它由两部分组成，一部分用于微生物维持生命活动的耗氧。若以 ρ_X 为培养液内菌体的浓度，m_0 为菌体需要的氧的维持常数[单位为 mol/(g · h)]，则在 Δt 时间内维持所需的耗氧量应为：$m_0\rho_X\Delta t$。另一部分为生长菌体的耗氧，若用 Y_{GO}表示菌体生长氧的理论得率（或称得率常数），其单位为(g/mol)，这样用于生长菌体 $\Delta\rho_X$ 相应消耗的氧量为$\frac{\Delta\rho_X}{Y_{GO}}$，若过程代谢产物允许忽略不计则有：

$$\Delta c_{O_2} = m_0\rho_X\Delta t + \frac{\Delta\rho_X}{Y_{GO}} \tag{8-22}$$

由式（8-21）忽略代谢产物可得：

$$A\cdot\frac{1}{\rho_X}\left(-\frac{\Delta c_S}{\Delta t}\right) = B\cdot\frac{1}{\rho_X}\left(-\frac{\Delta\rho_X}{\Delta t}\right) + \frac{1}{\rho_X}\cdot\frac{\Delta c_{O_2}}{\Delta t}$$

即

$$A\nu = B\mu + Q_{O_2} \tag{8-23}$$

式中 Q_{O_2}——氧的比消耗速率，mol/(g · h)

由式（8-21）可得：

$$Q_{O_2} = \frac{1}{\rho_X}\cdot\frac{\Delta c_{O_2}}{\Delta t} = \frac{1}{\rho_X}\left(m_0\rho_X + \frac{1}{Y_{GO}}\cdot\mu\rho_X\right) = m_0 + \frac{1}{Y_{GO}}\cdot\mu \tag{8-24}$$

式（8-23）是一直线方程，当连续培养微生物并记录 μ 所对应的 Q_{O_2}，在以 μ 为横坐标、Q_{O_2}为纵坐标的图上为一直线，直线在纵坐标上的截距为微生物反应过程中氧的维持常数 m_0，其斜率即为氧对微生物菌体的理论得率 Y_{GO}的倒数。

【例 8-2】 以葡萄糖作为唯一碳源通风培养维涅兰德固氮菌（*A. vinelandii*），呼吸商 $RQ=\frac{\Delta c_{CO_2}}{\Delta c_{O_2}}=1$，结果如表 8-6 所示。

表 8-6　通风培养维涅兰德固氮菌（*A. vinelandii*）$RQ=1$[5]

μ/h^{-1}	Q_{O_2}/[mol/(g · h)]	ν/[mol/(g · h)]
0.067	0.11×10^{-1}	0.22×10^{-2}
0.098	0.14×10^{-1}	0.31×10^{-2}
0.121	0.16×10^{-1}	0.35×10^{-2}
0.200	0.21×10^{-1}	0.49×10^{-2}
0.240	0.24×10^{-1}	0.50×10^{-2}
0.300	0.27×10^{-1}	0.53×10^{-2}
0.350	0.34×10^{-1}	0.74×10^{-2}

根据碳衡算和氧衡算的直线方程可得到上述记录，将μ对ν和Q_{O_2}分别作图（为两直线），如图 8-3 所示。

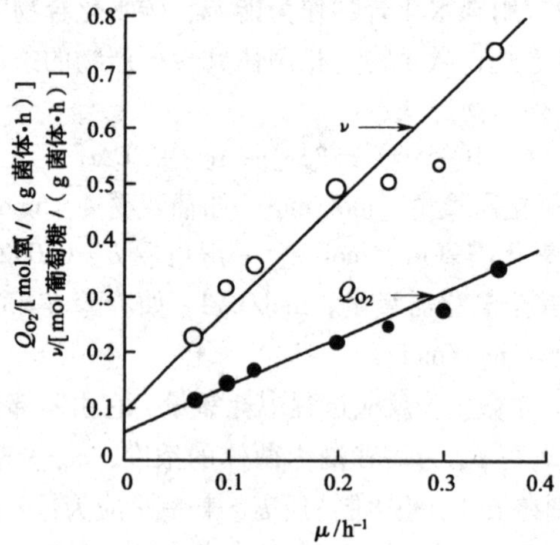

图 8-3　连续培养维涅兰德固氮菌（*A. vinelandii*）以μ对ν和Q_{O_2}作图

$$m = 0.9 \times 10^{-3} \text{mol/(g} \cdot \text{h)}$$
$$m_0 = 5.5 \times 10^{-3} \text{mol/(g} \cdot \text{h)}$$
$$Y_G = 54\text{g/mol}$$
$$Y_{GO} = 13\text{g/mol}$$

若把式（8-24）代入式（8-23）得到：

$$A\nu = B\mu + m_0 + \frac{1}{Y_{GO}} \cdot \mu$$

$$\nu = \frac{m_0}{A} + \frac{1}{A}\left(B + \frac{1}{Y_{GO}}\right) \cdot \mu \tag{8-25}$$

将式（8-25）与式（8-23）比较，可得到碳源维持消耗量m与氧的维持消耗量m_0的关系为：

$$m = \frac{m_0}{A} \tag{8-26}$$

碳源对菌体的理论得率Y_G与氧对菌体的理论得率Y_{GO}的关系为：

$$\frac{1}{Y_G} = \frac{1}{A}\left(B + \frac{1}{Y_{GO}}\right) \tag{8-27}$$

故可以根据m、Y_G和m_0、Y_{GO}之间的关系进行相互换算：

$$m_0 = Am = 6 \times 0.9 \times 10^{-3} = 5.4 \times 10^{-3}[\text{mol/(g} \cdot \text{h)}]$$

$$Y_{GO} = \frac{Y_G}{A - BY_G} = \frac{54}{6 - 0.042 \times 54} = 14.5(\text{g/mol})$$

可以看出换算结果与前面作图所得的结果还是很接近的。

二、微生物反应耗氧量的计算

根据微生物生化反应的氧的衡算可以估计反应的耗氧量。由式（8-22）得：

$$\Delta\rho_X = (\Delta c_{O_2} - m_0\rho_X\Delta t)Y_{GO}$$

由式（8-21），当$\Delta c_P = 0$时可得：

$$\Delta\rho_X = \left[\frac{A(-\Delta c_S) - \Delta c_{O_2}}{B}\right]$$

消去 $\Delta\rho_X$ 并进行整理得到：

$$\frac{\Delta c_{O_2}}{\Delta t} = \left(\frac{A}{1+BY_{GO}}\right)\left(-\frac{\Delta c_S}{\Delta t}\right) + \frac{m_0 BY_{GO}}{1+BY_{GO}} \cdot \rho_X \tag{8-28}$$

设 $a = \frac{A}{1+BY_{GO}}$，$b = \frac{m_0 BY_{GO}}{1+BY_{GO}}$，式中均为常数，其物理意义分别是与碳源完全氧化耗氧量相当的菌体生长的需氧量，单位为 mol/mol 或 g/g 和微生物菌体维持代谢的比消耗速率，单位为 mol/（g·h）或 g/（g·h）。若按上面的例子通风培养维涅兰德固氮菌（*A. vinelandii*）其值分别为：

$$a = \frac{6}{1+0.042\times 14.5} = 3.73(\text{mol/mol})$$

$$b = \frac{5.4\times 10^{-3}\times 0.042\times 14.5}{1+0.042\times 14.5} = 2.04\times 10^{-3}[\text{mol/(g}\cdot\text{h)}]$$

由式（8－28）得：

$$\frac{\Delta c_{O_2}}{\Delta t} = a\left(-\frac{\Delta c_S}{\Delta t}\right) + b\rho_X \text{ 或 } Q_{O_2} = a\nu + b \tag{8-29}$$

将葡萄糖作为唯一碳源通风培养维涅兰德固氮菌（*A. vinelandii*），根据 μ、ν 数据计算和实测氧的比消耗速率对照，如表 8－7 所示。

表 8－7　通风培养维涅兰德固氮菌（*A. vinelandii*）计算与实测氧的比消耗速率对照[5]

μ/h	ν/［mol/（g·h）］	实测 Q_{O_2}/［mol/（g·h）］	计算 Q_{O_2}/［mol/（g·h）］	误差/%
0.067	0.22×10^{-2}	0.11×10^{-1}	0.103×10^{-1}	－8
0.098	0.31×10^{-2}	0.14×10^{-1}	0.136×10^{-1}	－3
0.121	0.35×10^{-2}	0.16×10^{-1}	0.151×10^{-1}	－5
0.200	0.49×10^{-2}	0.21×10^{-1}	0.203×10^{-1}	－3
0.240	0.50×10^{-2}	0.24×10^{-1}	0.207×10^{-1}	－13
0.300	0.53×10^{-2}	0.27×10^{-1}	0.218×10^{-1}	－20
0.350	0.74×10^{-2}	0.34×10^{-1}	0.297×10^{-1}	－12

利用曝气池处理有机污水是一种由生物群对有机物的氧化分解作用，可以用上面得到的关系式求出曝气池活性污泥呼吸耗氧量。

根据连续培养限制性基质物料衡算得出的关系式：$-\frac{dc_S}{dt} = D(c_{S0} - c_{Se})$，代入式(8－29)得：

$$\frac{\Delta c_{O_2}}{\Delta t} = aD(c_{S0} - c_{Se}) + bx$$

$$\text{或}\quad \frac{1}{\rho_X}\cdot\frac{dc_{O_2}}{dt} = a\cdot\frac{F}{V}\cdot\frac{c_{S0}-c_{Se}}{\rho_X} + b \tag{8-30}$$

式中　V——曝气池有效容积，m^3

F——曝气池污水流量，m^3/d

ρ_X——曝气池内悬浮物质浓度（作为生物量），常用 MLSS 表示，g/m^3 或 kg/m^3

c_{S0}——曝气池内有机物浓度，mol/L

c_{Se}——曝气池出水中有机物初始浓度，mol/L

对于不同有机废水 $a=0.3\sim0.7$g/g，$b=0.05\sim0.3$g/（g·d）（以 MLSS 计）。

【例 8-3】 某有机废水 BOD 物质浓度为 800g/m³，要求处理后 BOD 下降 90%。$a=0.5$kg/kg BOD，$b=0.3$g/(g·d)（以 MLSS 计）。废水处理量为 8360m³/d，曝气池有效容积为 6000m³，曝气池内悬浮物质浓度为 3000mg/L（以 MLSS 计），求该曝气池的耗氧速率和曝气池的体积溶解氧系数 $k_L a$。

由式（8-30）计算曝气池耗氧速率为：

$$V\frac{dc_{O_2}}{dt}=aF(c_{S0}-c_S)+bV\rho_X$$

$$=0.5\times8360\times0.8\times(1-10\%)+0.3\times6000\times3$$

$$=8410(\text{kg/d})=350(\text{kg/h})$$

在稳定状态下，呼吸耗氧速率等于溶解氧速率可得：

$$k_L a(c^*-c_L)=\frac{dc_{O_2}}{dt}=\frac{350}{V}=\frac{350}{6000}$$

$$=0.0583[\text{kg/(m}^3\cdot\text{h)}]=58.3[\text{mg/(L}\cdot\text{h)}]$$

取曝气池液体的饱和溶解氧浓度 $c^*=7$mg/L，运行时实际维持的溶解氧浓度 $c_L=1$mg/L，则曝气池的体积溶解氧系数 $k_L a$ 为：

$$k_L a=\frac{58.3}{7-1}=9.67(\text{h}^{-1})$$

三、微生物生化反应过程中碳源消耗的分析

通过微生物生化反应过程氧的衡算式，可以进一步对碳源在过程中的消耗进行分析和计算。

将式（8-27）乘以微生物比生长速率 μ 得：

$$\frac{\mu}{Y_G}=\frac{B}{A}\mu+\frac{\mu}{AY_{GO}} \tag{8-31}$$

式中，$\frac{\mu}{Y_G}$是真正用于菌体增殖的那部分碳源比消耗，由两部分组成。$\frac{B}{A}\mu$ 这一项是构成菌体成分的消耗，而$\frac{\mu}{AY_{GO}}$这一项是合成菌体所必需的能耗，当然此能量是由碳源氧化偶联反应所产生的高能键释放提供的。

方程（8-25）的深刻含义可表示为：

$$\text{碳源消耗}=\text{维持代谢的消耗}\left(\frac{m_0}{A}\right)+\text{用于菌体增殖的消耗}\left[\frac{1}{A}\left(B+\frac{1}{Y_{GO}}\right)\mu\right]$$

$$=\text{维持代谢的消耗}\left(\frac{m_0}{A}\right)+\text{合成菌体耗能的碳源消耗}\left(\frac{\mu}{AY_{GO}}\right)$$

$$+\text{构成菌体成分的碳源消耗}\left(\frac{B}{A}\mu\right)$$

$$=\text{分解代谢碳源消耗}\left[\frac{1}{A}\left(m_0+\frac{\mu}{Y_{GO}}\right)\right]+\text{合成代谢碳源消耗}\left(\frac{B\mu}{A}\right)$$

例如，以葡萄糖作为唯一碳源，通风培养维涅兰德固氮菌（*A. vinelandii*），呼吸商 $RQ=\frac{c_{CO_2}}{c_{O_2}}=1$，碳源消耗的分析如表 8-8 所示。

表 8-8 以葡萄糖为唯一碳源通风培养维涅兰德固氮菌（*A. vinelandii*）碳源消耗的分析[5]

比生长速率 μ	h^{-1}	0.067	0.098	0.121	0.200	0.240	0.300	0.350
用于维持消耗 $m=\frac{m_0}{A}$	mol/（g·h）	0.9×10^{-3}	0.9×10^{-3}	0.9×10^{-3}	0.9×10^{-3}	0.9×10^{-3}	0.9×10^{-3}	0.9×10^{-3}
	%	42%	33%	29%	20%	17%	14%	12%
用于菌体增殖消耗 $\frac{1}{A}\left(B+\frac{1}{Y_{GO}}\right)\mu$	mol/（g·h）	0.124×10^{-2}	0.181×10^{-2}	0.224×10^{-2}	0.370×10^{-2}	0.444×10^{-2}	0.555×10^{-2}	0.648×10^{-2}
	%	58%	67%	71%	80%	83%	86%	88%
用于维持代谢消耗 $m=\frac{m_0}{A}$	mol/（g·h）	0.9×10^{-3}	0.9×10^{-3}	0.9×10^{-3}	0.9×10^{-3}	0.9×10^{-3}	0.9×10^{-3}	0.9×10^{-3}
	%	42%	33%	29%	20%	17%	14%	12%
用于合成菌体消耗（供能）$\frac{\mu}{AY_{GO}}$	mol/（g·h）	0.0771×10^{-2}	0.123×10^{-2}	0.139×10^{-2}	0.230×10^{-2}	0.276×10^{-2}	0.345×10^{-2}	0.403×10^{-2}
	%	36%	43.5%	44.3%	50%	51.7%	53.5%	54.6%
构成菌体成分消耗 $\frac{B\mu}{A}$	mol/（g·h）	0.0469×10^{-2}	0.0696×10^{-2}	0.0847×10^{-2}	0.140×10^{-2}	0.168×10^{-2}	0.210×10^{-2}	0.245×10^{-2}
	%	22%	24.5%	26.7%	30%	31.3%	32.5%	33.3%
分解代谢消耗 $\frac{1}{A}\left(m_0+\frac{\mu}{Y_{GO}}\right)$	mol/（g·h）	0.167×10^{-2}	0.213×10^{-2}	0.229×10^{-2}	0.320×10^{-2}	0.366×10^{-2}	0.435×10^{-2}	0.493×10^{-2}
	%	78%	75.4%	73%	69.6%	68.5%	67.5%	66.8%
合成(同化)代谢消耗 $\frac{B\mu}{A}$	mol/（g·h）	0.0469×10^{-2}	0.0696×10^{-2}	0.0847×10^{-2}	0.140×10^{-2}	0.168×10^{-2}	0.210×10^{-2}	0.245×10^{-2}
	%	22%	24.5%	27%	30.4%	31.5%	32.5%	33.2%

四、生物氧化与能量传递

微生物进行生物合成和一切维持生命活动的能量消耗均来自碳源的生物氧化。用于上述需能反应以前，碳源氧化所释放的能量必须以某种化学能的形式加以贮存。在菌体内这种化学能被收集在具有高能键“～”的有机化合物中。这些化合物往往含有下列硫或磷酸基团。

$$-\underset{\underset{R}{\|}}{C}-O\sim\overset{\overset{O}{\|}}{\underset{\underset{OH}{|}}{P}}-OH \qquad -N-\underset{\underset{N}{\|}}{C}-N\sim\overset{\overset{O}{\|}}{\underset{\underset{OH}{|}}{P}}-OH$$

$$-\overset{\overset{O}{\|}}{\underset{\underset{OH}{|}}{P}}-O\sim\overset{\overset{O}{\|}}{\underset{\underset{OH}{|}}{P}}-O\sim\overset{\overset{O}{\|}}{\underset{\underset{OH}{|}}{P}}-OH \qquad -\underset{\underset{O}{\|}}{C}\sim S-$$

ATP是微生物生化反应中最重要的高能化合物，它被称为微生物生化反应过程中能量的转运站。虽然ATP分子中含有两个高能磷酸键，但是一般在微生物生化反应中只涉及最末端的一个磷酸基团。

生物氧化是氧化还原相结合的反应，而氧往往在一系列反应最终作为电子的受体。以哺乳动物肝脏细胞中线粒体内所进行的氧化磷酸化反应为例，三羧酸循环中间代谢产物被细胞内相应的脱氢酶作用脱下两个氢原子，在这两个氢原子参与下发生电子转移，进行氧化磷酸化反应。在反应链中还原型物质通过质子和电子传递，能量起了变化，所释放的能量使ADP变为ATP，反应链能量由高到低，还原型物质所脱下的氢依次传递，最终与氧结合成水，如图8－4所示。每摩尔葡萄糖生物氧化时所释放的自由能，能够生成38mol ATP，自由能效率达42%。

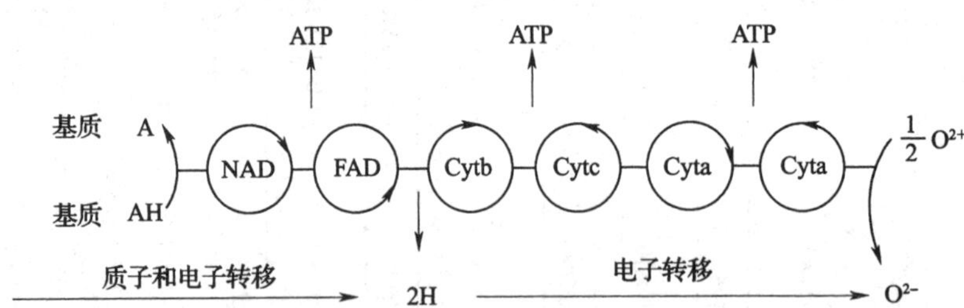

图8－4 线粒体内的电子传递链和氧化磷酸化作用

在厌氧条件下所进行的是基质水平磷酸化，这是厌氧微生物所具有的能力。以同型乳酸发酵为例，每摩尔葡萄糖同型乳酸发酵得到2mol乳酸，同时只能生成2mol ATP，自由能效率为27%。所以在微生物反应过程中充分供氧时，ATP来源于碳源的氧化磷酸化。在厌氧条件下，ATP虽然亦来自碳源的分解代谢，但基质水平的磷酸化所获得的ATP要少得多。

五、能量生长偶联型与能量生长非偶联型

微生物生化反应与ATP有密切的关系，在微生物菌体生长过程中，依靠ATP中高能键释放的能量将菌体构成材料合成为细胞高分子物质如蛋白质、DNA、RNA、脂类以及多糖等。当有大量合成菌体材料存在时，微生物生长取决于ATP的供能，这种生长就是能

量生长偶联型；反之缺少合成菌体的材料或存在生长抑制物质，这时的生长取决于合成菌体材料的供应进程，这时往往多余的 ATP 会被相应的酶作用使高能键水解，能量以废热的方式释放，这种生长就是能量生长非偶联型。

Y_{ATP}为碳源分解代谢过程所生成的 ATP 对细胞的得率，可表示为：

$$Y_{ATP} = \frac{\text{碳源对菌体的得率}}{\text{消耗 1mol 碳源由分解代谢产生的 ATP 的物质的量}}$$

例如，以产气气杆菌（*Aerobacter aerogenes*）在葡萄糖为唯一碳源的最低培养基上进行厌氧培养，结果碳源对菌体的得率 $Y_{X/S}=26.1\text{g/mol}$，碳源对代谢产物乙酸的得率 $Y_{P/S}=0.85\text{mol/mol}$，菌体内碳元素含量 $\alpha_2=0.45$g 碳/g 菌体，计算 Y_{ATP}。

由于培养基内限制性基质葡萄糖是唯一的碳源和有机物，故它既作为能源又有部分用于合成菌体。假定用于合成代谢的葡萄糖与 ATP 生成无关，则分解代谢所需的葡萄糖可作如下计算。设用于合成代谢生成菌体 $\Delta\rho_X$ 所需要的碳源为 $(-\Delta c_S)_G$，碳源中含碳元素的量为 α_1（g/mol），如葡萄糖 $\alpha_1=72\text{g/mol}$。根据元素衡算得 $(-\Delta c_S)_G=\frac{\alpha_2}{\alpha_1}\cdot\Delta\rho_X$，合成代谢所消耗的葡萄糖分率应为 $\frac{(-\Delta c_S)_G}{-\Delta c_S}=\frac{\alpha_2}{\alpha_1}\cdot Y_{X/S}$，可得分解代谢所分解的葡萄糖是：

$$1-\frac{(-\Delta c_S)_G}{-\Delta c_S}=1-\frac{\alpha_2}{\alpha_1}\cdot Y_{X/S}=1-\frac{0.45}{72}\times 26.1=0.84(\text{g/mol})$$

产气气杆菌（*A. aerogenes*）分解代谢按照葡萄糖 EMP 途径消耗 1mol 葡萄糖得到 2mol 丙酮酸，偶联得 2mol ATP，当丙酮酸进行硫解反应时每得到 1mol 乙酸偶联生成 1molATP。由于 $Y_{P/S}=0.85\text{mol/mol}$，则有：

$$Y_{A/S}=2\times 0.84=1.68(\text{mol/mol})$$

$$Y_{A/P}\cdot Y_{P/S}=1\times 0.85=0.85(\text{mol/mol})$$

则：$Y_{ATP}=\frac{Y_{X/S}}{Y_{A/S}+Y_{A/P}\cdot Y_{P/S}}=\frac{26.1}{1.68+0.85}=10.3(\text{g/mol})$

表 8-9 列举了一些微生物在供能底物为限制性基质情况下的 Y_{ATP}，可以看出 Y_{ATP}与微生物的种类和限制性基质的种类均无关，Y_{ATP}的值基本在 10g/mol 左右。但也有许多 $Y_{ATP}>10\text{g/mol}$ 的情况。例如放线菌在利用葡萄糖过程中能固定二氧化碳，每摩尔葡萄糖分解代谢生成 2.8mol ATP，$Y_{X/S}\approx 45\text{g/mol}$，按此计算 Y_{ATP}接近 16，比平均值 10 高。又如在底物丰富的理想生物合成反应情况下 Y_{ATP}会比平均值高得多。表 8-10 为每合成一个大肠杆菌菌体所需要的各种高分子物质，以及用复合培养基培养时以比生长速率 $\mu=2.08\text{h}^{-1}$繁殖，合成这些物质需要消耗 ATP 的速率。

从表 8-10 中可以得到合成 1 个大肠杆菌菌体所需要各种高分子物质所消耗的 ATP。

表 8-9　　各种异养微生物在厌氧条件下 $Y_{X/S}$对应的 Y_{ATP}（能量偶联型生长）[1]

微生物	碳源	碳源对菌体得率 $Y_{X/S}$/(g/mol)	碳源对 ATP 得率 $Y_{X/S}$/(mol/mol)	ATP 对菌体得率 Y_{ATP}/(g/mol)
衣氏放线菌（*Actinomyce israelii*）	葡萄糖	24.7	2.0	12.3
产气气杆菌（*Aerobacter aerogenes*）	葡萄糖	26.1	3.0	10.2
产气气杆菌	果糖	26.7	3.0	10.7

续表

微生物	碳源	碳源对菌体得率 $Y_{X/S}$/(g/mol)	碳源对 ATP 得率 $Y_{X/S}$/(mol/mol)	ATP 对菌体得率 Y_{ATP}/(g/mol)
产气气杆菌	甘露醇	21.8	2.5	10.8
产气气杆菌	葡萄糖酸	21.4	2.5	11.0
两歧双歧杆菌 (*Bifidobacterium bifidum*)	葡萄糖	37.4	2.9	13.1
两歧双歧杆菌	乳糖	52.8	5.1	10.4
两歧双歧杆菌	半乳糖	27.8	2.8	9.9
两歧双歧杆菌	甘露醇	27.8	2.4	11.8
巴氏梭菌 (*Clostridium pasteurianum*)	蔗糖	73.1	6.6	11.0
假破伤风梭菌 (*C. tetanomorphum*)	谷氨酸	6.8	0.6	10.9
热醋穆尔菌 (*Moorella thermoacetica*, 旧称 *C. thermoaceticum*)	葡萄糖	50.0		16.6
大肠杆菌 (*Escherichia coli*)	葡萄糖	25.8	3.0	11.2
植物乳杆菌 (*Lactobacillus plantarum*)	葡萄糖	20.4	2.0	9.8
植物乳杆菌	半乳糖	32.5	3.0	10.2
生黄瘤胃球菌 (*Ruminococcus flavefaciens*)	葡萄糖	29.1	2.8	10.6
酿酒酵母 (*Saccharomyces cerevisiae*)	葡萄糖	18.8~22.3	2.0	10.2
罗斯酵母 (*Sacch. rosei*)	葡萄糖	22.0~24.6	2.0	11.6
一种八叠球菌 (*Sarcina ventriculi*)	葡萄糖	30.5	2.6	11.7
结膜无乳链球菌 (*Streptococcus agalactiae*)	葡萄糖	20.8	2.3	9.3
结膜无乳链球菌	丙酮酸	7.5	0.7	10.4
粪肠球菌 (*Enterococcus faecalis*, 旧称 *Strep. faecalis*)	葡萄糖	20.0~37.5	2.3~3.0	10.9
粪肠球菌	葡萄糖酸	17.6~20.0	1.8	10.4
粪肠球菌	核糖	21.0	1.7	12.6
粪肠球菌	精氨酸	10.2	1.0	10.2
粪肠球菌	丙酮酸	10.4	1.0	10.4
乳酸乳球菌 (*Lactococcus lactis*, 旧称 *Strep. lactis*)	葡萄糖	19.5	2.0	9.8
酿脓链球菌 (*Strep. pyogenes*)	葡萄糖	25.2	2.6	9.8

表 8-10　　大肠杆菌主要成分及合成这些物质 ATP 的消耗[7]

成分	干菌体中的含量/%	近似相对分子质量	1 个菌体中物质的量/mol	合成速率/（mol/s）	ATP 的消耗量/（mol/s）	消耗 ATP 的比例/%
DNA	5	2×10^{9}	4	3.3×10^{-3}	6×10^{4}	2.5
RNA	10	1×10^{6}	1.5×10^{4}	12.5	7.5×10^{4}	3.1
蛋白质	70	6×10^{4}	1.7×10^{6}	1.4×10^{3}	2.12×10^{6}	88.0
脂类	10	1×10^{3}	1.5×10^{7}	1.25×10^{4}	8.75×10^{4}	3.7
多糖	5	2×10^{5}	3.9×10^{4}	32.5	6.5×10^{4}	2.7

注：菌体含水 75%，大小为 $1\mu m\times1\mu m\times3\mu m$，1 个细胞干重 2.5×10^{-13}g。

$$\frac{dn_{ATP}}{dt}=\left(\frac{dn_{ATP}}{dt}\right)_{DNA}+\left(\frac{dn_{ATP}}{dt}\right)_{RNA}+\left(\frac{dn_{ATP}}{dt}\right)_{蛋白质}+\left(\frac{dn_{ATP}}{dt}\right)_{脂类}+\left(\frac{dn_{ATP}}{dt}\right)_{多糖}$$
$$=6\times10^{4}+7.5\times10^{4}+2.12\times10^{6}+8.75\times10^{4}+6.5\times10^{4}$$
$$=2.41\times10^{6}(1/s)$$
$$=8.676\times10^{9}(1/h)$$

将它除以阿伏伽德罗常数（6.02×10^{23}），即为物质的量：

$$\frac{dn_{ATP}}{dt}=\frac{8.767\times10^{9}}{6.02\times10^{23}}=1.44\times10^{-14}(mol/h)$$

从 1 个细胞干重和其比生长速率得到菌体的合成速率为：

$$\frac{d\rho_X}{dt}=\frac{2.5\times10^{-13}}{\frac{\ln 2}{\mu}}=\frac{2.5\times10^{-13}}{\frac{0.693}{2.08}}=7.52\times10^{-13}(g/h)$$

可得：

$$Y_{ATP}=\frac{\frac{d\rho_X}{dt}}{\frac{dn_{ATP}}{dt}}=\frac{7.52\times10^{-13}}{1.44\times10^{-14}}=52(g/mol)$$

前面讨论的情况是能量生长偶联型的情况，在能量生长偶联型情况下，由于构成细胞材料的合成或供应成为限制因素，而 ATP 的生成量不能有效地用于菌体合成的情况，这时 Y_{ATP}的值在不同情况下会有很大的波动，这种情况从表 8-11 中可以看出。在培养基中加入 3×10^{-3}mol/L 的 EDTA 和 0.01mol/L 的柠檬酸螯合了大肠杆菌生长所必需的铁、镁离子，结果这些物质限制了它的生长，过量 ATP 被 ATP 酶催化水解放出热量，使 Y_{ATP}值变得很低。另一种情况，未加上述抑制剂，但构成细胞成分的原材料不足，Y_{ATP}也会低于平均值。这两种情况均属于分解代谢过程所生成的 ATP 没有和菌体合成相偶联，能量被浪费。与此相对照培养基内除碳源外添加氨基酸和酵母膏，Y_{ATP}接近能量生长偶联型的平均值。

表 8-11　　*E. coli* 在不同培养基厌氧培养时的 Y_{ATP}[1]

培养基	μ/h^{-1}	生成菌体量/g	生成 ATP 量/mol	Y_{ATP}/（g/mol）
最低培养基① + EDTA	/	0.44	0.268	1.6
最低培养基 + 柠檬酸	0.29	1.09	0.262	4.1

续表

培养基	μ/h^{-1}	生成菌体量/g	生成 ATP 量/mol	Y_{ATP}/（g/mol）
最低培养基+20种氨基酸+柠檬酸	0.66	1.48	0.284	5.2
最低培养基+20种氨基酸	/	1.89	0.239	7.9
最低培养基+20种氨基酸+维生素+核酸	0.53	1.72	0.238	7.2
最低培养基	/	1.30	0.204	6.4
最低培养基+氨基酸+酵母膏	0.82	2.40	0.255	9.4

① 最低培养基以葡萄糖为唯一碳源。

六、微生物生化反应过程的ATP衡算

对于微生物生化反应过程的ATP衡算，可以用碳和氧衡算相似的形式表示：

$$(\Delta n_{ATP})_S = (\Delta n_{ATP})_m + (\Delta n_{ATP})_G \tag{8-32}$$

式中　$(\Delta n_{ATP})_S$——碳源分解代谢所形成的ATP数量

$(\Delta n_{ATP})_m$——用于微生物菌体维持生命活动的ATP消耗。设 m_A 为ATP的维持常数，则菌体在 Δt 时间内ATP的维持消耗应为 $m_A\rho_X\Delta t$

$(\Delta n_{ATP})_G$——用于合成菌体所消耗的ATP。Y_{ATP}^{max} 为ATP对菌体生长的理论得率，则：

$$(\Delta n_{ATP})_G = \Delta\rho_X / Y_{ATP}^{max}$$

式（8-32）只适用于能量生长偶联型，因其中未计入非偶联ATP损失。该式又可写成：

$$(\Delta n_{ATP})_S = m_A\rho_X\Delta t + \frac{1}{Y_{ATP}^{max}}\cdot\Delta\rho_X$$

或

$$\frac{(\Delta n_{ATP})_S}{\rho_X\Delta t} = m_A + \frac{1}{Y_{ATP}^{max}}\cdot\frac{\Delta\rho_X}{\rho_X\Delta t}$$

$$Q_{ATP} = m_A + \frac{1}{Y_{ATP}^{max}}\cdot\mu \tag{8-33}$$

式中　Q_{ATP}——碳源分解代谢ATP的比生成速率，mol/（g·h）

通过实验可以测得 μ 所对应的 Q_{ATP}，利用式（8-33）这一直线方程求得 m_A 和 Y_{ATP}^{max}。

【例8-4】　在复合培养基中厌氧条件下培养干酪乳杆菌（*Lactobacillus casei*），结果见表8-12。这时葡萄糖仅作为能源，由葡萄糖经酵解途径生成丙酮酸时每摩尔葡萄糖偶联生成2mol ATP，即 $Y_{A/S}=2$mol/mol。继续转化为乙酸时每生成1mol乙酸产生1mol ATP，即 $Y_{A/P}=1$mol/mol，应用上述关系即可推出 m_A 和 Y_{ATP}^{max}。

培养过程中ATP的比生成速率可根据下式计算：

$$Q_{ATP} = Y_{A/S}\nu + Y_{P/S}Y_{A/P}\nu \tag{8-34}$$

将碳源比消耗速率 $\nu=\dfrac{\mu}{Y_{X/S}}$ 和 $Y_{A/S}=2$，$Y_{A/P}=1$ 代入上式得：

$$Q_{ATP} = \frac{\mu}{Y_{X/S}}(2+Y_{P/S})$$

且有：

$$Y_{ATP} = \frac{\mu}{Q_{ATP}}$$

可根据表8-12的数据分别计算出 Q_{ATP} 及 Y_{ATP}，见表8-13所示。

表 8-12　干酪乳杆菌（*L. casei*）在复合培养基厌氧条件下培养结果[8]

μ/h^{-1}	$Y_{P/S}$/（mol/mol）	$Y_{X/S}$/（g/mol）
0. 125	0. 99	55. 8
0. 140	1. 06	58. 7
0. 168	1. 05	62. 0
0. 244	0. 98	63. 2
0. 290	0. 90	61. 5
0. 390	0. 68	59. 4
0. 400	0. 68	60. 4
0. 500	0. 20	48. 8
0. 600	0. 24	52. 6

表 8-13　干酪乳杆菌（*L. casei*）在复合培养基厌氧条件下的 Q_{ATP} 和 Y_{ATP}[8]

μ/h^{-1}	Q_{ATP}/［mol/（g·h）］	Y_{ATP}/（g/mol）
0. 125	6.7×10^{-3}	18. 7
0. 140	7.3×10^{-3}	19. 2
0. 168	8.3×10^{-3}	20. 2
0. 244	11.5×10^{-3}	21. 2
0. 290	13.7×10^{-3}	21. 2
0. 390	17.6×10^{-3}	22. 2
0. 400	17.7×10^{-3}	22. 6
0. 500	22.5×10^{-3}	22. 2
0. 600	25.6×10^{-3}	23. 4

以 μ 为横坐标、Q_{ATP} 为纵坐标作图可得一直线。由式（8-33）知该直线的斜率为 Y_{ATP}^{max} 的倒数，得 $Y_{ATP}^{max}=24.3$g/mol。直线在纵坐标上的截距为 $m_A=1.52\times10^{-3}$mol/g，如图 8-5 所示。实际测定干酪乳杆菌（*L. casei*）ATP 的 $m_A=1.5$mmol/（g·h），如表8-14所示。从表中还可看出，随着微生物种类、培养基组成以及培养条件的不同，m_A 会在相当大的范围内波动。

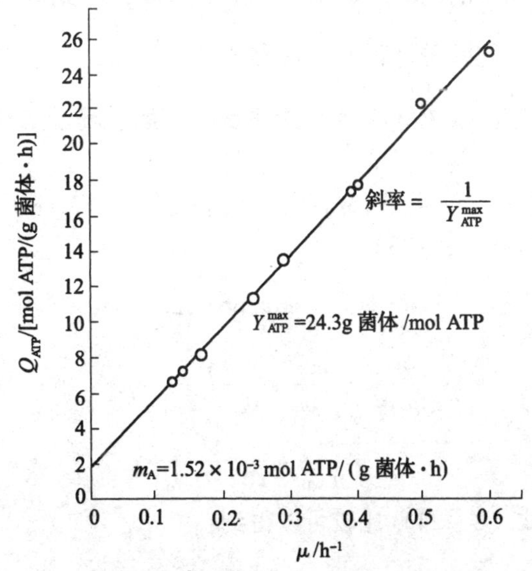

图 8-5　干酪乳杆菌（*L. casei*）连续培养时 μ 对 Q_{ATP} 作图

表 8-14　以葡萄糖为能源几种微生物（不同条件下）的 m_S、m_A[8]

微生物	培养条件	维持常数	
		m/［g/（g·h）］	m_A/［mmol/（g·h）］
阴沟气杆菌（*Aerobacter cloacae*）	通风、碳源限制	0.094	14
维涅兰德固氮菌（*Azotobacter vinelandii*）	固氮、溶解氧分压 20kPa	1.5	220
维涅兰德固氮菌	固氮、溶解氧分压 2kPa	0.15	22
产气克雷伯菌（*Klebsiella aerogenes*）	厌氧、色氨酸限制，NH_4Cl 浓度 2g/L	2.88	39
产气克雷伯菌	厌氧、色氨酸限制，NH_4Cl 浓度 4g/L	3.96	50
干酪乳杆菌（*Lactobacillus casei*）		0.135	1.5
产黄青霉（*Penicillium chrysogenum*）	通风	0.022	3.2
酿酒酵母（*Saccharomyces cerevisiae*）	厌氧	0.036	0.52
酿酒酵母	厌氧 NaCl（0.1mol/L）	0.36	2.2

前面讨论的大多是在厌氧情况下进行的微生物反应，在供氧情况下测定 Y_{ATP} 较困难，主要原因是：

① 有些供能基质被用于合成代谢；

② 培养基内被认为不是供能基质的却有一些被用来产生能量；

③ 至今对于具体每种微生物，氧化作用与磷酸化作用偶联程度与控制机制尚不清楚；

④ 各种微生物用于维持其生命活动所需要的能量也不相同。

设氧消耗对 ATP 的得率为 $Y_{A/O}=\frac{(\Delta n_{ATP})_S}{\Delta c_{O_2}}$（mol/mol），有时氧消耗与 ATP 生成之间的关系也往往用 P/O（mol/mol）表示，其含意是被酯化的无机磷酸分子数和对应消耗的氧原子之比，即每消耗 1 原子氧所生成 ATP 的分子数量，一般酵母 P/O 为 1.0，细菌 P/O 为 0.5～1.0，但从图 8-4 的氧化磷酸化作用的电子传递链（呼吸链）得到 1 个氧原子接受两个质子生成 1 分子的水的同时形成了 3 分子的 ATP，因此 P/O＝3，这是在哺乳动物肝脏细胞中方才能达到。这两种计算的关系为 $P/O=\frac{1}{2}Y_{A/O}$。

氧消耗与呼吸链反应所生成 ATP 的量成正比，若此过程的 ATP 的生成在菌体内占中心的地位，则：

$$(\Delta n_{ATP})_S = Y_{A/O}\Delta c_{O_2} \tag{8-35}$$

将式（8-35）代入式（8-33）：

$$Y_{A/O}\cdot\Delta c_{O_2} = m_A\rho_X\Delta t+\frac{1}{Y_{ATP}^{max}}\cdot\Delta\rho_X$$

$$\frac{\Delta c_{O_2}}{\rho_X\Delta t} = \frac{m_A}{Y_{A/O}}+\frac{1}{Y_{ATP}^{max}\cdot Y_{A/O}}\cdot\mu$$

$$Q_{O_2} = \frac{m_A}{Y_{A/O}}+\frac{1}{Y_{ATP}^{max}\cdot Y_{A/O}}\cdot\mu \tag{8-36}$$

将式（8-36）与式（8-24）比较可以得到：

$$m_0 = \frac{m_A}{Y_{A/O}} \tag{8-37}$$

$$Y_{GO} = Y_{A/O} \cdot Y_{ATP}^{max} \quad 即\ Y_{A/O} = \frac{Y_{GO}}{Y_{ATP}^{max}} \tag{8-38}$$

由式（8-33）与式（8-36）还可得到：

$$Q_{ATP} = Q_O Y_{A/O} \tag{8-39}$$

上述关系为我们提供计算氧消耗对 ATP 得率的方法。

【例 8-5】 以葡萄糖为碳源，对绝对需氧菌维涅兰德固氮菌（*A. vinelandii*）进行好氧培养。通过氧衡算方法得到：

$$m_0 = 5.5 \times 10^{-3} \text{mol/(g} \cdot \text{h)}$$

$$Y_{GO} = 13 \text{g/mol}$$

若 Y_{ATP}^{max} 分别为 5g/mol 和 10 g/mol 时 P/O 各为多少？并求出各自的 ATP 维持常数 m_A。

当 $Y_{ATP}^{max} = 5$g/mol 时：

$$P/O = \frac{1}{2} Y_{A/O} = \frac{1}{2} \cdot \frac{Y_{GO}}{Y_{ATP}^{max}} = \frac{1}{2} \times \frac{13}{5} = 1.3 (\text{mol/mol})$$

当 $Y_{ATP}^{max} = 10$g/mol 时：

$$P/O = \frac{1}{2} Y_{A/O} = \frac{1}{2} \cdot \frac{Y_{GO}}{Y_{ATP}^{max}} = \frac{1}{2} \times \frac{13}{10} = 0.65 (\text{mol/mol})$$

两种情况下 ATP 的维持常数各为：

$$\begin{aligned} m_A &= m_0 Y_{A/O} = 2m_0 (P/O) = 2 \times 5.5 \times 10^{-3} \times 1.3 \\ &= 14.3 \times 10^{-3} [\text{mol/(g} \cdot \text{h)}] \\ m_A &= m_0 Y_{A/O} = 2m_0 (P/O) = 2 \times 5.5 \times 10^{-3} \times 0.65 \\ &= 7.51 \times 10^{-3} [\text{mol/(g} \cdot \text{h)}] \end{aligned}$$

第四节 微生物生化反应过程的能量衡算

一、有机物氧化焓变和有效电子转移

微生物利用培养基中碳源氧化过程释放的能量是通过能量的“转运站”ATP。所有物质氧化总伴随着电子的转移。在氧化过程中，每分子氧可以接受 4 个电子。我们把物质在氧化过程中伴随着能量释放所进行的电子转移称为有效电子转移。例如，0.5mol 氧与 1mol 氢化合形成 1mol 水蒸气，同时放出 241.4kJ 的热量，过程中有效电子转移数为 2，记作（2av，e^-）。当 1mol 葡萄糖完全氧化时，需要消耗 6mol 的氧，相应的有效电子转移数为：6×4=24（av，e^-/mol），从大量实验得到，有机化合物氧化时每转移一个有效电子，平均释放出 111kJ 的热量，记作：

$$\Delta H_{av,e^-} = -111 \text{kJ/av,e}^-$$

因此，葡萄糖完全氧化释放的能量应为：

$$\Delta H_S^* = -111 \times 24 = -2664 \text{kJ/mol}$$

但是，当我们用量热器测定葡萄糖燃烧过程得到的是：$\Delta H_S = -2813$kJ/mol，两者相差在 5% 左右，这样的误差在工程上是允许的。因此可以用有效电子转移数来计算有机物氧化所释放的能量，这在工程上是十分方便的。任何有机物只要写出其氧化的反应方程式，根据反应式中所消耗氧的物质的量，就可以计算出反应所释放的能量。为了区别有机

物氧化实际焓变和通过有效电子转移的计算值，分别用 ΔH 和 ΔH^* 表示，后者称为有机物氧化以有效电子转移为基础的“焓变”。

由于微生物生化反应过程一般是在 25 ~ 37℃温度范围内进行的，以葡萄糖作碳源为例，在发酵过程中，碳源完全氧化相应的标准自由能变化的计算如下：

$$C_6H_{12}O_6 + 6O_2 \rightarrow 6CO_2 + 6H_2O$$

过程熵变为：

$$\begin{aligned}\Delta S^\circ &= \sum S^\circ_{产物} - \sum S^\circ_{反应物} \\ &= (6S^\circ_{CO_2} + 6S^\circ_{H_2O}) - (S^\circ_{C_6H_{12}O_6} + 6S^\circ_{O_2}) \\ &= (6 \times 0.213 + 6 \times 0.0698) - (0.212 + 6 \times 0.205) \\ &= 0.255[\text{kJ}/(\text{K} \cdot \text{mol})]\end{aligned}$$

标准自由能变化由于：

$$\begin{aligned}T\Delta S^\circ &= (298 \sim 310) \times 0.255 \\ &= 76.0 \sim 79.1(\text{kJ/mol}) = -\Delta H^*_S = 2664(\text{kJ/mol})\end{aligned}$$

则有：

$$\begin{aligned}\Delta G^\circ_{C_6H_{12}O_6} &= \Delta H_S - T\Delta S^\circ \approx \Delta H_S \approx \Delta H^*_S \\ &= -2664 \ (\text{kJ/mol})\end{aligned}$$

因此，微生物生化反应过程基质和产物的标准自由能变化可近似等于其焓变。葡萄糖在氧化磷酸化过程中，每摩尔可形成38mol 的 ATP，此过程的标准自由能效率为：

$$\frac{38 \times \Delta G^\circ_{ATP}}{\Delta G^\circ_{C_6H_{12}O_6}} = \frac{38 \times (-29.3)}{-2664} \approx 42\%$$

尽管这个效率要比任何机械的能量转换效率（一般为 15% ~30%）都要高得多，但是仍有一半以上的自由能（58%）以废热的形式释放，这是微生物生化反应过程反应热的主要来源。再以同型乳酸发酵为例，在厌氧条件下，每摩尔葡萄糖在转化成 2mol 乳酸的同时仅能形成 2mol ATP，其标准自由能变化 $\Delta G^\circ = -217.4$kJ/mol，则标准自由能效率只有 2×（−29.3）/−217.4 =27%，也就是说有 73% 左右的能量不能利用，须及时移去。

二、自由能消耗对菌体得率 Y_{kJ}

微生物生化反应过程可以用自由能消耗对菌体得率 Y_{kJ} 来表示过程对能量利用的情况，则有：

$$\begin{aligned}Y_{kJ} &= \frac{菌体生长量}{生长菌体所保持的自由能 + 分解代谢所释放的自由能} \\ &\approx \frac{菌体生长量}{生成菌体氧化的焓变 + 消耗碳源与其转变的产物之间的焓变} \\ &= \frac{\Delta \rho_X}{(-\Delta H_a)\Delta \rho_X + (-\Delta H_C)}\end{aligned} \quad (8-40)$$

式中　ΔH_a——以菌体燃烧热为基准的焓变。取 $\Delta H_a = -22.15$kJ/mol

ΔH_C——消耗碳源与其转变的产物之间的焓变，kJ/mol

下面分两种情况进行讨论。

1. 最低培养基

由于培养基内葡萄糖是唯一碳源，它既作为能源，又作为构成细胞的材料。在通风情况下，微生物生化反应过程可表示为：

$$-\Delta c_S + \Delta c_{O_2} \to \Delta \rho_X + \Delta c_{CO_2} + \Sigma \Delta c_P$$

式中　Δc_P——代谢产物生成量

Δc_S——碳源消耗量

则：

$$-\Delta H_C = (-\Delta H_S)\cdot(-\Delta c_S) - \sum(-\Delta H_P)\cdot(\Delta c_P) - (-\Delta H_a)\cdot(\Delta \rho_X)$$
$$= (-\Delta H_0^*)\cdot(\Delta c_{O_2}) \qquad (8-41)$$

式中　ΔH_S，ΔH——分别为碳源、代谢产物氧化的焓变，kJ/mol

ΔH_0^*——微生物呼吸（耗氧）反应的焓变，kJ/mol

$$\Delta H_0^* = 4(\Delta H_{av,e^-}) = 4\times(-111) = -444(\text{kJ/mol})$$

式（8－40）又可写成：

$$Y_{kJ} = \frac{\Delta \rho_X}{(-\Delta H_a)\cdot(\Delta \rho_X) + (-\Delta H_0^*)\cdot(\Delta c_{O_2})}$$
$$= \frac{1}{-\Delta H_a - \dfrac{\Delta H_0^*}{Y_{X/O}}} \qquad (8-42)$$

在厌氧情况下，微生物反应过程为：

$$-\Delta c_S \to \Delta \rho_X + \Delta c_{CO_2} + \Sigma \Delta c_P$$

假设生成菌体 $\Delta \rho_x$ 所消耗的碳源为（$-\Delta c_S$）$_G$，碳源中所含碳元素的量为 α_1（g/mol），菌体内所含碳元素的量为 α_2（g/g），根据碳元素衡算可得 $(-\Delta c_S)_G = \frac{\alpha_2}{\alpha_1}\cdot\Delta \rho_x$（mol/L）。这样构成菌体以外的碳源消耗为：

$$-\Delta c_S - (-\Delta c_S)_G = -\Delta c_S - \left(\frac{\alpha_2}{\alpha_1}\cdot\Delta \rho_X\right)$$

则：
$$-\Delta H_C = (-\Delta H_S)\left[-\Delta c_S - \left(\frac{\alpha_2}{\alpha_1}\cdot\Delta \rho_X\right)\right] - \Sigma(-\Delta H_P)\cdot(\Delta c_P) \qquad (8-43)$$

这时式（8－40）可写成：

$$Y_{kJ} = \frac{\Delta \rho_X}{(-\Delta H_a)\cdot(\Delta \rho_X) + (-\Delta H_S)\left[-\Delta c_S - \left(\frac{\alpha_2}{\alpha_1}\cdot\Delta \rho_X\right)\right] - \Sigma(-\Delta H_P)\cdot(\Delta c_P)}$$
$$= \frac{Y_{X/S}}{-\Delta H_a\cdot Y_{X/S} - \Delta H_S\left(1 - \dfrac{\alpha_2}{\alpha_1}\cdot Y_{X/S}\right) + \Sigma \Delta H_P\cdot Y_{P/S}} \qquad (8-44)$$

2. 复合培养基

这时碳源仅作为能源，在厌氧条件下微生物生化反应过程可表示为：

$$-\Delta c_S \to \Delta c_{CO_2} + \Sigma \Delta c_P$$
$$-\Delta H_C = (-\Delta H_S)\cdot(-\Delta c_S) - \Sigma(-\Delta H_P)\cdot(\Delta c_P)$$

相应

$$Y_{kJ} = \frac{\Delta \rho_X}{(-\Delta H_a)\cdot(\Delta \rho_X) + (-\Delta H_S)\cdot(-\Delta c_S) - \Sigma(-\Delta H_P)\cdot(\Delta c_P)}$$
$$= \frac{Y_{X/S}}{-\Delta H_a\cdot Y_{X/S} - \Delta H_S + \Sigma \Delta H_P\cdot Y_{P/S}} \qquad (8-45)$$

通风条件下，微生物生化反应过程为：

$$-\Delta c_S + \Delta c_{O_2} \rightarrow \Delta c_{CO_2} + \Sigma \Delta c_P$$

故：
$$-\Delta H_C = (-\Delta H_S)\cdot(-\Delta c_S) - \Sigma(-\Delta H_P)\cdot(\Delta c_P) = (-\Delta H_O^*)\cdot(\Delta c_{O_2})$$

$$Y_{kJ} = \frac{\Delta \rho_X}{(-\Delta H_a)\cdot(\Delta \rho_X) + (-\Delta H_O^*)\cdot(\Delta c_{O_2})}$$

$$= \frac{1}{-\Delta H_a - \dfrac{\Delta H_O^*}{Y_{X/O}}} \tag{8-46}$$

式（8－42）和式（8－46）是一致的，因为无论在何种培养条件下，任何微生物在通风条件下氧的消耗使碳源被氧化，此耗氧反应的焓变就是分解代谢所释放的能量。不同碳源时 $Y_{X/S}$ 值变化范围在 4～150g/mol，而 Y_{kJ} 值变化范围要小得多。大多数微生物在好氧培养时，Y_{kJ} 值在 0.027g/kJ 左右。厌氧培养时 Y_{kJ} 的平均值为 0.031g/kJ，见表 8－15。其中运动发酵单胞菌（*Zymomonas mobilis*）为能量生长非偶联型，故 Y_{kJ} 值比较小，能量利用效率较差。

表 8－15　几种微生物在不同条件下的 $Y_{X/S}$ 和 Y_{kJ} 的值[9]

微　生　物	培养基	培养条件	碳源	产物	$Y_{X/S}$ /（g/mol）	Y_{kJ} /（g/kJ）
干酪乳杆菌（*Lactobacillus casei*）	复合	厌氧	甘露醇	乳酸、乙酸 乙醇、甲酸	40.5	0.011
干酪乳杆菌	复合	厌氧	葡萄糖	乳酸、乙酸 乙醇、甲酸	62.08	0.043
结膜无乳链球菌（*Streptococcus agalactiae*）	复合	厌氧	葡萄糖	乳酸、乙酸 乙醇	21.4	0.031
结膜无乳链球菌	复合	好氧	葡萄糖	乳酸、乙酸	51.6	0.027～0.031
运动发酵单胞菌（*Zymomonas mobilis*）	复合	厌氧	葡萄糖	3－羟基丁酮 乙醇、乳酸	7.95	0.016
（运动发酵单胞菌）	合成	厌氧	葡萄糖	乙醇、乳酸	4.98	0.0098
（运动发酵单胞菌）	最低	厌氧	葡萄糖	乙醇、乳酸	4.09	0.0081
产气气杆菌（*Aerobacter aerogenes*）	最低	好氧	麦芽糖	——	149.2	0.032
产气气杆菌	最低	好氧	甘露醇	乙醇、乳酸	95.5	0.030
产气气杆菌	最低	好氧	葡萄糖	乙醇、乳酸	72.7	0.029
产气气杆菌	最低	好氧	果糖	乙醇、乳酸	76.1	0.032
产气气杆菌	最低	好氧	核糖	乙醇、乳酸	53.2	0.028
产气气杆菌	最低	好氧	琥珀酸	乙醇、乳酸	29.7	0.022
产气气杆菌	最低	好氧	甘油	乙醇、乳酸	41.8	0.027
产气气杆菌	最低	好氧	乳酸	乙醇、乳酸	16.6	0.017
产气气杆菌	最低	好氧	丙酮酸	乙醇、乳酸	17.9	0.019
产气气杆菌	最低	好氧	乙酸	乙醇、乳酸	10.5	0.015

三、微生物生化反应过程的能量衡算

根据单一碳源培养基内，微生物生化反应过程中碳源消耗和所形成的菌体、代谢产物完全氧化建立的衡算式（8－21），相应可以写出焓变的能量衡算方程：

$$A\cdot\Delta H_O^*\cdot(-\Delta c_S) = B\cdot\Delta H_O^*\cdot(\Delta\rho_X) + \Delta H_O^*\cdot\Delta c_{O_2} + \Sigma C\cdot\Delta H_O^*\cdot\Delta c_P$$

或
$$A\cdot\Delta H_O^*\cdot\nu = B\cdot\Delta H_O^*\cdot\mu + \Delta H_O^*\cdot Q_{O_2} + \Sigma C\cdot\Delta H_O^*\cdot Q_P \tag{8-47}$$

或 $$\Delta H_S^* \cdot \nu = \Delta H_a^* \cdot \mu + \Delta H_O^* \cdot Q_{O_2} + \Sigma\Delta H_P^* \cdot Q_P$$

式中 ΔH_S^*、ΔH_a^*、ΔH_P^*——分别为碳源、菌体、产物氧化以有效电子转移为基准的焓变

式（8－47）与盖斯定律的表达式是一致的。由于菌体的成分比较复杂，其焓变 ΔH_a^* 是以实验为基础求得的。各种微生物菌体燃烧得到的平均值 $\Delta H_a = -22.2\text{kJ/g}$，以有效电子转移为基准的焓变只考虑碳、氢、氮等组分在氧化过程中有效电子转移而引起的焓变，故 $\Delta H_a^* = -18.6\text{kJ/g}$。

将式（8－47）移项得：

$$\Delta H_S^* \cdot \nu - \Sigma\Delta H_P^* \cdot Q_P = \Delta H_a^* \cdot \mu + \Delta H_O^* \cdot Q_{O_2} \tag{8-48}$$

式中 $\Delta H_a^* \cdot \mu$ 为微生物生化反应过程中合成菌体所需要的能量，可表示为 $\frac{1}{Y'_G} \cdot \mu$；$\Delta H_O^* \cdot Q_{O_2}$ 为菌体维持生命活动所消耗的能量，表示为 m'，式（8－48）可写作：

$$(-\Delta H_S^*) \cdot \nu - \Sigma(-\Delta H_P^*) \cdot Q_P = (-\Delta H_O^*) \cdot Q_{O_2} + (-\Delta H_a^*) \cdot \mu = m' + \frac{1}{Y'_G} \cdot \mu \tag{8-49}$$

式中 Y'_G——碳源（微生物反应的能源）以能量计对菌体的理论得率，g/kJ

m'——碳源以能量计菌体的维持常数，kJ/（g·h）

若过程不产生代谢产物（$\Delta c_P = 0$），将式（8－49）与式（8－13）比较可得：

$$Y'_G = \frac{Y_G}{(-\Delta H_S^*)}; \quad m' = (-\Delta H_S^*) \cdot m \tag{8-50}$$

由微生物生化反应过程的氧衡算式（8－24）可写出能量衡算的另一种形式：

$$(-\Delta H_O^*) \cdot Q_{O_2} = (-\Delta H_O^*) \cdot m_0 + (-\Delta H_O^*) \cdot \frac{\mu}{Y_{GO}} = m'_0 + \frac{1}{Y'_{GO}} \cdot \mu \tag{8-51}$$

式中 m'_0——以能量计氧的维持常数，kJ/（g·h）

Y'_{GO}——以能量计氧对菌体生长的理论得率，g/kJ

则有

$$m'_0 = (-\Delta H_O^*) \cdot m_0 = 444 m_0 (\text{kJ/g})$$

$$Y'_{GO} = \frac{Y_{GO}}{(-\Delta H_O^*)} = \frac{1}{444} Y_{GO} = 2.25 \times 10^{-3} Y_{GO} (\text{g/kJ}) \tag{8-52}$$

将式（8－52）代入式（8－49）得：

$$(-\Delta H_S^*) \cdot \nu - \Sigma(-\Delta H_P^*) \cdot Q_P = \left(m'_0 + \frac{1}{Y'_{GO}} \cdot \mu\right) + (-\Delta H_a^*) \cdot \mu = m'_0 + \left[(-\Delta H_a^*) + \frac{1}{Y'_{GO}}\right] \cdot \mu \tag{8-53}$$

式（8－52）与式（8－50）比较可得：

$$m' = m'_0; \quad \frac{1}{Y'_G} = (-\Delta H_a^*) + \frac{1}{Y'_{GO}} \tag{8-54}$$

【例 8－6】 以葡萄糖为唯一碳源，在通风培养条件下连续培养维涅兰德固氮菌（*A. vinelandii*），从实验数据中求出碳源维持常数 $m = 0.9 \times 10^{-3}\text{mol/(g·h)}$，碳源对菌体的理论得率 $Y_G = 54\text{g/mol}$，氧对菌体的理论得率 $Y_{GO} = 14.5\text{g/mol}$。应用上面推导的关系可以求得能量衡算相应的维持系数 m'、m'_0 和理论得率 Y'_G 和 Y'_{GO}。

$$m' = (-\Delta H_S^*) \cdot m = 2664 \times 0.9 \times 10^{-3} = 2.398[\text{kJ/(g·h)}]$$

$$m'_0 = (-\Delta H_O^*) \cdot m_0 = 444 \times 5.4 \times 10^{-3} = 2.398[\text{kJ/(g·h)}]$$

$$Y'_G = \frac{Y_G}{(-\Delta H_S^*)} = \frac{54}{2664} = 0.0203(g/kJ)$$

$$Y'_{GO} = 2.25 \times 10^{-3} Y_{GO} = 2.25 \times 10^{-3} \times 14.5 = 0.0326(g/kJ)$$

可以看出：$m' = m'_0$，而且

$$(-\Delta H_a^*) + \frac{1}{Y'_{GO}} = 18.6 + \frac{1}{0.0326} = 49.3(kJ/g)$$

$$\frac{1}{Y'_G} = \frac{1}{0.0203} = 49.3(kJ/g)$$

证明式（8－54）所表示的关系是成立的。

四、考虑碳源和氮源同时存在情况下的能量衡算

设微生物生化反应过程中，碳源消耗为 Δc_S，氮源消耗为 Δc_N，相应生成的代谢产物为 Δc_P，生长的菌体为 $\Delta \rho_X$。则消耗基质（包括碳源和氮源）所释放的能量为：

$$(-\Delta H_1) = (-\Delta H_S) \cdot (-\Delta c_S) + (-\Delta H_N) \cdot (-\Delta c_N)$$

代谢产物和菌体所具有的能量为：

$$(-\Delta H_2) = \sum(-\Delta H_P) \cdot (\Delta c_P) + (-\Delta H_a) \cdot (\Delta \rho_X)$$

微生物生化反应过程放出的废热为：

$$\Delta Q = (-\Delta H_1) - (-\Delta H_2) \tag{8-55}$$

若分别用物质完全氧化有效电子转移所计算的焓变来代替，则有：

$$(-\Delta H_S) \approx (-\Delta H_S^*) = A_S(-\Delta H_O^*)(kJ/mol)$$

$$(-\Delta H_N) \approx (-\Delta H_N^*) = A_N(-\Delta H_O^*)(kJ/mol)$$

$$(-\Delta H_a) \approx (-\Delta H_a^*) = B(-\Delta H_O^*)(kJ/g)$$

$$(-\Delta H_P) \approx (-\Delta H_P^*) = C(-\Delta H_O^*)(kJ/mol)$$

式中　A_S、A_N、B、C——分别代表各自完全氧化需要的氧的物质的量，mol/mol 或 mol/g

由式（8－36）得：

$$\begin{aligned}
\Delta Q &= (-\Delta H_1) - (-\Delta H_2) \\
&= [(-\Delta H_S) \cdot (-\Delta c_S) + (-\Delta H_N) \cdot (-\Delta c_N)] \\
&\quad - [(-\Delta H_a) \cdot (\Delta \rho_X) + \sum(-\Delta H_P) \cdot (\Delta c_P)] \\
&\approx [A_S \cdot (-\Delta H_O^*) \cdot (-\Delta c_S) + A_N \cdot (-\Delta H_O^*) \cdot (-\Delta c_N)] - \\
&\quad [B \cdot (-\Delta H_O^*) \cdot (\Delta \rho_X) + \sum C(-\Delta H_O^*) \cdot (\Delta c_P)] \\
&= \{[A_S \cdot (-\Delta c_S) + A_N \cdot (-\Delta c_N)] - [B \cdot (\Delta \rho_X) + \sum C \cdot (\Delta c_P)]\}(-\Delta H_O^*)
\end{aligned} \tag{8-56}$$

式（8－56）大括号内是基质完全氧化需氧量和产物完全氧化需氧量之差，应该就是微生物生化反应过程中所消耗的氧量 Δc_{O_2}，于是式（8－56）可简化为：

$$\Delta Q = \Delta Q_{O_2} \cdot (-\Delta H_O^*) \tag{8-57}$$

从式（8－57）得知，微生物反应过程的反应热与过程所消耗的氧量成正比。因此当我们知道发酵过程氧的消耗（可根据废气成分和通风量计算得到），就能较为准确地把发酵过程需要移去的热量计算出来。

这里还需要说明的是，氮源的 ΔH_N 和 ΔH_N^* 之间的关系问题。若氮源以氨计，其氧化反应式为：

$$NH_3 + \frac{5}{4}O_2 \longrightarrow NO + \frac{3}{2}H_2O$$

用有效电子转移为基准的焓变是：

$$-\Delta H_{N}^{*}=\frac{5}{4}(-\Delta H_{O}^{*})=\frac{5}{4}\times 444=555(\mathrm{kJ/mol})$$

但是，通过实际测定的氧化反应焓变要小得多，$-\Delta H_{N}\approx 382\mathrm{kJ/mol}$，因此用（$-\Delta H_{N}{}^{*}$）代替（$\Delta H_{N}$）可能出现较大误差。由于培养基内氮源比碳源要少得多，一般在$\frac{1}{10}$左右，这里虽然用 ΔH_{N}^{*} 代替了 ΔH_{N}，从整个微生物生化反应过程的能量衡算而言，影响不会很大，更何况培养基内的氮源并非作为能源，而是构成菌体的材料，氮源往往以原来的状态（在过程中并不发生氧化）进入菌体，故由（$-\Delta H_{N}^{*}$）来代替 ΔH_{N} 所出现的误差，将在能量衡算过程中相互抵消，实际上对整个衡算并没有影响。

五、通风发酵反应热的估计方法

式（8－56）是从理论上推导得到的通风发酵过程反应热与氧消耗之间的关系，从式（8－57）得：

$$\frac{\Delta Q}{\rho_{X}\cdot\Delta t}=\frac{\Delta Q_{O_2}}{\rho_{X}\cdot\Delta t}(-\Delta H_{O}^{*})$$

反应热的比生成速率 $Q_{H}=\frac{\Delta Q}{\rho_{X}\cdot\Delta t}$ [kJ/（g·h）或 kJ/（L·h）]，即：

$$\begin{aligned}Q_{H}&=[A_{S}\cdot(-\Delta H_{O}^{*})\cdot\nu_{S}+A_{N}\cdot(-\Delta H_{O}^{*})\cdot\nu_{N}]-[B\cdot(-\Delta H_{O}^{*})\cdot\mu+\sum C\cdot(-\Delta H_{O}^{*})\cdot Q_{P}]\\&=Q_{O_2}\cdot(-\Delta H_{O}^{*})\end{aligned}\tag{8-58}$$

经过许多人对式（8－58）的验证，发现若将实验结果在以氧的比消耗速率 Q_{O_2} [mmol/（L·h）] 为横轴，反应热的比生成速率 Q_{H} [kJ/（L·h）] 为纵轴的坐标图上，各点分布在斜率为（0.518±0.013）kJ/mmol 的扇形区间内，理论值应为 0.444kJ/mmol，误差在20%以内。如图 8－6 所示。因此，可以用式（8－59）估计通风发酵的反应热：

$$Q_{H}=(0.518\pm 0.013)Q_{O_2}(\mathrm{kJ/L})\tag{8-59}$$

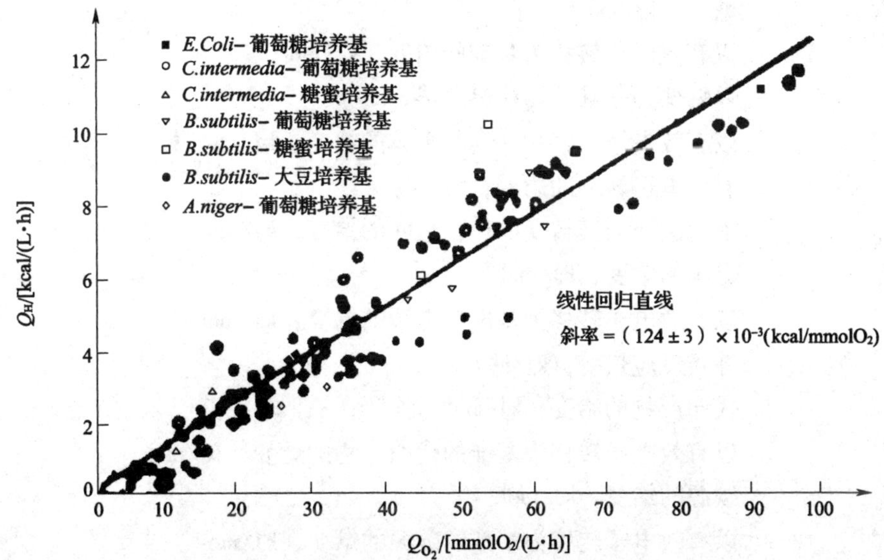

图 8－6　微生物比耗氧速率与反应热比释放速率的关系

注：1kcal＝4.18kJ

当通风发酵出现供氧不足，有的微生物代谢途径改变，进行厌氧发酵，Q_H 与 Q_{O_2}就会不符合上述关系，就会出现 $Q_H \gg (0.518 \pm 0.013) Q_{O_2}$的情况。当发现这种情况，就可以得出供氧不足的结论。因此上述关系式不但可以用于计算通风发酵的冷却水量和决定反应器设置的冷却面积，而且通过测定发酵过程的 Q_H 和 Q_{O_2}的关系，能够知道供氧情况，这对于了解通风发酵进行得是否顺利是很有意义的。

符 号 说 明

符号	说明
A (A_S)	碳源（基质）完全氧化需氧量，mol/mol
A_N	氮源完全氧化需氧量，mol/mol
a	用于菌体生长的碳源氧化需氧量，mol/mol 或 g/mol
B	菌体完全氧化需氧量，mol/g
b	菌体维持代谢氧的比消耗速率，mol/（g·h）
C	代谢产物完全氧化需氧量，mol/mol
c_S	碳源（基质）量，mol/L
c_P	代谢产物量，mol/L
c_{S_0}	曝气池内有机物浓度，mol/L
c_{S_e}	曝气池出水中有机物初始浓度，mol/L
$-\Delta c_S$	碳源消耗，mol/L
$(-\Delta c_S)_G$	构成菌体成分所消耗的碳源，mol/L
c_L	溶解氧系数，mg/L
c^*	饱和溶解氧系数，mg/L
D	连续培养稀释率，h^{-1}
F	碳源转化为代谢产物的比例
$\Delta G°$	标准自由能变化，kJ/mol
ΔH	焓变，kJ/mol
ΔH^*	以有效电子转移为基准的焓变，kJ/mol
ΔH_a	以焓变为基准的菌体燃烧热，kJ/g
ΔH_a^*	以有效电子转移为基准的菌体的焓变，kJ/g
$\Delta H_{av,e^-}$	有效电子转移的焓变，kJ/av，e^-
ΔH_C	消耗碳源与其转变的产物之间的焓变，kJ/mol
ΔH_N	氮源的焓变，kJ/mol
ΔH_N^*	以有效电子转移为基准的氮源的焓变，kJ/mol
ΔH_O^*	呼吸反应焓变，kJ/mol
ΔH_P	代谢产物的焓变，kJ/mol
ΔH_P^*	以有效电子转移为基准的代谢产物的焓变，kJ/mol
ΔH_S	碳源的焓变，kJ/mol
ΔH_S^*	以有效电子转移为基准的碳源的焓变，kJ/mol
k_La	体积溶解氧系数，h^{-1}
m	碳源维持系数，mol/（g·h）

m'	碳源以能量计的维持常数，kJ/（g·h）
m_A	ATP 的维持常数，mol/（g·h）
m_0	氧的维持常数，mol/（g·h）
m'_0	以能量计氧的维持常数，kJ/（g·h）
n_{ATP}	ATP 的消耗量，mol
$(\Delta n_{ATP})_S$	碳源分解代谢所形成的 ATP 数量
$(\Delta n_{ATP})_m$	用于微生物菌体维持生命活动的 ATP 的消耗
$(\Delta n_{ATP})_G$	用于合成菌体所消耗的 ATP
P/O	氧消耗以氧原子计对 ATP 的得率，mol/mol
Q_{ATP}	ATP 的比生成速率，mol/（g·h）
Q_{CO_2}	二氧化碳的比生成速率，mol/（g·h）
Q_H	微生物生化反应反应热的比生成速率，kJ/（g·h）
Q_{O_2}	氧的比消耗速率，mol/（g·h）
Q_P	代谢产物比生成速率，mol/（g·h）
RQ	呼吸商 $RQ = \frac{Q_{CO_2}}{Q_{O_2}}$
$\Delta S°$	标准焓变，kJ/（℃·mol）
T	热力学温度，K
t	时间，h 或 s
V	体积，m^3 或 L
ρ_X	菌体浓度，g/L
Y_{ATP}	ATP 对菌体生长得率，g/mol
Y_{ATP}^{max}	ATP 对菌体生长的理论得率，g/mol
$Y_{A/O}$	呼吸（氧）的 ATP 得率，mol/mol
$Y_{A/P}$	代谢产物对 ATP 的得率，mol/mol
$Y_{A/S}$	碳源消耗对 ATP 的得率，mol/mol
Y_C^C	微生物生化反应时碳源中的碳转移到菌体中的比例
$Y_C^{CO_2}$	微生物生化反应时碳源中的碳转移到二氧化碳的比例
Y_G	碳源对菌体的理论得率，g/mol
Y'_G	碳源以能量计对菌体的理论得率，g/kJ
Y_{GO}	氧对菌体的理论得率，g/mol
Y'_{GO}	以能量计氧对菌体的理论得率，g/kJ
Y_{kJ}	自由能消耗对菌体的得率，g/kJ
Y_P	碳源消耗对代谢产物的理论得率，mol/mol
$Y_{P/S}$	微生物生化反应过程碳源对代谢物的得率，mol/mol
$Y_{X/S}$	碳源对菌体的得率，g/mol
$Y_{X/O}$	氧消耗对菌体的得率，g/mol
ν	比消耗速率，mol/（g·h）
μ	微生物比生长速率，h^{-1}

α_1	碳源中碳元素的含量，g/mol
α_2	菌体内碳元素的含量，g/g
α_3	二氧化碳内碳元素的含量，g/mol
α_4	代谢产物的碳元素的含量，g/mol

参考文献

[1] Bernara A and Ferda M. Biochemical engineering and Biotechnology handbook. New York: Macmillan Publishers Lta, 1983, 120～182

[2] Gunsalus I C, Staniev R Y, et al. The Bacteria. New York: Academic press, 1960

[3] Nishizawa Y, Nagai S, Aiba S. Growth Yields of *Rhodopseudomonas spheroides* S in dark and aerobic chemostat Cultures. J Ferm Tech, 1974, 52: 526

[4] 胡军. 柠檬酸发酵的菌体浓度间接测定及数学模型的研究硕士学位论文. 无锡轻工业学院，1991. 35

[5] Nagai S, Aiba S. Reassessment of naintenance and energy uncoupling in the growth *Azotobacter vinelandii*. J Gen Microbiol, 1972, 73: 531

[6] Porges N, Jasewicz L, Hoover S R. Principles of biological Oxidation, Biological Treatment of Sewage and Industrial Wastes New York: Reinhold publishing Co, 1956

[7] Lehninger A L. Bioenergeties. New York. W A Benjamin Inc, 1965

[8] de Vries W, Kapteijn W M C, van der beck E G, Stouthamer A H. Molar growth yields and fermentation balances of *Laetobaeillus casei* L 13 in batch Cultures and in contvnuous cultures. J Gen Microbiol, 1970, 63: 333

[9] Cooney C L, Wang H Y, Wang D I C. Computer-aided material balancing for production of Fermentation parameters Biotechnol Bioeng, 1977, 19: 55～67

第九章　发酵过程的计算机在线控制

第一节　概　　述

一、计算机应用于发酵过程的意义与现状

目前计算机已大量应用于工业生产中。由于发酵过程的复杂性和特殊的要求，过程控制所需要提供的采集数据手段和进行分析的方法长期未很好解决，还有许多发酵过程的机制还不十分清楚，因此给计算机的应用带来了困难。困难不是由于计算机本身，而是由于适合的软件（程序系统）和传感器还没有发展到足以提供发酵过程所必需的全部信息阶段。但目前在抗生素、面包酵母和谷氨酸等的生产中，已有应用电子计算机成功地控制发酵过程的报道。为了达到应用计算机控制发酵过程的目的，涉及许多参数的测量和控制，包括物理、物化、生理和生化等诸方面（见表9－1），这就涉及需建立各种相应的数学模型。除了菌体、代谢产物和限制基质的动力学模型以外，还涉及质量和能量衡算方面的、质量传递和动量传递方面的以及生理生化方面的，因此要研究、了解有关的机制。

表9－1　　发酵过程涉及参变数的分类[1]

分　类	生　理	生　化	物　化	物　理
参变数	氧的比消耗速率 二氧化碳比释放速率 呼吸商等	碳衡算 能量衡算 代谢途径 发酵效率等	发酵液表观黏度 搅拌功率准数 雷诺准数 体积溶解氧系数 流动特性等	搅拌功率消耗 通风比 补料流加速率 发酵液体积等

我国是发酵工业大国，但目前我国发酵工业的控制技术还比较落后，在工业生产中仍以人工控制为主，采用计算机控制技术起步较晚、普及率太低。为尽快扭转发酵过程控制技术落后的局面，“七五”末期，在全国电子信息推广应用办公室的支持和国家医药管理局计算机推广应用办公室的组织下，首先在青霉素发酵过程中进行了试验，并取得了良好的效果。“八五”期间又陆续在土霉素、洁霉素、维生素C等产品中推广应用，经济效益十分显著。统计资料表明，我国青霉素发酵单位“七五”期间在25000U/mL左右徘徊，由于采用计算机发酵过程控制技术和菌种的改进，到“八五”期间已经突破50000U/mL大关。仅华北制药厂、哈尔滨制药厂和济宁抗菌素厂与“七五”期间相比，年纯增经济效益超过3000万元。“九五”期间，国家医药管理局仍然把发酵生产过程采用计算机控制技术列为推广工作的重点。现在，计算机控制技术已成为发酵过程的必备技术。

目前发酵行业正面临着日益激烈的全球竞争，因此对以计算机为核心的自动控制技术

有着以下强烈的需求：① 提高稳定产品质量，降低原料消耗；② 采用高级智能控制算法提高控制水平；③ 减少人工参与，实现无污染生产，减少质量风险；④ 替代人工，降低生产成本；⑤ 测、管、控一体化，满足信息化需求，提高企业管理水平与竞争力。

计算机在发酵中的应用有三项主要任务：过程数据的贮存、过程数据的分析和生物过程的控制[2]。数据的存贮包含以下内容：顺序地扫描传感器的信号，将其数据条件化，过滤和以一种有序并易找到的方式贮存。数据分析的任务是从测得的数据用规则系统提取所需信息，求得间接（衍生）参数，用于反映发酵的状态和性质。过程管理控制器可将这些信息显示、打印和作曲线，并用于过程控制。控制器有三个任务：按事态发展的控制或超出控制回路设定点的控制；过程灭菌、投料、放罐阀门的有序控制；常规的反应器环境变量的闭环控制。此外，还可设置报警分析和显示。一些巧妙的计算机监控系统主要用于中试规模的仪器装备良好的发酵罐。对生产规模的生物反应器，计算机主要应用于监测和顺序控制。

最先进形式的优化控制可使生产效率达到最大，但即使在中试规模也还未成熟。近年来，曾将专家库系统用于改进信息质量和提高过程自动监督水平。

二、发酵过程控制的关键要素

工业发酵研究和开发的主要目标之一是建立一种能实现高产、低成本的可行过程。历史上达到此目标的重要工艺手段有菌种改良、培养基改进与补料、生产条件优化等。近年来，在生物技术参数的测量、生物过程的仪器化、过程建模和控制方面有了巨大的进步。生物过程的控制不仅要从生物学上还要从工程学的观点考虑。由于过程的多样性，生物过程的控制是一项复杂的问题。

实际生产中发酵过程控制是过程改进的利润/成本所必须考虑的大事，这就需要引导该过程走上一条良性循环且能保证其产物符合预定质量指标的途径，其目的在于最大限度提高产率，降低成本。

过程监测与控制的两个关键要素是[3]：① 测量，由此获得所需的现场过程状态变化的信息；② 模型，动态地相互关联各种过程变量，这对需要解决的任务是重要的，特别是那些能够描述过程状态的变量，即那些具有实用意义、能描述过程性能的变量。为了能够掌握过程的性能，它与能直接测量的变量及能操纵的变量之间的相互关系显得非常重要。因此，建模（用于监督与控制的）需要对过程的目的性定义和所需解决的任务进行量化。为了能在工业环境上的监督与控制上应用，模型的复杂性必须尽可能低，以减少用于维持它的人力消耗。只有确认复杂的过程控制器比常规简单的更有效，应用这种复杂的过程控制器才有实际意义。利润/成本是决定用简单或复杂控制器的最终标准，这还须包括提供相关人力的成本。

发酵过程的成败完全取决于能否维持一个生长受控的和对生产良好的环境，达到此目标的最直接和有效的方法是通过直接测量发酵各种参数来调节生物过程，故在线测量是高效过程运行的先决条件。常用发酵仪器的最方便的分类为[4]：① 原位使用的探头；② 其他在线仪器；③ 气体分析仪；④ 离线分析培养液样品的仪器。在线测量所需的变量一般均需将采集到的电信号放大，这些信号可用于监测发酵的状态、直接用作发酵闭环控制和计算间接参数。典型生物状态变量的测量范围和准确度或培养参数（即控制变量）的精度列于表 9－2 中。

表 9-2　　典型生物状态变量的测量范围和准确度或培养参数的精度[5]

变量	测量范围	准确度/精度/%	变量	测量范围	准确度/精度/%
温度	0~150℃	0.01	**低分子有机挥发物**		
搅拌转速	0~3000r/min	0.2	甲醇、乙醇	0~10mg/L	1~5
罐压	0~200kPa	0.1	丙酮	0~10mg/L	1~5
质量	0.90~100kg	0.1	丁醇	0~10mg/L	1~5
	0~1kg	0.01	**在线流动注射分析法（FIA）**		
液体流量	0~8m^3/h	1	葡萄糖	0~100mg/L	<2
	0~2kg/h	0.5	NH_4^+	0~10mg/L	1
稀释速率	0~1h^{-1}	<0.5	PO_4^{3-}	0~10mg/L	1~4
通气量	0~2vvm	0.1	葡萄糖	0~10mg/L	<2
泡沫	开/关		**在线高效液相色谱法（HPLC）**		
气泡	开/关		酚	0~100mg/L	2~5
液位	开/关		酞酸盐（酯）	0~100mg/L	2~5
pH	2~12	0.1	有机酸	0~1mg/L	1~4
p_{O_2}	0~100%（饱和）	1	红霉素	0~20mg/L	<8
p_{CO_2}	0~10kPa	1	其他副产物	0~5mg/L	2~5
尾气 O_2	16%~21%	1	**在线气相色谱法（GC）**		
尾气 CO_2	0~5%	1	乙酸	0~5mg/L	2~7
荧光	0~5V	-	3-羟基丁酮	0~10mg/L	<2
氧还电位	-0.6~0.3V	0.2	丁二醇	0~10mg/L	<8
RQ	0.5~20mol/mol	取决于误差传播	乙醇	0~5mg/L	2
吸光度传感器	0~100AU	变化很大	甘油	0~1mg/L	<9

第二节　发酵过程控制的特征、参数及其测量

一、发酵过程控制的特征及主要参数

1. 发酵过程控制的特征

发酵过程有两种比化学反应过程易受控制的特性。首先，生物反应器在很大程度上能自我调节，这是微生物靠长期进化压力培养出来的适应环境能力。故突然消失的反应在生物过程中是不存在的，如遇条件不适，过程反应会自然衰减。许多生物过程运行并非绝对取决于过程的控制，但这并不等于不能通过优化控制来改进生物过程。如有现成的探头和

传感器，如温度或 pH 测量，便可在较大的范围内控制过程向所需方向进行。例如，带有调节得很好的控制回路通常可以维持过程条件很接近所需值，如 ±0.3℃、±0.2pH。

其次，发酵过程的易受控特征是其相当长的时间常数。对这种特征性生物过程运行的控制相对较慢，但控制被认为是发酵操作的关键。例如，权威部门把操作的一致性看作是 GMP 生产关键。尽管生物过程具有这些有利的特征，但要维持运行的一致性却不那么容易。传统的发酵过程反馈控制只局限于几种简单和相当可靠的控制回路。对有些发酵过程，需要调节基质或代谢物浓度。如前所述，由于时间常数相当长，故可通过人工取样、离线分析，采用控制补料速率办到。

为了较好地控制过程的进展，常采用开环或前馈控制策略。这主要应用于分批 - 补料发酵的补料方案。该策略主要应用于次级代谢产物，特别是抗生素发酵的优化。这样不仅能发挥高产菌种的潜力，同时可以按发酵设备的传热和氧传递能力来优化过程控制。现代计算机技术可以控制各种参数在设定值的范围内，这不仅可应用于通气搅拌的控制，以减少工业发酵的可观的能量消耗，同时也可用于控制 pH 或温度在有利于生产的范围。改变温度或添加某些化合物以诱导重组体（可诱导的启动子）启动产物的形成也属于此范畴[6]。

前馈控制策略的另一种趋势是以确定的事态为契机，这有一点反馈的含义，这种策略利用了发酵监测仪器。例如，达到需氧高峰时启动补料引起的变化，或那些在代谢上（如呼吸商）、在形态上（如黏度，由此引起的 k_La）可辨别的变化。同样，移种是基于若干可测量的标准，而不是固定的生长时间。毫无疑问，这种基于事态的策略多来自 GMP 要求过程一致性的压力以及对过程优化的要求。此类控制方式也是高度特异性的，这些策略来自过程控制方面积累的经验。

现在可能建立一种补料分批培养的策略，让微生物在不受限制或无抑制作用下生长，即 $\mu = \mu_{max}$。这需要用适当的方法来反馈控制补料，如采用葡萄糖生物传感器或在线葡萄糖 FIA 方法来检测葡萄糖浓度，用在线近红分光光度计来检测甘油和在线气相色谱监测甲醇等。

2. 发酵过程控制的主要参数

（1）发酵过程的生理特性数据　发酵过程中氧的比消耗速率与二氧化碳比生成速率的商称为呼吸商，记作 $RQ = \frac{Q_{CO_2}}{Q_{O_2}}$。这是微生物生理特性的重要数据，它对于了解微生物代谢途径和产物积累十分有用。以酵母培养过程为例，不同呼吸商代表着不同的代谢状况甚至不同的途径，如表 9 - 3 所示。若把呼吸商与碳源消耗以及体积溶解氧系数直接联系起来，就可以获得有关信息并对过程做出判断和实施控制，如图 9 - 1 所示。通过呼吸商指示来调整通风量和搅拌速度能使发酵过程按要求的方向进行。

表 9 - 3　　酵母呼吸商与代谢途径关系

呼吸商 RQ	代谢途径
1.0 以上	积累乙醇
1.0 ~ 0.9	氧化生长
0.8 ~ 0.7	内源呼吸
0.6 以下	乙醇被利用

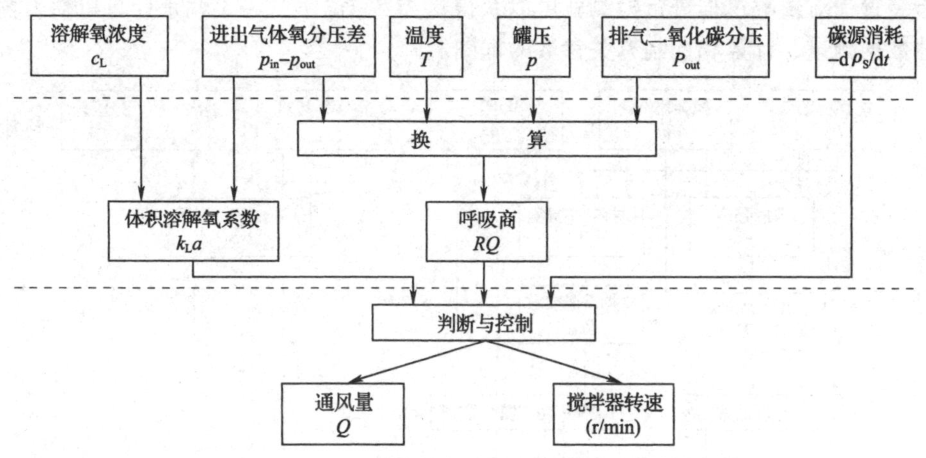

图 9－1 计算机对发酵过程生理特性数据测定与控制框图

（2）发酵过程的生化特性数据 生物化学反应的特征与发酵过程中微生物呼吸活动和新陈代谢有密切关系，可以提供微生物代谢途径的信息。从图 9－2 可以看出，计算机首先根据碳源消耗速度和二氧化碳释放速度进行碳的衡算，进而可以运用贮存的程序求得菌体生长速度和产量，又从碳衡算和呼吸商计算出 ATP 对菌体的得率 Y_{ATP}，从而可以获得发酵过程主要的代谢途径，计算出发酵效率。所应用的计算机程序都是根据微生物反应过程中的碳衡算、氧衡算以及能量衡算所得到的数学模型编排的。

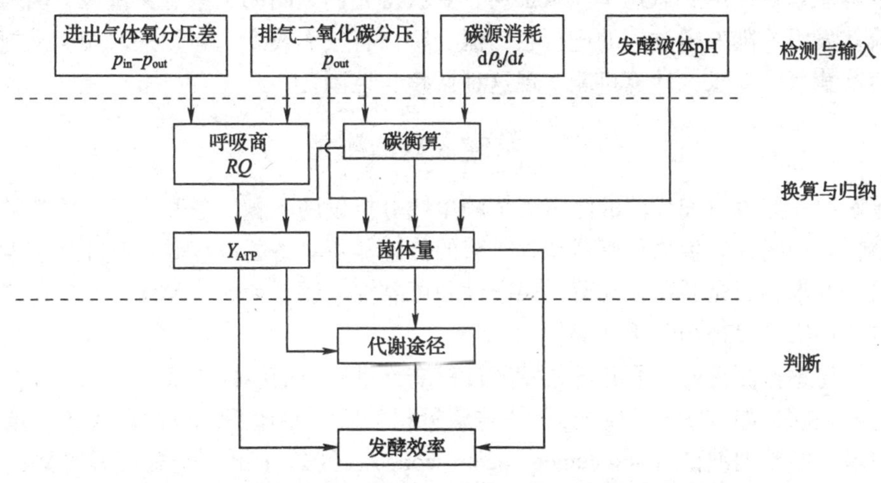

图 9－2 计算机对发酵过程生化特性数据的测量与计算框图

在这里运用了间接测量培养液内生长菌体数量的方法，这也是很有意义的。因为商业上至今尚未提供一种连续而有效地测量培养液内菌体浓度的传感器，而菌体浓度的测量对发酵的过程控制（包括建立数学模型）又是至关重要的，目前用光学测定浊度的方法，在实际发酵过程中应用受到限制，因为大部分发酵液不但有色泽，往往还有各种固形物。因此间接测定是可供选择的方法之一。

（3）发酵过程中某些物理化学数据 缺乏发酵液流变行性数据，是反应器的设计和放大的困难所在，特别是对于表现为非牛顿型流体的发酵液如丝状菌发酵液和高黏度的多糖（如黄原胶）发酵液等，因此大大影响了设计和放大的准确性、合理性。应用计算机在试验装置中对发酵过程进行检测就可以获得这类数据，图 9－3 就是计算机对发酵液流变特性数据测量、计算和控制有关参数的框图。

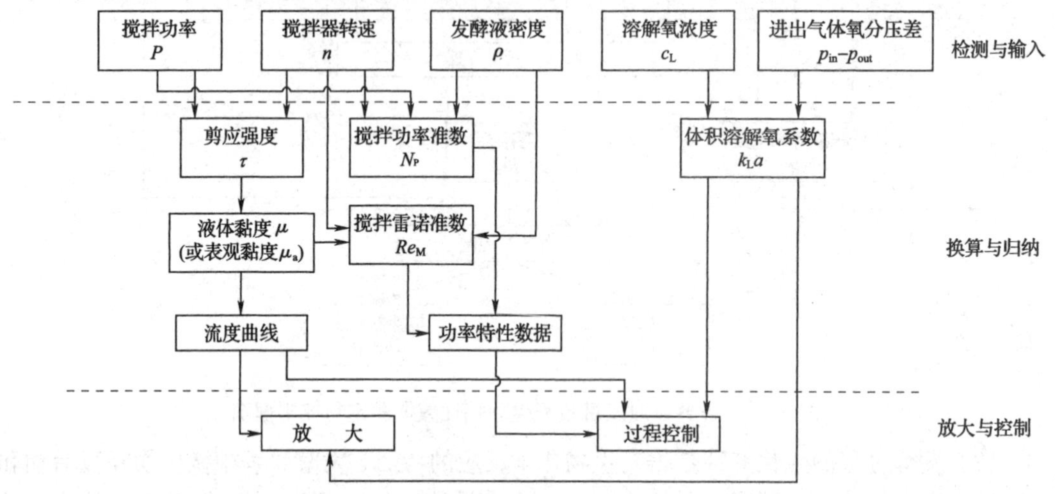

图 9－3　计算机对发酵液体流变特性数据的测量、计算和过程控制框图

从图 9－3 中可以看出，测量元件和相应的变送器从发酵过程中获得有关讯号输入计算机，根据给定的计算程序经过运算归纳获得发酵液流变特性数据。若再把这些数据与溶解氧系数相联系，就可以根据需要对发酵过程进行供氧的控制。流体的流变性质与溶解氧系数或溶解氧系数或溶解氧速率关系密切，要获得它们之间的关系意义重大，因为一般非牛顿型流体发酵液随发酵过程的进行它的流变特性有较大改变，必须采取相应措施才能保证发酵对溶解氧的要求，计算机能实现这种调整与控制。

二、发酵参数的测量

为了解决一些养分和代谢的测定需依赖离线分析仪的问题，曾开发了一些新的原位检测的传感器。一些在线生物传感器和基于酶的传感器所具备的高度专一性和敏感性能满足在线测量的要求，只是还存在灭菌、稳定性和可靠性问题。为此，发展了一些连续流动管式取样方法和实验室现场分析技术。

一般用传感器测得的信号并不与发酵过程变量呈简单的线性关系，但也能使测量值与状态变量相关联，如 ATP 或 NAD（P）$^+$ 与菌量相关联。在适当的校验条件下，菌体量测量的新技术，如导纳波谱（admittance spectroscopy）、红外（IR）光导纤维光散射检测以及测定 NAD（P）H 的在线荧光探头，均显示相当好的直接关联，但有可能会受到生物与物化等因素的影响。同样，各式各样的离子选择电极的发展被用于测定许多重要的培养成分，但所测得的值是活度，需要进行一系列的干扰离子、离子效应和螯合的校正。这些装置有许多已商品化，但还存在一些灭菌、探头响应的解释问题，这也是它们未得到推广的原因，目前主要在试验室和中试规模下应用。

随着计算机价格的下跌和功能的不断增强，发酵监测和控制得到更大的改进，这为装备实验室和工厂规模的计算机发酵监控提供了机会。有一种自动在线葡萄糖分析仪与适应性控制策略结合可用于高细胞密度培养时控制葡萄糖的浓度在设定的范围。还有一种基于葡萄糖氧化酶固定化的可消毒的葡萄糖传感器曾用于大肠杆菌补料分批发酵中。采用流动注射分析法（FIA）同一些智能数据处理办法，如基于专家系统、人工神经网络、模糊软件传感器与卡尔曼滤波器结合的在线控制，可快速、可靠地监测样品，所需时间少于2min。在线 HPLC 系统结合计算机曾用于监控重组大肠杆菌补料分批发酵的乙酸浓度。

光学测量方法在工业应用上更具吸引力，因为它是非侵入性的，并且比较可靠。如基于荧光团（fluorphore）的二维荧光分光技术，可在试验和实际生产中用于监测蛋白质，以改进发酵过程的监测性能。近红外分光技术则可用于重组大肠杆菌培养中的碳氮养分、菌体量及副产物的在线测量。此外，采用原位显微镜监测可以获得有关细胞大小、体积、生物量的信息。

虽然控制技术在实验室规模的效果不错，但在工业规模的应用却不尽如人意。在大的生物反应器中由于搅拌不够充分，导致基质周期性变化，从而显著降低菌的得率。现在对许多环境条件的测量（如前体、基质浓度）还不能进行在线直接反馈控制。因此，常用的发酵环境调节方法是基于把离线和在线测量联合应用于单回路反馈控制。反馈回路中离线测量的应用对控制的质量有重要的影响。

用反馈控制能很好地维持发酵条件，但不一定能使发酵在最佳的条件下运行。为了改进发酵系统的性能需考虑一些能反映微生物的生理代谢而不仅是其所处的环境条件。通过改变基质添加速率可直接控制 *OUR*，从而控制微生物的生长。热的生成（由能量平衡求得）可用于反映若干代谢活性。在新生霉素发酵中利用热的释放，通过补料速率来调节其比生长速率（也有用质量平衡来进行在线估算的）。此技术曾用于补料－分批和连续酵母发酵和次级代谢物发酵。平衡技术更适合于用合成或半合成培养基的发酵，即使这样，也会有部分碳不知去向。

第三节　发酵过程的计算机控制策略

一、发酵过程的主要控制策略

实际工业生产的发酵过程常呈现非线性和时变性质，并会受到不明原因的干扰，因此，所建立的控制策略必须能有效应对这些过程干扰。在控制策略设计上主要有四种办法可以采纳[7]：① 线性 PID（比例－积分－微分）控制；② 推理控制；③ 适应性（预测）控制；④ 非线性控制。

1．发酵过程的 PID 控制

PID 控制是目前应用最为广泛的调节器控制，即比例、积分、微分控制。PID 控制器问世至今已有近 70 年历史，它以结构简单、稳定性好、工作可靠、调整方便而成为工业控制的主要技术之一。当被控对象的结构和参数不能完全掌握，或得不到精确的数学模型，控制理论的其他技术难以采用，系统控制器的结构和参数必须依靠经验和现场调试来确定时，应用 PID 控制技术最为方便。即当不完全了解一个系统和被控对象，或不能通过有效的测量手段来获得系统参数时，最适合用 PID 控制技术。PID 控制，实际中也有 PI（比例积分）和 PD（比例微分）控制。PID 控制器是根据系统的误差，利用比例、积分、微分计算出控制量进行控制的。

假定线性模型不随时间变化，可用通常的控制器调试规则来测定结构固定的 PID 调节器的参数。但发酵过程是一个复杂的控制系统，对于大型发酵罐系统的控制过程，参数较多（p、T、pH 等），参数变化较大，具有不确定性，采用传统 PID 控制难以得到满意的动态响应特性，直接影响到产物的产量和质量。发酵过程随时间变化的性质，也使得控制回路中的标准 PID 控制器难以设定生物反应器环境参数（例如 pH、液位、温度）的最佳值。针对这种发酵过程性质的非线性和随时间变化的一种办法是采用自动调整 PID 的控制策略。如基于中继 - 自动调整系统的技术，其 PID 设定可被在线调整，以改进整个发酵周期的控制性质，此技术曾应用于面包酵母补料 - 分批发酵中的溶解氧浓度（DO）控制；另一种方法是基于简化过程模型参数的自适应，再通过 PID 设定值的计算或控制器 PID 设定值的直接自适应。

从补料控制策略来看，有以下两种主要方式：开环控制（open-loop control）与闭环（反馈）控制（closed-loop control）[8]。开环控制是指被控对象的输出（被控制量）对控制器的输出没有影响。在这种控制系统中，不需将被控量反送回来以形成闭环回路。补料开环控制是为了达到预先设计的补料方案，在分批阶段过后便进行指数增长补料，以维持大致恒定的生长速率。闭环控制的特点是系统被控对象的输出（被控制量）会反送回来影响控制器的输出，形成一个或多个闭环。闭环控制系统有正反馈和负反馈，若反馈信号与系统给定值信号相反，则称为负反馈（negative Feedback），若极性相同，则称为正反馈，一般闭环控制系统均采用负反馈，又称负反馈控制系统。补料闭环控制是通过 PID 控制器或开关控制器来控制环境参数，如温度、pH、泡沫、搅拌速率等，多用于研究和生产。如果传感器与驱动器工作高效、不受干扰，且过程保持在有效的范围，这些控制器在一定条件下是能满足要求的。

在酿酒酵母高密度细胞发酵控制策略的方法中，有一种设计能对比例（P）、比例 + 积分（PI）、前馈和经估算的前馈、基于摄氧率的和指数预定控制的策略加以评估，并可以设计和调整各种控制策略，以便更好地调节和控制各种性质不同的发酵操作，例如，停滞期、生长期、氧限制、传感器失效和没有尾气测量装置的情况。

近年来，在发酵过程控制中把模糊控制和 PID 控制相结合逐渐增多。模糊控制是取决于人和专家的经验进行控制，无须建立被控对象的数学模型，对时滞、非线性和时变的系统有良好的控制能力，但不具有积分环节，在变量分级不够多的情况下，在平衡点附近常出现振荡现象和稳态余差。在发酵过程温度控制中把模糊控制和 PID 控制结合起来，不仅具有较快的响应速度和抗参数变化的鲁棒性（robustness），而且可以对系统实现高精度控制。例如，采用模糊 PID 控制算法对发酵温度进行过程控制，其控制系统结构如图 9 - 4 所示。该系统在江苏大学常州新区三环生物工程成套设备有限公司研制的多种发酵罐中的实际运行证明，罐内生物发酵的温度能得到有效的过程控制。

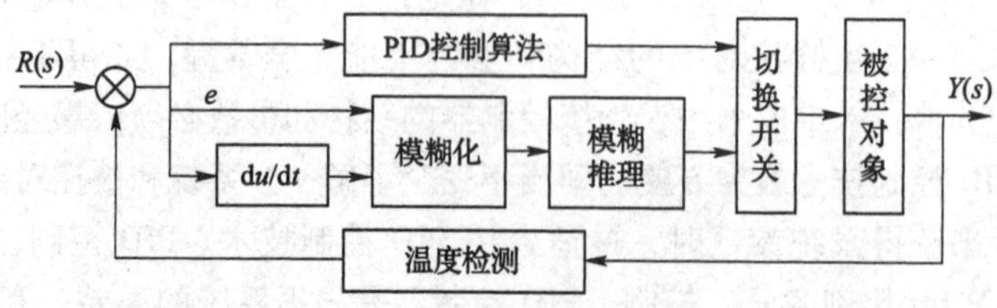

图 9 - 4　模糊 PID 系统构成图[9]

$R(S)$—典型输入信号时跟踪稳态误差为零的情况　e—误差变化率　du/dt—电压上升率　$Y(S)$—系统输出函数

2．发酵过程的推理控制

推理控制是过程控制的一个重要方法。所谓推理控制是指利用过程模型由可测输出变量将不可测的被控过程的输出变量推算出来，以实现反馈控制，或将不可测扰动推算出来，以实现前馈控制的一种控制系统[10]。如能获得关键过程参数的估算值，便可通过推理控制，利用参数估算值在闭环系统中控制系统的既定走向，其最终目标是调节所有过程状态，以达到优化生产的目标。当然，要详细设计最佳过程走势是极其困难的，一种可行的方法是调节最重要的状态参数，借助以往的发酵批量数据可以详细设计合适的过程方案。例如，设计适合青霉素发酵的生物量，即生长速率按既定程序进行的 PI 控制器，PI 控制器利用生物量估算值（从一种基于神经网络估算器中获得的）与所需值之间的误差来调节补入碳源的速率。图 9－5 为推理控制系统图。

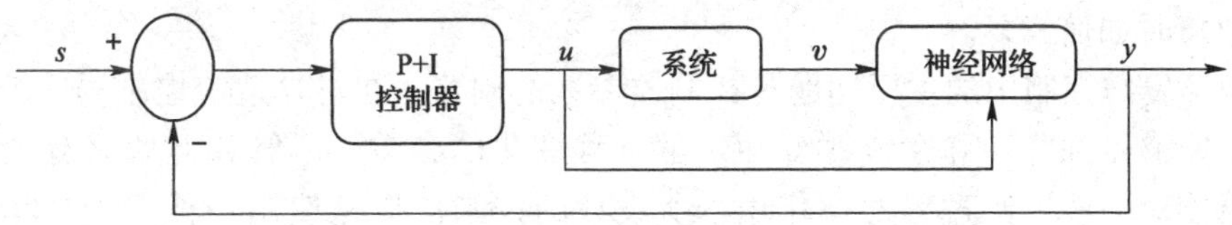

图 9－5　推理控制系统[5]

S—系统设定值　u—控制动作　v—系统次级输出　y—系统初级输出

图 9－6 为应用推理控制在中试工厂控制菌浓的结果。在发酵 40h 启动闭环控制，在此早期闭环控制阶段，控制器提高加糖速率以使菌浓达到设定值，然后按设定值进行控制直到 135h 出现一干扰。从曲线走向可见，在干扰消失后控制器又很快回到过程的正常控制上来。

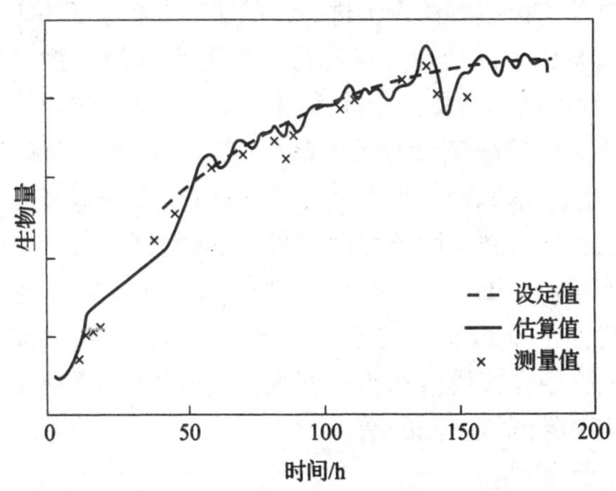

图 9－6　菌体浓度的推理控制[5]

生物参数，如细胞与代谢物的浓度及比生长速率的测量是生物过程的成功监测与控制的关键。在线测量发酵罐的生物参数的一种实际方法是利用 *CER* 及其他可测量的变量，借物料平衡来直接估算。为了将非直接估算法应用于碳平衡及细胞得率在变化的培养物，需要按现有的培养过程数据来估算变化中的碳平衡与细胞得率。若能成功地估算变化中的物料平衡，此方法将会有广泛用途。Horiuchi 等用模糊推理来鉴别培养期，并将此技术应用于在线模糊控制谷氨酸、α－淀粉酶、β－半乳糖苷酶及维生素 B_2 的生产。他们曾根据物料平衡通过模糊推理对重组大肠杆菌进行生物参数的估算，在克隆有 β－半乳糖苷酶及热诱导表达系统的大肠杆菌分批培养中用尾气CO_2来估算细胞、葡萄糖、乙酸的浓度与比生长速率[11]。

3. 发酵过程的适应性（预估）控制

适应性控制不仅能调节它的输出，而且还可调整其主要的控制策略。它能调节其自身的参数或其自身的控制规则，以及在过程状态中提供基本的变化。便捷性是适应性控制器替代PID回路的重要因素之一。适应性控制器能连续自适应现有的过程特性，可减轻手动调节的需要，无论在起始阶段还是在此之后。适应性控制器也能有效地进行固定参数的运行。它们经常能更迅速地消除失误，而保持较小的振幅，允许过程运行更接近于其额定的参数值，在这一数值上收益性最高。此外，适应性控制器比传统的PID回路更为复杂。相当多的技术专业知识需要去理解，去弄清其如何运作的，以及在其故障时如何修复。

在闭环发酵控制中的主要问题是控制器参数的调整。在对自适应控制器广泛研究的基础上，能够做到鉴别和在线改变随发酵过程变化的参数。尽管如此，只有少数自适应控制器能对一些生产过程发挥作用。所设计的控制依据是使用一种识别过程模型来预估在某一预定时间的受控过程的输出。最初发展的算法考虑固定间距-向前预估，其要素是系统的有效延时。近年来，采用多间距-向前估算基本原理，又称为预估控制器（例如，远程预估控制）。它以自适应或非自适应形式将固定间距和多间距向前控制器固化。这类控制系统能应付和克服生物过程中遇到的控制方面的困难。尽管现在主要集中在远程预估或线性二次型两种算法上，但究竟哪一种算法最适合某一类型的过程还无定论。

近年来，对自适应预估控制方法作了进一步的研究和扩展，并将此技术用于各种生物过程。例如，Landau等提供了一种对开发和设计性能牢靠的生物过程定向自适应控制器有用的“教学文件”。此控制法曾应用于连续和补料-分批发酵[6]。Samaan等将性能牢靠的定向自适应控制算法应用于酿酒酵母的乙醇发酵[7]。这些研究以及与此有关的初步定性研究和得出的相关控制基本原理，为发酵过程自适应控制方法的设计做出了贡献。

Andersen将线性二次型控制应用于酿酒酵母的连续发酵[12]。在中试车间模拟的连续酵母发酵中把内在模型控制（IMC）方法同非自适应与自适应线性二次型控制方法作比较，结果除了在抗干扰方面和PI的响应有些迟钝外，PI、非自适应LQ和IMC具有相似的控制性能。研究表明，用在线模型调整可获得性能改进的PI控制器。但为了能应付发酵过程的动态变化，需要降低控制器的增益。

4. 发酵过程的非线性控制

上述自适应控制方法主要是利用线性时间系列发酵模型。事实上，大多数过程都是非线性的，而掌握过程的非线性行为的知识可以建立非线性控制器。由于发酵过程的基本性质是非线性的，在控制器设计时考虑过程的非线性特性可以改善控制器的性能。Bastin为SISO生物反应器建立了输入-输出线性化控制法则，并扩展该法使控制适应作用能应付过程的非线性特性和参数的不确定性，并对其理论稳定性和收敛作用进行了广泛的研究[13]。刘传祥将非线性系统的线性化方法与神经网络在线辨识技术相结合，提出了一种基于神经网络的非线性自适应控制策略，该控制策略对带有未知反应参数的连续发酵过程取得了良好的控制性能，仿真实验表明，提出的自适应控制方法能够适应过程模型的不确定性，具有较强的鲁棒性。总的来看，目前尽管有一些关于在模拟和中试规模的非线性控制器研究的成功报道，但其算法还需进一步完善，以便在无须人工干涉或监督的情况下达到稳定一致的控制。

二、用于发酵监督与控制的知识库系统

虽然上述算法可以为改进过程的可操作性提供许多有用信息，但发酵过程的综合管理要求更高。“专家”与“知识库系统（KBS）”不能完全解决问题，但人工智能（AI）技术确实可以提供一些解决的策略。这曾在污水处理、抗生素、酶、氨基酸、酵母的生产方面得到应用。人们可以设计这样的知识库系统，它能应付不确定的事物，以启发式方法，结合定量与定性或符号表达式来再现训练有素的过程操作人员的操作。因此，可把它们用作过程操作人员的智能、在线助手或者帮助管理人员运行与维持生物过程在最佳的操作条件下。

现在有一种用于改进发酵监督控制的实时专家系统软件，采用 KBS 的集成化系统 Bio-SCAN（bioprocess supervision control and anlysis），是利用 G2 实时专家系统开发的实时 KBS，这是为发酵过程的监测与控制设计的。图 9－7 为该系统的组织结构。系统内部包含各种控制策略（如补料方式、设定值等），具有快速检测任何过程故障的能力。如出现故障，系统将诊断其问题所在，并给过程操作人员提供恢复系统正常运行的建议。

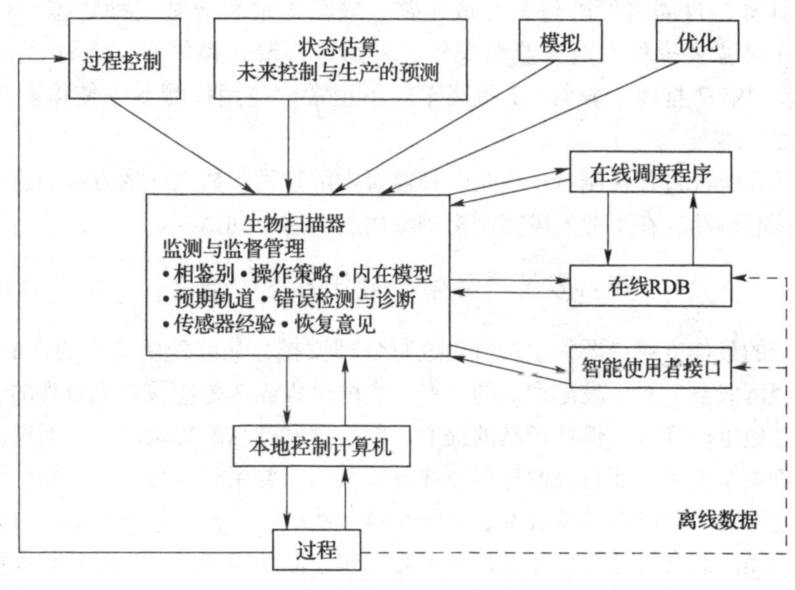

图 9－7　知识库系统的示意图[14]

Kishimoto 等在菌种、产物、反应器类型与规模等信息的基础上建立了一个专家系统，用于协助操作人员判断适当的发酵条件（如培养基配比与操作策略）[15]。用于监控的专家系统也能使用模糊规则。越来越多的发酵公司采用模糊控制器进行过程的稳健控制，在生物过程学者中模糊逻辑也越来越受青睐。为生物技术设计的模糊控制器的普通方法是基于生理状态控制概念。例如在使用重组枯草芽孢杆菌生产维生素 B_2 期间，补糖是作为实际

发酵过程各期（停滞期、生长期、生产期Ⅰ与生产期Ⅱ）的函数控制的，其中模糊规则应用在线数据，像尾气的 CO_2 含量，*DO* 来判断过程进行到哪一期。

由于不同的发酵过程是基于不同的操作基本原理，要进行最佳监督控制，显然需要特殊的知识（规则集）。这些监督性的规则集用来管理通常的发酵操作，它可以通过鉴别生长或生产状况，按需要调用其他特殊的规则集，即监督性规则集起元规则（meta-rules）的作用。管理程序负责分析温度/pH 的变化趋向，安排补料以及按过程变化（如发生故障）来在线调整补料程序。特殊规则集则用来估计和响应发酵过程的代谢变化。为了诊断硬件的故障，需要编写更通用的可应用于整个发酵过程的规则。将诊断程序组织成若干分立的规则集，元规则是用来确定下一步应采用哪一个规则集。调用某一个具体规则集的决定是根据现有原始或经加工的数据与所期望的发酵状态进行比较后做出的。这样可确保有限的程序用在解决问题的关键点上。一旦故障被侦察到，便可通知操作人员问题所在，列举问题发生的可能原因以及纠正故障的办法。

三、工业规模的发酵故障分析系统

在工业规模的发酵工厂，有经验的操作工可通过直接监测过程数据，包括 pH、*DO*、尾气 CO_2 与 O_2 等的变化来执行监察任务，因此，操作人员必须在整个发酵过程中不断地观察控制系统的指示器。Tanaka 等在碱性纤维素酶的工业规模发酵中采用改良的基于模糊推理的故障检测系统来减少操作人员的监督时间。此检测系统可根据生产失灵程度的计算，自动将发酵过程分成正常、较不正常和异常三种状态。只有在较不正常的状态下才需要操作人员去监督操作。采用这种改良系统在 125 m^3 发酵罐中做了 200 批试验，只有 2 批属于异常，1 批属于较不正常。使用检测系统使得操作人员的总监察时间大大减少[16]。

此外，多元统计过程控制技术也是一种监督发酵过程的数据库的方法。这些方法主要用于故障监测和诊断，在工业发酵控制上的应用越来越受到重视。

四、发酵产品生产最佳方案的确定

所谓生产的最佳方案是要使生产过程进行合理安排，最终使所生产的产品成本最低，获得最大的经济效益。对于发酵产品的生产，发酵过程固然是应该首先重视的，但也必须同时考虑到其他生产环节，例如产品的提取。因为发酵产品的提取收率、质量往往与产品的成本、售价关系极大，而且提取过程往往是复杂的，要用到许多单元操作，如菌体的分离，发酵液的浓缩，可能会涉及蒸发、离子交换、萃取或有机溶剂沉淀等。最终产品也许还要结晶、干燥。总之，往往要经过许多单元操作才能获得产品，一般产品提取的成本都会占相当大的比例，因此只考虑发酵这一过程有时就显得不太合适。假如只追求发酵液内产品的高浓度，往往同时会出现副产物含量也高，甚至出现菌体自溶，大大增加了提取产品的困难程度。即使在提取过程中也需全面考虑，如片面追求产品的提取得率，反复洗涤分离菌体所夹带的产品成分，造成大量的滤液，给下面操作不但增加了负担，往往还会导致总得率的提高抵不了增加的能耗等费用，得不偿失。因此对于一个工厂，整个生产必须全面考虑、合理安排。但怎样安排才算合理？下面介绍应用电子计算机来确定生产最佳方案的例子。

若某发酵产品的生产过程如下：

发酵→菌体分离→溶剂萃取→产品结晶→晶体分离→干燥→获得成品

产品的全年生产利润可按下式计算：

$$\varphi = aV\rho_P Y_{FL} Y_{EL} Y_C - \left\{ n_F C_F V_F^n + n_F C_L n_m + C_M V \rho_{S0} + C_E \frac{Y_{EL} V}{m(1 - Y_{EL})} \right\} \quad (9-1)$$

式中 φ——目标函数，即全年的利润，元/年

a——发酵产品的价格，元/g

V——全年生产的成熟发酵液，m^3/年

ρ_P——发酵液内产品的浓度，g/m^3

Y_{FL}——菌体分离操作产品的得率,%

Y_{EL}——萃取操作产品的得率,%

Y_C——结晶操作产品的得率,%。与发酵液内产品 ρ_P 和副产物 ρ_{P_B} 浓度比有关，可表示为 $Y_0 = \left[1 - \eta\left(\frac{\rho_{PB}}{\rho_P}\right)\right] \times 100\%$，其中，$\rho_{PB}$ 为与发酵时间有关的副产物浓度，g/m^3；η 为在实验室内可测定的常数

注：方程（9-1）等号后第一项是工厂全年的总产值（元/年）。

V_F——每个发酵罐的公称容积，m^3/年

n_F——全厂发酵罐个数，个，$n_F = \dfrac{V}{\dfrac{\alpha V_F T}{t_F}}$（个），其中 α 为发酵罐填充系数,%；T 为工厂全年工作小时数，若以全年开工 300d 计，则 $T = 300 \times 24 = 7200$（h）；t_F 为发酵罐工作周期，包括发酵时间和所有的辅助操作时间，h

C_F——发酵罐按单位容积计每年折旧价值换算因子，元/（年·m^3）

n——发酵罐造价与容积有关的指数，一般发酵罐愈小，n 值愈大，$n<1$

注：方程（9-1）等号后第二项是以发酵罐为代表的折旧费用，是在其他设备折旧费远远低于发酵罐造价情况下。若并非如此，还需计入其他设备的折旧费用。生产规模愈大，单位容积计设备投资费用愈低，因此规模愈大，单位容积计的折旧费用也愈低（元/年）。

C_L——以发酵生产为代表全年管理人员的工资，元/（年·人）

n_m——每只发酵罐平均需要的管理人员，人/只

注：方程（9-1）等号后第三项是以发酵工段管理人员为代表所支出的管理费用，元/年。

C_M——主要发酵原料的价格，以碳源为主可按比例计入氮源、消泡剂和其他原料费用，元/kg

ρ_{S0}——发酵液以碳源计的原料浓度，kg/m^3

注：方程（9-1）等号后第四项是以发酵原料为代表的原材料支出费用（元/年）。

C_E——萃取溶剂价格，元/m^3

m——产品在萃取溶剂与发酵滤液之间的分配系数。设 R 为全年萃取溶剂的用量，m^3/年，则有：

$$m \times \frac{R}{V} = \frac{\text{萃取溶剂内产品的数量}}{\text{残留在滤液内的产品的数量}}$$
$$= \frac{\text{萃取收得率}}{\text{萃取损失率}} = \frac{Y_{EL}}{1 - Y_{EL}}$$

则有 $R = \frac{VY_{EL}}{m\ (1 - Y_{EL})}$，若萃取溶剂进行回收其实际消耗量仍与 R 成正比，按实际消耗量计入。

注：方程（9-1）等号后最后一项是以萃取操作为代表的提取过程的支出（元/年）。

可以看出括号内代表生产过程的各项支出的总和，若括号内的数字超过了第一项即产品的总价值，企业就要亏损。

若以每立方米成熟发酵液来计算利润应为

$$\varphi_0 = a\rho_P Y_{FL} Y_{EL} Y_C - \left\{\frac{n_F C_F V_F^n}{V} + \frac{n_F C_L n_m}{V} + C_M \rho_{S0} + C_E \frac{Y_{EL}}{m(1 - Y_{EL})}\right\} \quad (9-2)$$

式中 φ_0——每获得 $1m^3$ 发酵液计的产品利润，元/m^3

表 9-4 是方程（9-2）中各参数值或范围，表 9-5 是计算机运算的目标函数与各变量的初值和收敛时的最佳值。

根据最佳方案对于每年发酵得发酵液 $8000m^3$ 的工厂，全年利润可达：

$$\varphi = \varphi_0 V = 15 \times 10^4 \times 8000 = 1.2 \times 10^8 (\text{元/年})$$

表 9-4　方程（9-2）中各参数值或范围（V=8000m^3/年）

项　目	符　号	含　意	参数值或范围
价格数据	a	产品价格	30（元/g）
	C_M	主要发酵原料价格	200（元/kg）
	C_E	萃取剂价格	3.9×10^4（元/m^3）
	C_F	发酵罐单位容积每年折旧价值换算因子	9.8×10^5（元/m^3）
	C_L	发酵罐生产管理人员工资	2.0×10^6［元/（人·年）］
	n	发酵罐造价与容积有关的指数	0.6
经验常数	m	产品在萃取溶剂与发酵液之间的分配系数	30
	α	发酵罐填充系数	0.7
	η	与结晶过程收率有关的比例常数	0.1
显示条件	t_F	发酵罐工作周期	$84 \leqslant t_F \leqslant 168$（h）
	ρ_{S0}	发酵液内加入原料的浓度	$32 \leqslant \rho_{S0} \leqslant 80$（kg/$m^3$）
	V_F	发酵罐的公称容积	$50 \leqslant V_F \leqslant 200$（$m^3$）
	Y_{EL}	萃取操作得率	$0.4\% \leqslant Y_{EL} \leqslant \%1.0$
隐示条件	n_F	发酵罐个数	$n_F \geqslant 1$（个）
	Y_C	结晶操作的得率	$Y_C \leqslant \%1.0$
收敛标准	ε_1	$\frac{(\varphi_{0max}^n - \varphi_{0min}^n)}{\varphi_{0max}^n}$	0.001
	ε_2	相邻顶点到中心点之间的平均距离	0.005
	ε_3	$\left\lvert \varphi_{0max}^n - \frac{\varphi_{0max}^{n-1}}{\varphi_{0max}^n} \right\rvert$	0.01

注：1. φ_{0max}^n——经 n 次迭代后在复合形顶点中目标函数的最大值。

2. φ_{0max}^n——经 n 次迭代后在复合形顶点中目标函数的最小值。

3. 分离菌体时产品损失忽略不计，$Y_{EL} \approx 1$。

表 9－5　目标函数与显示条件的初值和收敛时的最佳值

目标函数 φ_0（元/m³）的初值		显示条件的初值			
		ρ_{S0}/（kg/m³）	V_F/m³	t_F/h	Y_{EL}
	-0.61×10^4	73	91	138	0.94
	-0.31×10^4	56	119	108	0.94
	-0.18×10^4	40	134	134	0.96
	0.75×10^4	60	179	167	0.74
	-0.27×10^4	73	65	150	0.79

↓经过计算机 4s 运算经 178 次迭代后得的结果

φ_0/（元/m³）	ρ_{S0}（kg/m³）	V_F/m³	t_F/h	Y_{EL}
15×10^4	58	190	144	0.85

产品价格往往随市场情况有所变化。图 9－8 表示产品不同售价时运用计算机进行运算的结果。从图中可以看出，当产品售价变动时，为维持生产的最高利润，生产过程应做出相应调整。例如当产品价格上涨时，应延长发酵时间以增加发酵液中产品含量；增加萃取剂用量以提高萃取操作的得率等。若产品价格下跌，则应缩短发酵周期，增加投料批次，降低发酵液料浓度以减少成本支出。此外可以看出发酵罐的容积无论何种情况大一些较为有利，能减少设备折旧费用和生产管理费用。当产品价格 $a\leqslant20$ 元/g 时，无论何种方案均无利润可言，生产量愈大，亏损也愈多，应及时停止生产或改变生产品种。

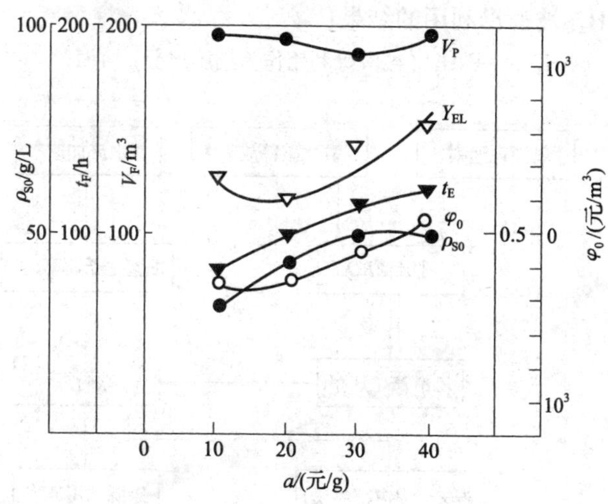

图 9－8 为维持生产的最高利润，产品售价与显示条件的四个变量的关系

第四节　发酵过程计算机控制实例

一、对面包酵母培养过程的测量与控制

酵母培养过程中主要经济指标有两个，一是转化率或得率，即每千克酵母所需要消耗的碳源（如糖蜜）的数量；二是生物反应器的生产强度，即单位容积单位时间的生产能

力，如每立方米生物反应器1h生产酵母的数量。前者主要反映生产成本，后者主要反映设备的利用率或固定资产的投资。目前酵母生产有的采用连续培养方式，也有的采用分批培养，间歇或连续流加补料来保证获得较好的经济效益。

酵母培养过程只有在通风提供足够溶解氧的同时，控制合适的糖的浓度，才能获得较高的得率，即 $Y_{X/S} \approx Y_G$。这时呼吸商 $RQ=1$。若供氧不足，酵母有可能进行厌氧发酵产生乙醇，导致得率大大下降，这时 $RQ>1$。而培养液中需维持合适的糖浓度是因为浓度偏高，即使提供足够的溶解氧，也不可避免地会进行乙醇发酵，导致酵母得率的降低，这就是 Crabtree 效应[17]。但糖浓度过低，也会因酵母的维持消耗比例增加而降低酵母的得率，而且还会降低反应器的生产强度。一般说来连续培养能较好地解决上述问题。对于分批培养一般采用连续流加糖液，这样既没有必要在培养开始出现高浓度糖的环境，又不会随着糖的消耗浓度变得过低，使培养液内在能维持较佳糖浓度的情况下进行酵母的增殖。因此流加糖液就成为兼顾得率和生产强度的关键操作。为此可使用一台电子计算机和培养酵母的反应器相联，通过培养液内的碳衡算、氧衡算等连续运算显示酵母的得率、生长速率和培养液内酵母的浓度等，并可以反馈控制糖液的流加，使碳源的酵母得率和反应器的生产强度这两项指标最佳化。

上述控制技术的关键在于需要一种连续测量培养液内菌体浓度和生长速率的方法。Cooney 等设计了利用计算机计算菌体生长的框图，如图 9-9 所示[18]。呼吸商与乙醇的生成有一定关系，而且以酵母细胞的生长作为通风（搅拌）控制的依据，并可以随时反映出乙醇的生成速率。氨水的流加可以根据 pH 进行控制，因为培养液内氢离子浓度的增加（pH 下降）是由于 NH_4^+ 被酵母利用的结果：

$$NH_4^+ \longrightarrow NH_3\text{（被酵母利用作为细胞成分）}+H^+$$

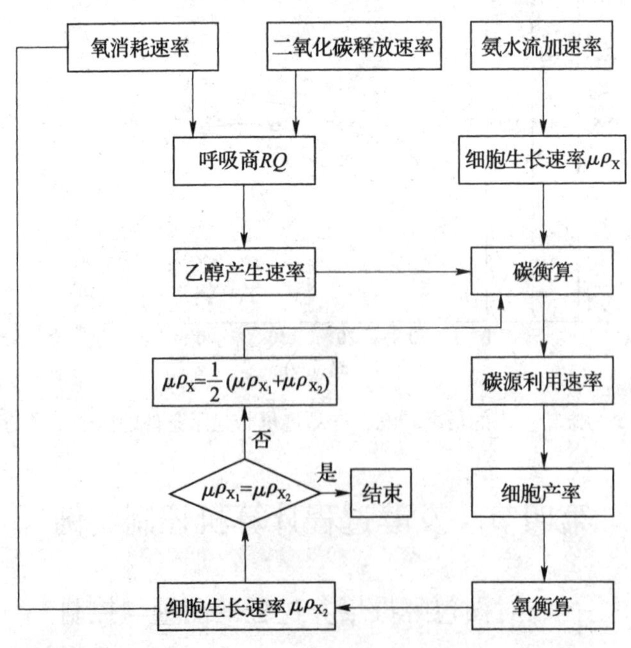

图 9-9　酵母培养过程中利用计算机计算生长速率的框图（一）

而酵母细胞中氮的含量是变化不大的，在培养过程中酵母细胞含氮量为（9.0±0.7)%，因此 NH_3 被利用组成了新酵母细胞，由此可以得到：

$$\frac{dq_{VN}}{dt} = k\mu\rho_X \tag{9-3}$$

式中 $\frac{dq_{VN}}{dt}$——氨水流加速率（由氨水罐重量变化计算）；即 NH_4^+ 被利用的速率，mL/h

$\mu\rho_X$——酵母细胞生长速率，g/(L·h)，即 $\frac{d\rho_X}{dt}$

k——比例常数，根据酵母细胞中的含氮量估计

因此可以认为氨水的流加速率与糖的流加（被利用）速率有固定的关系，所以可根据氨水的流加速率应用式（9-3）所表达的关系来计算酵母细胞的生长速率 $\mu\rho_{X1}$。由此与从呼吸商计算得到的乙醇生成速率进行碳衡算。另外，根据氧的消耗进行氧衡算同样可以得到酵母细胞的生长速率 $\mu\rho_{X2}$，若两者不一致取平均值重新进行碳衡算，直到一致为止。

图9-10是电子计算机根据糖蜜流加速率来计算酵母细胞生长速率的框图，这时氨水流加速率可以作为酵母细胞中氮元素含量的指示值，原理与图9-9相似。电子计算机对酵母培养过程控制是按如下次序进行的：首先按有关数学模型编排的程序存入计算机，培养过程开始，计算机就连续不断地扫描与反应器相联的各通道［扫描次数可达20次/(通道·s)］。由变送器输送的信号经放大进入计算机，计算机及时进行运算。这样每隔一定时间（一般为15min）就把各变送器的信号以及计算所得到的酵母细胞浓度、生长速率、乙醇浓度以及细胞的得率打印出来。与此同时，随时对糖液和氨水的流加速度以及通风量等加以调节，使酵母生长按最佳的过程进行。

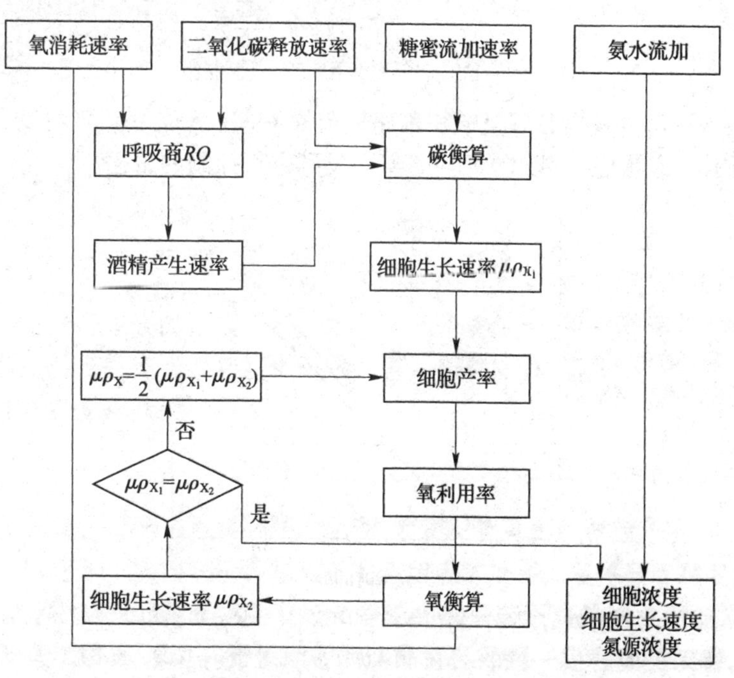

图9-10　酵母培养过程中利用计算机计算生长速率的框图（二）

二、对谷氨酸发酵过程的控制

谷氨酸发酵是以谷氨酸积累速率为整个发酵过程最重要的指标，因此电子计算机应以维持谷氨酸高速积累为目标。根据谷氨酸发酵数学模型中产物积累数学模型：

$$\frac{d\rho_P}{dt} = \rho_X \frac{d[G^H]}{dt} = b\frac{\rho_S}{K+\rho_S}\rho_X - a\frac{d\rho_X}{dt} \tag{9-4}$$

可知，碳源消耗于积累谷氨酸和增殖菌体两部分。由于谷氨酸在Gaden分类中属于Ⅱ型，即菌体生长和产物积累分成两个阶段。在动力学曲线中也可以看出这两个阶段的存在（见图9-11），谷氨酸发酵前期主要长菌体，不产或极少产生谷氨酸。而后期菌体的生长和死亡几乎达到动态平衡，总浓度维持一定，即$\frac{d\rho_X}{dt}=0$。因此在谷氨酸积累期的数学模型可以简化为：

$$\frac{d\rho_P}{dt} = b\frac{\rho_S}{K+\rho_S}\rho_X \tag{9-5}$$

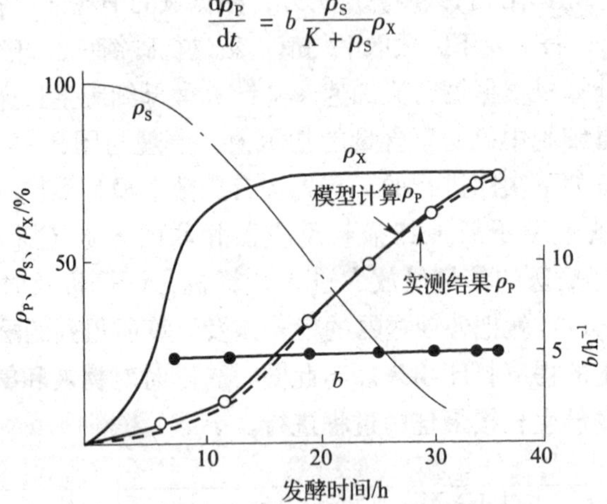

图9-11　谷氨酸发酵产物积累曲线

从式（9-5）可以看出，谷氨酸积累速率与K有关。K愈小，产物的积累速度愈快，如图9-12所示。这就是应用计算机对谷氨酸发酵进行控制的根据。

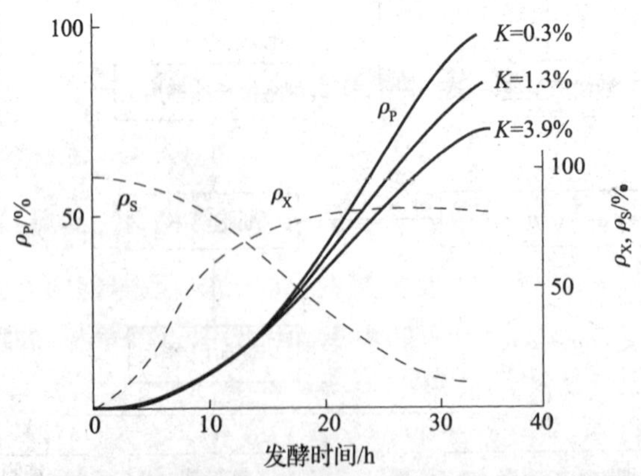

图9-12　谷氨酸发酵产物积累模型中K值大小对产物积累速度的影响

ρ_P—产物浓度，最大为100%　ρ_S—糖浓度　ρ_X—菌体浓度，其中常数$a=0.23$，速率系数$b=5.7\times9^{-2}$（h^{-1}）

实践证明，参数K的大小除了与微生物活性包括有否受到杂菌或噬菌体的感染，发酵液的成分与质量和浓度有关以外，还与发酵过程的操作因素如罐温、罐压、通风量、搅拌器转速以及 pH 和氮源的供应等均有关。在正常发酵过程进行时除了必须使谷氨酸浓度不断增加外，即 ρ_p（t_k）$>\rho_{P_0}$，更重要的是随着发酵过程的进行还要使 K 值逐步下降，如果出现相反情况，计算机将会做出判断及时采取措施。若判定发酵进行已不能使谷氨酸继续增加时，将发出信号，表示放罐的时间已经到来。图 9－13 是电子计算机对谷氨酸发酵实现控制的框图。

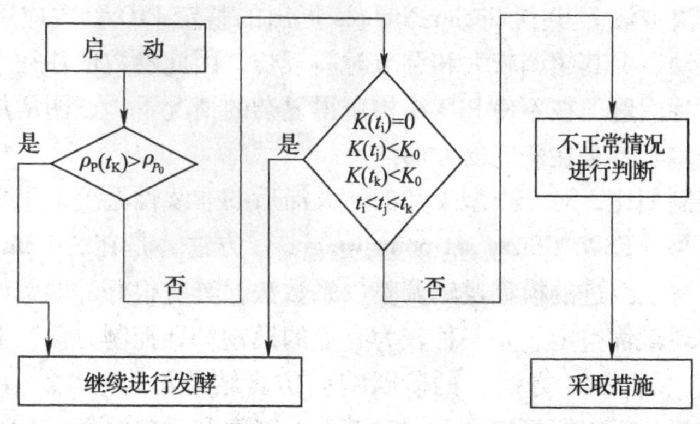

图 9－13　计算机对谷氨酸发酵进行控制的框图[19]

三、啤酒发酵过程的模糊智能 PID 控制

啤酒发酵是一个复杂的生物化学反应过程，发酵温度的控制是影响啤酒质量的主要因素。发酵过程在大型啤酒发酵罐中进行，周期为 20 多天的发酵过程中，根据酵母的活力、生长繁殖的速度，对发酵液提出不同的温度要求，难以用严格的数学模型表达式描述。常规 PID 控制以其简单可靠、容易实现、静态性能好等优点广泛应用于实际工业过程中，但对于具有非线性、时变性、结构参数不确定性特点的啤酒发酵过程，由于常规 PID 控制不能在线自动修改控制器参数，难以适应过程状态的变化，因而温度控制过渡时间长，超调量大，难以满足及时、准确地跟踪工艺曲线的要求。因此，李丙才等提出了一种模糊智能 PID 控制算法，此算法在模糊逻辑权系数法（FSW）的基础上作了改进，充分发挥了 FSW 算法的设定值跟踪和抗负荷扰动能力，又针对其缺点提出了模糊规则调整微分作用及智能积分措施，不仅保留了 PID 控制结构简单的优点，而且取得了比单一控制方法更好的效果。

1．发酵过程温度特性分析

发酵过程在发酵罐中进行，期间会受到许多干扰因素的影响，具有大惯性、大滞后和严重非线性等特性。整个发酵过程根据工艺曲线特性可分为自然升温、保温、降温几种阶段。在前期的自然升温阶段基本上不需要加以控制，这是由于啤酒罐发酵过程中，升温是靠发酵本身产生的热量进行的，无加热措施，对罐内温度控制是通过冷却液抑制其升温。在 4 个保温阶段系统时间常数较大，干扰影响滞后，发酵产生的热量速率不快，因此对该阶段的温度控制相对容易些。这在生产实际过程中已得到证实，采用常规 PID 控制即可满足控制要求。主要的控制难点在于两个等速降温阶段，由于啤酒发酵在这两个阶段产生的热量很少，如果在降温过程中控制不好，产生很大超调，则超调后的温度很难再回升到目标值，将影响啤酒质量的稳定。因此，加强啤酒发酵过程降温阶段的控制十分关键。

2. 模糊智能 PID 控制器的设计

传统 PID 控制已广泛应用于工业过程各个领域，它具有结构简单、容易实现、控制效果较好等特点，然而常规 PID 控制并不能满足所有控制要求，它仅适合用于纯一阶、二阶的系统，对于具有非线性、时变性、大滞后特性的复杂系统，难以达到满意效果。几十年来，为满足设定值跟踪、减少负荷扰动、减少对测量噪声敏感及模型不确定性等各种要求，提出了许多解决方法。其中 Ziegler-Nichols 提出的整定 PID 参数应用最多，它能够提供较好的抗负荷扰动，但其超调较大和调节时间较长，因此参数值往往根据操作者的经验来确定。为处理这种问题，在不使 PID 结构变得复杂的情况下，试图增加 PID 控制器的控制能力，是目前较多学者正在研究的方向之一。

与传统 PID 控制相比，对于模型未知的、大滞后的非线性系统，采用基于模糊控制方法得到较满意的效果。FSW（fuzzy set-point weight）方法，是在 Astrom 和 Hagglund 提出的设定值权系数方法上改进的模糊逻辑调整权系数法，具有很好的跟踪设定值、减少负荷扰动的性能，能实现最优整定，是一种较为有效的模糊 PID 控制方法。但从模糊逻辑调整设定值权系数方法（即 FSW 方法）的阶跃响应仿真结果可以看出，在经过第一次超调后，其下降速度较快，反向振幅较大，同时其上升时间和调整时间较长。由于微分对误差的变化趋势比较敏感，增大其作用可加快系统响应，并减少超调，增加系统稳定性。针对 FSW 方法的不足之处，提出一种在模糊逻辑改变设定值权系数作用的同时，用模糊逻辑规则调整微分作用。为了进一步完善 PID 控制作用，对积分部分也作了一定改动，引入智能积分。在控制系统中引入积分控制作用是减小系统稳态偏差的重要途径，在常规 PID 控制中，积分作用对偏差的积分存在以下缺点：积分控制作用针对性不强；只要积分存在就进行积分，容易造成“积分饱和”；积分参数不易选择，选用不当会造成系统出现振荡。为了使积分作用较好地模拟人的记忆特性及仿人工智能的策略，有选择地记忆有用信息，而略去无用信息，采取具有仿人工智能的方法根据判断条件选择积分的引入。将以上方法结合，提出智能模糊 PID 控制算法，算法结构如图 9－14 所示。

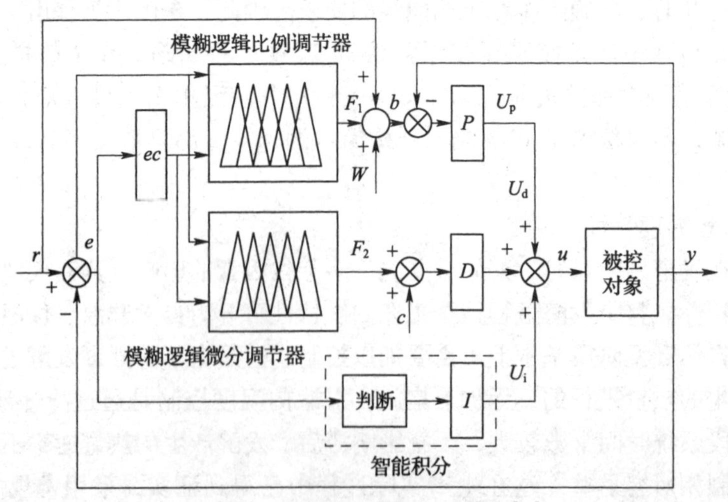

图 9－14　模糊智能 PID 控制器[20]

r—系统设定值　e—输入　ec—误差变化率　b—模糊逻辑确定的权系数　c—参数，一般取 1 左右　u—控制动作　y—系统初级输出　F_1—模糊推理系数的输出　F_2—微分作用系数的输出　W—小于等于 1 的系数　U_p—比例因子　U_d—积分因子　U_i—微分因子　P—比例控制　D—积分控制　I—微分控制

3. 控制系统仿真

前期的自然升温阶段不需要加以控制；4 个保温阶段控制相对容易些，采用常规 PID 控制；两个降温阶段为了更好地控制超调采用模糊智能 PID 控制方法。仿真结果曲线如图 9－15 所示。图中工艺曲线用曲线 1 表示，控制响应曲线用曲线 2 表示。从仿真结果不难看出，控制曲线与工艺曲线基本重合，整个控制过程及时、准确地跟踪了工艺曲线要求，没有产生超调，达到了误差值 ±0.5℃的控制目标。

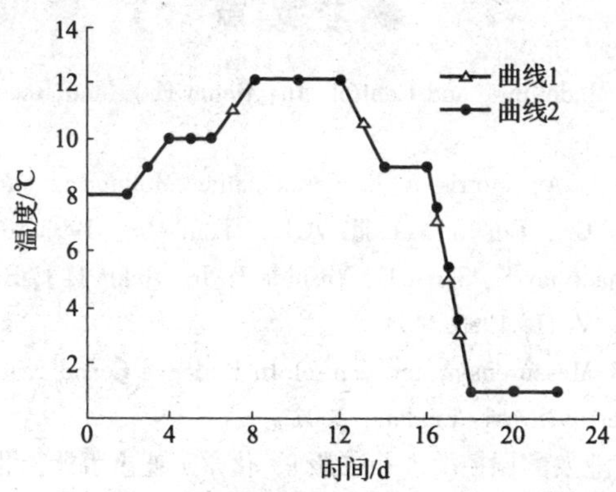

图 9－15　啤酒发酵过程控制仿真曲线[22]

符 号 说 明

a	谷氨酸发酵产物积累模型中常数，0.23
b	谷氨酸发酵产物积累模型中速率系数 $b=5.7\times10^{-2}$，1/h
c	PID 控制参数，一般取 1 左右
c_L	溶解氧浓度
e	控制系统输入
ec	控制系统误差变化率
F_1	模糊推理系数的输出
F_2	微分作用系数的输出
K	谷氨酸发酵产物积累模型参数
p	罐压，atm
p_{in}	进入气体分压，atm
p_{out}	输出气体分压，atm
Q_{CO_2}	二氧化碳的释放比速，mol/（g·h）
Q_{O_2}	氧的消耗比速，mol/（g·h）
RQ	呼吸熵，$RQ=Q_{CO_2}/Q_{O_2}$
S	推理控制系统设定值
t	时间，h 或 min
u	推理控制动作
U_d	PID 控制的积分因子
U_i	PID 控制的微分因子
U_p	PID 控制的比例因子
v	推理控制系统次级输出

W	PID 控制系数，小于等于 1
y	推理控制系统初级输出
ρ_X	菌体浓度，g/L
ρ_S	限制性基质浓度，g/L
u	微生物的生长比速，1/h

参 考 文 献

[1] Schugerl K. Measuring, Modelling, and Control. In: Rehm H-J, and Reed G. (eds) Biotechnology vol. 4. 1993, 8

[2] Chattaway T, Montague G A, Morris A J. Fermentation Monitoring and Control. In: Biotechnology,. (Rehm, H. J and Reed, G., Ed.), Vol. Ⅲ. VCH, Weinheim, 1993, 321

[3] Stephanopolous G, Konstantinov K, Saner U, Yoshida T. In: Rehm H J, Reed G, ed, Biotechnology. 2nd Ed., Vol 3, Weinheim: VCH, 1993. 354

[4] Lubbert A and Simutis R. Measurement and control. In Ratledge C and Kristiansen B. Eds. Basic Biotechnology. Cambridge University Press, England. 2001

[5] 储炬，李友荣，现代工业发酵调控学（第二版），化学工业出版社，北京，2006

[6] Landau I D, Samaan M, M saad M. Further evaluation of the partial state fedbatch fermentation processes. Proc. Am. Control Conf. San Diego, 1990, 2684

[7] Samaan M, Dahhou T, Queinnec J et al. Experimental results in adaptive control of biotechnological processes. Proc. Am. Control Conf. San Diego, 1990, 2679

[8] 贾士儒. 生物反应工程原理. 天津：南开大学出版社，1990

[9] 狄轶娟，陈照章，朱湘临等. 基于模糊 PID 控制的生物发酵温度过程控制系统. 自动化仪表，2006，27（8）：42～44，47

[10] 邵裕森. 过程控制及仪表. 上海：上海交通大学出版社，1995

[11] Horiuchi J-I, Kishimoto M. J. Bioscience & Bioeng. 1998, 86 (1): 111

[12] Anderson M Y, Brabrand H, Jorgenson S B. One stop mycology. Proc. Am Conrol. Conf. Boston, 1991, 1329

[13] Bastin G, Dochain D. On-line Estimation and Adaptive Control Bioreactors, Amsterdam: Elsevier, 1991

[14] Alford J. Automatic control systems. In: Chiu Y, Gueriguian J. Eds. Drug Biotechnology Regulation, Scientific Basis and Practices. Washington DC: US Food and Drug Administration, 1991

[15] Kishimoto M, Suzuki H. Application of an expert system to high cell density cultivation of Escherichia coli. J. Fermentent Bioeng., 1995, 80: 58

[16] Tanaka T, Taya M. Reduction in Operator Supervision Time Using a Modified Malfunction Detection System with Fuzzy Inference in an Industrial-Scale Fermentation of Alkaline Cellulase. J. Bioscience Bioeng. 2001, 91 (1): 106

[17] Baily, J. E. and ollis, D. F. Biochemical Engine-ering Fundamentals, Second Edition, New York, MeGraw Hill Book Company, 1986

[18] Cooney, C. L., H. Y. Wang and D. I. C. Wang. Compntar-aided material balancing for production of fermentation parameters. Biotech. & Bioeng, 19, 1, 56～67, 1977

[19] Yamashita, S., H. Hisashi and T. Inagaki: Automatil control and optimization of fermentation processes: glutamic acid (ed. By Perlman, D.) Fermentation Advances, Academic Press, New York, 1969, 441～463

[20] 李丙才，姜映红，叶碧成. 啤酒发酵过程模糊智能 PID 控制，兰州理工大学学报，2006，32（6）：68～71

第十章 发酵工程下游技术

第一节 概 述

发酵工程下游技术是指从发酵液中分离、纯化生物产品的过程。它是发酵技术转化为最终产品不可或缺的重要环节，其技术进步程度对于保持和提高各国在发酵技术领域内的经济竞争力是至关重要的。在多数情况下，发酵工程下游技术直接决定了产品的质量和发酵产品的生产成本。

一、发酵工程下游技术的特点及其重要性

（1）产品浓度很低　对绝大多数发酵产品，产物浓度在发酵液中的含量很低，原因是受到发酵菌种和生产条件的限制。微生物在发酵过程中，随着细胞浓度、产品和代谢物质的增加，使培养液产生高黏度，导致发酵时混合效率降低、传氧效率下降，这限制了微生物细胞数量的进一步增加。即使采用非常手段，例如大功率搅拌和往培养基中通纯氧去促进氧的传质，受到氧气在水中传递速度的限制，不但会增加生产成本，细胞浓度依然只能达到有限的量。可见细胞浓度的提高将受到生产条件和经济条件的双重制约。无论是初级代谢产物还是次级代谢产物，产品浓度又直接与细胞浓度成正比。

（2）发酵液成分复杂　培养液是多组分的混合物，发酵过程会产生一些复杂的代谢混合物，不仅包含了生物大分子物质，如核酸、蛋白质、多糖、类脂、磷脂和脂多糖，而且还包含了低相对分子质量物质，即大量存在于代谢途径的中间产物，如氨基酸、有机酸等。混合物不仅包括可溶性物质，而且也包括了以胶体悬浮液和粒子形态存在的组分，如细胞、细胞碎片、培养基残余组分、沉淀物等[1]。

（3）发酵产物的稳定性差　无论是大相对分子质量还是小相对分子质量发酵产物都是细胞代谢产物，不但可以生物降解，而且多数都存在产物的稳定性，特别是热和 pH 稳定性问题。

（4）对最终产品的质量和纯度要求很高　由于许多发酵产品是医药、生物制剂或食品等产品，必须达到《中华人民共和国药典》、试剂标准和食品规范的要求。

从上可知，发酵产品一般是从各种杂质的总含量大大多于目标产物的悬浮液中开始进行制备的，唯有经过分离和纯化等下游加工过程才能制得符合使用要求的高纯度产品，因此发酵工程下游技术是发酵技术产品工业化中的必要手段，具有不可取代的地位。发酵工程下游技术的实施十分艰难且需很大的代价，这是由于特别稀的原料水溶液和高纯度产物之间的巨大差异造成的（图 10－1）。加上产物的稳定性差，导致其回收率不高，对于像抗生素类的小分子发酵产品，纯化过程一般要损失 20% 左右。分离、纯化的方法也十分复杂和昂贵。从现有的资料可知，在大多数发酵产品的开发研究中，下游加工过程的研究费用占全部研究费用的 50% 以上；产品的成本构成中，分离与纯

化部分占总成本的40%～80%，精细、药用产品的比例则更高；生产过程中，下游加工过程的人力、物理占全部过程的70%～90%。而发酵产品在发酵液中的浓度越低，则最终产品的售价越高（见图10－1)。这从一个角度侧面地反映了分离技术与工艺对发酵产品生产成本的影响。

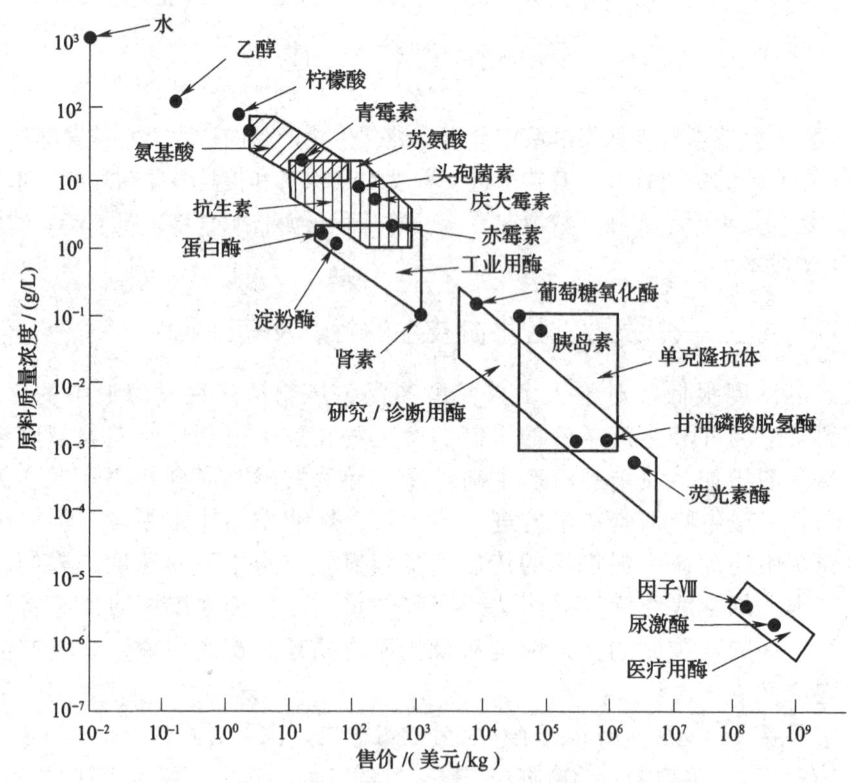

图10－1　产品最终价格与发酵液中产品浓度的关系

二、发酵技术下游工程的一般步骤和单元操作

发酵产品下游加工过程的设计不仅取决于产品所处的位置（胞内和胞外)、分子大小、电荷、产品的溶解度、产品的价值和过程本身的规模，还与产品的类型、用途和质量（纯度）要求有关。所以分离和纯化步骤有不同的组合，提取和精制的方法也可有不同的选择，但大多数发酵技术下游加工过程有一个基本框架，即常常按生产过程的顺序分为以下几个步骤[2]：

(1) 发酵液的预处理与细胞分离　无论是胞内产品还是胞外产品都需要进行细胞与发酵液的分离。由于技术和经济原因，用于细胞分离的单元操作相当有限，过滤（包括死端过滤和错流膜过滤）和离心是基本的单元操作。为了加速固－液两相的分离，可以在固液分离前对发酵液预处理，如采用凝聚和絮凝等技术。由于发酵液黏度高，死端过滤往往需要加入助滤剂。无论是死端过滤还是离心，都无法将发酵液中的固体彻底去除。这给后续的纯化步骤增加了负担。近年，国内外的发酵工艺大量采用了错流膜过滤技术——微滤膜和超滤膜的使用，不但可以彻底去除发酵液中的固体，还可以将发酵液中的可溶性生物大分子去除。这一步对产物后续纯化和产物质量的改善作用极大。如果是胞内产品，需要对细胞进行破碎处理以释放出产品，之后还要进行第二次固液分离。

（2）初步纯化　得到的滤液可以通过离子交换树脂、大孔树脂吸附、萃取、超滤、盐或溶剂沉淀等方法进行初步纯化。通过这一步骤能除去与目标产物性质有很大差异的杂质，使产物浓度和质量都有显著提高。通过初步纯化的产品，有些就已经达到了纯度要求，而有些产品（特别是医药产品）需要进一步的纯化。

（3）高度纯化　高度纯化步骤所选用的单元操作对产物有高度的选择性，用于除去与产品有类似化学功能和物理性质的杂质。对于生物大分子产品，典型的单元操作有各种形式与功能的层析，如亲和层析、凝胶层析、离子交换层析等。视产品的特性和纯度要求，有时仅仅需要一步层析，有时需要几步层析才能达到要求。对于小分子产品，结晶和重结晶是常用的纯化方法。为了有效地结晶，浓缩常常是这一步操作的关键。目前工业上采用的浓缩方法主要有真空薄膜浓缩和纳滤膜浓缩。前者利用热使液体蒸发，而后者使用孔径达到纳米水平的膜使水或者小分子溶剂透过，以达到浓缩产品的目的。大量的实验数据证明，只要能够选择合适的纳滤膜，纳滤浓缩工艺无论从节能还是保持产品的稳定性方面都比真空薄膜浓缩有更好的优越性。

（4）成品加工　根据最终产品的形式和要求，产品需要经过干燥、粉碎、过筛等处理，再进行包装。如果是无菌产品，除了以上单元操作，还需要经过无菌过滤、冷冻干燥等。产品通过这一步，纯度一般并没有进一步的提高。

表10－1列举了有代表性的发酵产品及其典型纯化工艺，并对传统工艺和新型工艺作了比较。

表10－1　　典型发酵产品的分离纯化工艺

产　品	典型工艺	新工艺
氨基酸（谷氨酸）	（1）过滤 （2）等电点沉淀 （3）离子交换 （4）薄膜或真空浓缩 （5）沉淀或结晶 （6）离心 （7）干燥	（1）发酵液直接微滤或超滤 （2）调pH，连续结晶 （3）连续离心 （4）干燥
次级代谢产物，萃取法（如青霉素、赤霉素等）	（1）絮凝 （2）转鼓过滤或板框压滤 （3）真空蒸发浓缩 （4）调pH，溶剂（乙酸丁酯等）萃取 （5）离心分离水相与有机相 （6）浓缩，结晶 （7）离心出晶体物质 （8）干燥 （9）回收各种溶剂	（1）发酵液直接微滤或超滤 （2）纳滤浓缩 （3）调pH，连续溶剂萃取 （4）浓缩，结晶 （5）离心出晶体物质 （6）干燥 （7）回收各种溶剂

续表

产　品	典型工艺	新　工　艺
次级代谢产物，吸附法（如头孢菌素等）	（1）絮凝 （2）转鼓过滤或板框压滤 （3）树脂吸附 （4）丙酮或甲醇解吸 （5）用吸附树脂在水缓冲液中再吸附、提取，使体积进一步减少 （6）乙醇沉淀 （7）蒸发浓缩，结晶 （8）离心 （9）干燥 （10）回收乙醇等各种溶剂	（1）发酵液直接微滤或超滤 （2）树脂吸附 （3）丙酮或甲醇解吸 （4）纳滤浓缩 （5）结晶 （6）离心 （7）干燥 （8）回收溶剂
多糖类	（1）如是医药产品，过滤或离心分离出细胞及其他不溶物；如发酵液黏度太高，用加热或稀释法降低黏度 （2）加热、酶法或化学处理使细胞溶解 （3）加入醇类（乙醇、异丙醇等）使其沉淀 （4）压滤或离心 （5）干燥 （6）粉碎，过筛 （7）蒸馏法回收醇类	（1）如是医药产品，过滤或离心分离出细胞及其他不溶物；如发酵液黏度太高，用加热或稀释法降低黏度 （2）加热、酶法或化学处理使细胞溶解 （3）膜浓缩除盐、除色素，缩小发酵液体积 （4）加入醇类（乙醇、异丙醇等）使其沉淀 （5）压滤或离心 （6）干燥 （7）粉碎，过筛 （8）蒸馏法回收醇类
胞外酶	（1）絮凝、冷却 （2）固液分离（转鼓过滤、压滤或离心） （3）真空蒸发浓缩 （4）如是普通纯度的液体酶，浓缩到规定浓度的产品出售。如是固体酶，加入乙醇或硫酸铵使其沉淀、过滤、干燥，达到规定外形的固体出售；蒸馏回收乙醇 （5）如是高纯度的酶，需要经过层析纯化（离子交换、亲和层析或凝胶层析） （6）真空蒸发浓缩 （7）如是液体酶，浓缩到规定浓度。如是固体酶，加入乙醇使其沉淀、过滤、干燥以得到更纯的物质；蒸馏回收乙醇	（1）发酵液直接微滤或超滤 （2）纳滤浓缩 （3）如是普通纯度的液体酶，浓缩到规定浓度的产品出售。如是固体酶，加入乙醇或硫酸铵使其沉淀、过滤、干燥，达到规定外形的固体出售；蒸馏回收酒精 （4）如是高纯度的酶，需要经过层析纯化（离子交换、亲和层析或凝胶层析） （5）纳滤浓缩 （6）如是液体酶，浓缩到规定浓度。如是固体酶，加入乙醇使其沉淀、过滤、干燥以得到更纯的物质；蒸馏回收乙醇
胞内酶	（1）固液分离（转鼓过滤、压滤或离心） （2）细胞破壁 （3）固液分离（转鼓过滤、压滤或离心） （4）其他步骤同胞内酶	（1）发酵液直接微滤或超滤 （2）细胞破壁 （3）固液分离（微滤或超滤） （4）其他步骤同胞内酶

续表

产 品	典型工艺	新 工 艺
疫苗（胞内）		（1）通过微滤膜系统清洗生长好的细胞，去除发酵液中的培养基，使细胞浓缩并悬浮在无菌缓冲液中 （2）破碎细胞 （3）超滤得到清液 （4）凝胶过滤除去生物大分子物质 （5）超滤或纳滤浓缩 （6）柱吸附纯化以选择性地除去杂蛋白 （7）超滤或纳滤浓缩 （8）无菌膜过滤 （9）真空冷冻干燥 （10）包装

三、CGMP 考虑

如果是医药产品，在选择分离步骤和分离设备时，就必须考虑 CGMP（current good manufacturing practice）。CGMP 是由美国食品与药品管理局（Food and Drug Administration，FDA）发布的，旨在通过一整套药品质量控制体系控制最终药品的质量，以保证病人能够安全地使用药品。中国从 20 世纪 90 年代末开始在全国实施 CGMP，中国的 CGMP 是由国家食品药品管理局（State Food and Drug Administration，SFDA）来制定和强制执行的。目前中国的各个药厂都已完成了 CGMP 的改造，并且逐渐强化执行 CGMP。

从 CGMP 角度考虑选择分离工艺与设备时，主要应该考虑以下几点：

① 设备一定能够被完全清洗，如能够在线清洗（clean in place，CIP）则最好，而这些清洗过程又必须能够被验证。

② 如果是无菌产品则设备必须能够被灭菌，如能在线灭菌（sterilization in place，SIP）则是更好的选择，同样，灭菌过程也必须能够被验证。即使在非无菌操作步骤，设备也应该能够被加热杀菌，以减少生产过程中微生物含量和可能的内毒素等其他微生物代谢产物。

③ 整个分离系统最好能够在一个封闭的过程中完成，以减少外来污染物对产品的污染。

④ 所有与产品接触的设备表面，必须不与料液起任何化学反应，或吸收料液，或溶解进入料液。

⑤ 使用的冷却剂或润滑剂必须不与料液接触，如果有可能接触（如泵的轴封），则冷却剂和润滑剂必须是可食用的。

⑥ 工艺过程中使用的阀门必须是卫生型的，管道设计也应该不留死角。

⑦ 对于影响产品质量的关键过程控制参数（critical process parameters，CPP）最好有在线检测与在线自动控制，如果无法做到在线检测与在线自动控制，则需要设计能反映料液真实情况的取样口。

⑧ 所有与料液接触的通气口都必须安装气体过滤器，以防止杂物或其他微生物进入到产品中。

⑨ 分离过程中尽量不添加其他物质。

⑩ 工艺设计尽量避免批次与批次之间的混合，所用的溶剂必须经过分离纯化后方可再次使用。

第二节　细胞破碎

在工业上利用微生物生产的产品包括胞外型和胞内型两种，这些胞内产物既包括了小分子次级代谢产物（如艾维菌素），也包含了大量生物大分子产品（如各种胞内酶、疫苗）。为了回收和提纯这些胞内产品，一般用细胞破碎的方法可使其从胞内释放到周围环境中。

细胞破碎是指选用物理、化学、酶或机械的方法来破坏细胞壁或细胞膜。工业上最常用的是高压匀浆、珠磨及酶和化学溶胞法。在许多细胞破碎的方法中，如何进行选择，取决于破碎的目的和待破碎生物体的类型。如果目的是不损伤细胞器或分子的分离，以便进一步研究它们的作用，可选用软处理方法；如果目的是在保持生物活性产品的完整性的条件下定量萃取胞内化合物，则破碎的得率和能耗就相当重要。另一方面，不同的生物体对破碎有不同的敏感度，这取决于生物体的大小、形态、龄期、品系、生长条件、细胞壁结构，悬浮液的 pH、温度以及细胞的变化（因处理时间不同而引起）也同样影响着对破碎的敏感度[3]。此外，这个敏感度可以通过破碎率来测定。

一、细胞破碎率的评价

破碎率定义为被破碎细胞的数量占原始细胞数量的比例（%），即：

$$Y(\%) = [(N_0 - N)/N_0] \times 100$$

由于 N_0（原始细胞数量）和 N（经时间 t 操作后保留下来的未损害完整细胞数量）不能很清楚地确定，因此破碎率的评价非常困难，目前通过以下方法获得。

1. 直接计数法

直接对适当稀释后的样品计数，包括平板计数和显微镜计数。

平板计数技术需要时间长，且只有活细胞才能被计数，会产生很大误差，若细胞有团聚的倾向，则误差更大。

显微镜计数相对来讲快速而简单，但非常小的细胞，不仅给计数过程带来困难，且在未损害完整细胞与稍有损害的细胞间进行区分也是很困难的，这时可采用涂片染色的办法来解决。

2. 间接计数法

间接计数法是在细胞破碎后，测定悬浮液中细胞释放出来的化合物的量。通常做法是将破碎后的细胞悬浮液离心分离去除固体（包括完整细胞和碎片），然后对清液进行含量或活性分析。

二、细胞破碎方法

细胞的破碎按照是否外加作用力可分为机械法与非机械法两大类，除机械法中高压匀浆器和珠磨机不仅在实验室而且在工业上得到应用外，超声波法和非机械法大多处在实验室应用阶段，其工业化的应用还受到诸多因素的限制，因此人们还在寻找新的破碎方法，如激光破碎法、高速相向流撞击法、冷冻－喷射法等[4]。

1. 珠磨

将细胞在珠磨机中破碎被认为是最有效的一种细胞物理破碎法。破碎微生物细胞用的珠磨机有多种形式，珠磨机的主体一般是立式或卧式圆筒形腔体，由电动机带动。磨腔内装钢珠或小玻璃珠以提高研磨能力。一般情况下，卧式构型珠磨破碎效率比立式高，其原因是立式机中向上流动的液体在某种程度上会使研磨珠流态化，从而降低其研磨效率。

在这类设备中，由于圆盘的高速旋转，使细胞悬浮液和珠子相互搅动，细胞的破碎是由剪切力层之间的碰撞和磨料的滚动引起的。破碎作用将遵循一级动力学定律：

$$\frac{dR}{dt} = k(R_m - R)$$

式中　R——t 时间内释放的蛋白质数量，mg/g

R_m——释放出的蛋白质最大数量，mg/g，即出现 100% 破碎

k——破碎的比速度，h^{-1}

破碎的速率和效率可影响破碎的比速度，搅拌器的设计和研磨腔的结构也会左右破碎的效果，具体如下：

（1）转盘外缘速度　一定范围内，破碎的比速度与外缘速度成正比；

（2）细胞浓度　由于细胞浓度对悬浮液的流变特性具有影响，因而预期它会对蛋白质的释放速率产生影响。

（3）珠粒大小　一般来说，磨珠越小，细胞破碎速度越快，但磨珠太小易漂浮，难以保留在研磨机的腔体中。通常实验室规模的研磨机中，珠径为 0.2mm，而在工业规模操作中，珠粒直径不得小于 0.4mm。

（4）温度　研究表明，操作温度控制在 5～40℃ 范围内对破碎物影响较小。

（5）流量　流量对破碎量的影响是因停留时间分布变化造成的，即提高流量可使破碎量下降。

此外，破碎效果还与被破碎处理的微生物特性有关。

2. 高压匀浆

在液体剪切破碎装置中，Manton－Gaulin APV 型高压匀浆机是最常用的一种（见图 10－2）。它有一个高压位移泵和一个可调节放料速度的针形阀，通过阀门时会产生高剪切应力。它是 French 挤压器的扩展，只是用一个连续流动的高压泵代替液压机来实现连续大规模操作。如将菌体悬浮液加压后，通过高压匀浆机的阀芯和阀座之间的通道向环撞击，然后排出。

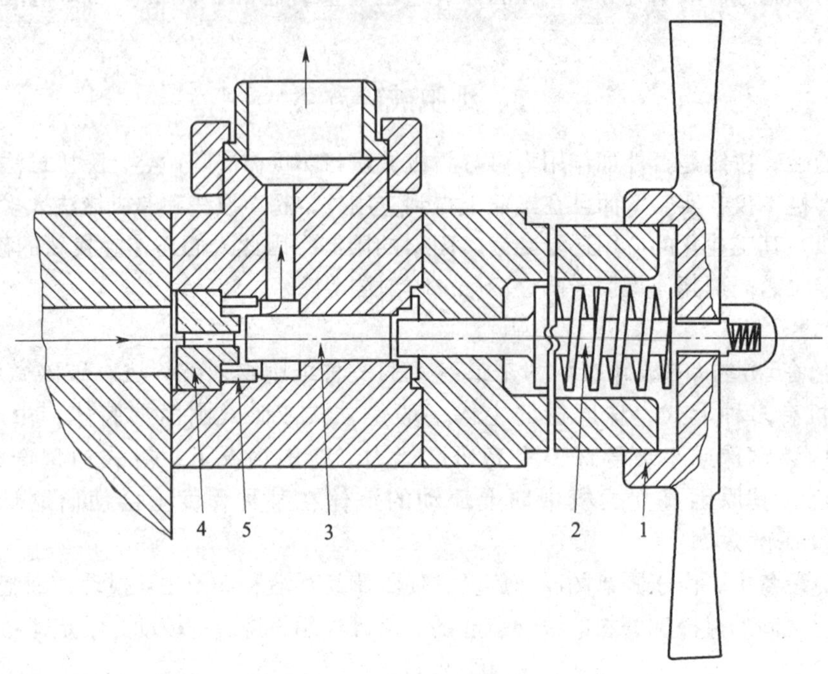

图 10－2　高压匀浆机结构

1—手柄　2—阀门杆　3—调节阀门　4—阀门基座　5—撞击环

出料压力由手柄 1 通过弹簧联动的阀门杆 2、调节阀门 3 和阀门基座 4 的相对位置来控制，出料时，料液通过阀门与基座的空隙而撞击到撞击环上。

破碎分率与菌体悬浮液通过匀浆器的次数有关，也服从一级反应定律：

$$\frac{\ln R_m}{(R_m - R)} = kNp^a$$

式中　R——蛋白质释放量，mg/g

R_m——蛋白质最大释放量，mg/g

p——操作压力，MPa

k——与匀浆机空间结构有关的速度常数

N——通过匀浆机的次数

a——对于有机体是抵抗破碎能力的一种量度，不同的有机体其值是不同的，取决于生物体的类型和生长生理状况

操作压力和阀座的形式对细胞破碎都有影响。

3. 超声波法

超声波法是另一种液相剪切破碎法，频率超过 15 ~ 20kHz 的超声波可使悬浮液中微生物细胞失活，在较高的输入功率下，可破碎微生物细胞。

超声波破碎细胞的机理可能与超声波引起空穴现象有关。在相当高的输入声能下，液体各个成核部分会形成许多小气泡。在声波膨胀相中，这些气泡会增大，而在压缩相中气泡会被压缩，直到不能再压缩时，气泡破裂，释放出猛烈的震波，这些震波通过介质传播。在气泡发生空穴现象的破碎期间，大量声能被转化成弹性波形式的机械能，引起局部

的剪切梯度使细胞破碎。

超声波破碎过程的效率受以下几个参数影响：

① 振幅；

② 细胞悬浮率的黏度；

③ 表面张力；

④ 被处理悬浮液的体积；

⑤ 珠粒的体积和直径；

⑥ 探头的形状和材料；

⑦ 细胞悬浮液的流速。

声波破碎是细胞破碎中的一种普通方法，在许多实验室和生化物质的分离制备中都能见到，但在工业范围中很少采用。

4. 细胞溶解法

利用溶菌酶或化学法（如调节发酵液 pH 到极端 pH）、加入溶剂等均可使细胞破碎。但无论哪种破碎方法都有自身的局限性和不足，应根据破碎细胞的目的、回收目标产物的类型和它在细胞中所处的位置来选用合适的方法。其一般原则如下：若提取的产物在细胞质内，需用机械破碎法，若在细胞膜附近则可用较温和的非机械法；若提取的产物与细胞膜或壁相结合时，可采用机械法和化学法结合的方法，以促进产物溶解度的提高或缓和操作条件，但保持产物的释放率不变；若细胞量不大，可以用溶菌酶。另外，细胞破碎技术一定要结合下游的分离工艺与过程。

第三节　传统过滤（死端过滤）

一、过滤的基本原理

这一节的过滤指的是传统的死端过滤。它是目前工业生产中用于分离细胞和不溶性物质的传统方法，已经使用了上百年。其操作是迫使液体通过固体支撑物或过滤介质，把固体截流，从而达到固液分离的目的。

衡量过滤特性的主要指标是滤饼的质量比阻力 r_B，它表示的是单位滤饼厚度的阻力系数，与滤饼的结构特性有关。根据滤饼的质量比阻值，可以衡量各种发酵液过滤的难易程度。

$$r_B = 2\Delta pt/\mu q^2 X_B$$

式中　q——到瞬间 t 时，通过单位过滤面积的滤液量，m

Δp——过滤压力差，Pa

μ——滤液黏度，Pa · s

r_B——滤饼的质量比阻，m/kg

X_B——通过单位体积滤液所形成的滤渣质量，kg/m^3

t——过滤时间，s

发酵液的过滤速度与菌体细胞体积、各种发酵条件，如培养基的组成、未利用完的培养基浓度、消沫剂、发酵周期等有关。微生物发酵液多属于非牛顿型液体，滤渣为可压缩性的。所以死端过滤的速度随着滤饼的增加下降得非常快。因此，多数死端过滤都需要往发酵液中加入助滤剂。助滤剂形成的滤饼可压缩性比细胞等固体低得多。这样过滤的速度不会随着滤饼的增加下降得太快。对于一些难以过滤的发酵液，需要不断地加入助滤剂。使用助滤剂的问题除了增加生产成本外，最大的问题是过滤得到的细胞无法被使用。此外，可以通过等电点沉淀、蛋白质变性、吸附、凝聚和絮凝等方法改善过滤性能，降低滤饼比阻值以提高过滤速度。所以许多发酵液处理的第一步是调节发酵液 pH 以产生凝聚或絮凝。

二、过滤器类型

过滤器的种类众多，从中选择合适的过滤器是一件错综复杂的事情，有许多因素要考虑，如进料性质、产品要求、操作条件、生产水平、材料和结构等。目前应用较广的具有工业意义的过滤器主要是真空过滤器（如转鼓过滤器）和压力过滤器（如板框压滤机等）两大类[5]。

1. 真空过滤器

真空转鼓过滤器（图 10－3）是用于大规模生物分离的主要过滤设备，可以分离较难过滤的悬浮固体颗粒；能实现自动操作，故劳动强度小。真空转鼓过滤器有一个绕着水平轴转动的鼓，鼓外是大气压而鼓内是部分真空。转鼓的下部浸没在悬浮液中，并以很低的转速转动。鼓内的真空使液体通过滤布表面形成滤饼，当滤饼转出液面后，再经洗涤、脱水和卸料从转鼓上脱落下来。因为转鼓过滤的压力差有限，为了提高过滤效率，典型的转鼓过滤通常需要加一层助滤剂。这使得分离出来的菌体很难被进一步使用，这是转鼓过滤的主要缺点。

图 10－3　真空转鼓过滤机

2. 压力过滤器

压力过滤器的过滤推动力来自于泵产生的液压或进料贮槽中的气压。它最重要的特征是通过过滤介质时产生的压力降可以超过 0.1MPa，这是真空过滤器无法达到的。虽然高压操作可使产量提高、滤饼含水量小、滤液澄清，但并非压力越高越好，对于可压缩性颗粒，压力降增大将导致滤饼通透性下降，过滤速度会降低。通透性的降低可能很明显，此时将会抵消甚至有损由高压带来的过滤优点。从表面看，简单的液压泵比真空过滤器需用的真空泵便宜，但是在压滤中为了完成脱水要求却不得不动用价格昂贵的空气压缩机。对于固体含量高达 10% 和难处理颗粒所占比例很大的料液都可用压滤机处理。

根据结构形式可将压滤机分为：板框压滤器、加压叶滤器、带式压滤机和气压罐式连续压滤器等，前两种属于间歇型的，后两种属于连续型的。

（1）板框压滤机

（2）加压叶滤器　加压叶滤器有许多形式，但基本上都是在一垂直或水平设置的圆柱形密封耐压机壳内安装滤叶。滤饼截留在滤叶表面，滤液通过滤叶后经管道排出。

（3）气压罐式连续压滤器　这种压滤器是较新发展起来的高效压滤设备，实际上是把一个类似于真空过滤器的圆盘机芯密封在高压罐内而制成的，该设备的安装和维护成本均高于真空过滤器，而且只有当生产能力大大地增加或者用于处理易变的滤液时才是最恰当的。另外在滤饼的输送和排出罐外等操作上更为复杂，需要密封装置等。其优点是过滤速度快、滤饼水分低、成饼的速度也较快。

（4）带式压滤器　带式压滤器工作的必要条件是料液过滤前都要加絮凝剂进行预处理，使悬浮液形成絮团。絮状物首先进入水平挤干部，在那里自由水由重力移去，有时系统还采用滤饼自动翻落装置。滤饼表面自由水被挤干而通过带上网眼排出。浆料在驱动带和覆盖带之间夹层中进行压榨，然后通过带子释放水分。沿着带子，滤饼受挤压而变干。为防止滤饼重新吸收释放的水，在带的外表面安装刮刀以去除水。

三、助滤剂的选择

过滤器设计的最关键因素是过滤面积的设计与助滤剂的选择。尽管有比较成熟的过滤理论，但是在实际设计中常常使用实验数据。图 10－4 是一种简单实用的快速决定过滤面积和助滤剂的装置。首先在真空状态下往一个约 10cm 的烧结圆盘上适量地涂上要检测的助滤剂，在一个大烧杯中加入要过滤的发酵液，通过阀门控制适当的真空度。将此圆盘放入发酵液中，控制时间，检测过滤速度。通过调节真空度、检测过滤时间，可以很快地确定助滤剂种类与使用量以及过滤面积。

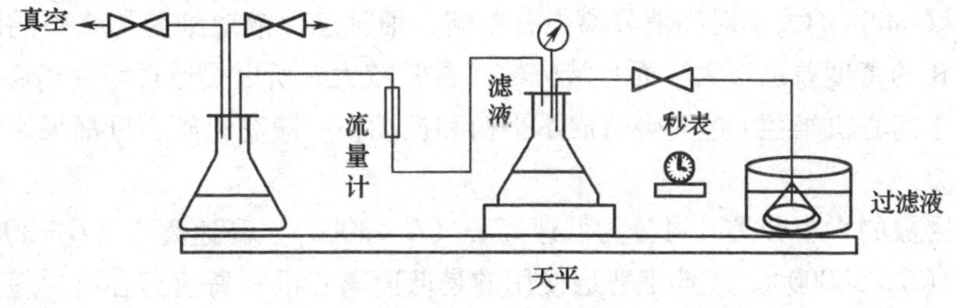

图 10－4　选择过滤面积和助滤剂的方法

第四节　离心分离

一、离心分离的基本原理

离心分离是目前工业生产中用于分离细胞和不溶性物质的又一行之有效的方法。它是利用离心力和物质沉降系数或浮力密度的不同而进行的一项分离、浓缩或提炼操作。一般而言，细胞、细胞碎片、蛋白质沉淀物、包含体及病毒颗粒的密度都大于其相应的环境液体，可以用离心的方法使其沉降，但其沉降的难易程度还取决于其他几种因素[6]。著名的斯托克斯（Stokes）公式表达了在理想状态下，固体颗粒在重力场中的沉降速度与影响因素的关系。

$$u_c = d^2(\rho_S - \rho_L)g/18\mu$$

式中 u_c——颗粒沉降速度，m/s

d——颗粒直径（假定为球形），m

ρ_S——固体密度，kg/m^3

ρ_L——液体密度，kg/m^3

μ——液体黏度，Pa·s

g——重力加速度，m/s^2

从式中可看出：

① 密度差（$\rho_S - \rho_L$）越大，颗粒沉降速度越快；

② 在密度差（$\rho_S - \rho_L$）存在下，固体颗粒尺寸越大，越容易沉降；

③ 液体黏度越大，越不容易沉降或离心。例如当溶液中含有大量DNA时，细胞碎片就不容易沉降。这是为什么细胞破碎后很难离心的原因。

在离心机中，转子高速旋转产生的离心场远远大于自然沉降重力场。为衡量离心力的大小，常用分离因数或G力（相对离心力）来描述：离心场中的G力可以用以下公式计算：

$$G = \left(\frac{r}{g}\right)\left(\frac{2\pi n}{60}\right)^2 = \frac{r\omega^2}{g}$$

式中 r——颗粒到离心轴的离心半径，m

n——每分钟的转速，r/min

$\frac{2\pi n}{60}$——离心机转子的角速度（ω），s^{-1}

离心力（$r\omega^2$）的大小对固液分离很有影响，细胞悬浮液或细胞匀浆中的颗粒尺寸都不大，与液相的密度差也不大，而且液体黏度常常较大，所以要通过增大离心力来提高分离效率。由于离心机半径r过大会造成不平衡和振动，一般高速离心机都采用增加转速来增大分离能力。

按分离因数的大小分类，可分为低速离心（$G<3000$）、高速离心（$G=3000 \sim 50000$）和超速离心（$G>50000$）。工业上普遍使用的是低速离心机和高速离心机。超速离心机常见于实验室中。

二、离心机类型

离心机的种类众多，其中常见的有瓶式、管式、多室式、碟片式以及卧螺式等几种类型。离心机的选择主要根据物料中的固体含量、固体的类型、黏度等。发酵工业中最常用的用于固液分离的离心机是碟片式和卧螺式离心机。离心机的选择可按要分离物料的固体含量进行（表10-2）。

（1）碟片式离心机（图10-5） 这是一种应用最为广泛的离心机，它有一密封的

表 10-2　　离心机的选择

固体含量/%	清液类型	固体类型	推荐的离心机	G 力
10~60	清澈	纤维状，较黏	卧螺式	1500~4500
0.5~20	清澈或微浑浊	蓬松的	碟片式	4000~13000
<1	清澈或浑浊	蓬松的	管式	10000~20000

转鼓，内装几十至上百个锥顶角为60°~100°的锥形碟片，悬浮液由中心进料管进入转鼓，从碟片外缘进入碟片间隙向碟片内缘流动。每一层碟片之间就好像是一个小型离心机，物料在此之间分离。由于碟片间隙很小，形成薄层分离，固体颗粒的沉降距离极短，所以分离效率很高。颗粒沉降到碟片内表面上后向碟片外缘滑动，最后沉积到鼓壁上。固体出料口的阀门定时打开卸料，液体则连续出料。目前市面上已经有完全可以在线蒸汽灭菌的碟片式离心机（图10-6）。

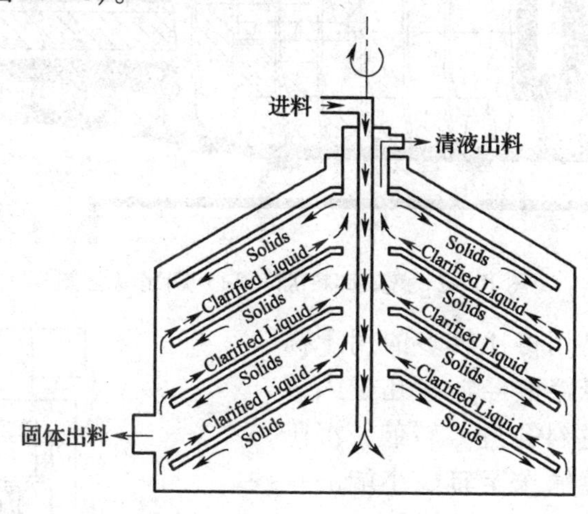

图 10-5　碟片式离心机

图 10-6　可以在线灭菌的碟片式离心机

由于分离效率高，碟片式离心机被大量用于细胞分离。碟片式离心机的主要缺点是：

① 固体浓度不可能很高：由于固体也必须在离心机碟片上流动，固体不能太干。

② 进料中不能有大的固体颗粒：由于碟片间的距离极小，大的固体颗粒会堵塞离心机。所以它对培养基的要求较高。

③ 清洗困难：一旦出现堵塞，需要将整个离心机拆开清洗。

④ 离心清液中会有少量固体。

（2）螺旋卸料沉降离心机（图 10－7） 螺旋卸料沉降离心机有立式和卧式的两种，后者又称卧螺机，是用得比较多的用于高固体含量的分离。悬浮液经加料孔进入螺旋内筒后由内筒的进料孔进入转鼓，沉降到鼓壁的沉渣由螺旋输送至转鼓小端的排渣孔排出。螺旋与转鼓在一定的转速差下，同向回转，分离液经转鼓大端的溢流孔排出。

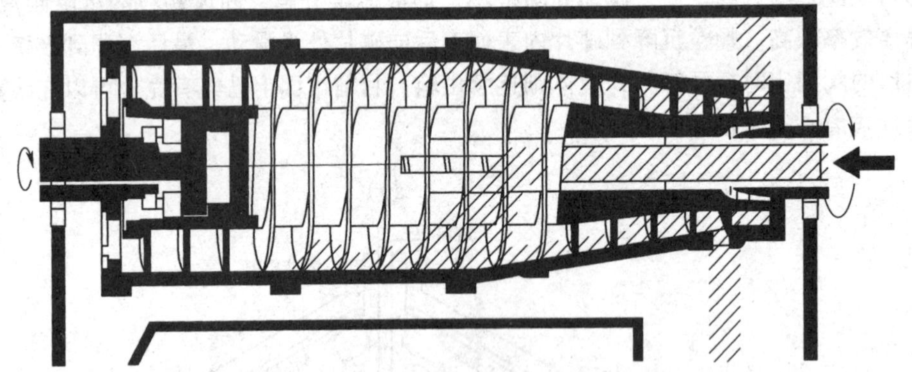

图 10－7 螺旋卸料沉降离心机工作原理图

螺旋卸料沉降离心机处理量大。因为由螺旋推出，所以固体的含水量可以很低。

（3）管式离心机 管式离心机分为液－液分离的连续管离心机（图 10－8）和液－固分离的间歇管式离心机。间歇式管式离心机通常用来回收非常贵重的固体。管式离心机操作时，悬浮液或乳浊液从管底加入后被转筒的纵向肋板带动，与转筒同速旋转，上清液在顶部排开，固体粒子沉降到筒壁上形成沉渣和黏稠的浆状物。目前市面上已经有完全可以在线蒸汽灭菌的管式离心机。

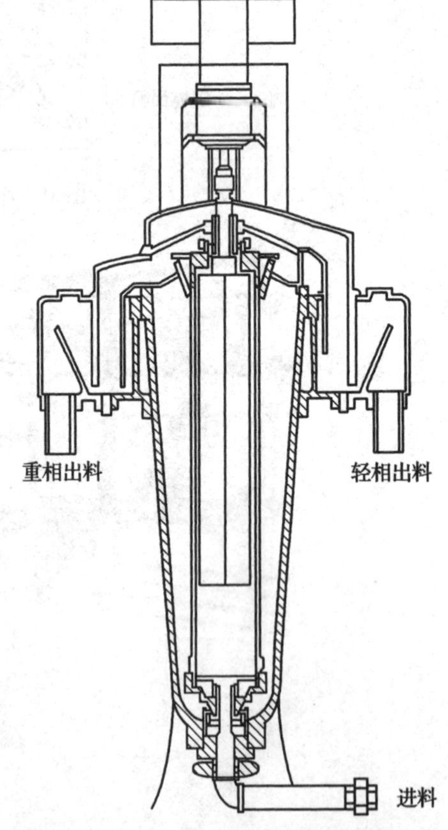

图 10－8 液－液分离的连续管式离心机

第五节　膜过滤（错流过滤）

一、膜分离简介

膜过滤是近几年发展最快、应用范围最广的一种分离方法。简单地说，膜过滤是一种与膜孔径大小相关的筛分过程，以膜两侧的压力差为驱动力，以膜为过滤介质，在一定的压力下，当原液流过膜表面时，膜表面密布的许多细小的微孔只允许水及小于微孔直径的分子物质通过而成为透过液，而原液中体积大于膜表面微孔径的物质则被截留在膜的进液侧，成为浓缩液，因而实现对原液的分离和浓缩的目的[7]。

虽然膜过滤也可以是死端过滤，如料液的无菌膜过滤，但是绝大多数膜过滤的应用是错流过滤（cross - flow filtration），也即液体的流动与过滤膜成直角。如果料液流进膜系统，除少量液体透过膜外，多数液体从膜表面流过。这使得膜表面能够保持相对清洁，使得膜的通量能够保持相对稳定。

二、膜 的 分 类

膜根据其材料、形式（组件）和孔径大小可以分成不同的类型[8]。

1．根据膜材料分类

膜可以根据材料分成有机膜（图 10 - 9）和无机膜，无机膜又分为金属膜（图 10 - 10）和陶瓷膜（图 10 - 11）。

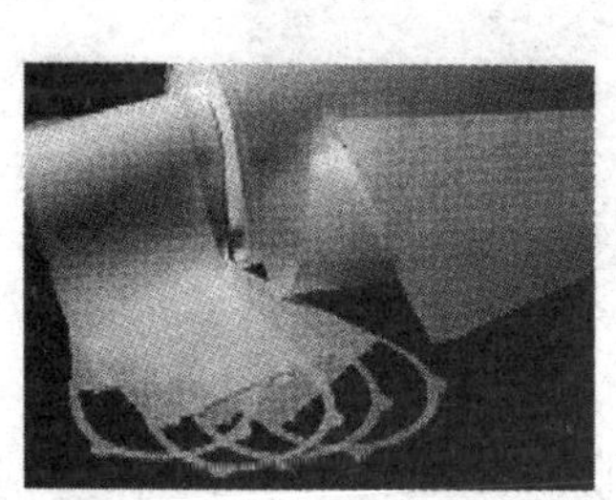

图 10 - 9　有机膜

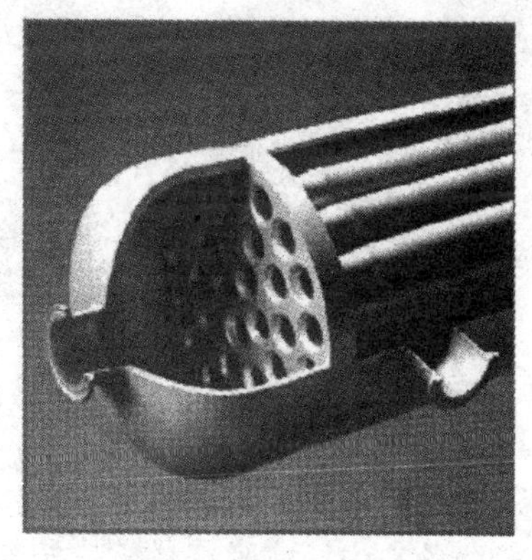

图 10 - 10　金属膜

2．根据膜形式分类

膜也可以根据膜的形式分成平板膜（图 10 - 12）、卷式膜、管式膜和中空纤维膜。

（1）平板膜　板式膜组件由平面膜组成。它是在工程塑料压铸成型的滤板的两面铺以多孔板，再贴上膜片组成。这种结构的板式膜易于拆洗和更换膜片组件。由于可以仅仅更换膜片，使得换膜的成本很低。板式膜进料液的流路断面积较卷式膜和中空纤维膜大，不但可以处理高固体含量的发酵液，而且压力损失小，可以将流速提高到 5m/s，减少了杂质的堵塞。平板膜组件的缺点是结构不紧凑。

（2）管式膜　管式膜组件的结构如图 10 - 13 所示。管式膜分为内压式与外压式两种。内压管式膜的膜体表层在内壁，外压式则表层在外壁。在均布小孔的金属管内壁

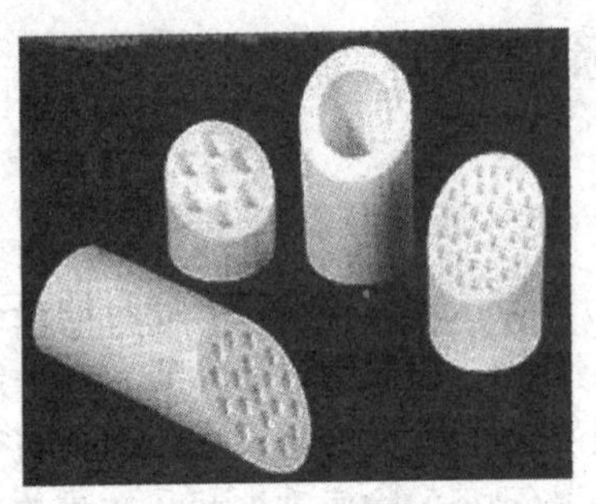

图 10－11　陶瓷膜

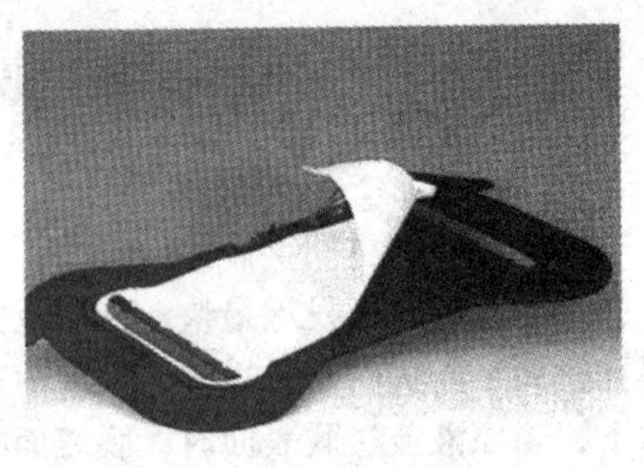

图 10－12　平板膜

（或外壁）先衬滤布，再附上管状膜，就构成内压（外压）管式膜组件。也可在塑料或陶瓷质的微孔管的内壁或外壁上直接刮浆成膜，再装配成组件。管式膜由于采用圆管形组件，进料液流路断面积较大，流动状态好，流速易控制，能够处理含有悬浮固体的溶液，机械清除杂质也较容易。机械清除杂质后用化学药品清洗污染的膜表面效率很高。与平板膜比较，管式膜组件的不足之处是管膜的制备条件较难控制，则单位体积内有效膜面积的比率较低，使得管式膜生产成本较高。此外，管口的密封也比较困难。

（3）卷式膜组件　卷式膜（图 10－14）组件是用平面膜卷制而成的，卷式膜组件需封装在耐压筒内。它的特点是装填密度大，一根卷式膜组件的膜面积比平板膜高许多倍。

图 10－13　管式膜

图 10－14　卷式膜

（4）中空纤维膜　与管式膜类似，中空纤维超滤膜（图 10－15）组件也分为内压式和外压式两种。内压式膜组件管内流过料液，管间汇集渗滤液。外压式膜组件则相反。中空纤维膜组件可以做到非常小型化，由于不用支撑体，在一个膜组件内部能装入几十万到上百万根中空纤维，装填密度大，产水量高，与其他膜组件相比，中空纤维膜单位设备体积内的膜面积最大。但缺点是膜面除垢很困难；膜一旦损坏无法更新，一旦有断裂，整个组件就会报废。在各种膜中，中空纤维超滤膜及其组件生产成本最低，价格也最便宜。

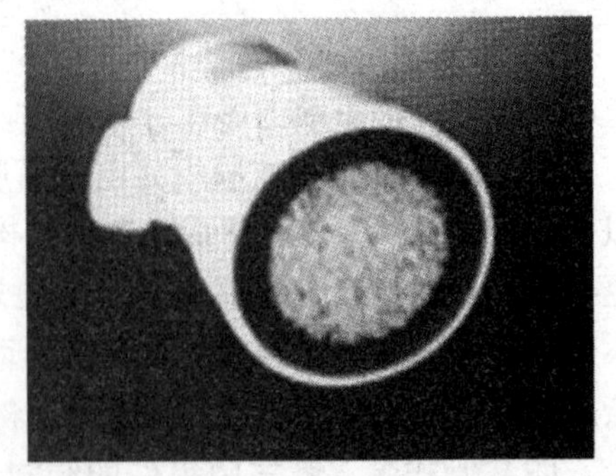

图 10－15　中空纤维膜

不同类型膜组件的比较见表 10－3。

表 10－3　不同类型膜组件的比较

膜组件类型	膜的装填密度	支撑体结构	易堵塞程度	易清洗程度	膜 更 换
平板式	中	复杂	易堵	容易	很容易
管式	小	简单	不易堵	很容易	较容易
卷式	较大	简单	较易堵	较复杂	不可能
中空纤维式	很大	不需要	非常易堵	相当复杂	不可能

3．根据膜孔径分类

膜又可以根据膜孔的大小分成微滤膜（microfiltration，MF）、超滤膜（ultrafiltration，UF）、纳滤膜（nanofiltration，NF）和反渗透膜（reverse osmosis，RO）四大类。膜的具体应用主要取决于膜孔大小。但是对于某一个特定孔径的膜（如超滤膜），其膜材料既可以是有机膜，也可以是无机膜，其膜形式既可以是平板式的，也可以是管式的或卷式的。具体选择什么膜孔径、什么材料、什么形式的膜，则要根据料液的特性和分离的目的来决定。

三、膜过滤基本原理

图 10－16 是一个简单的膜系统。料罐中的料液通过泵打入膜组件，通过控制料液流速和阀门 v_2 控制料液进出膜组件的压力 p_2 和 p_3。通过控制阀门 v_3 控制透过液 p_4 的压力。比膜孔小的小分子物质透过膜，比膜孔大的大分子物质则回到料罐中。因为料液通过泵和膜组件会产生热，使料液温度上升，膜系统都会安装换热器控制料液温度。错流过滤与传统的死端过滤的最大区别在于：错流过滤液体在膜表面流过，不断清洗膜表面，使膜表面不会形成滤饼层而堵塞滤道。液体在膜表面的湍流越好，液体对膜表面清洗得越好。

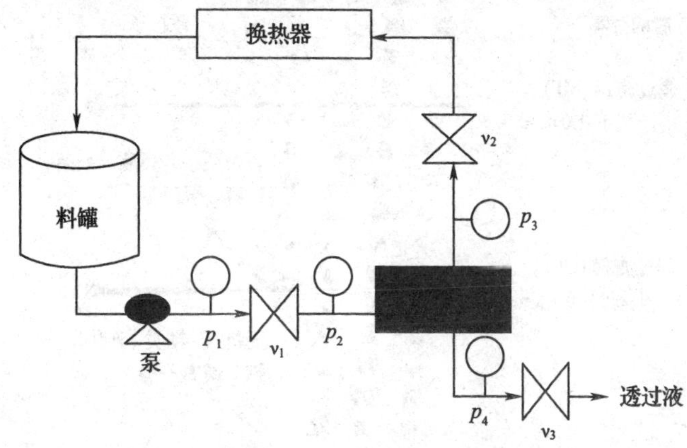

图 10－16　膜过滤系统原理

液体透过膜是由于压力差的存在。通过膜的压力差 TMP（transmembrane pressure）＝

$$\frac{(p_2+p_3)}{2}-p_4$$

如果是纯水或纯溶剂，则膜的通量 J［L/(h · m^2)］直接与 TMP 成正比。但是发酵液中含有各种物质，在应用膜过滤过程中，膜通量总是随着过滤的进行而递减下降的，通常导致膜通量下降的原因有三个：

① 被过滤料液浓度增加，料液固体含量增加，流动性变差；

② 膜表面浓差极化严重，导致过滤效率下降，膜通量亦下降；

③ 膜表面物理性的污染堵塞，导致过滤速度下降。

因此：

$$J = \mathrm{TMP}/(R_m + R_g + R_f)$$

式中 J——膜的通量，L/（h·m^2）

R_m——液体透过膜的阻力

R_g——液体透过浓差极化层的阻力

R_f——膜污染层造成的阻力

浓差极化层是指未透过的物质在膜表面被浓缩形成的阻力层。尽管错流过滤液体在膜表面的湍流会不断清洗膜表面，但是这种清洗是有限的。无论液体流速多快，在静止的膜表面液体的流速接近零，所以膜表面的浓差极化层总是存在的。但是好的膜组件和膜系统的设计可以大大减少浓差极化层，使得膜通量的下降较为缓慢。这实际上是一个膜系统优劣的根本原因之一[9]。

膜污染是由于膜孔被堵塞，或膜表面吸附了待处理的发酵液中的某些成分，或者发酵液中的成分在膜表面结垢等造成膜的污染。所以膜系统必须定期进行化学清洗，以消除膜污染。

四、膜 应 用

如上所述，膜孔径大小决定了膜系统的应用。图 10－17 说明了四种膜的膜孔径及其应用。

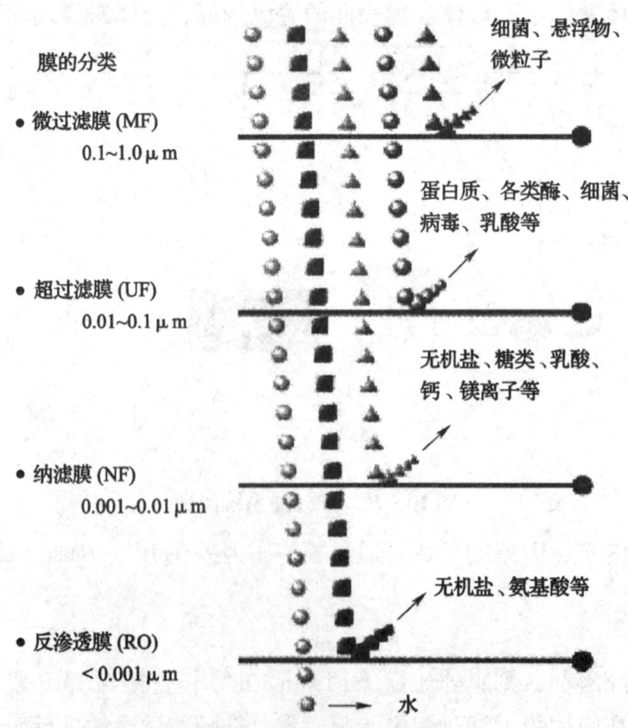

图 10－17 膜在发酵工程中的应用

1. 微滤膜和超滤膜在发酵工程中的应用

目前无论国内还是国外，微滤膜、超滤膜和纳滤膜都已经在发酵工程中被广泛的应用。微滤膜和超滤膜主要用于发酵液菌体分离。三达膜（厦门）科技有限公司开发的平板超滤膜系统是国内最早用于直接处理发酵液的膜系统。其膜支撑板的菱形波纹设计使发酵液在膜表面形成微观湍流，大大降低了浓差极化。这种膜系统已经在我国的抗生素和食品，如青霉素（图 10－18）、头孢菌素、艾维菌素、赤霉素、维生素 C、维生素 B_{12}等的生产中，被广泛用于取代传统的板框压滤机和真空转鼓过滤系统。无论是死端过滤还是离心，都无法将发酵液中的固体彻底去除。这给后续的纯化步骤增加了负担。比如，发酵液过滤后用离子交换树脂进一步纯化，如果用板框压滤液或离心上清液直接进入离子交换树脂柱，过滤液中的残留杂质会污染树脂，使树脂寿命下降，但如果用超滤液直接上离子交换树脂，就不会出现这样的问题，所以近年国内外的发酵工艺大量采用了错流膜过滤技术——微滤膜和超滤膜处理发酵液。膜过滤不但不需要助滤剂就可以彻底去除发酵液中的固体，还可以将发酵液中的可溶性生物大分子部分去除。这一步对产物后续纯化和产物质量的改善作用极大，大大减低了下一步的分离负荷。

图 10－18　用于直接处理万吨青霉素发酵液的连续平板超滤膜系统

除平板膜外，陶瓷膜也被用于发酵液的直接处理（图 10－19）。陶瓷膜系统虽然前期投资大，但是膜的寿命远远高于平板膜，并且陶瓷膜可以用各种化学清洗剂清洗。具有耐酸碱（pH 0～14）、耐高温（耐 121℃蒸气杀菌）、高温、高通量特性的陶瓷膜分离技术已涉及多个领域，因此陶瓷膜在发酵液处理中正在逐渐取代平板膜。

2. 纳滤膜过滤技术在发酵过程中的应用

纳滤膜（图 10－20）在发酵产品的分离中主要代替各种蒸发器用于产品浓缩。与蒸发器相比，纳滤浓缩方法主要有以下几个优点[10]：

（1）纯化功能　蒸发器不能够纯化产品，只能浓缩产品。与蒸发所不同的是，纳滤膜浓缩过程同时是一个纯化过程，即将小分子的杂质，如葡萄糖、色素和盐等在浓缩过程中随滤液除掉。

图 10－19　用于直接处理硫酸黏杆菌素发酵液的陶瓷膜生产设备

图 10－20　用于浓缩青霉素发酵滤液的纳滤膜生产设备

（2）低温操作　真空薄膜浓缩是各种蒸发器效率最高、温度最低的浓缩方法。即使真空薄膜浓缩蒸发器，料液温度也需要 45℃以上，水和有机溶剂才可以有效的蒸发。但是绝大多数发酵产品，无论是小分子的青霉素、赤霉素，还是大分子的各种酶、疫苗，都是热敏的，即使是 40～50℃的温度，也会对产品产生部分破坏。这不但降低了产品收率，更重要的是增加了产品中的杂质含量。对于某些制药产品，有些杂质含量是致命的。纳滤浓缩可以在低温下进行。

（3）节能　大量的实验数据和工业生产数据证明，只要能够选择合适的纳滤膜，纳滤浓缩工艺比蒸发工艺耗能低。

纳滤浓缩方法的主要缺点是固定资产投资高。

第六节 溶剂萃取

在微生物代谢产物的分离纯化中，溶剂萃取法是一种重要而有效的纯化和浓缩方法。在工业生产中，对于绝大多数小分子产品，在固液分离之后，所采取的纯化方法主要就是树脂吸附和溶剂萃取。

一、溶剂萃取的原理

溶剂萃取法是以分配定律为基础的，即利用各种不同物质在不同的溶剂中具有不同的溶解度的原理，来达到将不同物质分离纯化的目的。它的基本要求是被萃取的物质在两种互相不溶的溶剂中溶解度不同。溶解度差异越大，萃取效果越好。

在溶剂萃取中，料液和萃取剂两相间的关系可用分配定律表示，即在一定的温度和压力下，溶质分配在两不相溶的溶剂中，达到平衡时，溶质在两相的浓度之比为常数。

$$K = \frac{C_L}{C_R} = \frac{\text{萃取液浓度}}{\text{萃余液浓度}}$$

式中 K——分配常数

K 的大小反映出溶质在不同溶剂中溶解度的差异及在此系统中的选择性。应用上式时应注意以下条件，即必须是稀溶液；溶质对两溶剂的互溶度没有影响；必须是同一种分子类型，即不发生缔合或解离。

影响溶剂萃取效果的因素很多，除选择萃取用的溶剂外，离子强度、pH、温度、表面活性剂、去垢剂等均会影响物质在两相中的溶解度，从而影响分配系数。

二、萃取方法

溶剂萃取过程包括三个步骤，即混合、洗涤和分离。混合是指料液与萃取剂充分混合，并形成乳浊液，使所需物质自料液转入萃取剂中，所用设备有最简单的搅拌罐、用管道混合器将料液和萃取剂以湍流方式混合的管道萃取及用喷射泵以涡流方式混合的喷射萃取；洗涤是用纯水或其他溶剂洗涤萃取相，以除去带入萃取相的杂质；视具体的萃取产品，不是每个产品都需要洗涤；分离是将乳浊液再分开形成萃取相和萃余相，通常利用碟片式或管式离心机进行。完成这三个步骤，就完成了一次萃取，即单级萃取。因为分配常数 K 不可能无限大，所以以上的混合和分离需要进行多次，亦即多级萃取。工业上基本上都采用多级萃取。萃取的次数视分配常数 K 的大小和得率的期望值来确定。因为萃取过程有溶剂参与，势必造成溶剂损失和溶剂回收费用，所以工业生产萃取次数往往又与溶剂的费用密切相关。

萃取结束后要从萃取相或萃余相中回收萃取剂以重复使用。溶剂回收最简单实用的方法是蒸馏。如果是医药产品，这一步最需要注意的是回收后溶剂的质量和界定回收溶剂的批次。作为 CGMP 的要求，回收溶剂的批次必须有清楚的界定。

萃取最简单的设备是搅拌罐和离心机的组合。但是更多的是在一种“三合一”设备中完成，即混合、洗涤和分离在一台设备中连续完成。现在国产的“三合一”设备已经非常成熟。

三、萃取工艺

根据混合－分离的操作方式，可分为单级萃取和多级萃取。多级萃取中又有错流萃取和逆流萃取两种操作流程。

1. 单级萃取

只包括一个混合器和一个分离器的萃取流程称作单级萃取，其流程是将料液和萃取剂一起加入混合器中，经充分混合接触达到平衡后，进入分离器分离，得到萃取液和萃余液。

因为这种流程只萃取一次，所以一般萃取效率不高，产物在萃余相的含量仍然较高。若增加溶剂的用量，会造成萃取相产物浓度过低，增加产物回收的能耗和成本，也会增加溶剂回收的工作量。所以，为克服这些缺点，工业上多采取多级萃取的流程。

2. 多级错流萃取

多级错流萃取是由几个萃取器串联组成，料液经第一级萃取（每级萃取由萃取器与分离器所组成）后分离成两个相；萃余液进入下一个萃取器，与新鲜的萃取剂混合，再进行下一次萃取；萃取相分别由各级排出，混合在一起，再进入回收器回收溶剂循环使用。

这种萃取设备可采用各类混合－澄清器单元串联起来。

这种萃取的特点是在每级中都加入新鲜的溶剂，故萃取推动力较大，萃取较完全且效果好。但容积用量大，萃取液平均浓度较稀，溶剂回收需消耗较多的能量。

3. 多级逆流萃取

此流程是在第一级中加入料液，并逐级向下一级移动，从最后一级排出；萃取剂则从最后一级进入，逐级向上一级移动，最后从第一级排出。料液移动的方向与萃取剂移动的方向相反，故称多级逆流萃取。在逆流萃取中，萃取剂仅在最后一级中加入，与错流萃取相比，萃取剂的用量较少，因此萃取液的平均浓度较高。

应用在多级逆流萃取上的设备主要有以下两类。

（1）由单级混合－澄清器串联成多级萃取设备　两相在一个提供良好接触的混合器中混合在一起，达到平衡后，在澄清器中进行分离。然而，如果两种液体混合过好，则可能形成小的微滴，可以达到快速萃取，但会延长分相时间；如果液体混合过差，则会形成大的液滴，没有足够的表面完成快速萃取，但是分离却很迅速。

（2）多级筛板塔　筛板（孔板）塔就液体的处理容量和萃取效率两方面而论是非常有效的，特别是对于低界面张力系统，不需要机械搅拌就能很好地分散。

重液作为连续相，由上部进入，经降液管至筛板，横过筛板之后，再由降液管流至下一个筛板，依此重复，最后由塔底排出；轻液由底部进入，经孔板分散为液滴，在塔板上与连续相密切接触后，分层凝聚，并积聚于上一筛板的下侧，然后，借助浮力的推动，再经孔板分散，依此分散－凝聚反复进行，最后由塔顶排出。如果轻液作为连续相，则重液进行分散－凝聚过程，此时，降液管需改为升液管，以便与二相液动特点相适应。

在以上三种萃取流程中，以逆流萃取得率最高、溶剂用量最少，因而是工业上普遍采用的流程。

符 号 说 明

C_L	萃取液浓度
C_R	萃余液浓度
d	颗粒直径，m
g	重力加速度，m/s^2
J	膜通量，$L/(h \cdot m^2)$
K	速度常数或分配系数
k	破碎的比速度，h^{-1}
N	经时间 t 操作后保留下来的未损害完整细胞的数量
N_0	原始细胞数量
n	转速，r/min
Δp	过滤压力差，Pa
q	单位过滤面积的滤液量，m
R	t 时间内释放的蛋白质数量，mg/g
R_m	释放出的蛋白质最大数量，mg/g
R_g	液体透过浓差极化层的阻力
R_f	膜污染层造成的阻力
r	颗粒到离心轴的离心半径，m
r_B	滤饼的质量比阻，m/kg
t	过滤时间
u_c	颗粒沉降速度，m/s
X_B	通过单位体积滤液所形成的滤渣质量，kg/m^3
Y	细胞破碎率,%
μ	滤液黏度，$Pa \cdot s$
ρ_s	固体密度，kg/m^3
ρ_L	液体密度，kg/m^3

参 考 文 献

[1] Dwyer J L. Scale - up Bioproduct Separation with HPLC Bio - Technology, 1984, 2: 957

[2] Bernard Atkinson, Ferda Mavituna, Biochemical Engineering and Biotechnology Handbook. 2 nd ed. USA: Macmillan Publishers Ltd, 1991

[3] Sharma B P. Cell Separation System in Bioprocess Engineering-System, Equipment, and Facility, edited by Lydersen B K, D'Elia N A, Kim N L. New York: John Wiley & Sons Inc, 1994

[4] Garcia F A P. Cell Disruption and Lysis, in Encyclopedia of Bioprocess Technology: Fermentation, Biocatalysis, and Bioseparation. edited by Flickinger M, Drew S. New York: John Wiley & Sons Inc, 1999

[5] Rudolph E A, MacDonald J H. Tangential Flow Filtration Systems for Clarification and Concentration in Bioprocess Engineering-System, Equipment, & Facility. edited by Lydersen B K, D'Elia N A, Kim N L, New York: John Wiley & Sons Inc, 1994

[6] Axelsson H. Cell Separation-Centrifugation, in Encyclopedia of Bioprocess Technology: Fermentation, Biocatalysis, and Bioseparation. In: Flickinger M, Drew S. New York: John Wiley & Sons Inc, 1999

[7] Kalyanpur Manohar. Membrane Separations, in Encyclopedia of Bioprocess Technology: Fermentation, Biocatalysis, and Bioseparation. edited by Flickinger M, Drew S. New York: John Wiley & Sons Inc, 1999
[8] 严希康. 生化分离工程. 北京：化学工业出版社，2001
[9] 刘家祺. 分离过程与技术. 天津：天津大学出版社，2001
[10] 陈欢林. 新型分离技术. 北京：化学工业出版社，2005

中国轻工业出版社生物专业图书出版目录

生物专业教材类图书

本科教材

固态发酵工程原理及应用	30.00 元
生化工程（第二版）	30.00 元
生物化学实验	22.00 元
生物化学学习指导	32.00 元
生物工程工厂设计概论	36.00 元
生物制药技术（第二版）	45.00 元
氨基酸工艺学	42.00 元
生物工艺技术	35.00 元
微生物学	35.00 元
微生物学实验技术	28.00 元
酶工程	34.00 元
酶学原理和酶工程	40.00 元
生物工程专业实验（天津市高校“十五”规划教材）	25.00 元
生物工业下游技术（普通高等教育“九五”国家级重点教材）	26.00 元
微生物工程原理	40.00 元
生物工程分析与检验	34.00 元
生物化学	64.00 元
发酵生物技术专业英语	20.00 元
生物工程设备	50.00 元
工业发酵分析	20.00 元
生物制药技术	38.00 元
发酵工业概论	30.00 元
生物化学	40.00 元
氨基酸发酵工艺学	42.50 元
细胞生物学	32.00 元
生物工程概论	12.00 元
代谢控制发酵	32.00 元
生化工程	14.00 元
微生物学（第二版）	34.50 元
环境生物技术	30.00 元

高职高专教材

高职制药/生物制药系列

临床医学概要	28.00元
医药商品学	48.00元
药物化学	26.00元
药品检验技术	26.00元
中药学概论	30.00元
生物制药工艺学	26.00元
制药设备	26.00元
药事管理与法规	39.00元
药理学	32.00元
药物制剂技术（普通高等教育“十一五”国家级规划教材）	34.00元
药品营销原理与实务	36.00元
药剂学	35.00元
药品检验	35.00元

高职生物技术系列

生物检测技术	24.00元
发酵工艺原理	30.00元
生物化学技术	28.00元
生物检测技术	24.00元
食用菌生产技术	35.00元
现代生物技术概论	28.00元
植物组织培养	28.00元
微生物学	40.00元
氨基酸发酵生产技术	30.00元
生物化学	30.00元
化工原理	48.00元
有机化学	20.00元
发酵工艺教程	24.00元
发酵食品工艺学	28.00元

中职教材

啤酒工艺学	36.00元
生物化学	15.50元
发酵工厂设备	45.25元
微生物学	15.00元
酒精工艺学	18.00元

发酵调味品工艺学 20.00元

国家职业资格培训教程

白酒酿造工教程（上） 26.00元
白酒酿造工教程（中） 22.00元
白酒酿造工教程（下） 38.00元